Veröffentlichungen des
Instituts Wiener Kreis

Band 10

Hrsg. Friedrich Stadler
gemeinsam mit dem
Hans Kelsen-Institut

Clemens Jabloner
Friedrich Stadler (Hrsg.)

Logischer Empirismus
und Reine Rechtslehre

Beziehungen zwischen
dem Wiener Kreis und
der Hans Kelsen-Schule

SpringerWienNewYork

Ao. Univ.-Prof. Dr. Clemens Jabloner
Hans Kelsen-Institut
Wien, Österreich

Ao. Univ.-Prof. Dr. Friedrich Stadler
Universität Wien und Institut „Wiener Kreis"
Wien, Österreich

Gedruckt mit Unterstützung des Bundesministeriums
für Bildung, Wissenschaft und Kultur in Wien,
dem Magistrat der Stadt Wien,
MA 18 – Stadtentwicklung und Stadtplanung,
Referat Wissenschafts- und Forschungsförderung
und dem Hans Kelsen-Institut, Wien

Satz: Reproduktionsfertige Vorlage der Herausgeber
Druck: Manz Crossmedia GmbH & Co KG, A-1051 Wien

Gedruckt auf säurefreiem, chlorfrei gebleichtem Papier – TCF
SPIN: 10788456

Die Deutsche Bibliothek – CIP-Einheitsaufnahme
Ein Titeldatensatz für diese Publikation ist bei
Der Deutschen Bibliothek erhältlich

INHALT

II.

EDITORIAL

Der vorliegend Band vereint die Beiträge des internationalen Symposions „Logischer Empirismus und Reine Rechtslehre. Beziehungen zwischen dem Wiener Kreis und der Hans Kelsen-Schule", welches am 29./30. Oktober 1999 an der Universität Wien als gemeinsame Veranstaltung des Instituts Wiener Kreis und des Hans Kelsen-Instituts stattfand. Dieses Symposion stellte eine Fortsetzung gemeinsamer Aktivitäten dar, die u.a. mit einer Tagung „Zum Begriff des Politischen – Hannah Arendt, Hans Kelsen und Carl Schmitt" am 10. Juni 1998 begonnen hatte.

Die versammelten Beiträge von Kennern der jeweiligen Problematik sind eine erste systematische Annäherung an das Thema, nämlich der historische und theoretische Vergleich der beiden bedeutsamen wissenschaftlichen Strömungen der Wiener Moderne.

Wir hoffen, damit der zukünftigen Forschung neue Perspektiven zu eröffnen sowie den fächer- und „schulenübergreifenden" internationalen Dialog in Gang zu bringen.

Im Teil I finden sich historisch-systematische Beiträge zum Vergleich und zur Wechselwirkung der beiden intellektuellen Strömungen, im Teil II aktuelle Thematisierungen zur Rechtstheorie zwischen Logik, Ideologiekritik und Rechtspraxis.

Die Tatsache, dass es auch in diesem Band weder Vollständigkeit und Repräsentativität, aber auch nicht eine einheitliche Interpretation gibt, lässt auf weitere entsprechende wissenschaftliche Aktivitäten und öffentliche Veranstaltungen hoffen.

Die Herausgeber möchten sich bei allen Referenten, den MitarbeiterInnen des Instituts Wiener Kreis und des Hans Kelsen-Instituts, besonders bei Robert Kaller für die Redaktion und Herstellung des druckreifen Manuskriptes, sowie dem Bundesministerium für Bildung, Wissenschaft und Kultur für die Druckkostenförderung, bedanken.

Wien, im Mai 2001

Clemens Jabloner   Friedrich Stadler
(Hans Kelsen-Institut)   (Institut Wiener Kreis)

FRIEDRICH STADLER

LOGISCHER EMPIRISMUS UND REINE RECHTSLEHRE –
ÜBER FAMILIENÄHNLICHKEITEN

Obwohl die internationale Forschung zum Logischen Empirismus des Wiener Kreises und zur Reinen Rechtslehre von und um Hans Kelsen in den letzten Jahrzehnten einen bemerkenswerten Aufschwung erfahren hat,[1] verblüfft das Fehlen von vergleichenden Studien über diese beiden für die Zwischenkriegszeit so typischen wissenschaftlichen Strömungen. Dabei bestätigt sich bereits auf den ersten Blick die pointierte Diagnose, die der nach den USA emigrierende Gustav Bergmann[2] brieflich in seinen Erinnerungen an den Wiener Kreis an Otto Neurath aus dem Jahre 1939 geschrieben hat:[3]

So gesehen gehören die bedeutsamen wissenschaftlichen Richtungen, die bis nun in Wien ein gemeinsames Ausstrahlungszentrum hatten: Psychoanalyse, die Philosophie des Wiener Kreises und die Kelsensche Rechts- und Staatslehre, wirklich zusammen und be-

---

1 Als Indikatoren vgl. die Aktivitäten des Instituts Wiener Kreis (http://ivc.philo.at) und des Hans Kelsen-Instituts (www.univie.ac.at/staatsrecht-kelsen) in Wien, speziell deren Schriftenreihen, die hier nicht im Detail angeführt werden. Auf publikatorischer Ebene die in diesem Band vertretenen Autoren sowie zur aktuellen Forschungsliteretur z.B. die Sammelbesprechung von Michael Pawlik in der FAZ (4. Januar 2000) unter dem Titel „Was wollen wir sollen? Was sollen wir wollen?".

2 Gustav Bergmann (1906-1987), Mitglied des Wiener Kreises, Mathematiker, Philosoph und spätes Studium der Rechtswissenschaften, ausgelöst durch den Wiener Kreis (Dr.jur. 1936). Bergmann war auch Mitglied des „Fleischer-Kreises", eines vom Kelsen-Schüler Fleischer eingerichteten Diskussionszirkels in der Zwischenkriegszeit. Wie viele andere musste Bergmann in die USA emigrieren, wo er eine eigene philosophische Tradition an der State University in Iowa aufbaute. Zu Bergmann vgl. Friedrich Stadler, *Studien zum Wiener Kreis. Ursprung, Entwicklung und Wirkung des Logischen Empirismus im Kontext.* Frankfurt/M.: Suhrkamp 1997. (2. Auflage 2001, Englische Übersetzung: Wien-New York: Springer Verlag 2001), S. 660ff.
   Bergmann hatte in seinem Aufsatz „Zur analytischen Theorie literarischer Wertmaßstäbe" (*Imago* XXI., 1935, 498-504) im Zusammenhang mit der analytischen Grundlagendiskussion der Wissenschaftsgeschichte auch auf die Rechtsphilosophie Kelsens verwiesen.
   Zu Georg Fleischer vgl. Viktor Matejka, *Anregung ist Alles. Das Buch Nr.2.* Wien: Löcker Verlag 1991, S. 149f.

3 Gustav Bergmann, „Erinnerungen an den Wiener Kreis", in: Friedrich Stadler (Hrsg.), *Vertriebene Vernunft II. Emigration und Exil österreichischer Wissenschaft.* Wien–München: Jugend & Volk 1988, S. 180.

stimmen die spezifische geistige Atmosphäre des untergegangenen Österreich ebenso wie im künstlerischen Bereich die Dichter Broch, Canetti und Musil.

Die zwei wissenschaftlichen Zirkel spielten in der Ersten Republik eine Art Außenseiterrolle im akademischen und öffentlichen Leben (sieht man von der starken Vernetzung mit der Wiener Volksbildung ab), und beide erlitten das gleiche Schicksal, nämlich das der erzwungenen Emigration, die erst spät in der Zweiten Republik erforscht wurde.[4]

Was Gustav Bergmann, der selbst sowohl als Mitglied des Schlick-Zirkels als auch des Kelsen-Kreises beiden Traditionen verhaftet war, angesprochen hat, lässt sich unschwer durch die politische Publizistik und die Wissenschaftsgeschichte dokumentieren: einerseits die Defensiv-Stellung der beiden „Schulen" im rassistischen Kulturkampf der 1920er und 1930er Jahre, andererseits die Marginalisierung im Kontext zwischen Liberalismus und Sozialismus infolge der dominanten faschistischen und nationalsozialistischen Strömungen.[5]

Aber beide Richtungen teilten auch die Gegnerschaft von Links und Rechts: aufgrund der antinaturrechtlichen Positionierung wurden sie sowohl von Vertretern der „Konservativen Revolution" (Carl Schmitt)[6] und des Politischen Katholizismus wie auch von marxistisch-leninistischen Parteigängern heftig angegriffen. Diese weltanschauli-

---

4   Vgl. Robert Walter, „Hans Kelsens Emigration aus Österreich im Jahre 1930", in: Stadler, *Vertriebene Vernunft*, a.a.O., S. 463-472. Zur Emigrationsgeschichte des Wiener Kreises im Überblick: Ders., *Studien zum Wiener Kreis*, a.a.O., Kap.XIII.

5   Zum soziopolitischen Umfeld: Johann Dvořak, *Politik und die Kultur der Moderne in der späten Habsburgermonarchie*. Innsbruck–Wien: Studien Verlag 1997. Speziell Kap. 21. Einen unmittelbaren Eindruck liefert die Publizistik der Tagespresse zur Hochschulpolitik der Zwischenkriegszeit mit einem dominanten antidemokratischen wie antisemitischen Diskurs um „Rasse und Wissenschaft" (*DÖTZ*, 13.10.1929). Eine der wenigen Loyalitätserklärungen pro Kelsen aus Anlass von dessen Weggang nach Köln: „Eine Adresse an Professsor Hans Kelsen" (*Neue Freie Presse*, 10.7.1930) mit namentlicher Unterstützung u.a. von Moritz Schlick.

6   Wolfgang Pircher (Hrsg.), *Gegen den Ausnahmezustand. Zur Kritik an Carl Schmitt*. Wien–New York: Springer 1999. Ein typisches Produkt der DDR-Philosophie: Hermann Klenner, *Rechtsleere. Verurteilung der Reinen Rechtslehre*. Frankfurt/M.: Verlag Marxistische Blätter 1972. Als ein österreichisches Nachspiel vgl. die kontroversielle Diskussion in der *Wiener Zeitung* um die Jahreswende 1989/1990.

che Kontraposition zeitigte im übrigen eine fatale Kontinuität bis weit in die Zweite Republik hinein.[7]

Dieses Außenverhältnis wird generell durch eine wissenschaftliche Orientierung mit geprägt, welche die freie Forschung und Lehre in Verbindung mit (spät)aufklärerischen demokratischen Traditionen verknüpft und damit zu einem theoretischen Korrelat einer *civil society* inmitten des zentraleuropäischen Totalitarismus werden sollte.[8] Doch diese externe Bestimmung wäre nicht hinreichend für eine angemessene Charakterisierung der beiden verwandten intellektuellen Strömungen der Zwischenkriegszeit aus einer vergleichenden theoretischen Perspektive, die wiederum erst durch den vorliegenden Band systematisch thematisiert wird.

Die Forschung über das komplexe Gefüge und das subtile Wechselwirkungsverhältnis von Logischem Empirismus und Reiner Rechtslehre ist und war lange Zeit durch terminologische Verirrungen und Verwirrungen belastet. Die Äquivokationen von „Positivismus" und „Neopositivismus" verführten zu einer unzulässigen Gleichsetzung beider Konzepte oder zu vorschnellen Abgrenzungen. Während wir es im Wiener Kreis vorwiegend mit einem erkenntnis- und wissenschaftstheoretischen Gegenstandsbereich zu tun haben, ist in der Reinen Rechtslehre die rechtstheoretische und rechtsphilosophische Orientierung im philosophischen Terrain von Neukantianismus und Husserl ausschlaggebend – sieht man von einigen frappanten wissenschaftshistorischen und ideologiekritischen Gemeinsamkeiten ab.

Nicht zuletzt auch aus diesem Grund hatte bereits Otto Neurath im Exil (vor allem in der Korrespondenz mit Richard von Mises) darauf

---

7   Symptomatisch dafür ist die Debatte um das christliche Naturrecht im weltanschaulichen Kontext des Konservativismus mit teilweise polemischen Untertönen besipielsweise von Seiten eines Heinrich Drimmel oder auch René Marcic. Hier ist auch die Debatte um Naturrecht versus Rechtspositivismus der 1960er Jahre um August Maria Knoll, Ernst Topitsch, Norbert Leser und Johannes Messner zu verorten. Vgl. August M. Knoll, *Katholische Kirche und scholastisches Naturrecht.* Zur Frage der Freiheit. Wien–Frankfurt/M.–Zürich: Europa Verlag 1962. Ernst Topitsch, *Gottwerdung und Revolution. Beiträge zur Weltanschauungsanalyse und Ideologiekritik.* München: UTB 1973.

8   Als aktuelle Charakterisierung des Kelsen-Kreises in der Wiener Moderne (Sozialdemokratie, Wiener Kreis und Psychoanalyse) vgl.: Clemens Jabloner, „Kelsen and his Circle: The Viennese Years", in: *European Journal of International Law* 9, 1998, S. 368-385.

gedrängt, zur Charakterisierung des Wiener Kreises eher den Ausdruck
„Logischer Empirismus" zu verwenden.[9]
Eine wesentliche Persönlichkeit, welche in drei verwandten Kreisen
zugleich agierte, war ohne Zweifel der Rechtsphilosoph und Sozialwis-
senschaftler Felix Kaufmann, der bis zu seiner Emigration in die USA
als produktiver Grenzgänger zwischen Österreichischer Schule der
Nationalökonomie (um Ludwig von Mises), der Reinen Rechtslehre und
dem Wiener Kreis (als permanentes Mitglied des Schlick-Zirkels) agierte.[10] Er und sein ehemaliger Lehrer Hans Kelsen kooperierten mehr
oder weniger stark im amerikanischen Exil mit der von Carnap und
Neurath bereits in Wien initiierten Unity-of-Science Bewegung zum
Aufbau einer internationalen „Encyclopedia of Unified Science". Während Kaufmann sich stärker von seinen phänomenologischen Wurzeln
von Husserl in Richtung amerikanischen Neopragmatismus (John De-
wey) entwickelte, hat Kelsen mit seinem Buch *Vergeltung und Kausalität* (erstmals Deutsch 1941, Englisch 1943 als *Society and Nature*)
die wissenschaftshistorische und ideologiekritische Bühne betreten.
Dabei kommt er stark in die Nähe der einschlägigen Studien von Heinrich Gomperz, Otto Neurath, Philipp Frank und Edgar Zilsel.[11]
Eine weitere Schwierigkeit resultiert aus der Anwendung des Begriffes „Schule", der eine Geschlossenheit und inhaltliche Homogenität
insinuiert, die in beiden Strömungen nicht vorhanden war. Abgesehen
davon, dass die zeitliche Inkongruenz – Kelsen verließ bereits 1930
Wien und der Wiener Kreis trat offiziell erst Ende1929 an die Öffent-
lichkeit – praktisch nur zu einer Rezeption aus zweiter Hand führen
konnte, ist das Bild vom Vergleich zweier kompakter Schulen theoretisch und historisch inadäquat. Umsomehr sind indirekte Übereinstim-
mungen und Rezeptionen, wenn auch mit kognitiven Dissonanzen,
bemerkenswert und umso stärker sollte die tatsächlich erfolgte Kooperation vor, und vor allem nach der Emigration zum Thema gemacht
werden.

---

9   Friedrich Stadler, „Richard von Mises (1883–1953) – Wissenschaft im Exil", in:
    Ders. (Hrsg.), Richard von Mises, *Kleines Lehrbuch des Positivismus. Einführung
    in die empiristische Wissenschaftsforschung.* Frankfurt/M.: Suhrkamp 1990. S.
    7-52.

10 Vgl. *Phänomenologie und Logischer Empirismus. Zentenarium Felix Kaufmann
    (1895-1949).* Hrsg. von Friedrich Stadler. Wien-New York: Springer 1997.

11 Zu diesem Thema vgl. vor allem den Beitrag von Clemens Jabloner in diesem
    Band.

Ausgehend von der gemeinsamen Desintegration in Österreich und der gleichzeitig erfolgten Internationalisierung mit einem verwandten weltanschaulichen Kontext, eröffnet sich ein weites Themenfeld der Forschung, beginnend vom Sein-Sollen-Problem (Dualismus von Werten und Tatsachen) mit Ethik und Moralphilosophie als Fokus bis hin zur Wissenschaftsgeschichte und Ideologiekritik. Dabei ist hier zugleich kritisch anzumerken, dass erst im letzten Jahrzehnt gerade diese Dimension des Wiener Kreises/Logischen Empirismus kritisch bearbeitet worden ist – und damit einen angemesseneren Vergleich erlaubt.

Allein die Beiträge von Viktor Kraft, Karl Menger, Richard von Mises, Moritz Schlick und Friedrich Waismann zur Normenproblematik und Werttheorie lassen einen erweiterten Zugang auch im Vergleich mit der Reinen Rechtslehre erhoffen, was großteils bereits im vorliegenden Buch zum Ausdruck kommt. (Vgl. vor allem die Beiträge im Abschnitt I.).

Was Kelsens Selbstdarstellung bezüglich seines Verhältnisses zum Wiener Kreis anlangt, so ist sein kurzer Bericht aus dem Jahre 1963 aufschlussreich, wo er in einem Fragebogen sehr konkret die Gemeinsamkeiten und Differenzen aus persönlicher und philosophischer Sicht notiert.[12] Darin bestätigt er seine persönliche Bekanntschaft mit Schlick, Neurath, Kraft und Frank samt Sympathie für deren antimetaphysischer Tendenz, während er deren Moralphilosophie eher ablehnt. Schließlich seien die Schriften von Frank und Reichenbach über Kausalität für ihn einflussreich gewesen, was sich in Kelsens eigenen Publikationen über das Kausalgesetz und Vergeltungsprinzip niedergeschlagen habe.

Obwohl Kelsen also bedauert, nicht mehr dazu sagen zu können, ist diese autobiografische Notiz aus zweierlei Sicht bemerkenswert: erstens wegen der (kritischen) Wahrnehmung der werttheoretischen Schriften des Logischen Empirismus, was sich u.a.in der posthum erschienenen *Allgemeinen Theorie der Normen* manifestiert. Andererseits durch die explizite Referenz zu den Arbeiten des Wiener Kreises über Kausalität im Hinblick auf eine Anwendung im Bereich einer historisch-genetischen Weltanschauungsanalyse.

Wenn man dazu in Rechnung stellt, dass der Schöpfer der Reinen Rechtslehre – neben den bereits erwähnten Bezügen zu Gustav Bergmann – explizit bei Felix Kaufmann, Richard von Mises, Otto Neurath,

---

12   Dazu im Wortlaut zitiert bei Jabloner in diesem Band, S. 19f.

Viktor Kraft und nicht zuletzt bei Karl Popper behandelt wird, ist die
konkrete Zusammenarbeit im Kontext der Unity of Science Aktivitäten
in England und Amerika nicht überraschend. Der entsprechende Briefwechsel zwischen Kelsen und Neurath – übrigens ein schönes Doku-
ment für internationale wissenschaftliche Kommunikation im Exil –
spiegelt diese geistige Kooperation, welche in der Publikation von
Vergeltung und Kausalität (1941), bereits vorher durch Auszüge aus
diesem Buch gipfelt. Vor allem dürfte Kelsens Präsenz in Harvard zu
einer Intensivierung der Kontakte geführt haben, die in Wien aus den
genannten Gründen nur spärlich gepflogen werden konnten.

Bei Felix Kaufmann,[13] der sowohl die Befunde der Phänomenologie, des Neukantianismus als auch die Methodendiskussion der Zwischenkriegszeit einbezieht, findet sich eine Schlussfolgerung, die dem
Carnapschen Anspruch im *Logischen Aufbau* und in der *Logischen
Syntax* analog ist: So schreibt Kaufmann, der sich bereits 1922 mit
seiner Arbeit *Logik und Rechtswissenschaft – Grundriß eines Systems
der reinen Rechtslehre* (mit Hans Kelsen neben Alexander Hold-Fer-
neck als Gutachter) an der Rechts- und Staatswissenschaftlichen Universität Wien für Rechtsphilosophie habilitiert hatte:[14]

Nur wer mit der Dogmengeschichte der Rechts- und Staatstheorie,
insbesondere während des letzten halben Jahrhunderts vertraut
ist, kann die Verwirrung ermessen, die durch die Verquickung der
verschiedenen Begriffe von Positivität entstanden ist. Daß diese
Verwirrung solche Ausmaße angenommen hat und noch heute
keineswegs als völlig überwunden angesehen werden kann, ist auf
die mangelnde Klarheit über das Wesen des juristischen Verfah-
rens zurückzuführen. Es war Hans Kelsen, der diese Klärung mit
größter Energie in Angriff genommen und weitgehend vollzogen
hat. Nach Durchführung der hier gekennzeichneten Abänderungen
kann seine Reine Rechtslehre als ein Musterbeispiel für rationale
Nachkonstruktionen in den dogmatischen Sozialwissenschaften
angesehen werden. (Kaufmann 1936, 321).

---

13   Zu Felix Kaufmanns Leben und Werk im Überblick vgl. Stadler, *Studien*, a.a.O.,
      S. 712-716.

14   Felix Kaufmann, *Methodenlehre der Sozialwissenschaften*. Wien: Julius Springer
      1936. Zitiert nach der Neuauflage mit einer Einleitung hrsg. von Günther Winkler,
      Wien–New York 1999, S. 321. Dazu auch die Modifikation von Kaufmanns Me-
      thodenlehre unter dem Einfluss von John Dewey: Felix Kaufmann, *Methodology
      of the Social Science*. Oxford 1944.

In dem in Holland 1938 erschienenen, im türkischen Exil von Richard von Mises geschriebenen Buch *Kleines Lehrbuch des Positivismus. Einführung in die empiristische Wissenschaftsauffassung* (als erster Band vor Kelsens *Vergeltung und Kausalität* in der von Neurath edierten Reihe „Library of Unified Science" erschienen) wird der Standpunkt des „Positivismus" in allen seinen Facetten im Längs- und Querschnitt präsentiert. Darunter auch die Sein-Sollen-Problematik und die Werttheorie im Rahmen einer wissenschaftlichen Weltauffassung in der Tradition des Wiener Kreises. Im Abschnitt über Normwissenschaft moniert der angesehene Mathematiker jedoch den Mangel an Sprachkritik, wenn er schreibt:

Wir stimmen mit der „Reinen Rechtslehre" von Hans Kelsen darin überein, daß Sein und Sollen nicht dasselbe sind, daß sie, wenn man sich so ausdrücken will, „auf verschiedenen Ebenen liegen" usf. Aber Sätze über eine besondere „Seinsart des Sollens" u. ähnl. auszusprechen ist nicht vereinbar mit den Regeln der Umgangssprache oder irgend einer konstituierbaren Sprachform,[15]

denn, so Mises' Folgerung,

Rechtslehre und Ethik als Normwissenschaften zu bezeichnen, um ihnen dadurch eine besondere und im gewissen Sinne bevorzugte Stellung im Rahmen der Wissenschaften zu geben, erscheint mit unserer sprachkritischen Einstellung nicht verträglich ...[16]

Dieses regulative Prinzip der sprachlichen Verbindbarkeit aller erfahrungsorientierten Wissenschaften lässt den Skeptiker Mises eine prinzipielle Kritik an *jedem* ausgezeichneten System von Sätzen – auch aus dem Reich des Sollens und der gesetzten Normen – als metaphysische „überflüssige Wesenheit" im Sinne von „Ockhams Rasiermesser" oder Machs Ökonomieprinzip formulieren.

Die späte direkte Kontaktaufnahme von Otto Neurath,[17] dem Promotor *der International Encyclopedia of Unified Science,* mit Kelsen ist nicht überraschend: Neurath musste bereits 1934 von Wien nach Holland fliehen, wo er sein internationales Enzyklopädie-Projekt mit

---

15 R. von Mises, *Kleines Lehrbuch,* a.a.O., S. 461.

16 Ebda., S. 463.

17 Zu Neurath im Überblick: Stadler, *Studien,* a.a.O., S. 751-770 und Kap.11, 12.

dem holländischen Verlag Van Stockum & Zoon (parallel zu seinem bildpädagogischen Institut) bis zur zweiten Vertreibung 1940 nach England fortsetzte. Und Kelsen war bereits 1930 von Wien nach Köln im Unfrieden geschieden, von wo er nach der nationalsozialistischen Machtergreifung vorerst nach Genf und später nach Prag ging. Die Wege beider aus Österreich emigrierten Wissenschaftler kreuzten sich also mit Verzögerung, aber mit einer kontinuierlichen Annäherung: Der genannte Briefwechsel von Den Haag nach Genf beginnt mit folgendem Entree:

> Mit großer Freude höre ich von Carnap und Rougier, dass Sie sich für unsere Arbeiten interessieren...
> Gerne hörte ich über Sie persönlich. So allmählich setzte man das neue Mosaik zusammen, trifft mal den hier, den dort, erfährt, dass die einen in USA sitzen, andere in Frankreich, dritte in Schweden ... oder sonstwo. Wir sitzen hier mit unserem internationalen Institut, das sich als eine haltbare Stütze erwies. Ein Teil des Materials kam her, der ganz engere Stab. Im übrigen arbeitet man allerlei. Ich hoffe wir bleiben jetzt in Kontakt. (Neurath an Kelsen, 24.12.1935)

Diese briefliche Kommunikation sollte schließlich zur Publikation von Kelsens Buch *Vergeltung und Kausalität* 1941 in Holland führen, was durch den Kriegsausbruch für die Verbreitung im deutschen Sprachraum zu spät war, sodass erst die englische Übersetzung im Jahre 1943 zu einer Rezeption in der akademischen Welt führen sollte.[18] Dazwischen liegen bemerkenswerte Annäherungen und Dialoge im Kontext des internationalisierten Logischen Empirismus.

Kelsens erste Antwort war ermutigend (Kelsen an Neurath, 15.2.1936):

> Ich interessiere mich außerordentlich für die Arbeiten Ihres Kreises und bedaure sehr, daß ich in Wien, als ich noch die Gelegenheit dazu hatte, nicht in nähere Verbindung mit Ihnen, Schlick und

---

18   Ein Reprint mit einer Einleitung von Ernst Topitsch erschien erst 1982 im Böhlau Verlag (Wien–Köln–Graz) als Band 1 der Reihe „Vergessene Denker – Vergessene Werke. Klassische Studien zur sozialwissenschaftlichen Theorie, zur Weltanschauungslehre und zur Wissenschaftsforschung", hrsg von Karl Acham. Leider wird darin nicht auf Entstehungszusammenhang und Publikationsgeschichte des Buches eingegangen.

Carnap getreten bin. Die Parallelen, die zwischen meiner Reinen Rechtslehre und der Philosophie Carnaps bestehen, sind in der Tat auffallend.

Vorerst hatte Kelsen sein Interesse an der Teilnahme an den International Congresses for the Unity of Science bekundet, die 1936 in Kopenhagen, 1937 in Paris, 1938 in Cambridge, 1939 in Harvard und schließlich 1941 in Chicago stattgefunden haben. Kelsens erste Publikationen erschienen als Vorabdrucke unter dem Titel „Causality and Retribution" und „Die Entstehung des Kausalgesetzes aus dem Vergeltungsprinzip" (beide in *Erkenntnis/Journal of Unified Science* 1939) mit dem evolutionären Resumé in Richtung einer sozialen Naturwissenschaft:[19]

War die Natur zu Beginn der menschlichen Spekulation ein Stück der Gesellschaft, so ist die Gesellschaft nunmehr – dank der völligen Emanzipation der Kausalität von der Vergeltung im modernen Gesetzesbegriff – ein Stück der Natur.

Im Oktober 1938 kündigt Kelsen bereits sein Buch unter dem Titel „Die Naturauffassung der Primitiven und der Begriff der Kausalität" an, von dem das letzte Kapitel wie eben erwähnt vorweg erscheint. Das Buch selbst wurde erst nach Kriegsausbruch ab März 1940 in Holland produziert, vorerst unter dem Titel „Die Idee der Vergeltung und das Gesetz der Kausalität", schließlich als *Vergeltung und Kausalität.*
    Die nächste Station zur direkten Zusammenarbeit ergab sich zwischenzeitlich auf dem „Fifth International Congress for the Unity of Science" an der Harvard University, Cambridge, Mass. (USA) vom 3.–9. September 1939: Hans Kelsen referierte in der Sektion „History of Science" – zusammen mit George de Santillana, Talcott Parsons und Philipp Frank – über „Causality and Retribution". Da die Kongressakten infolge des Zweiten Weltkriegs nicht mehr erscheinen konnten, sind davon nur 10 Referate – darunter jenes von Kelsen – im *Journal of Unified Science,* Vol. 8 (1939/40) dokumentiert, während der Rest als Preprints im Neurath-Nachlass aufgefunden worden sind.[20] Darin liefert Kelsen eine Kurzfassung des oben erwähnten letzten Buch-

---

19   Hans Kelsen, „Die Entstehung des Kausalgesetzes aus dem Vergeltungsprinzip",
      in: *The Journal of Unified Science (Erkenntnis)* Vol.8. 1939/40, S. 130.

20   Eine Publikation der gesammelten Preprints wird vom Institut Wiener Kreis (Vienna
      Circle Institute Yearbook) vorbereitet.

kapitels mit einem historischen Exkurs zum Kausalgesetz von der griechischen Antike bis hin zur (probabilistischen Fassung) der Quantenmechanik.

Die gemeinsame Schiffsreise mit Neurath nach Amerika war wohl das letzte Zusammentreffen der beiden Wissenschaftler, wenn wir bei Kelsen lesen: „Wann wir uns wiedersehen werden? Die Beantwortung dieser Frage hängt leider von der Weltgeschichte ab; und mit dieser stehe ich auf schlechtem Fuße..." (Kelsen an Neurath, 2.11.1939).

Nach dem Weggang Kelsens von Harvard nach Berkeley scheint die wissenschaftliche Kommunikation unterbrochen worden zu sein, jedoch nicht die Beschäftigung Kelsens mit werttheoretischen Schriften des Wiener Kreises. Noch in seiner posthum herausgegebenen *Allgemeine Theorie der Normen* (1979)[21] findet sich eine explizite kritische Auseinandersetzung mit Moritz Schlicks *Fragen der Ethik* (1930), indem er die Ethik als Tatsachenwissenschaft im Sinne Schlicks zurückweist und damit die Relativierung des Dualismus von Sein und Sollen einmal mehr ablehnt. Denn

> daraus, daß die Ethik als Wissenschaft Erkenntnis ist, folgt nicht, daß ihr Gegenstand nur das Sein sein kann. Denn Gegenstand der Erkenntnis kann auch das Sollen, können auch Normen als der Sinn von Seins-Akten sein.[22]

In diesem Themenbereich von Normen und Werten ist der Vergleich mit den einschlägigen Arbeiten von Viktor Kraft,[23] der bereits 1937 ein Buch über *Die Grundlagen einer wissenschaftlichen Wertlehre* – wenn auch ohne Bezug zu Kelsen – veröffentlicht hatte, fast eine plausible Folge. Aber erst in der Zweiten Republik kommt es im Zusammenhang mit der Naturrechtsdebatte zu einer späten indirekten Auseinandersetzung mit der Reinen Rechtslehre von Seiten Krafts in den 1970er Jahren. Ausgehend von der Thematisierung der empirischen Grundlagen der Wertlehre, der rationalen Moralbegründung, des Verhältnisses von Recht und Moral bis hin zur Gültigkeit von Aussagen und Normen

---

21 Hans Kelsen, *Allgemeine Theorie der Normen.* Im Auftrag des Hans Kelsen-Instituts aus dem Nachlaß hrsg. von Kurt Ringhofer und Robert Walter. Wien: Manz 1979. Speziell 17. Kapitel.

22 Ebda., S. 60.

23 Zu Kraft im Überblick: Stadler, *Studien,* a.a.O., S. 717-725. Zur Lehre Krafts aus Sicht der Reinen Rechtslehre vgl. den Beitrag von Robert Walter in diesem Band.

findet eine indirekte Auseinandersetzung mit Kelsens Lehre statt, die zwischen Naturrecht und Rechtspositivismus oszilliert:

Die Giltigkeit von Normen bedarf einer ausführlicheren Begründung, weil sie problematisch erscheint. Eine Begründung der Normen wird durch den teleologischen Gesichtspunkt möglich: Wenn ein allgemein angestrebtes Ziel vorliegt, dann ergeben sich [als, Ergänzung F.S.] die Bedingungen für seine Erreichung Normen des Verhaltens, die von jedem anerkannt werden müssen, der das Ziel erreichen will. Das wird für die Normen gezeigt, welche das Verfahren der Erkenntnisbildung bestimmen ..." (Kraft 1974, 317).

Die Intentionen von Krafts *Grundlagen einer wissenschaftlichen Wertlehre* (1937/1951) blieben jedoch seit der Zwischenkriegszeit aufrecht, nämlich, „daß man, wenn man auch noch so entschieden einen unbegründeten Absolutismus, eine unbeschränkte Allgemeingültigkeit der Werturteile abweist, doch nicht dem schrankenlosen Subjektivismus mancher radikaler Empiristen preisgegeben ist"[24] (Kraft 1951, IV). Aber „wie die Rechtsprechung nicht immer bloße Subsumtion sein kann, sondern auch Rechtsschöpfung ist, so ist auch die Aufstellung eines ethischen oder ästhetischen, überhaupt eines rationalen Wertsystems immer zugleich auch Wert-Setzung, also mehr, als wissenschaftlich zu leisten ist."[25]

In einer Art Resumé seiner Forschungen über Werte und Normen hat Kraft gemeint:[26]

In my theory of value I showed that there is present in value-concepts not only the characteristic of value but also the factual content. In virtue of this last, value-judgments can enter into logical relations with one another and with purely factual propositions. ... It is because value-concepts and value-judgments also have a factual content that it is possible, making use of their connection with other judgments, to establish value-judgments as valid. (Kraft 1981, Cover Page)

---

24 Viktor Kraft, *Die Grundlagen einer wissenschaftlichen Wertlehre*. Wien: Springer-Verlag 1951. S. IIIf.

25 Ebda., S. 264.

26 Victor Kraft, *Foundations for a Scientific Analysis of Value*. Ed. by Henk L. Mulder. With an Introduction by Ernst Topitsch. Reidel: Dordrecht–Boston–London 1981. Zit. nach der Cover-Description.

Damit hat Kraft einmal mehr seinen Optimismus hinsichtlich gemeinsamer *Grundlagen der Erkenntnis und Moral* (1968), sowie einer rationalen Sicht der dichotomischen Bereiche von Norm und Deskription,
Sollen und Sein unterstrichen, was jedoch nicht zum allgemein anerkannten werttheorętischen Programm im pluralistischen Logischen
Empirismus zählte.[27]

Dass Kraft mit der Kritik an der im Rechts-Positivismus vorhandenen Trennung von Recht und Moral, Recht und Gerechtigkeit zugleich
eine Problemverschiebung der Moralbegründung in Kauf nehmen
muss, lässt die Aktualität der Debatte zwischen Naturrecht und positivem Recht als Letztbegründungsproblem (fiktionaler „Grundnorm" und
„Grundmoral") wiederum begreifen, wenn wir lesen:[28]

> Die Moral ist die höhere Instanz. Sie muß unbedingt zur Geltung
> kommen, denn ohne sie gibt es keine Kultur, sondern nur anima-
> lisch gesteuertes Leben, nur den Kampf ums Dasein und das
> „Recht" des Stärkeren. Darum unterliegt das Recht der Kritik durch
> die Moral. Rechtsbestimmungen, die der Moral widersprechen,
> können im Ganzen der Kultur nicht bestehen und sollen aufge-
> hoben werden. Innerhalb der Kultur ist die Moral selbständig, das
> Recht aber nicht. Es untersteht der Moral. Recht und Moral stehen
> im Kulturellen nicht beziehungslos nebeneinander, sondern sie
> hängen darin eng miteinander zusammen.

Die Tatsache, dass Kelsen für die Evolution des Rechts- und Moral-
systems die philosophie- und wissenschaftshistorischen Befunde –
u.a. von Theodor und Heinrich Gomperz, Philipp Frank und Edgar Zilsel
– berücksichtigte, signalisiert jedoch dessen Einsicht, dass wir es mit
einem dynamischen Feld der menschlichen Werte und Normensysteme
zu tun haben, die eben im historisch bedingten Spannungsfeld zwischen Moral und Recht anzusiedeln sind. Für den vom Neukantianismus inspirierten Kelsen stellt also gerade der Dualismus von Recht und

---

27 Vgl. dazu Friedrich Stadler, „Wissenschaftliche Weltauffassung und Kunst. Zur
    werttheoretischen Dimension im Wiener Kreis", in: *Deutsche Zeitschrift für Phi-
    losophie* 4/1995, S. 635-652. Im rechtstheoretischen Kontext: *Wissenschaftlicher
    Humanismus. Texte zur Moral- und Rechtsphilosophie des frühen logischen Empi-
    rismus.* Hrsg. und mit einer Einleitung versehen von Eric Hilgendorf. Freiburg-
    Berlin-München: Haufe Verlagsgruppe 1998.

28 Viktor Kraft, „Recht und Moral", in: *Juristische Blätter*, H. 21/22, 1970, S. 544.

Moral nicht zufällig eine Art Bedingung der Möglichkeit eines moralischen Zugangs zum Recht dar.[29]

Insgesamt scheint mir für die vergleichende Charakterisierung von
Wiener Kreis und Kelsen-„Schule" bzw. Logischem Empirismus und
Reiner Rechtslehre das anwendbar zu sein, was Ludwig Wittgenstein
– selbst im Umfeld des Wiener Kreises sowie zwischen zwei Welten
(Österreich und England) bis zu seinem Lebensende arbeitend – in
seinen posthum erschienenen *Philosophischen Untersuchungen* ausgeführt hat:[30]

Und das Ergebnis dieser Betrachtung lautet nun: Wir sehen ein
kompliziertes Netz von Ähnlichkeiten, die einander übergreifen und
kreuzen. Ähnlichkeiten im Großen und Kleinen. ... Ich kann diese
Ähnlichkeiten nicht besser charakterisieren als durch das Wort
„Familienähnlichkeiten"; denn so übergreifen und kreuzen sich die
verschiedenen Ähnlichkeiten, die zwischen den Gliedern einer
Familie bestehen: Wuchs, Gesichtszüge, Augenfarbe, Gang, Tem-
perament, etc. etc. – Und ich werde sagen: Die ‚Spiele' bilden eine
Familie.

---

29   Zu einer fundierten Neubewertung des Vergleichs von Kelsen und Wiener Kreis
     vgl. den Beitrag von Edgar Morscher in diesem Band.
30   Ludwig Wittgenstein, *Tractatus logico-philosophicus. Tagebücher 1914–1916.*
     Philosophische Untersuchungen. Werkausgabe Band 1. Frankfurt/M.: Suhrkamp
     1984, S. 278.

ROBERT WALTER

DER POSITIVISMUS DER REINEN RECHTSLEHRE

I. Einleitung

Historischer – und damit ein erster empirischer – Ausgangspunkt unserer Betrachtungen kann die verwunderliche Tatsache sein, dass in der Zwischenkriegszeit an der Universität Wien zwei „Schulen" bestanden, die das Etikett *„positivistisch"* trugen: Die *Wiener Schule des Rechtspositivismus (,,Reine Rechtslehre")* um *Hans Kelsen* (1881–1973) und die *Wiener Schule des Neopositivismus (,,Wiener Kreis")* um *Moritz Schlick* (1881–1936). Man kann nicht sagen, dass diese Schulen nichts voneinander wussten – immerhin kannten mehrere Vertreter der Schulen einander[1] und gehörte *Felix Kaufmann* (1895–1949) zu beiden Kreisen[2] – doch entwickelte sich zwischen den beiden keine rele-

---

1 *Kelsen* berichtete in einem Brief vom 5. Mai 1963 an *Henrik Mulder*, dass er *Moritz Schlick, Otto Neurath, Philipp Frank* und *Victor Kraft* zwar persönlich gekannt habe, aber dem Kreis nicht angehörte.

2 Vgl. darüber Rudolf A. *Métall*, *Hans Kelsen. Leben und Werk*. Wien: Deuticke 1969, S. 11, 29, 104; Victor Kraft, *Der Wiener Kreis*[3]. Wien–New York: Springer 1997, S. 2; *Hans Kelsen* war auch Habilitationsvater *Kaufmanns*, vgl. Robert Walter, „Die Lehre des Verfassungs- und Verwaltungsrechts an der Universität Wien von 1810–1938", in: *Juristische Blätter*, 1988, S. 622.
   In bezug auf die Rechtswissenschaft ging *Kaufmann* eigene – von beiden Schulen abweichende – Wege. Er versuchte nämlich die Reine Rechtslehre auf die phänomenologische Richtung von *Husserl* zu gründen. Vgl. insb. Felix Kaufmann, *Die Kriterien des Rechts*. Tübingen: J.C.B. Mohr 1924. *Kelsen* ist ihm auf diesem – von ihm durchaus registrierten (vgl. Hans Kelsen, *Hauptprobleme der Staatsrechtslehre*[2]. Tübingen: J.C.B. Mohr 1923, S. X, XII) – Wege nicht gefolgt. Aber auch aus dem Wiener Kreis wurden seine Bemühungen abgelehnt. Vgl. den – weithin anscheinend vergessenen – Aufsatz von Victor Kraft, „Von Kelsen zu Husserl", in: *Gerichtszeitung*, 1921, S. 70. Darin setzt sich der Autor vorwiegend mit dem *Kelsen*-Schüler *Fritz Schreier* auseinander, der ebenfalls die Phänomenologie für die Reine Rechtslehre fruchtbar machen wollte. Vgl. insb. Fritz Schreier, *Grundbegriffe und Grundformen des Rechts*. Wien: Deuticke 1924. *Kraft* lehnt diesen Weg ab.
   Vgl. dazu auch Eric Hilgendorf, „Zur Philosophie des frühen logischen Empirismus. Ein Problemaufriß", in: Eric Hilgendorf (Hrsg.), *Wissenschaftlicher Humanismus*. Freiburg–Berlin–München: Haufe Verlagsgruppe 1998, S. 405, und die dort zitierten Aufsätze von Clemens Jabloner und Gerhard Wielinger.

vante philosophische Beziehung.[3, 4] Dies wäre nunmehr in gewisser
Weise nachzuholen.

Ausgangspunkt dieser Überlegungen muss wohl zunächst die
Frage sein, ob das, was die beiden Schulen unter „Positivismus" verstanden, etwas miteinander zu tun hat oder von beiden nur dazu verwendet wurde, um sich von anderen wissenschaftlichen Strömungen
in ihren Bereichen abzugrenzen. Dieser Frage kann im vorliegenden
Beitrag nur von der – wie ich durchaus einräume: höchst fragwürdi-
gen – Warte eines philosophisch interessierten Juristen nachgegangen
werden. Doch anders scheint das Gespräch schwer einleitbar zu sein.

Vorausgeschickt werden muss weiters, dass sich innerhalb der
Schulen, insb. im Rahmen des Wiener Kreises verschiedene Positionen
entwickelt haben, sodass die Gegenüberstellung der Meinungen der
beiden Schulen grob vereinfachend erfolgen muss. Die Rechtfertigung
dafür liegt darin, dass nur so die Thematik in angemessener Kürze
behandelt werden kann.

II. Der positivistische Charakter des Wiener Kreises und der Reinen Rechtslehre

1. Der Positivismus des Wiener Kreises

Wenn der Wiener Kreis als „Neopositivismus" dem Positivismus gewissermaßen zugeordnet wird, so soll damit eine gewisse Gemeinsamkeit
mit philosophischen Richtungen angedeutet werden, die schon vorher
bestanden. Es sei – als wichtigster Ahnherr – Auguste Comte (1798–

---

3   Hans Kelsen nimmt erst in der zweiten Auflage der Reinen Rechtslehre. Wien:
    Deuticke 1960, auf Moritz Schlick, Fragen der Ethik. Wien: Springer 1930, bezug,
    wobei er insb. dessen Auffassung, Normen seien Tatsachen der Wirklichkeit, ab-
    lehnt (S. 17, 60; vgl. auch S. 100, 107). In die gleiche Richtung gehen die
    Einwände Kelsens gegen Schlick, in Hans Kelsen, Allgemeine Theorie der Normen.
    Wien: Manz 1979, S. 58, 237.

4   Neider, ein Teilnehmer am Wiener Kreis, berichtet über die Gespräche im Wiener
    Kreis, dass zu Kelsen „überhaupt keine Beziehung bestanden" habe: „Ich habe
    Kelsen einige Male erwähnt, ich habe ihn sehr geschätzt. Aber Schlick ist darauf
    nicht eingegangen." (Heinrich Neider, „Persönliche Erinnerungen an den Wiener-
    Kreis", in: Kurt Rudolf Fischer [Hrsg.], Österreichische Philosophie von Brentano
    bis Wittgenstein. Wien: WUV 1999, S. 328).

1857) genannt.[5] Bei diesem finden wir zwei Punkte, die für die weitere Entwicklung und auch für den Wiener Kreis von grundlegender Bedeutung sind: Die *Anknüpfung an Tatsachen, an das Faktische* und die Zurückweisung aller metaphysischen Spekulationen.[6] Obzwar diese beiden Punkte durchaus näherer Erläuterung und Bestimmung bedürfen, können sie doch vorläufig als „positivistische Kennzeichnungen" zugrundegelegt werden.[7]

2. Der „zweifache" Positivismus der Reinen Rechtslehre

Wenn man die *Reine Rechtslehre* als eine *„positivistische" Rechtstheorie* bezeichnet, so sollte man eine zweifache Bedeutung dieser Qualifikation hervorheben.

a) Wenn man die Reine Rechtslehre dem *„Rechtspositivismus"* zurechnet, so ist damit primär ihre *Gegenstandswahl* gemeint. Sie legt – in Übereinstimmung mit anderen rechtspositivistischen Richtungen – ihren Betrachtungen das *„positive Recht"* zugrunde. Mit „positiv" ist hier keine philosophische Richtung angesprochen; „positiv" meint vielmehr – sprachlich von „ponere" (setzen, stellen, legen) herkommend – das *gesetzte Recht*. Dabei meinen die – vor allem im 19. Jh. in den Vordergrund tretenden – rechtspositivistischen Strömungen die *Setzung durch* – faktische – *menschliche Willensakte*.[8]

---

5 Im Vorwort von Richard von Mises, *Kleines Lehrbuch des Positivismus: Einführung in die empiristische Wissenschaftsauffassung*. Frankfurt am Main: Suhrkamp 1990, S. 65, wird auf die Verbindung zu *Auguste Comte* aufmerksam gemacht. Vgl. auch Victor Kraft, *Der Wiener Kreis*[3]. Wien/New York: Springer 1997, S. 21.

6 So sieht auch Hans Kelsen, „Was ist juristischer Positivismus?", in: *Juristenzeitung*, 15/16, 20. Jg., 13. August 1965, S. 465-469, den philosophischen Positivismus, wenn er unter Berufung auf Rudolf Eisler, *Wörterbuch der philosophischen Begriffe*[4]. Berlin: Mittler 1929, Bd. 2, S. 474, ausführt, philosophischer Positivismus sei „jene Richtung der Philosophie und Wissenschaft, welche vom Positiven, Gegebenen, Erfaßbaren ausgeht, nur in diesem, bzw. dessen exakter ‚Beschreibung', das Forschungsobjekt erblickt, jede Metaphysik transzendenter Art verwirft und alle Begriffe vom Übersinnlichen, von Kräften, Ursachen, ja sogar oft die apriorischen Denkformen (Kategorien) aus der Wissenschaft eliminieren will".

7 Meinungsverschiedenheiten über die Bezeichnung des Wiener Kreises („Empirismus", „Konstruktiver Empirismus", „Logischer Empirismus") sollen hier nicht diskutiert werden. Vgl. dazu z.B. Friedrich Stadler, in: Richard von Mises, *Kleines Lehrbuch des Positivismus: Einführung in die empiristische Wissenschaftsauffassung*. Frankfurt am Main: Suhrkamp 1990, S. 33.

8 Hans Kelsen, „Was ist juristischer Positivismus?", in: *Juristenzeitung*, 15/16, 20. Jg., 13. August 1965, S. 465-469, sieht dies in gleicher Weise: „Unter juristischem Positivismus versteht man jene Rechtstheorie, die nur positives Recht als

b) Die *Reine Rechtslehre* ist freilich auch im philosophischen Sinne – das ist der zweite, vom vorangehenden doch etwas zu unterscheidende Aspekt – eine *„positivistische"* *Theorie*; sie besteht – wie noch näher zu zeigen sein wird – auf der klaren Ermittlung der relevanten empirischen Tatsachen, auf der deutlichen Angabe über Grundannahmen und auf der Zurückweisung aller metaphysischen Spekulationen.

c) Es ist nicht zu leugnen, dass die beiden angeführten positivistischen Aspekte der Reinen Rechtslehre in gewisser Weise zusammenhängen. Doch reicht der zweiterwähnte philosophische Aspekt weiter – also über die Wahl des Gegenstands wohl hinaus – und sollte daher unterschieden und aufgezeigt werden.

III. Die antimetaphysische Position des Wiener Kreises und der Reinen Rechtslehre

Die Parallelität der philosophischen Bemühungen des Wiener Kreises und der Reinen Rechtslehre lässt sich zunächst sehr deutlich in deren antimetaphysischen Positionen zeigen.[9]

1. Die Ablehnung der Metaphysik durch den Wiener Kreis

Eine der grundsätzlichen Einstellungen des Wiener Kreises war, dass die Philosophie wissenschaftlich vorgehen soll. Die herkömmlichen Gegenstände der Metaphysik, wie ein absolutes Sein oder absolute Werte können nicht in eine Wissenschaft gehören; sie führen nur zu Scheinfragen und Scheinsätzen. „Als Metaphysik ist Philosophie wissenschaftlich unmöglich".[10] Phantasievolle Begriffsdichtungen und Lebensweisheiten werden als subjektiv und kontrovers und letztlich

---

,Recht' begreift und jede andere soziale Ordnung, auch wenn sie im Sprachgebrauch als ,Recht' bezeichnet wird, wie insbesondere das ,Naturrecht', nicht als ,Recht' gelten läßt ..." Obzwar die Normen keine Tatsachen sind, sei „die Geltung einer Rechtordnung im allgemeinen und im besonderen durch Tatsachen bedingt". Diese Tatsachen sind, „daß das Recht durch in bestimmter Weise qualifizierte Akte *gesetzt* (ius positivum) sein, die andere, daß das Recht in einem gewissen Grade *wirksam* sein muß. ... Nur durch Menschen gesetztes Recht ist positives Recht."

9   Diese Gemeinsamkeit betont auch *Kelsen* in dem in Anm. 1 zit. Brief, in dem es heißt: „Was mich mit der Philosophie dieses Kreises verband – ohne von ihr darin beeinflußt zu sein – war ihre anti-metaphysische Tendenz."

10   Victor Kraft, *Der Wiener Kreis*³. Wien–New York: Springer 1997, S. 172.

unentscheidbar abgelehnt. „Sie sind Sache persönlicher Überzeugung, aber keine Erkenntnis".[11]

2. Die Ablehnung der Metaphysik durch die Reine Rechtslehre

Die antimetaphysische Position der Reinen Rechtslehre ist – ebenso wie jene des Wiener Kreises – unübersehbar. Entgegen vielen Strömungen in der Rechtswissenschaft aller Zeiten bis heute vertrat die Reine Rechtslehre stets die Position, dass die Rechtswissenschaft als eine echte Wissenschaft betrieben werden müsse. Im – richtungsweisenden – Vorwort zur ersten Auflage der Reinen Rechtslehre (1934) schreibt *Kelsen*, dass es ihm darum gehe, eine „von aller politischen Ideologie" – also allen bloß subjektiven Werthaltungen – gereinigte Rechtstheorie zu entwickeln und „die Jurisprudenz die – offen oder versteckt – in rechtspolitischem Raisonnement fast völlig aufging, auf die Höhe einer echten Wissenschaft, einer Geistes-Wissenschaft zu heben", ihre „nicht auf Gestaltung, sondern ausschließlich auf Erkenntnis des Rechts gerichtete Tendenzen zu entfalten und deren Ergebnisse dem Ideal aller Wissenschaft, Objektivität und Exaktheit, soweit als irgend möglich anzunähern".[12] Im Vorwort zur zweiten Auflage der Reinen Rechtslehre (1960) finden wir in Wiederaufnahme der angeschnittenen Problematik die Bemerkung, dass „nach wie vor eine objektive, ihren Gegenstand nur beschreibende Rechtswissenschaft auf den hartnäckigen Widerstand aller jener (stößt), die die Grenzen zwischen Wissenschaft und Politik" missachten, wie insb. „die wiedererwachte Metaphysik der Naturrechtslehre".[13]

IV. Ein empirisches Element als Ausgangspunkt. Die „Welt" des Wiener Kreises und die „Welt" der Reinen Rechtslehre

Wenn man die beiden Schulen vergleichend betrachtet, kann man als einen gemeinsamen Ausgangspunkt ein *empirisches Element* annehmen. Beide Schulen wollen von der Erfahrung ausgehen und – ausgehend von der sinnlichen Erfahrung – ihre „Welt" bestimmen, um sie beschreiben zu können. Die „Welten", die die beiden Schulen anneh-

---

11 *Ebd.,* S. 176.
12 Hans Kelsen, *Reine Rechtslehre.* Wien: Deuticke 1934, S. III.
13 Hans Kelsen, *Reine Rechtslehre²*. Wien: Deuticke 1960, S. VIII.

men, sind freilich verschieden konstruiert. Dies ist im folgenden ins
Auge zu fassen.

1. Die „Welt" des Wiener Kreises

Der Wiener Kreis schafft sich seine Welt in der Weise, dass *auf Grund
der Erfahrung*, d.h. des durch Sinneseindrücke Vermittelten – beschrieben in den Basissätzen (Protokollsätzen) – eine *empirische Wirklichkeit
konstituiert* wird.[14] Es wird somit – unter Ablehnung eines Solipsismus
im Sinne des *Realismus*[15] – eine Seins-Wirklichkeit angenommen; diese
Seins-Wirklichkeit ist freilich, wie betont werden muss, nicht eine in
irgendeinem Sinne „absolute Wirklichkeit", sondern eben ein *Kon-
strukt*;[16] sie beruht – wie *Viktor Kraft* schreibt – auf einer *Hypothese*[17]
oder einer *Voraussetzung* über das Vorhandensein einer von unserem
Erleben unabhängigen Wirklichkeit des Seins.[18] Das sei die „Welt" des
Wiener Kreises genannt.

2. Die „Welt" der Reinen Rechtslehre

Ebenso wie der Wiener Kreis knüpft die Reine Rechtslehre bei der
Konstituierung ihrer „Welt" an die *Erfahrung*, also an das durch *Sinneseindrücke* Vermittelte an. Freilich ist es nur ein Teil der Eindrücke, den
die Reine Rechtslehre ins Auge fasst. Sie richtet ihren Blick auf die
effektiven, d.h. im großen und ganzen wirksamen Anordnungssysteme, die von Befehlen von Menschen ausgehen, an Menschen gerichtet
und sanktionsbewehrt sind. Diese Systeme möchte sie erfassen und
beschreiben. Dies allerdings nicht als Teil des Seins, sondern als eine
normative Ordnung. Die „Welt" der Reinen Rechtslehre wird also nicht
als eine Welt des Seins, sondern als eine Welt des Sollens, eine Welt
der Normen konstituiert. Die Möglichkeit dieser Deutung ergibt sich

---

14   Victor Kraft, *Der Wiener Kreis*[3]. Wien–New York: Springer 1997, S. 91.

15   „Logischer Positivismus und Realismus sind ... keine Gegensätze" (Moritz Schlick,
     Gesammelte Aufsätze. Hildesheim: Olms 1938, S. 115).

16   Victor Kraft, *Der Wiener Kreis*[3]. Wien–New York: Springer 1997, S. 165.

17   Ob die Bezeichnung „Hypothese" hier zweckmäßig ist, wird wegen der vielfältigen
     Verwendung dieses Terminus nicht untersucht. *Kraft* hat später von *Konstruktion*
     und *Voraussetzung* gesprochen. Vgl. Victor Kraft, „Konstruktiver Empirismus", in:
     Zeitschrift für allgemeine Wissenschaftstheorie. Wiesbaden: Franz Steiner Verlag
     GmbH 1973, Bd. IV/2, S. 313, und Victor Kraft, „Die Giltigkeit von Aussagen",
     in: *Zeitschrift für allgemeine Wissenschaftstheorie*. Wiesbaden: Franz Steiner
     Verlag GmbH 1973, Bd. IV, S. 61f.

18   Victor Kraft, *Der Wiener Kreis*[3]. Wien–New York: Springer 1997, S. 166f.

durch die Einführung einer *Grundhypothese* (Grundannahme). Diese besagt, dass die sich in „Befehlen" manifestierenden *Willensakte von Menschen Normen* erzeugen, die als eigene, *spezifische gedankliche Gebilde* aufzufassen und zu beschreiben sind. So entsteht – neben der Welt des Seins – eine *Welt der Normen.*

Es ist dies freilich – wie die Seinswelt des Wiener Kreises – keine Welt, die als unabhängig von unseren Erlebnissen und unseren Annahmen – als „wirklich" gegeben, an sich existierend, also absolut gesehen wird. Diese wäre eine metaphysische Behauptung.

Zur erkenntnistheoretischen Möglichkeit der Vorgangsweise der Reinen Rechtslehre seien zwei Bemerkungen gemacht:

a) Zunächst könnte man die Frage aufwerfen, ob die faktischen Willensakte, an die die Reine Rechtslehre anknüpft, Gegenstand empirischer Erkenntnis sein können. Die Bejahung dieser Frage kann die Reine Rechtslehre auf Einsichten des Wiener Kreises stützen, der angenommen hat, dass – auf Grundlage eigener Erlebnisse – auch der Inhalt fremder Bewusstseinszustände festgestellt werden kann.[19] Genau dies ist der Weg der Reinen Rechtslehre: Aus eigenem Erleben, z.B. Sehen oder Hören von Befehlsakten eines Menschen wird auf dessen Willen geschlossen, dass sich die Adressaten des Befehls in bestimmter Weise verhalten sollen. Die Reine Rechtslehre lehnt es ab, Willensakte ohne empirische Basis anzunehmen: Der „Wille des Gesetzgebers" muss vorhanden sein, nicht – wie es manche in der Jurisprudenz durchaus tun – fingiert werden. *Kelsens* – von *Dubislav* übernommenes – Diktum „Kein Imperativ ohne Imperator", das *Kelsen* konsequent durchhält, sei hier ins Treffen geführt.[20] An dieser empirischen Basis ändert sich grundsätzlich auch nichts, wenn man – anders als *Kelsen* – nicht an die tatsächlichen Willensakte, sondern an deren tatsächlichen Ausdruck, d.h. an die jeweiligen „Sprechakte" anknüpft.[21] Diese Differenz innerhalb der Reinen Rechtslehre sei daher hier nur angedeutet.

b) Die zweite erkenntnistheoretische Frage ist die, wie aus Teilen des Seinsbereichs eine Welt der Normen konstituiert werden kann. Dies geschieht – wie schon angedeutet – durch die Einführung einer grund-

---

19   *Ebd.,* S. 89, 164.
20   Hans Kelsen, *Allgemeine Theorie der Normen.* Wien: Manz 1979, S. 161f.
21   Vgl. Clemens Jabloner, „Kein Imperativ ohne Imperator – eine Anmerkung zu einer These Kelsens", in: Robert Walter (Hrsg.), *Schriftenreihe des Hans Kelsen-Instituts: Untersuchungen zur Reinen Rechtslehre II.* Wien: Manz 1988, Bd. 12, S. 75.

legenden *Annahme*, die *Kelsen Grundhypothese* später aber vor allem *Grundnorm* nennt, was freilich ihren Charakter als Grundannahme nicht verändern sollte.[22] In diesem Punkte zeigt sich eine weitere Parallele zwischen den beiden Schulen: Der Wiener Kreis nimmt die Realität – also die Welt des Seins – auf Grund einer Hypothese an, die Reine Rechtslehre gründet ihre Welt des Sollens ebenfalls auf eine Hypothese. Keine Schule kann daher der anderen vorwerfen, etwas zu unternehmen, was nicht auch sie für zulässig erachtet. Dem sei beigefügt, dass die Hypothese weithin als ein zulässiges Mittel wissenschaftlichen Bemühens angesehen wird, wobei hier dahingestellt bleiben soll, ob man nicht besser von Voraussetzung oder Annahme sprechen sollte.

Ein ganz anderes Problem, dem sich die Reine Rechtslehre mit ihrer Konstruktion stellen muss, beruht auf der Frage, ob ihre Betrachtungsweise – im Lichte des menschlichen Bemühens um Erkenntnis – *zweckmäßig* ist. Dazu ist auf Folgendes hinzuweisen:

Es ist empirisch nachweisbar, dass die Menschen vielfach normativ denken.[23] Sie fragen sich, was sie tun *sollen* und wie sich andere verhalten *sollen*; sie überlegen, ob sie einen von ihnen schuldhaft herbeigeführten Schaden ersetzen *sollen*, ob sie einem Unfallopfer helfen *sollen*, ob ihr Nachbar nicht sein nächtliches Klavierspiel einstellen *soll*, ob ein Beleidiger nicht seine Beleidigung zurücknehmen *soll*, ob ein Vortragender nicht verständlich sprechen *soll*, ob man Fisch mit Messer essen *soll* usw.

Wer seine eigenen Überlegungen reflektiert, wird sehen, wie oft sich diese im normativen Bereich bewegen. Soll die Wissenschaft den Menschen aber nun in einem so wesentlichen Bereich seines Lebens – selbst, wenn sie keine endgültige Antwort geben kann – völlig im Stich lassen? Von der Warte der Reinen Rechtslehre aus wird dies verneint und versucht, auf einem bestimmten Sektor des Normativen,

---

22 *Kelsen* hat seine grundlegende Annahme zunächst eine Hypothese genannt. Er hat später die Bezeichnung „Fiktion" bevorzugt. Dabei handelt es sich jedoch nur um Benennungsfragen, die letztlich ohne Bedeutung sind. Vgl. dazu näher Robert Walter, „Entstehung und Entwicklung des Gedankens der Grundnorm", in: Robert Walter (Hrsg.), *Schriftenreihe des Hans Kelsen-Instituts: Schwerpunkte der Reinen Rechtslehre*. Wien: Manz 1992, Bd. 18, S. 47; Robert Walter, „Die Grundnorm im System der Reinen Rechtslehre", in: Aulis Aarnio (Hrsg.), *Rechtsnorm und Rechtswirklichkeit: Festschrift für Werner Krawietz zum 60. Geburtstag*. Berlin: Duncker und Humblot 1993, S. 86.

23 Hans Kelsen, *Society and Nature, A Sociological Inquiry*. Chicago: The University of Chicago Press 1943.

nämlich dem Gebiet des Rechts, das normative Denken zu ermöglichen. Das, was die Reine Rechtslehre auf dem Gebiet des positiven
Rechts unternimmt, kann – in ähnlicher Weise – für den Bereich einer
positiven Moral und auf dem Gebiet der Sitte geleistet werden.
Diese Fragestellungen sind nun gänzlich andere als die, die sich
auf den Seinsbereich beziehen: Die Frage, ob man einen Schaden
ersetzen soll oder einem Unfallopfer helfen soll, sind gänzlich verschieden von der Frage, ob man einen Schaden ersetzen *wird*, man einen
Schaden ersetzen *kann*, oder einem Unfallopfer geholfen *werden
kann*, oder ihm geholfen *werden wird*. Eine Antwort in dem einen
Bereich beantwortet nichts für den anderen Bereich. Dies zeigt die
notwendige Trennung von Sein und Sollen und das Erfordernis ge-
sonderter Betrachtung.

Dazu kommt, dass die – von der Reinen Rechtslehre behandelte –
Normativität auch im Inhalt der tatsächlichen – empirisch erfahrenen –
Akte liegt. Der Sinn von tatsächlichen Willensakten, wonach sich
andere in bestimmter Weise verhalten sollen, ist eben ein *normativer
Sinn*. Es erscheint daher nahe liegend, ihn in diesem immanenten
Sinne zu begreifen.

V. Wie geht die Reine Rechtslehre in Verwirklichung ihres positivisti-schen Grundkonzepts vor?

Es sei – freilich nur andeutungsweise – versucht zu zeigen, wie die
Reine Rechtslehre vorgeht, um für einen bestimmten Bereich, nämlich
jenen des Rechts, dem Menschen eine seiner Grundfragen „Was soll
ich tun?" wenigstens relativ sicher zu beantworten. Gehen wir von der
schon aufgeworfenen Frage aus, ob ein Mensch einem anderen den
von ihm verschuldeten Schaden ersetzen *soll*. Jemand will auf diese
Frage eine juristische, nicht etwa, was auch möglich wäre, eine moralische Antwort. Er will also wissen, ob ihm rechtlich *geboten* ist, den
Schaden zu ersetzen (nicht, ob er ihn tatsächlich ersetzen kann oder
tatsächlich ersetzen wird).

In unserem Fall muss sich der Jurist zunächst fragen, ob eine
positive Rechtsordnung besteht und ob er in ihr eine einschlägige
Regel finden kann. Somit ist – ganz und gar empirisch – festzustellen,
ob in einem bestimmten Bereich ein effektives, d.h. im großen und
ganzen tatsächlich wirksames Anordnungssystem besteht; eine Situation also, bei der die sanktionsbewehrten Anordnungen einer sozialen
Autorität und der von ihr eingesetzten Befehlsstellen regelmäßig von

den Adressaten befolgt oder gegen sie durchgesetzt werden. In einem
solchen System geht der subjektive Sinn der Befehlsakte der bestehenden Autoritäten (welchen deren Willensakte zugrunde liegen) dahin, dass sich Menschen bei sonstiger Sanktion in bestimmter Weise
verhalten sollen. Und diesem, ihrem immanenten Sinn entsprechend,
werden nun die tatsächlichen Befehlsakte der Autoritäten als normative Akte, als Soll-Setzungen (Normerzeugung) gedeutet. Diese Deutung geschieht durch Annahme der Hypothese (Grundannahme,
Grundnorm), dass *das tatsächlich Befohlene gesollt* ist. Aus dem *faktischen Befehlssystem* entsteht so ein *Normensystem.*

Ist dieser Schritt vollzogen, so ist es – um die aufgeworfene Frage
zu beantworten – erforderlich zu prüfen, ob eine Norm aufgefunden
werden kann, die bei schuldhafter Schadenszufügung den Ersatz des
Schadens gebietet. Tatsächlich finden wir eine solche Norm, die vor
allem aus dem Text des § 1295 ABGB, sowie aus Textstellen, die mit
ihm in Verbindung stehen, abzuleiten ist.

Wir haben also dem Fragesteller auf seine Frage zu antworten,
dass er Schadenersatz leisten soll; genauer formuliert könnte die Antwort lauten, dass er in Gemäßheit der Rechtsordnung Schadenersatz
leisten solle. Damit ist angedeutet, dass die Antwort nur unter der
Annahme zutrifft, dass man das *Bestehen* – juristisch gesprochen: die
Geltung – der Rechtsordnung annimmt. Die Aussage, es solle Schadenersatz geleistet werden, ist also in keinem Sinne eine absolute; sie
gilt nur unter der Voraussetzung der Grundannahme. Der Vertreter der
Reinen Rechtslehre rechtfertigt daher die Rechtsordnung nicht, sondern gibt nur präzise ihren Inhalt an.

An dieser Stelle sei nochmals begründet, weshalb wir uns mittels
einer Grundannahme die Möglichkeit einer normenbeschreibenden
Wissenschaft schaffen und es nicht bloß bei einer Beschreibung der
faktischen Geschehnisse, die auch möglich wäre, bewenden lassen;
wir könnten etwa sagen, eine Versammlung einflussreicher Menschen
(Parlament) habe beschlossen, dass jeder einen schuldhaft zugefügten
Schaden ersetzen solle, ansonsten ein bestimmter Mensch im Talar
ihm zu sagen habe, er hätte eine bestimmte Geldsumme zu bezahlen,
widrigenfalls ein anderer Mensch ihm den entsprechenden Betrag
abzunehmen habe. Die Reine Rechtslehre meint, dass eine solche
Beschreibung zwar richtig sein könnte, aber nicht adäquat wäre, den
immanenten Sinn des Gegenstands nicht zum Ausdruck brächte und
die gestellte Frage nicht beantwortete. Schon *Kant* hat dies zutreffend

gesehen; er schrieb nämlich: „Eine bloß empirische Rechtslehre ist ... ein Kopf, der schön sein mag, nur schade, dass er kein Gehirn hat."[24] Wir haben zur Beantwortung der aufgeworfenen Frage aus Textstellen des ABGB abgeleitet, dass eine Norm besteht, wonach bei verschuldeter Schadenszufügung der Schaden vom Schädiger ersetzt werden soll. Wir haben damit eine geistige Tätigkeit angedeutet, die der Jurist bei der Ermittlung des Inhalts der einzelnen Normen einer bestehenden Rechtsordnung zu entfalten hat und die man *Interpretation* nennt. Sie bildet einen Bereich, den man als einen *Prüfstein* für eine *positivistische Rechtswissenschaft* bezeichnen kann, wobei die Qualifikation „positivistisch" über die Bedeutung der Wahl des Gegenstandes „positives Recht" hinausgeht. Wegen dieser Relevanz soll ein Blick auf die Auslegungsdoktrin der Reinen Rechtslehre geworfen werden.

VI. Die Auslegungslehre der Reinen Rechtslehre als Prüfstein für ihren positivistischen Charakter

Eine positivistische Rechtstheorie muss sich stets des Umstands bewusst sein, dass es für sie nur darum gehen kann, den von ihr konstituierten Gegenstand „positives Recht" *zu beschreiben.* Die Reine Rechtslehre hat dies stets betont und den Anspruch vieler Juristen, bei der Interpretation auch Recht zu schaffen, zurückgewiesen. Es geht ihr bei der Interpretation darum, mittels empirischer Methoden den Inhalt von Texten oder Zeichen und den tatsächlichen Willen des normsetzenden Menschen zu erforschen. Wie dies im einzelnen zu erfolgen hat, ist hier nicht auszubreiten. Es geht nur um Grundsätzliches.[25]

Und bei dieser grundsätzlichen Erörterung der Interpretation ist darauf aufmerksam zu machen, dass sich bei ihr eine stetige Versuchung von Juristen zeigt, statt die schwierige empirische Aufgabe der

---

24 Königlich Preußische Akademie der Wissenschaften (Hrsg.), *Kants Werke. Die Religion innerhalb der Grenzen der bloßen Vernunft. Die Metaphysik der Sitten.* Berlin: Walter de Gruyter & Co. 1968, Bd. VI, S. 230.

25 Vgl. näher Robert Walter, „Das Auslegungsproblem im Lichte der Reinen Rechtslehre", in: Günter Kohlmann (Hrsg.), *Festschrift für Ulrich Klug zum 70. Geburtstag.* Köln: Dr. Peter Deubner Verlag GmbH 1983, Bd. 2, S. 187; Robert Walter, „Die Interpretationslehre im Rahmen der Wiener Schule der Rechtstheorie", in: Anton Pelinka (Hrsg.), *Zwischen Austromarxismus und Katholizismus, Festschrift für Norbert Leser zum 60. Geburtstag.* Wien: Braumüller 1993, S. 191.

Ermittlung des Inhalts von Normen durchzuführen, ihre eigenen politischen Lösungen einzubringen. Für eine solche politische, nicht: wissenschaftliche Vorgangsweise stellt eine sogenannte juristische Methodenlehre den Juristen leider viele ausgeklügelte Instrumente zur Verfügung. Dass Abweichungen von einer strengen Ermittlung des Rechtsinhalts durch eine hemmungslose „unbegrenzte Auslegung" eine ständige Bedrohung der Rechtswissenschaft – zum Teil auch der Anwendung des Rechts – darstellen, ist vielfach erkannt und kritisch beleuchtet worden. Im gegenwärtigen Goethejahr sei paradigmatisch das kritische Diktum des Juristen *Goethe* zitiert: „Im Auslegen seid frisch und munter, legt ihr's nicht aus, so legt was drunter."[26] Eben dies will die Reine Rechtslehre nicht!

An dieser Stelle sei vermerkt, dass eine streng wissenschaftliche Auslegung ihre Grenzen hat. Der Gesetzgeber kann seinen Willen höchst diffus gebildet und in unbestimmter Weise zum Ausdruck gebracht haben. In einem solchen Falle kann eine exakte Auslegung der Norm des Gesetzgebers diese nur als eine unexakte wiedergeben. Dies bedeutet, dass das Gesollte nur innerhalb bestimmter Grenzen angegeben werden kann. Präzisierung kann nicht der Wissenschaft zukommen. Sie ist innerhalb des Rechtssystems von dem Organ der Rechtsordnung zu treffen, das zur Anwendung der ungenauen Norm berufen ist. Dieser für die Rechtswissenschaft wichtigen Unterscheidung zwischen der intellektuellen Aufgabe der Interpretation einerseits und den erforderlichen Vollzugsakten der hiezu berufenen Organe sei hier nicht weiter nachgegangen.

VII. Normen und Werte im Rahmen des Wiener Kreises im Verhältnis zu den Positionen der Reinen Rechtslehre

1. Das Verhältnis von Wert und Norm

Kelsen hat die Beziehung von Wert und Norm relativ klar bestimmt: Was als *Wert* anzusehen ist, *soll* auch sein. Was sein *soll*, ist *wertvoll*.[27] *Norm* und *Wert* werdén somit als korrelative Begriffe aufgefasst. *Kelsen* lehnt somit die These *Schlicks*, dass Normen nichts

---

26   *Zahme Xenien*, 2. Buch = Bd. 3 der Weimarer Ausgabe, Weimar 1890, S. 258.
27   Hans Kelsen, *Reine Rechtslehre*[2]. Wien: Deuticke 1960, S. 16, 67.

anderes seien als Tatsachen, ab.[28] Näher zu *Kelsen* steht innerhalb des Wiener Kreises wohl *Kraft*, der Werte und Normen (Imperative) in einer – freilich nicht letztlich genau bestimmten – Relation sieht.[29] *Krafts* Wert- und Normenlehre scheint jedoch eine Entwicklung in die Richtung genommen zu haben, dass letztlich *Normen* als besondere – geltende – *Objekte* angenommen werden.

Damit hat sich bei *Kraft* eine Sicht entwickelt, die jener *Kelsens* wenigstens nahekommt. Er spricht nämlich von Wissenschaften, die ein „Sein zum Gegenstand haben" und Wissenschaften, „die nicht etwas, das ist, betreffen, sondern etwas das sein soll, ... Normen". Zu diesen wird – unter Berufung auf *Kelsen* – die Rechtswissenschaft gezählt, die Normen behandelt, die für die speziellen Verhältnisse einer Gesellschaft aufgestellt sind und Zwangsmittel für ihre Durchsetzung statuieren.[30] Das, was *Kraft* letztlich noch von *Kelsen* unterscheidet, ist, dass seinen Normen noch etwas von der Art eines Urteils – etwa die Ableitbarkeit – anhaftet, was für die Reine Rechtslehre – zumindest in ihrer letzten Fassung – nicht zutrifft.

2. Werturteilsproblematik

In dem Punkte, den man als jenen der Werturteilsproblematik bezeichnen kann, scheint weithin Übereinstimmung zu bestehen: Absolute Werte und oberste Normen sind für beide Schulen nicht erkennbar.[31, 32]

Eine gewisse Ausnahme bildet *Kraft*, der in bestimmten Fällen objektiv gültige Werte annehmen will.[33] In der zweiten Auflage der

---

28 *Ebd.*, S. 17. In dem in Anm. 1 erwähnten Brief *Kelsens* heißt es zu dieser Frage: „Die Moralphilosophie dieses Kreises – so wie sie in Schlicks ‚Fragen der Ethik' zum Ausdruck kommt, habe ich von Anfang an abgelehnt."

29 Victor Kraft, *Der Wiener Kreis*[3]. Wien–New York: Springer 1997, schreibt etwa, man könne „Werturteil – und dasselbe gilt für Normen ... einer logischen Analyse unterwerfen" (S. 180). Ein Werturteil wolle „nicht bloß ein subjektives Bekenntnis sein, sondern es erhebt den Anspruch auf allgemeine Geltung" (S. 171).

30 Victor Kraft, *Die Grundformen der wissenschaftlichen Methoden*. Wien: Verlag der Akademie der Wissenschaften 1973, S. 115-117. Vgl. auch Victor Kraft, „Die Giltigkeit von Normen", in: *Zeitschrift für allgemeine Wissenschaftstheorie*. Wiesbaden: Franz Steiner Verlag GmbH 1974, Bd. V, S. 317.

31 Hans Kelsen, *Reine Rechtslehre*[2]. Wien: Deuticke 1960, S. 18, 65.

32 Victor Kraft, *Der Wiener Kreis*[3]. Wien–New York: Springer 1997, S. 171.

33 *Ebd.*, S. 171.

Wertlehre *Krafts* (1951)[34] scheint diese Position noch nicht ganz deutlich zu werden, weshalb sich einige Zeit Wertrelativisten und Wert-
absolutisten auf *Kraft* berufen haben.[35] Der scharfsinnige dänische
Rechtstheoretiker *Alf Ross* – ein früher Kelsen-Schüler[36] und später als
Rechtsrealist auch dessen Antipode[37] – hat jedoch schon in seiner
Besprechung der Wertlehre *Krafts* im Jahre 1955[38] Einwände gegen
dessen Annahme überindividueller Werte erhoben. *Kraft* hat jedoch
seinen schon in der Wertlehre angedeuteten Weg fortgesetzt, wozu
hier nur auf seine Arbeit über Rationale Moralbegründung (1963)[39]
verwiesen sei. Kern seines – in gewisser Weise: teleologischen – Gedankens ist, dass sich aus einem feststehenden Ziel das ableiten lässt,
was zur Erreichung dieses Ziels erforderlich und damit gesollt ist. Ziel
des Menschen sei u.a. Sicherung des (eigenen) Lebens. Dies müsse
er aber auch anderen Menschen zugestehen. So ergebe sich ein überindividuelles – gewissermaßen: absolutes – Ziel. Dagegen ist einzu-
wenden, dass ein solches „natürliches Ziel" aller Menschen nicht empirisch feststellbar ist, sondern von *Kraft* verdeckt eingeführt wird,
womit er letztlich eine naturrechtliche Position bezieht, die die Vertreter der Reinen Rechtslehre nicht akzeptieren können.[40]

---

34 Victor Kraft, *Die Grundlagen einer wissenschaftlichen Wertlehre*². Wien: Springer
    1951.

35 Vgl. z.B. Alfred Verdroß, *Abendländische Rechtsphilosophie*. Wien: Springer
    1963; Robert Walter, „Kelsens Rechtslehre im Spiegel rechtsphilosophischer
    Diskussion in Österreich", in: *Österreichische Zeitschrift für Öffentliches Recht*.
    Wien: Springer 1968, Bd. XVIII, S. 338.

36 Vgl. Rudolf A. Métall, *Hans Kelsen. Leben und Werk*. Wien: Deuticke 1967, S.
    29. Alf Ross hat *Kelsen* sein großes Werk *Theorie der Rechtsquellen*. Wien:
    Deuticke 1929, gewidmet.

37 Vgl. Hans Kelsen, „Eine ‚Realistische' und die Reine Rechtslehre. Bemerkungen zu
    Alf Ross: On Law and Justice", in: *Österreichische Zeitschrift für öffentliches
    Recht*. Wien: Springer 1960, Bd. X, S. 324.

38 Alf Ross, Buchbesprechung: „Die Grundlagen einer wissenschaftlichen Wertlehre
    (Victor Kraft)", in: *Österreichische Zeitschrift für öffentliches Recht*. Wien:
    Springer 1955, Bd. VI, S. 117.

39 Vgl. auch Victor Kraft, *Die Grundlagen der Erkenntnis und der Moral*, Berlin:
    Duncker und Humblot 1968.

40 Einwendungen gegen *Krafts* Position hat auch Ota Weinberger, „Ist eine rationale
    Erkenntnis des Naturrechts möglich?", in: *Österreichische Zeitschrift für öffent-
    liches Recht*. Wien: Springer 1972, Bd. XXIII, S. 89, erhoben, worauf Victor
    Kraft, „Ist eine rationale Begründung von sozialen Normen möglich?", in:
    Österreichische Zeitschrift für öffentliches Recht. Wien: Springer 1972, Bd. XXIII,
    S. 289, geantwortet hat. Auf diese – nicht die Hauptsache berührende –
    Diskussion kann hier nicht eingegangen werden. Zutreffend schreibt *Eric*

3. Normen und Urteile über Normen (Normbeschreibende Urteile)

In der Spätlehre *Kelsens* ist der *Status der Normen* besonders deutlich geworden. Sie werden jeglichen logischen Elements entkleidet und werden somit noch deutlicher als bis dahin „Gegenstände der Betrachtung". So wie die *Seinswissenschaften „Gegenstände des Seins"* betrachten und beschreiben, betrachten und beschreiben die *normativen Wissenschaften* die *„Gegenstände des Sollens"*, d.h. die *Normen*. Die Normen sind – ebenso wie Seinsgegenstände – weder wahr noch falsch, sondern existent, d.h. geltend oder nicht existent (nicht geltend).[41] Die Normwissenschaften pflegen Aussagen über die geltenden Normen zu machen, d.h. anzugeben, was nach ihnen gesollt ist; sie „beschreiben" damit die Normen. Wenn ein österreichischer Jurist sagt, bei verschuldeter Schadenszufügung solle Schadenersatz geleistet werden, so geht es nicht um Normsetzung, sondern um eine Aussage über die bestehende Rechtsordnung. Solche Aussagen können wahr oder falsch sein. Wahr, wenn eine entsprechende Norm besteht, falsch, wenn eine solche nicht vorhanden ist.

Diese Überlegungen zeigen, dass die Regeln der Logik zwar auf Urteile über Normen (normbeschreibende Urteile) angewendet werden können, nicht aber auf die Normen selbst. Dies führt zu gewissen Einsichten, die hier nur angedeutet werden können:

a) Aus *Normen* können gedanklich *keine* anderen *Normen* abgeleitet werden.[42] Wenn man sagt: *jedermann* soll von ihm schuldhaft zugefügten Schaden ersetzen, daher soll *auch A* den von ihm schuldhaft zugefügten Schaden ersetzen, so leitet man nicht aus einer allgemeinen Norm eine individuelle Norm ab – es gibt ja keine *Setzung* der individuellen Norm –, sondern beschreibt zutreffend die normative Situation. Man hat die allgemeine Norm über den Schadenersatz mit einem Urteil, wonach allgemein (von jedermann) Schadenersatz zu

---

Hilgendorf (vgl. FN 2, S. 411) zu *Krafts* Vorgangsweise: „Eine Letztbegründung läßt sich allerdings auf diese Weise nicht erreichen." Wichtige Einwände gegen die Thesen *Krafts* erhebt auch Reiner Porstmann, „Werturteile als wissenschaftliche Aussagen", in: *Zeitschrift für allgemeine Wissenschaftstheorie*, Wiesbaden: Franz Steiner Verlag GmbH, Bd. V, 1974, S. 323.

41   Eine Norm kann auch nicht „richtig oder unrichtig" sein. Dies meint Victor Kraft, *Rationale Moralbegründung*. Wien: Verlag der Akademie der Wissenschaften 1963, S. 35. *Krafts* Unterscheidung zielt jedoch darauf ab, ob eine Norm – im Lichte eines gegebenen Ziels – zweckentsprechend ist. Dies ist eine andere Frage.

42   Solche Ableitungen will *Kraft* vornehmen. Vgl. z.B. Victor Kraft, *Die Grundformen der wissenschaftlichen Methoden*. Wien: Verlag der Akademie der Wissenschaften 1973, S. 117.

leisten sei, zutreffend beschrieben. Aus diesem (wissenschaftlichen) *Urteil* – nicht aus der *Norm* – kann abgeleitet werden, dass auch A (weil unter „jedermann" fallend) Schadenersatz zu leisten habe. So funktioniert der juristische Syllogismus.

b) Es gibt keinen „Widerspruch" zwischen Normen; ein solcher ist nur bei Urteilen möglich. Freilich können Normen – weil der Gesetzgeber nicht aufmerksam ist oder mehrere Gesetzgeber tätig werden – (ganz oder teilweise) in Konflikt miteinander geraten; etwa indem sie Unvereinbares anordnen. Solche Normenkonflikte sind nicht logisch auflösbar. Für ihre Beseitigung kann nur die Normenordnung selbst Regeln enthalten.

Damit ist die angeschnittene Problematik – sie wird zuletzt unter dem Titel „Recht und Logik" diskutiert – nur für den vorliegenden Zusammenhang angedeutet.[43]

VIII. Exkurs: Die Reine Rechtslehre, der Wiener Kreis und Kant

An dieser Stelle sei noch auf einen Aspekt des Verhältnisses zwischen den Schulen aufmerksam gemacht:

Dass es zwischen diesen so wenige Berührungspunkte gegeben hat, könnte darauf beruhen, dass man innerhalb des Wiener Kreises *Kelsen* als *Kantianer* angesehen hat[44] und der Wiener Kreis der Philosophie *Kants* kritisch gegenüberstand. Dazu können heute – in einem milderen Licht der kritischen Distanz – zwei Bemerkungen gemacht werden:

1) Es scheint als habe der Wiener Kreis das, was ihn von der *Kantschen* Philosophie trennt, manchmal zu allgemein und zu scharf gese-

---

43   Vgl. näher Robert Walter, *Kelsens Rechtslehre*. Baden-Baden: Nomos 1999, S. 30 und die dort zit Lit.

44   *Heinrich Neider* berichtet, dass *Kelsen* als *Kantianer* galt (vgl. Heinrich Neider, „Persönliche Erinnerungen an den Wiener Kreis", in: Kurt Rudolf Fischer [Hrsg.], *Österreichische Philosophie von Brentano bis Wittgenstein*. Wien: WUV 1999, S. 329).

hen.[45] So viel, wie dies gelegentlich gemeint wurde, trennt ihn von *Kant* nicht.

2) *Kelsen*, der dankenswerterweise stets eine philosophische Basis für seine Rechtstheorie suchte, glaubte (wie auch eine Reihe seiner Schüler) diese Grundlage bei *Kant* bzw. dem Neukantianismus gefunden zu haben. Freilich nicht in *Kants* praktischer Vernunft, sondern in dessen Lehre zur Reinen Vernunft. Dabei kam es aber in erster Linie stets darauf an, dass man – unter Berufung auf *Kant* – eine *Kategorie des Sollens* zur Verfügung haben wollte und eine *Grundnorm* als *transzendentale Annahme*. In der Fortentwicklung der Reinen Rechtslehre schwächt sich freilich die Berufung auf *Kant* immer mehr ab. Und in der zweiten Auflage der *Reinen Rechtslehre* (1960) wird schon – mit deutlicher Reserve – nur mehr gesagt, dass man die Grundnorm – „wenn ein Begriff der Kantschen Erkenntnistheorie *per analogiam* angewendet werden darf" – als die transzendental-logische Bedingung der Deutung der Rechtsnormen ansehen kann.[46]

3) *Kelsen* hätte – wie es scheint – jede Philosophie akzeptiert, die ihm den angeführten Weg ermöglicht.

IX. Schlussbemerkung

Mit den bisherigen Bemerkungen sollte der positivistische Charakter der Reinen Rechtslehre deutlich geworden sein. Auch wenn die Position der Reinen Rechtslehre sich nicht auf die Hauptpositionen des Wiener Kreises stützen kann, und auch keine völlige Übereinstimmung mit der Wertlehre von *Kraft* besteht, zeigen sich doch wichtige Parallelen. *Man kann sagen, dass die Reine Rechtslehre philosophisch mehr mit dem Wiener Kreis verbindet, als sie von ihm trennt.*

---

45 Zurückhaltend freilich Victor Kraft, *Der Wiener Kreis*[3]. Wien–New York: Springer 1997, S. 175, wenn er schreibt, dass in der Auffassung der Philosophie, wie sie der Wiener Kreis vertreten hat, gegenüber *Kant* keine umstürzende Neuerung liege. Dies betont – in bezug auf die Lehren *Krafts* – auch Friedrich Kainz, *Victor Kraft*, in: *Almanach der Österreichischen Akademie der Wissenschaften*, Wien 125. Jg., 1975, S. 32.

46 Hans Kelsen, *Reine Rechtslehre*[2]. Wien: Deuticke 1960, S. 205.

CLEMENS JABLONER

BEITRÄGE ZU EINER SOZIALGESCHICHTE DER DENKFORMEN:
KELSEN UND DIE EINHEITSWISSENSCHAFT

I. Einleitung

1. Vorbemerkung

Mit dem Logischen Empirismus verband die Reine Rechtslehre das
Streben nach einer rationalen, empirischen und metaphysikfreien Beschreibung der Welt. Auf dieser allgemeinen Ebene fügen sich beide
Strömungen in das Muster der „Wiener Moderne" ein. *Zwischen* beiden
Schulen stand die Skepsis des Wiener Kreises gegen die Annahme
einer eigenständigen Sphäre des Sollens. Für Neurath war Kelsen
daher zwar ein Überwinder theologischer Restbestände in der Staatslehre, aber doch „nicht ganz metaphysikfrei".[1]

In den Wiener Jahren kannte man einander zwar, in wissenschaftlicher Hinsicht blieb der Kontakt – sieht man vom „Grenzgänger" Felix
Kaufmann einmal ab[2] – aber an der Oberfläche. Kelsen sah dies 1963
in einem Brief an Henk Mulder rückblickend wie folgt:[3]

„In Beantwortung Ihres Schreibens vom 31. Maerz teile ich Ihnen
mit, dass ich nicht eigentlich zu dem so genannten ‚Wiener Kreis' im
engeren Sinne des Wortes gehoerte. Ich kam mit diesem Kreis in persönliche Beruehrung durch meine Bekanntschaft mit Prof. Schlick,
Dr. Otto Neurath, Prof. Philipp Frank und Prof. Victor Kraft. Was mich
mit der Philosophie dieses Kreises verband – ohne darin von ihr beein-

---

1   Otto Neurath, „Empirische Soziologie.Der wissenschaftliche Gehalt der Geschichte
    und Nationalökonomie", 1931, Neudruck in: Rudolf Haller/Heiner Rutte (Hrsg.),
    Otto Neurath. Gesammelte philosophische und methodologische Schriften, Wien:
    Hölder-Pichler-Tempski, Bd. I, 1981, S. 423-527 (S. 501). (Im Folgenden:
    „Neurath, *Empirische Soziologie*".) Vgl. weiters Edgar Zilsel, *Soziologische
    Bemerkungen zur Philosophie der Gegenwart*, Der Kampf 1930, 23.Bd., S. 41ff.
    (S. 419): „Ebenso faßt Kelsens Rechtsphilosophie zumindest den Staat als ein
    Gebilde von ‚Normen' auf und entzieht ihn der kausalen Forschung".

2   Zu Felix Kaufmanns Verbindung zur Reinen Rechtslehre und zum Wiener Kreis vgl.
    Hans Georg Zilian, „Felix Kaufmann – Leben und Werk", in: Friedrich Stadler
    (Hrsg.), *Phänomenologie und Logischer Empirismus. Zentenarium Felix Kaufmann*,
    Springer-Verlag: Wien–New York 1997, S. 11. Vgl. auch Günther Winkler,
    Geleitwort zu Felix Kaufmann, *Methodenlehre der Sozialwissenschaften*, Springer-
    Verlag: Wien–New York: 1999, S. V.II.

3   Brief Hans Kelsens an Henk L. Mulder vom 5. Mai 1963. Mulder hatte einen
    Fragebogen zur Erforschung des Wiener Kreises ausgesendet. (Zit. m. Gen. der
    Wiener Kreis Stichting, Amsterdam. Alle Rechte vorbehalten.)

flusst zu sein – war ihre anti-metaphysische Tendenz. Die Moralphilosophie dieses Kreises – so wie sie in Schlicks ‚Fragen der Ethik‘ zum Ausdruck kommt – habe ich von Anfang an abgelehnt. Doch haben die Schriften von Philipp Frank und Hans Reichenbach ueber Kausalität meine Auffassung dieses Problems beeinflusst ..."

Mit dem Thema „Kausalität" spricht Kelsen freilich durchaus intensive persönliche und wissenschaftliche Verbindungen an. Zu diesen kam es allerdings erst 1936, also schon in der Emigration. Neurath als Wortführer des Wiener Kreises, der im österreichischen Ständestaat keinen Platz mehr hatte, arbeitete in Holland, Kelsen war aus Köln 1933 nach Genf gegangen, beide flohen schließlich in die USA.

Ihre Begegnung erfolgte unter schwierigsten Zeitumständen. Der Briefwechsel zwischen Neurath und Kelsen über den Zeitraum 1935 bis 1941[4] ist vor allem deshalb bemerkenswert, weil er zeigt, mit welch verzweifelter Energie beide Gelehrte, die ja schon im fortgeschrittenen Alter standen – Kelsen war Jahrgang 1881, Neurath 1882 – ihre rationale Wissenschaft betrieben. Nur als Beispiel für die damalige Stimmung Zitate aus einem Brief Neuraths vom 23. Oktober und von Kelsen vom 2. November 1939.

Neurath: „Ich bin erst vor ein paar Tagen angekommen, nachdem ich mehr als 2 Wochen unterwegs gewesen. In England eine Woche Aufenthalt. Die englischen Offiziere sehr höflich und freundlich. Im übrigen gesehen wie im Kanal ein deutscher Bomber uns umkreiste (holl. Schiff), im Hafen, wo wir visitiert wurden, schoss ein Kriegsschiff auf Flieger, treibende Minen waren nahe dem Schiff – Rettungsboote und Rettungsgürtel immer bereit. Es war alles zeitgemäss – im übrigen schlief und ass ich gut. ..."

Kelsen ist weniger gelassen. Nach einigen technisch-redaktionellen Sätzen sagt er abschließend: „Wann wir uns wiedersehen werden? Die Beantwortung dieser Frage hängt leider von der Weltgeschichte ab; und mit dieser stehe ich auf schlechtem Fuße."

In der Sache war Neurath schon Ende 1935 an Kelsen herangetreten, nachdem er von Carnap und Rougier gehört hatte, dass sich Kelsen „für unsere Arbeiten interessiere". Kelsen suchte nach einem Forum, um über die *„Ideengeschichte des Gerechtigkeitsproblems"* referieren zu können und sah Bezugspunkte zum Logischen Empirismus. In der Folge kam es zu einem solchen Auftritt freilich weder auf dem Kongress für Einheitswissenschaft in Kopenhagen 1936 noch auf je-

---

4 Briefwechsel Neurath/Kelsen. (Zur Quelle vgl. Fn. 3.)

nem in Cambridge 1938, sondern erst auf dem 5. Kongress in Harvard vom 3. bis 9. September 1939. Dort spricht Kelsen unter dem Titel „Causality and Retribution".[5] Parallel dazu wächst ein Buchprojekt heran, zunächst unter dem Titel „Die Idee der Vergeltung und das Gesetz der Kausalität; eine ethnologische Untersuchung",[6] dann als „Die Naturauffassung der Primitiven und der Begriff der Kausalität"[7] und schließlich als *Vergeltung und Kausalität. Eine soziologische Untersuchung.* Diese Schrift liegt 1941 als Volume II der „Library of Unified Science" druckreif vor,[8] kann aber nicht mehr ausgeliefert werden. Es erscheint erst 1946, erfährt selbst keine Übersetzung, indessen einen von Topitsch eingeleiteten Neudruck 1982.[9]

1943 erscheint die englische Fassung *Society and Nature*, der freilich die Kelsen so wichtigen „Exkurse" der deutschen Fassung fehlen. Dieser Version wird in mehrere Sprachen übersetzt.[10] Das Thema ist dann später noch Gegenstand mehrerer Aufsätze Kelsens, der intellektuelle Ertrag findet in der zweiten Auflage der *Reinen*

5　Vgl. Friedrich Stadler, *Studien zum Wiener Kreis.* Frankfurt/Main: Suhrkamp 1997, S. 429. Kelsens Vortrag wurde unter dem Titel „Die Entstehung des Kausalgesetzes aus dem Vergeltungsprinzip", in: *The Journal of Unified Science (Erkenntnis)*, Vol. VIII, No 1-3, 1939, S. 69ff. publiziert. Weiters hätte der Vortrag in englischer Fassung unter dem Titel „Causality and Retribution" in Vol. IX, 1939, S. 234ff der zit. Zeitschrift erscheinen sollen, doch kam es nicht zur Herausgabe dieses Heftes. Diese Fassung liegt nur als Sonderdruck vor (Hans Kelsen-Institut, Wien).

6　Kelsen an Neurath vom 3. Jänner 1938 (Zur Quelle vgl. Fn. 3).

7　Kelsen an Neurath vom 29. Oktober 1938 (Zur Quelle vgl. Fn. 3).

8　*Library of Unified Science*, Book series. Otto Neurath (Editor in chief), Rudolf Carnap, Phillip Frank, Jørgen Jørgensen, Charles W. Morris (Associate Editors). Volume II: Hans Kelsen, *Vergeltung und Kausalität. Eine soziologische Untersuchung.* The Hague: W.P. van Stockum & Zoon N.V.: 1941. (In den Fahnen noch: „Die Idee der Vergeltung und das Gesetz der Kausalität" (Zur Quelle vgl. Fn. 3.) (Im Folgenden: „Kelsen, *Vergeltung und Kausalität*".)

9　Zur weiteren Editionsgeschichte vgl. im einzelnen die Bibliographie der Werke Kelsens, Position 224 (Hans Kelsen-Institut, Wien).

10　Vgl. ebd., Position 246.

Rechtslehre von 1960 seinen Niederschlag.[11] Soweit also die histo-
risch-editorische Vorbemerkung.[12]

2. Fragestellungen

Es ist also nicht das erkenntnistheoretische Zentrum, in dem die Begegnung stattfindet, sondern die *historisch-soziologische Peripherie*[13]
beider Strömungen. Im Folgenden soll hauptsächlich gezeigt werden,
dass Kelsens „ideologiekritische" Schriften – deren wesentlicher Gehalt zunächst darzustellen ist – einen nicht-trivialen Beitrag zum For-
schungsprogramm der Einheitswissenschaft darstellten. Wieso sich
sowohl Reine Rechtslehre als auch Logischer Empirismus mit dem
scheinbar weit abliegenden Thema einer „Sozialgeschichte der Denkformen" befassten, ist erklärungsbedürftig, der Status dieser Art von
Erwägungen soll vor dem Hintergrund der jeweiligen Ansätze bespro-
chen werden. Danach werden drei gemeinsame Themen näher behandelt, nämlich die jeweiligen Deutungen der sogenannten „primitiven
Mentalität", hier insbesondere die Rolle der Magie, die *Begriffsge-
schichte des Naturgesetzes* und schließlich die *Emanzipation des Kausalitätsprinzips*. Bei diesen – ziemlich ehrfurchtgebietenden – Themen
liegt es auf der Hand, dass es um nicht mehr gehen kann, als darum,
ein Schlaglicht auf die Überschneidung zweier wissenschaftlicher
Strömungen zu werfen.

---

11 „Causality and Retribution", *Philosophy of Science*, Vol. 8, No. 4, S. 533ff.;
    „Causality and Imputation", *Ethics*, Vol. LXI, No 1, 1950, S. 1ff.; „Kausalität und
    Zurechnung", *Österreichische Zeitschrift für Öffentliches Recht*, Bd. 8, 1955, S.
    125ff und *Reine Rechtslehre*, 2. Auflage, Wien: Verlag Franz Deuticke, 1960, S.
    79ff. (Im Folgenden: „Kelsen, *Reine Rechtslehre*".)

12 Zur Vollständigkeit ist noch zu erwähnen, dass Kelsen auch noch am 6. Kongress
    in Chicago 1941 teilnimmt und zur Werturteilsproblematik spricht – vgl. Friedrich
    Stadler, *Studien zum Wiener Kreis*, S. 436. Dieses Thema fällt jedoch nicht in
    unseren Zusammenhang.

13 In diesem Sinn ordnet Friedrich Stadler, *Studien zum Wiener Kreis*, S. 860, Kelsen
    wohl auch zutreffend der „Peripherie" des Wiener Kreises zu.

II. Entwicklung der Denkformen

1. Die Ideologiekritik der Reinen Rechtslehre

a. Zurechnung und Kausalität

Im Mittelpunkt von Kelsens wissenschaftlichem Werk steht die Ausarbeitung einer Rechtstheorie, der Reinen Rechtslehre in einem engeren Sinn. Seine Beiträge zur Ideologiekritik und „Weltanschauungslehre" stehen aber keineswegs beziehungslos neben dem juristischen Werk, sondern dienen im Systemzusammenhang dazu, der Reinen Rechtslehre ein wissenschaftstheoretisches und -historisches Fundament zu geben. Als verbindende Klammer erscheint dabei der Versuch einer „konsequent nachmetaphysischen Rechtstheorie" (H. Dreier).[14]

Kelsens Weg zu seinem ideologiekritischen Hauptwerk *Vergeltung und Kausalität* nimmt seinen Ausgang bei der Grundthematik der Reinen Rechtslehre, der Begründung einer sowohl normativistischen als auch positivistischen Rechtswissenschaft:[15] Als *Normativist* verfolgte Kelsen von Anfang an die Linie eines konsequenten Dualismus von „Sein und Sollen". In der Gegenüberstellung von Kausalität und Zurechnung wird dieser Dualismus als jener der die Natur- von den Normwissenschaften unterscheidenden Ordnungsprinzipien behandelt.[16] Als *Zurechnung* bezeichnet Kelsen die Verknüpfung zweier Tatsachen durch einen Soll-Satz, somit als jenes von der Kausalität verschiedene Ordnungsprinzip, das bei der Beschreibung einer normativen Ordnung des gegenseitigen Verhaltens von Menschen zur Anwendung komme. Zwar habe das Prinzip der Zurechnung in den Rechtssätzen eine ähnliche Funktion wie das Kausalitätsprinzip in den Naturgesetzen. Aber die Verknüpfung habe doch eine ganz andere Bedeutung, da sie durch die Rechtsautorität, also die durch einen Willensakt gesetzte Norm

---

14   Horst Dreier, *Rechtslehre, Staatssoziologie und Demokratietheorie bei Hans Kelsen*, 2. Auflage, Nomos-Verlagsgesellschaft: Baden-Baden 1990, S. 23, S. 91ff.

15   Vgl. allgemein Robert Walter, „Hans Kelsens Rechtslehre" , in: H. Dreier (Hrsg.), *Würzburger Vorträge zur Rechtsphilosophie, Rechtstheorie und Rechtssoziologie*, Heft 24, Nomos-Verlag: Baden-Baden 1999.

16   Vgl. zum Folgenden Rosemarie Pohlmann, „Zurechnung und Kausalität. Zum wissenschaftstheoretischen Standort der Reinen Rechtslehre von Hans Kelsen", in: *Rechtstheorie*, Beiheft 5, 1984, S. 83ff.

hergestellt sei, während die Verknüpfung von Ursache und Wirkung, die im Naturgesetz ausgesagt wird, davon unabhängig sei.[17]

Das *positivistische* Element der Reinen Rechtslehre liegt darin, dass die von der Rechtswissenschaft zu beschreibende normative Zwangsordnung als Sinn *menschlicher Willensakte* aufgefasst wird.[18] Damit wird jede Art von Naturrecht verworfen, sei es wie immer konstruiert. Freilich stellt sich für die Reine Rechtslehre dann die Frage, woraus sich nun die objektive Geltung des Normensystems ergibt. Im Hinblick auf die Trennung von Sein und Sollen kann die Reine Rechtslehre diese Frage nicht aus der sozialen Wirksamkeit der Normen heraus beantworten. Kelsens *kritischer Rechtspositivismus* löst dieses Problem mittels einer formalen Annahme, der „Grundnorm".[19]

Mit der Verwerfung des Naturrechts allein ist es allerdings nicht getan, da die „Reinigung" der Rechtswissenschaft von naturrechtlichen Elementen im Einzelnen sehr aufwändig ist. In einer weit ausfassenden Ideologiekritik untersucht Kelsen – gleichsam auf der rechtssoziologischen Ebene der Reinen Rechtslehre – die verschiedenen materiellen „Grundnormen" des Naturrechts, wie „Gerechtigkeit", „Gleichheit" etc. Als älteste und mächtigste Regel erscheint dabei das Prinzip der „Vergeltung".[20]

b. Zurechnung und Vergeltung

Die Verbindung von „Zurechnung" und „Vergeltung" liegt nun in Folgendem:

Kelsen behauptet, dass eine Analyse „primitiver Gesellschaften und der Eigenheit primitiver Mentalität" zeige, dass die Deutung der Natur

---

17   Hans Kelsen, *Reine Rechtslehre*, 79ff.

18   ebd., S. 1ff.

19   ebd., S. 196ff., besonders S. 223ff. Dazu Robert Walter, „Entstehung und Entwicklung des Gedankens der Grundnorm", in: Walter (Hrsg.), *Schwerpunkte der Reinen Rechtslehre*, Schriftenreihe des Hans Kelsen-Instituts, Band 18, MANZ-Verlag: Wien 1992, 47.

20   Vgl. dazu vor allem: „Das Problem der Gerechtigkeit, Anhang zur Reinen Rechtslehre", in Kelsen, *Reine Rechtslehre*, S. 335ff., besonders S. 365. Vgl. auch Robert Walter, „Hans Kelsen, die Reine Rechtslehre und das Problem der Gerechtigkeit", in: M. Beck-Managetta/H. Böhm/G. Graf (Hrsg.), *Der Gerechtigkeitsanspruch des Rechts*, FS für Theodor Mayer-Maly, Springer-Verlag: Wien 1996, S. 207ff.

durch den Primitiven[21] nicht nach dem Prinzip der Kausalität, sondern nach dem der Zurechnung erfolge, also mittels der Verknüpfung zweier Tatsachen durch einen Soll-Satz.[22] Das hat zur Folge, dass es für den „Primitiven" gar keine Natur in unserem Sinne gibt, sondern ausschließlich *Gesellschaft*. Als „Grundnorm" dieser Gesellschaft fungiere die „Vergeltung".[23] Das Vergeltungsprinzip wird so zu dem der Kausalität analogen Erklärungsprinzip.

Wenn überhaupt Bedürfnis nach einer Erklärung der Phänomene bestehe, erfolge diese nach folgendem Prinzip: „Wenn ein Ereignis als Übel empfunden wird, wird es als Strafe für ein schlechtes Verhalten, ein Unrecht, wenn es als Wohltat empfunden wird, als Belohnung für ein gutes Verhalten gedeutet."[24] Der „Primitive" frage also nicht nach der Ursache – und wäre sie auch mystischer Art – sondern nach dem *Verantwortlichen*. Diese Deutung der Natur nennt Kelsen „soziale Deutung der Natur".[25]

Durch die Vorherrschaft des Fühlens und Wollens, also der emotionalen Komponente beim „Primitiven", sei sein Bedürfnis nach rationaler objektiver Erkenntnis sehr schwach entwickelt.[26]

---

21 Die Ausdrücke „Primitiver" und „primitiv" werden von der modernen Ethnologie aus naheliegenden Gründen nicht mehr verwendet und daher im Folgenden – wo dem damaligen Sprachgebrauch gefolgt werden soll – unter Anführungszeichen gesetzt. Zum Begriff vgl. aber auch Günter Dux, *Die Logik der Weltbilder. Sinnstrukturen im Wandel der Geschichte*, 3. Auflage, Suhrkamp: Frankfurt/Main 1982, S. 103f., der den Begriff des „Primitiven" für unverzichtbar hält, „wenn anders nicht Geschichte überhaupt um das Verständnis ihrer Entwicklungslogik von den Anfängen her gebracht werden soll."

22 „Zurechnung" wird in der Rechtstheorie – und auch von Kelsen selbst – verschieden gebraucht: „Zurechnung" bedeutet nämlich auch die Verknüpfung zwischen dem Verhalten eines Organes und einer Gemeinschaft, indem dieser das Verhalten eines Organes „zugerechnet" oder „zugeschrieben" wird. Diese Verknüpfungsart nennt Kelsen (*Reine Rechtslehre*, S. 154) daher nunmehr „Zuschreibung". Keine Neuerung ergibt sich für Kelsen bei jener Konstruktion, die der Rechtswissenschaft als *Zurechnungsfähigkeit* bekannt ist, da hier eine Verknüpfung zwischen Unrechtshandlung und Unrechtsfolge, also von Tatsachen, erfolgt (ebd., S. 85).

23 Kelsen, *Vergeltung und Kausalität*, S. 66.

24 *Österreichische Zeitschrift für öffentliches Recht*, 1955, S. 130.

25 Kelsen, *Vergeltung und Kausalität*, S. 7; in dem in der vorigen Fn. zitierten Aufsatz: „sozionormative Deutung der Natur".

26 ebd., S. 7. Ähnlich Ernst Topitsch, *Vom Ursprung und Ende der Metaphysik – Eine Studie zur Weltanschauungskritik*, DTV: München 1972, S. 37, der die von Kelsen gesammelten Beispiele verwendet und als Belege für eine „soziomorphe Weltauffassung" gebraucht. Der Ansatz von Topitsch zur Beschreibung der vor-

Kelsen sieht einen notwendigen und historisch-ethnologisch nachweisbaren Zusammenhang zwischen dem Vergeltungsprinzip und dem Animismus.[27] Unter „Animismus" versteht man eine „primitive" Weltanschauung, der zufolge nicht nur der Mensch, sondern auch alle anderen Lebewesen und auch unbelebte Gegenstände Persönlichkeit haben.[28] Alle Dinge sind somit Personen und verhalten sich wie Menschen. „Dass man etwa an einem Tier Vergeltung übt, setzt voraus, dass man es als Mensch, d.h. als Glied der eigenen Gesellschaft betrachtet, und das ist soziologisch der Sinn der Vorstellung, dass ein verstorbener Mensch sich in einem Tiere reinkarniert".[29] Kelsen spricht auch vom Seelenglauben als von der „Ideologie der Vergeltung".[30] Diese soziale Deutung der Natur tritt für Kelsen besonders deutlich dort hervor, wo Totemismus herrscht, d.h. die soziale Gliederung auf die Natur übertragen wird.[31]

c. Vergeltung und Kausalität

Zum Dualismus von Zurechnung und Kausalität und zum Versuch des Nachweises der Beherrschung der „primitiven" Mentalität durch das Vergeltungsprinzip tritt schließlich die dritte These: Kelsen hält es für „mehr als wahrscheinlich, dass das Gesetz der Kausalität aus der Norm der Vergeltung hervorgegangen" sei. Schon die griechische Naturphilosophie habe sich aus dem „mythisch-religiösen Denken der Vorzeit" heraus bis zu einer fast völligen Loslösung des Kausalgesetzes aus dem Vergeltungsprinzip entwickelt.[32] Danach sei diese Einsicht in der theologischen Weltanschauung des Mittelalters wieder verloren gegangen und erst von Hume wieder aufgenommen worden.[33] Der

---

wissenschaftlichen Mentalität ist allerdings weiter als jener Kelsens („intentionales Weltbild"). Vgl. weiters ders., „Einleitung" zum Nachdruck von *Vergeltung und Kausalität,* S. XXVI, XXX. Siehe weiters Günther Dux, a.a.O. S. 107ff.: „Subjektivistisches Deutungsparadigma".

27   ebd., S. 55, S. 83ff.

28   Vgl. z.B. Edward Evan Evans-Pritchard, *Theorien über primitive Religionen,* Suhrkamp-Verlag: Frankfurt/Main, 1968, S. 58, und Kelsen, *Vergeltung und Kausalität,* S.26, 40.

29   ebd., S. 86.

30   ebd, S. 177.

31   ebd, S. 48f., S. 332f.

32   Diese Entwicklung wird ebd., S. 236ff., in den einzelnen Stadien seit Thales von Milet bis zu den Atomisten Leukippos und Demokritos geschildert.

33   ebd., S. 259ff.

entscheidende Fortschritt bestehe in der Bewusstwerdung der Menschen, dass die Beziehungen zwischen den Dingen anders als die Beziehungen zwischen den Menschen „unabhängig von einem menschlichen oder übermenschlichen Willen oder, was auf dasselbe hinausläuft, nicht von Normen bestimmt sind".[34] Das Vergeltungsprinzip wirke aber bis in die neueste Zeit weiter. Die wissenschaftstheoretische Diskussion seiner Zeit sieht Kelsen als Prozess einer fortschreitenden Emanzipation vom Vergeltungsdenken.

d. Ende der Normativität?

Diese Kritik am Kausalitätsprinzip bleibt freilich nicht ohne Reflex auf die methodische Position der Reinen Rechtslehre: Kelsen meint nämlich nun in Bezug auf seinen eigenen normativen Ansatz, dass im Maße der

> Emanzipation der Kausalitätsvorstellung von jener der Vergeltung durch Aufgabe des Anspruchs auf absolute Notwendigkeit ... der Dualismus zu Gunsten einer – auch im sozialen Bereich möglichen – einheitlichen Wissenschaft überwunden wird.[35]

In *Vergeltung und Kausalität* denkt Kelsen die Evolution des Denkens zu Ende, wenn er meint, dass auch der Dualismus von Natur und Gesellschaft keineswegs das letzte Wort der Erkenntnis sei. Auch dieser Dualismus werde durch die „Auflösung des Normbegriffs" überwunden. Der Anspruch auf Normativität als eine gegenüber der Kausalität selbständige Gesetzlichkeit der Gesellschaft werde als bloße „Ideologie" durchschaut, hinter der sich als Realität konkrete Interessen von Individuen und Gruppen verbergen, die, zur Herrschaft gelangt, ihr Wollen als Sollen und dessen Ausdruck als Norm hinstellten. An die Stelle des Dualismus von Natur und Gesellschaft trete der von Realität und Ideologie.

Hier findet die dichteste Annäherung Kelsens an den Neopositivismus statt. Sie wird in zweiten Auflage der Reinen Rechtslehre, wo Kelsen den Ertrag der ideologiekritischen Arbeiten in die Rechtstheorie einbaut, durch eine Ausdifferenzierung des Ideologiebegriffs allerdings wieder teilweise zurückgenommen. Diese erfolgt, indem Kelsen zwischen dem ideologischen Charakter des Gegenstands, dem (positiven)

---

34   Vgl. zusammenfassend Kelsen, *Reine Rechtslehre*, S. 88.

35   Kelsen, *Vergeltung und Kausalität*, S. 281.

Recht und dem ideologischen Charakter der Beschreibung dieses Gegenstandes auf der Ebene der Rechtswissenschaft unterscheidet.
Ideologie könne nämlich einmal verstanden werden als all das,
„was nicht kausalgesetzlich bestimmte Wirklichkeit oder eine Beschreibung dieser Wirklichkeit ist". Insoweit wird „das Recht als Norm, das
heißt als der von kausal bestimmten Seins-Akten verschiedene Sinn
dieser Akte, eine Ideologie". Anders als in „Vergeltung und Kausalität"
wird eine einheitliche Sozialwissenschaft, die die Rechtswissenschaft
entbehrlich machen würde, nicht mehr in Aussicht gestellt. Es bliebe
der Reinen Rechtslehre die Aufgabe, den Weg zu jenem Standpunkt
frei zu machen, „von dem aus das Recht als eine Ideologie in diesem
Sinne – das heißt als ein von der Natur verschiedener Systemzusammenhang – verstanden werden kann". In diesem engeren Sinn bedeute
Ideologie bloß „eine nichtobjektive, von subjektiven Werturteilen beeinflusste, den Gegenstand der Erkenntnis verhüllende, sie verklärende
oder entstellende Darstellung" eines Gegenstandes, der auch das positive Recht sein kann. So verstanden bewährt sich die Reine Rechtslehre als eine *radikal realistische Rechtstheorie.*[36]

Horst Dreier hat die hier grob skizzierten Überlegungen Kelsens als
solche zur „Sozialgenese des Rechtspositivismus" eingeordnet.[37] Kelsen habe damit den

Rechtspositivismus als die wahrhaft wissenschaftliche Theorie des
Rechts in evolutionärer Perspektive ... in den umfassenden Prozess
der Entwicklung des Natur- und Weltverständnisses des Menschen
sowie der diesem Verständnis korrespondierenden Weltausle-
gungs- und Sinngebungsversuche

---

36   Kelsen, *Reine Rechtslehre*, S. 111f. Dieser Gedanke des doppelten Begriffs von
      Ideologie findet sich bei Kelsen bereits in einer gegen den marxistischen
      Materialismus gerichteten Abhandlung („Allgemeine Rechtslehre im Lichte
      materialistischer Geschichtsauffassung", nachgedruckt in: Norbert Leser (Hrsg.),
      H. Kelsen, Demokratie und Sozialismus, Vorwärts-Verlag: Wien 1967, S. 8f., und
      verkürzt auch in: Reine Rechtslehre, 1. Aufl., Deuticke-Verlag: Wien 1934, S. 34),
      erhält aber im Lichte von *Vergeltung und Kausalität* einen neuen Akzent. Vgl.
      auch Hans Mayer, „Das Ideologieproblem und die Reine Rechtslehre",
      nachgedruckt in: Rudolf Aladar Métall (Hrsg.), *33 Beiträge zur Reinen Rechtslehre*,
      Europa-Verlag: Wien 1974, S. 218ff.

37   H. Dreier, *Rechtstheorie, Rechtslehre, Staatssoziologie und Demokratietheorie bei
      Hans Kelsen* , S. 92.

eingefügt. Kelsen vertraut hier optimistisch auf die zivilisatorische Wirkung der wissenschaftlichen Aufklärung.

2. Die Einheitswissenschaft auf dem Weg zu „historisch-soziologischen Gesetzen"

„Einheitswissenschaft" bezeichnete zunächst das Programm des Logischen Empirismus, alle wissenschaftlichen Aussagen als kohärente Sätze über „physikalische" – d.h. in Raum und Zeit existierende, beobachtbare – Tatbestände aufzufassen.[38] Die Durchsetzung dieser „Wissenschaftlichen Weltauffassung" im Sinn einer „Reinigung" aller Wissenschaften – wie überhaupt aller Lebensbereiche – von Metaphysik und Aberglauben wurde vom „linken Flügel" des Wiener Kreises nicht ohne Pathos vorangetrieben.[39] Die „Unity of Science-Bewegung", mit der Kelsen durch Teilnahme an den Kongressen und Veröffentlichungen wie eingangs dargestellt in Verbindung trat, war die internationale Institutionalisierung des Logischen Empirismus.[40]

Wenn wir uns nun aus der Perspektive der Einheitswissenschaft unserem Thema – den Elementen einer Sozialgeschichte der Denkformen – zuwenden und nach der Relation zu Kelsen fragen, so sind für den gegebenen Zusammenhang zunächst jene Erwägungen interessant, die sich auf die Begründung der Soziologie und Geschichte auf Basis der Einheitswissenschaft bezogen; hier sind vor allem Neuraths „Empirische Soziologie" und einige Schriften von Zilsel zu nennen.[41]

---

38 Vgl. z.B. Otto Neurath, „Physikalismus", 1931, Nachdruck in: Haller/Rutte, *Otto Neurath. Gesammelte philosophische und methodologische Schriften*, S. 417ff. (419). Zur „Einheitswissenschaft" vgl. etwa Rudolf Haller, *Neopositivismus*, Wissenschaftliche Buchgesellschaft: Darmstadt 1993, S. 166; Rainer Hegselmann, „Otto Neurath – Empirischer Aufklärer und Sozialreformer", in: Hegselmann (Hrsg.), *Otto Neurath. Wissenschaftliche Weltauffassung, Sozialismus und Logischer Empirismus*, Suhrkamp: Frankfurt/Main 1979, S. 7ff. (17); Hans-Joachim Dahms, „Felix Kaufmann und der Physikalismus", in: Stadler (Hrsg.), *Phänomenologie und Logischer Empirismus*, S. 97 (S. 100ff.). Die spätere Modifikation dieses Ansatzes bleibt hier außer Betracht – vgl etwa Viktor Kraft, *Der Wiener Kreis*, 2. Auflage, Springer-Verlag: Wien–N.Y. 1968, S. 167.

39 Vgl. Rudolf Carnap/Hans Hahn/Otto Neurath, *Wissenschaftliche Weltauffassung – der Wiener Kreis*, in: Hegselmann ebd., S. 81. Der letzte Satz dieses Beitrages lautet: „Die Wissenschaftliche Weltauffassung dient dem Leben, und das Leben nimmt sie auf." (S.101). Vgl. auch Stadler, *Studien zum Wiener Kreis*, S. 374.

40 Vgl. Stadler, ebd., S. 388.

41 Vgl. die bei Wolfgang Krohn (Hrsg.), *Edgar Zilsel, Die sozialen Ursprünge der neuzeitlichen Wissenschaft*, Suhrkamp: Frankfurt/Main 1976, gesammelten Aufsätze.

Neurath versuchte, die Soziologie als Realwissenschaft zu begründen: soziologische Aussagen haben als Aussagen über räumlich-zeitliche Ordnung aufzutreten.[42] Die Gesetze dieser physikalischen Theorie sind freilich nicht die Gesetze der Physik, sondern soziologische.[43, 44]

Die Schrift Neuraths besteht zu einem großen Teil aus Ausführungen *über* die Einheitswissenschaft, denen wiederum ein historisierender Zug eigentümlich ist.[45] In einer Art Sozialgeschichte des Denkens – das erste Kapitel steht unter der signifikanten Überschrift „Von der Magie zur Einheitswissenschaft" wird die Geschichte der menschlichen Denkformen – und somit auch der Wissenschaft – rekonstruiert, wobei diese *„nicht abgesondert, sondern nur als Geschichte bestimmter Werkzeuge im Rahmen einer Geschichte des gesamten menschlichen Denkens" behandelt werden könnte.*[46]

Als solche Werkzeuge erscheinen je nach dem Entwicklungsstand etwa die Magie, aber auch die neuzeitliche Wissenschaft. Die Wissenschaftliche Weltauffassung und ihr Instrument Einheitswissenschaft werden in dieser Rekonstruktion als das bisher höchste Stadium in der Entwicklung des menschlichen Denkens vertreten.[47]

Diese Art der Reflexion ist jedoch selbst nicht schon Produkt der Einheitswissenschaft.[48] Zilsel hat später konkreter versucht, die Methode der Einheitswissenschaft auf die Geschichte zu übertragen, um auf der eher programmatischen Linie Neuraths zu *„historisch-soziologi-*

---

42   Neurath, *Empirische Soziologie*, S. 465.

43   Vgl. z.B. ebd., S. 477f.

44   Zur Methode Neuraths kritisch Zilsel, „Rezension Otto Neurath: Empirische Soziologie", 1931, Nachdruck in: Edgar Zilsel, *Wissenschaft und Weltanschauung. Aufsätze 1929–1931*, Böhlau Verlag: Köln–Weimar 1992, S. 145ff., besonders S. 147: Es sei widersprüchlich und unrealistisch, wenn Neurath einerseits der Physik zusammengesetzte Begriffe zugestehe, z.B. „Kraftfeld", andererseits aber von der Soziologie eine Zerlegung der Begriffe bis in elementarste Beobachtungen verlange, z.B. beim Begriff „Wille".

45   Vgl. schon August Comtes „Drei-Stadien-Theorie" (*The Positive Philosophy,* 1855, Neudruck: AMS Press. Inc.: New York 1974, S. 25ff.

46   Neurath, ebd., S. 426.

47   Neurath, ebd., S. 435.

48   Nach Wolfgang Stegmüller, *Probleme und Resultate der Wissenschaftstheorie und Analytischen Philosophie*, Bd. I, Wissenschaftliche Erklärung und Begründung, Springer-Verlag: Berlin–Heidelberg–N.Y. 1974, S. 428ff., hat man allgemein die positive Arbeit der einzelnen Vertreter des Empirismus an logischen und wissenschafttheoretischen Fragen von ihrer Polemik gegen die überkommene Metaphysik zu unterscheiden.

schen Gesetzen" zu gelangen.[49] Zilsel formuliert auch solche Gesetze – etwa die schrittweise Entwicklung des freien Künstlertums aus dem Handwerk in China, Griechenland und der Renaissance oder die Entwicklung der modernen Naturwissenschaft im Kreise bestimmter mathematisch gebildeter, experimentierender Handwerker und Ingenieure – sie haben allerdings nur im „Vorfeld" wirklicher Wissenschaft Geltung und sollen als „vorläufige und mehr oder weniger wahrscheinliche Behauptungen", als Beispiele, die illustrieren, welche Formen annäherungsweise historische Gesetze annehmen würde, dienen. Da man in der Geschichte keine Experimente machen könnte, bliebe als einziger Weg der Gesetzfindung „der Vergleich verschiedener Länder und Kulturen".[50] Es ist zu betonen, dass es sich bei diesen „Gesetzen" nicht etwa im Sinne des Verdiktes von Popper um „historizierende" Gesetze handelt, die einen unabänderlichen historischen Ablauf behaupten.[51, 52] Trotz großer Nähe zum historischen Materialismus unter anderen Aspekten bleibt Zilsel hier Empirist.

Ganz offensichtlich befinden wir uns hier am äußersten Rand des Logischen Empirismus. Welchen Status sowohl Kelsens Theorie der Entstehung des Kausalgesetzes aus dem Vergeltungsprinzip hat – wir erinnern uns an die Formulierung, dass er dies „für mehr als wahrscheinlich hält" – als auch Neuraths Programmatik und Zilsels historische Gesetze haben, soll hier nicht weiter vertieft werden.

III. Zur Deutung der „primitiven" Mentalität

Auf der Suche nach Konvergenzen sei zuerst auf die jeweiligen Deutungen der „Magie" und anderer Methoden der „primitiven" Naturdeutung eingegangen:

Für Kelsen ist das, was die Ethnologen als „Magie" bezeichnen, im Wesentlichen auch nichts anderes als ein System der sozialen Deutung der Natur. An diesem Vorgang sei, vom Standpunkt des „Pri-

---

49 „Die Physik und das Problem der historisch-soziologischen Gesetze", in: Krohn, *Edgar Zilsel, Die sozialen Ursprünge der neuzeitlichen Wissenschaft*, S. 200ff.

50 ebd., S. 208.

51 Karl R. Popper, *Das Elend des Historizismus*, 6. Auflage, J.C.B. Mohr (Paul Siebeck): Tübingen 1987, S. 33ff.

52 Zum Ganzen vgl. auch Mario Bunge, *Kausalität, Geschichte und Probleme*, J.C.B. Mohr (Paul Siebeck): Tübingen 1987, S. 299.

mitiven" aus gesehen, nichts „Magisches" oder „Übernatürliches".[53] Im
Exkurs „Das Wesen der Magie" setzt sich Kelsen eingehend mit den zu
seiner Zeit maßgebenden Theorien über die „primitive" Mentalität auseinander.[54] Von besonderer Bedeutung erscheinen hier einmal die
scharfe Ablehnung der damals maßgebenden Ansicht, dass es in der
Entwicklung des menschlichen Denkens eine Phase der „praeanimistischen Magie" gegeben habe und weiters die Auseinandersetzung mit
den Theoretikern des Denkens der Naturvölker, Cassirer und Lévy-
Bruhl. Die Vertreter der Lehre von der „praeanimistischen Magie" be-
haupteten, dass die Menschen zunächst durchaus kausal gedacht
hätten und erst später durch animistische Vorstellungen zu einem
„falschen Denken" gelangt seien. Der Begründer dieser Lehre war
Frazer, der die Magie als Wissenschaft – wenn auch von falschen
Gesetzen geleitet – kennzeichnete.[55] Kelsen lehnt die Meinung ab,
dass die Magie eine irrtümliche Vorstellung einer Kausalbeziehung sei
und betont die Abhängigkeit magischer Vorstellungen von der sozialen
Deutung der Natur. Es müsse nicht auf die Ergebnisse, sondern auf die
Methode ankommen, wollte man nicht die Grenze zwischen Magie
und Wissenschaft überhaupt verwischen. Magie sei jenes besondere
System, bei dem sich der Mensch zur Wunscherfüllung an eine über-
menschliche Instanz wende.[56]
     Neurath sieht in der Magie – auf der Linie Frazers – nicht etwas
schlechthin Irrationales, sondern eher ein System „vorwissenschaftlichen" Denkens. *Magie* bezeichne nicht Geheimnisvolles, „nur die *arm-
selige, mühsam erarbeitete Lebens-und Gesellschaftstechnik* primitiver, vor allem Ackerbau treibender Völker".[57] So schreibt er unter anderem, dass die Hypothesen und allgemeinen Sätze der magischen
Anschauungsweise, wenn man sie sich formuliert denkt, von uns zwar
abgelehnt würden, daraus aber noch lange nicht folge, dass die Kon-
klusionen unrichtig seien, die aus ihnen gezogen und als grobe Empirie
stets kontrolliert werden könnten. „Würde man aus falschen Voraussetzungen nicht auch Richtiges mit Hilfe korrekter Schlussweisen
ableiten können, die Menschheit wäre längst zu Grunde gegangen

---

53   *Vergeltung und Kausalität*, S. 38.

54   ebd., S. 335ff.

55   Vgl. J.G. Frazer, *The Golden Bough, Part I, The Magic Art and the Evolution of
     Kings*, Vol. I, Macmillan and Co.: London 1963, S. 220ff. (S. 221).

56   *Vergeltung und Kausalität*, S. 349.

57   *Empirische Soziologie*, S. 426 (Kursivsetzung im Original).

...".[58] Neurath sieht in der Magie ein evolutionär erfolgreiches System von Gewohnheiten.[59]

Beide Auffassungen sind miteinander nicht unvereinbar, da sich Neurath nicht auf die logischen Strukturen magischer Vorstellungen einlässt. Die sehr ausgebaute und mit zahlreichen Belegstellen aus der ethnologischen Literatur angereicherte Studie Kelsens will uns mit der Formel der „sozialen Deutung der Natur" zwar den Schlüssel zum Verständnis der primitiven Mentalität in die Hand geben, sagt uns aber nichts über die – wie immer relative – Wirksamkeit magischer Vorstellungen.[60]

---

58 „Wege der wissenschaftlichen Weltauffassung", 1929, Nachdruck in Haller/Rutte, *Otto Neurath. Gesammelte philosophische und methodologische Schriften*, S. 371ff. (375).

59 *Empirische Soziologie*, S. 427.

60 An dieser Stelle ist es verlockend, Kelsens Gedankengebäude mit dem heutigen Stand der Ethnologie – oder besser: „Sozialanthropologie" – zu vergleichen. Kelsen war sichtlich bemüht, die ihm zugängliche einschlägige Literatur möglichst vollständig zu verarbeiten. Wir sehen heute deutlicher, mit welchen methodischen Schwierigkeiten ethnologische Forschungen und insbesondere auch die Bildung von Theorien, die auf diesen Forschungen aufbauen, verbunden sind. Es bestehen methodische Bedenken gegen die ältere Literatur, die zum größeren Teil von Missionaren, Abenteurern etc. stammte, deren Zeugnissen zu misstrauen ist und deren Interesse nur allzu sehr auf das vermeintlich „Exotische" gerichtet war. Dazu tritt das Problem der Überfülle des Materials, mit dem sich nahezu jede These stützen lässt, die Kommunikationsprobleme, die gerade bei der Ausforschung religiöser Vorstellungen auftreten und andere kritische Einwände mehr (vgl. Hans G. Kippenberg, „Einleitung: Zur Kotroverse über das Verstehen fremden Denkens", in: Kippenberg/Brigitte Luchesi, *Magie. Die sozialwissenschaftliche Kontroverse über das Verstehen fremden Denkens*, Suhrkamp-Verlag: Frankfurt/Main 1978, S. 9ff. (S. 39).)
Dennoch spielt die Frage nach den Denkstrukturen „primitiver" Völker noch immer eine wichtige Rolle. Neben dem französischen Strukturalismus ist hier besonders auf Diskussion in der angelsächsischen Sozialanthropologie hinzuweisen (vgl. zunächst die im eben zit. Sammelband enthaltenen Aufsätze.)
Vor allem die Kelsen nicht bekannt gewordene Schrift *Hexerei, Orakel und Magie bei den Zande* von Evans-Pritchard, erschienen 1937, greift genau jene Problematik auf, für die sich auch Kelsen so interessiert (Edward Evan Evans-Pritchard, *Hexerei, Orakel und Magie bei den Zande*, Suhrkamp-Verlag: Frankfurt/Main 1978.)
Evans-Pritchard versuchte, mit einer realistischen Haltung an die Interpretation des Primitiven Denkens heranzugehen. An einer Schlüsselstelle seines Buches meint er Folgendes: „Aus den Gesprächen, die ich mit Zande führte und aus ihren Reaktionen auf Unglückssituationen ging hervor, dass sie nicht etwa versuchten, die Existenz oder auch nur die Wirkung von Phänomenen allein mit mystischer Verursachung" – in der Terminologie Kelsens: „Zurechnung" – „zu erklären. Was sie mit Hexerei erklärten, waren nur die besonderen Umstände einer Kausalkette,

die ein Individuum mit Naturereignissen in Verbindung brachte, dass es Schaden davontrug ... Wir würden die Philosophie der Zande falsch darstellen, wenn wir sagten, dass ihrer Meinung nach Hexerei die einzige Ursache der Erscheinungen sei. Der Glaube der Zande an Hexerei widerspricht in keiner Weise dem empirischen Wissen von Ursache und Wirkung. Die für die Sinne erfahrbare Welt ist für sie genauso real wie für uns ... Der Glaube an Tod als Folge von natürlichen Ursachen und als Folge von Hexerei schließen einander nicht aus. Im Gegenteil, sie ergänzen einander: Der eine erklärt was der andere nicht erklärt" (ebd., S. 63ff., 68: Besonders einprägsam ist die von den Zande gebrauchte Metapher vom „Zweiten Speer" für die mystische Verursachung (S.69)).

Hier tritt deutlich der Aspekt des Determinismus in den Vordergrund: Für Lévy-Strauss ist dieser Glaube an einen totalen Determinismus gerade die spezifische Differenz zwischen Magie und Wissenschaft (Claude Lévy-Strauss, *Das wilde Denken*, 2. Auflage, Suhrkamp-Verlag: Frankfurt/Main 1977, S. 23). Lévy-Strauss bezieht diesen Determinismus aber nicht auf existenzielle Situationen, sondern sieht ihn als Ausdruck eines allgemeinen Klassifikationsbedürfnisses (ebd., S. 27). Luhmann betont unter Berufung auf die zitierte Stelle aus *Hexerei, Orakel und Magie bei den Zande*, dass magische Erklärungen konkrete Begründungen existenzieller Tatsachen liefern könnten. Die Zurechnungsstruktur erschiene hier geradezu als die „Feineinstellung" eines existenziell bezogenen Determinismus (Niklas Luhmann, *Rechtssoziologie 1*, Rowohlt Taschenbuch Verlag: Hamburg 1972, S. 57. Vgl. auch Ernst Topitsch, „Einleitung" zu Hans Kelsen, *Vergeltung und Kausalität*. Neudruck. Hermann Böhlaus Nachf.: Wien/Köln/Graz: 1982, S. 37 und I.C. Jarvie/Joseph Agassi, „Das Problem der Rationalität von Magie", in Kippenberg/Luchesi, *Magie, Die sozialwissenschaftliche Kontroverse über das Verstehen fremden Denkens*, S. 120 (S. 147)).

Eine interessante Position in Nachfolge von Evans-Pritchard findet sich bei Horton (Robin Horton, „African traditional thought and Western science", in: *Patterns of thought in Africa and the West. Essays on magic, religion and science*, Cambridge University Press: 1993, S. 197 (S. 208)). Nach Horton besteht zwischen Wissenschaft und Magie insofern eine Analogie, handelte es sich doch jeweils um Systeme, in die sowohl der „primitive" als auch der moderne Mensch nach dem Verlassen einer „common-sense-Ebene" eintrete, wenn sich etwa eine Krankheit nicht mehr mit alltäglichen Denkkategorien erklären ließe. Er sieht somit zwischen Magie und Wissenschaft keinen qualitativen Unterschied, da es in beiden Fällen um theoretische Modelle ginge, die der Weltbeschreibung dienten. Der Unterschied liege darin, dass es sich bei diesen Systemen um mehr oder weniger „offene" – d.h. im Sinne Poppers der Falsifikation zugängliche – Modelle handelte.

Mit Evans-Pritchard und Horton wird man einräumen müssen, dass wir es eher mit einem Nebeneinander von Denkstrukturen und nicht mit einer vollkommenen Beherrschung der primitiven Mentalität durch das normative Zurechnungsprinzip zu tun haben. Dort wo es freilich um die Deutung der Struktur von Hexerei, Orakel und Magie geht, ist Kelsen nicht überholt: Auch die Deutung von Evans-Pritchard laufen nämlich durchwegs auf Zurechnungen hinaus (Evans-Pritchard, *Hexerei, Orakel und Magie bei den Zande*, S. 55 (Zauberei als persönliche Kraft), S. 247 (Anrede der Medizinen durch den Hexer im Rahmen der „weißen Magie")). Indizien für ein „Vergeltungsprinzip" als allgemeines Deutungsschema für magische Systeme können aus diesen Forschungen allerdings nicht ohne weiteres gefunden werden.

IV. Zur Begriffsgeschichte des Naturgesetzes

Eine andere Verbindung zwischen dem Denken in normativen Kategorien und der neuzeitlichen Naturwissenschaft besteht in der Entwicklung der Vorstellung des Naturgesetzes. Dieser Zusammenhang war Kelsen schon sehr früh bewusst geworden: Bereits in den „Hauptproblemen der Staatsrechtslehre" – Kelsens Habilitationsschrift aus 1911 – wird ausgeführt, dass der Begriff des Gesetzes „ursprünglich in dem Vorstellungskreise der Politik entstanden" sei. Von dort her hätten ihn die übrigen Disziplinen übernommen und eigenartig umgewandelt. Der Staat mit dem befehlsgebenden Herrscher sei „der ältesten menschlichen Erkenntnis das Analogon für die Ordnung der Natur" gewesen. Erst mit dem Fortschritt der Naturwissenschaft sei die „Emanzipation von der Vorstellung eines obersten Willens, dem die beseelte und unbeseelte Natur wie einem Herrscher gehorcht" gelungen.[61]

An anderer Stelle schreibt Kelsen, dass der Begriff des Gesetzes zuerst als Rechtsgesetz aufgetreten sei und so unverändert von der Naturerkenntnis übernommen wurde, um erst in einem langwierigen Bedeutungswandel sich als Naturgesetz seinem Ursprung, dem Rechtsgesetz, entgegenzustellen. Das System von Staat und Recht sei das bestimmende Vorbild für das System von Gott und Natur.[62]

An dieser Stelle besteht eine besondere Nahebeziehung zu den Arbeiten von Edgar Zilsel zur Entstehung des Begriffs des Naturgesetzes. Im Aufsatz „Die Entstehung des Begriffs des physikalischen Gesetzes" beginnt Zilsel mit der Feststellung, dass seltsamerweise diese Frage „noch nicht sorgfältig untersucht worden" sei.[63] Zilsel nennt als einen der seltenen Autoren, die sich dieser Frage zugewandt hätten, zwar Kelsen, bedauert es aber, dass er dessen „wertvolle Schrift" *Vergeltung und Kausalität* nicht habe verwenden können.[64] Der Begriff des physikalischen Gesetzes entspringe offensichtlich einer rechtlichen Metapher. In einem wohlregierten Staat gebe es Gesetze,

---

61 *Hauptprobleme der Staatsrechtslehre entwickelt aus der Lehre vom Rechtssatze*, J.C.B. Mohr: Tübingen 1911, S. 4.

62 *Der soziologische und der juristische Staatsbegriff. Kritische Untersuchung des Verhältnisses von Staat und Recht*, 2. Neudruck der 2. Auflage 1928, Scientia Verlag Aalen: 1981, S. 249.

63 Vgl. in: Krohn, *Edgar Zilsel, Die sozialen Ursprünge der neuzeitlichen Wissenschaft*, S. 66ff. (S. 66).

64 ebd., S. 222. Umgekehrt rezipiert Kelsen Zilsel nur als Autor einer Studie zum Kausalitätsprinzip – vgl. dazu später – nicht aber mit den hier in Frage stehenden Aufsätzen.

die von den Bürgern meistenteils beachtet würden. Je mächtiger die
Regierung und je geschickter die Polizei sei, desto seltener trete der
Gesetzesbruch auf.

Wenn wir nun den idealen Fall einer allmächtigen Polizei und all-
wissenden Regierung unterstellen, dann würde das Verhalten der
Bürger vollständig mit den Forderungen des Gesetzgebers übereinstimmen, und die Gesetze würden immer befolgt werden.

Mit einem solchen idealen Staat sei die Natur im 17. Jahrhundert
verglichen worden. Die Naturbeobachtungen seien als „göttliche Gebote interpretiert und Gesetze genannt" worden.[65, 66]

Als Schöpfer der Welt habe Gott in der Vorstellung des Alten
Testaments auch der physischen Welt gewisse Verbote erlassen. Nach
Zilsel ist die Entstehungsgeschichte des Begriffs des Naturgesetzes
freilich äußerst komplex. Erst der kartesianische Begriff der Welt habe
die grundlegenden Vorstellungen der Bibel und der neuen Physik verbunden. Aus der neuen Physik habe Descartes – wie schon vor ihm
Galilei – die Grundvorstellungen der physikalischen Regelmäßigkeiten
und der quantitativen Regeln operativer Handlungen von den höheren
Handwerkern seiner Zeit übernommen. Diese These der Entstehung
der modernen Naturwissenschaften durch eine historisch soziologisch
fixierbare Schicht von Experimentierenden, also handanlegenden Pro-
fessionisten ist Zilsels große und originelle These und ein Beipiel für
ein „historisch-soziologisches Gesetz".[67] Den Ursprung der göttlichen
Gesetzgebung – zweites Element – sieht Zilsel letztlich im soziologischen Muster des Despotismus der orientalischen Staaten des Alter-
tums. „In rudimentärer Form konnte diese Vorstellung durch zwei
Jahrtausende bewahrt werden – selbst zu einer Zeit, in der sie nicht
in die soziologischen Bedingungen passte –, bis sie zu neuem Leben
im frühkapitalistischen Absolutismus erwachte."[68]

In diesem Punkt haben wir es also in der Tat mit komplementären
– also im eigentlichen Sinn „vergleichbaren" – Forschungen zu tun.

---

65   ebd., S. 67.

66   ebd., S. 83f.

67   ebd., S. 94. Dazu eingehend ders., „Die sozialen Ursprünge der neuzeitlichen
      Wissenschaft", in: Krohn ebd., S. 49ff. und oben II. 2.

68   ebd., S. 95ff. Vgl. dazu mit gleicher Tendenz Kelsen, *Der soziologische und der
      juristische Staatsbegriff*, S. 249ff.

V. Die Emanzipation des Kausalitätsprinzips von normativen Elementen

Vorauszuschicken ist, dass zwischen den Begriffen „Naturgesetz" und „Kausalität" eine ganz enge Verbindung besteht.[69] So meint Schlick, dass das Prinzip der Kausalität kein Naturgesetz sei. Es drücke nur den Umstand aus, dass es überhaupt Gesetze gebe.[70] In gleicher Weise dürfen wir Kelsen verstehen, für den die Ursache-Wirkung-Beziehung die *Form* des naturwissenschaftlichen Gesetzes ist, so wie die Zurechnung die Form der Norm.[71] Kelsen wie auch etwa Zilsel behandeln trotz dieser engen Verbindung den Gesetzesbegriff einerseits und die Kausalität andererseits in verschiedenen Gedankengängen. Zusammen tragen beide Gedankenlinien zu einer Auflösung dieses engen Zusammenhanges bei, indem einerseits die Kategorie des Naturgesetzes auf nicht-kausale Phänomene erstreckt wird, andererseits der Kausalitätsbegriff von den verbliebenen normativen Elementen gereinigt wird.

Nach dieser Vorbemerkung sei nun abschließend auf das Kelsen und den Logischen Empiristen gemeinsame Anliegen eingegangen, die Kausalitätsvorstellung weiterzuentwickeln: Für Kelsen ist der Kampf um das Naturgesetz in der modernen Naturwissenschaft ein Kampf mit den Resten des Vergeltungsprinzips.[72]

Der Logische Empirismus hat bekanntlich die von Hume eingeleitete neuzeitliche Kritik am Kausalitätsgesetz vollendet und damit den Fortschritt der modernen Naturwissenschaften begleitet. Es ist hier darauf zu achten, sich nicht in die wahrlich komplexe Problematik der Kausalität in Philosophie und Wissenschaftstheorie zu verwickeln, mag sie auch – wie Stegmüller meint[73] – überschätzt sein. Hier geht es allein darum, zu zeigen, in welcher Weise Kelsen die Forschungsergebnisse des Logischen Empirismus verwendete und wie weit umgekehrt seine Erwägungen zum Logischen Empirismus komplementär sind.

Hauptsächlich unter Berufung auf die Monographie von Philipp Frank *Das Kausalgesetz und seine Grenzen* geht Kelsen auf die Vorstellung ein, dass die Wirkung der Ursache irgendwie *gleichen* müs-

---

69   Vgl. Bunge, *Kausalität, Geschichte und Probleme*, S. 280.

70   Moritz Schlick, *Allgemeine Erkenntnislehre*, 1925, Neudruck Suhrkamp-Verlag: Frankfurt/Main 1979, S. 421: „Das Kausalgesetz bedeutet also nichts anderes, als daß alles Geschehen von Gesetzen beherrscht wird".

71   Vgl. oben II. 1. a. und Bunge, ebd., S. 280.

72   *Vergeltung und Kausalität*, S. 259.

73   Vgl. Stegmüller, *Probleme und Resultate der Wissenschaftstheorie und Analytischen Philosophie*, S. 429.

se.[74] Frank kritisiert unter anderem den Gebrauch des Begriffs der
„Energie" als „Maß der Kausalität" d.h. dass in dem physikalischen
Satz, dass ein System von Körpern nur so viel an Energie zunehmen
könne, wie den umgebenden Körpern entzogen würde, man die kon-
krete zahlenmäßige Formulierung der Gleichheit von Wirkung und
Ursache vor sich gesehen habe.[75] Nach Frank habe zwar der an sich
sinnlose Satz, die Ursache müsse der Wirkung gleich sein, zum physikalisch richtigen Satz von der Energieerhaltung geführt, es sei aber
unzulässig, das Kausalprinzip mit dem Energieprinzip zu identifizieren.
Eine Stelle bei Frank, die Kelsen wörtlich zitiert: „Die Ehrfurcht der
Philosophen vor der Energie kommt wohl zum grossen Teil von ihrem
Namen, unter dem sie sich auch vielleicht irgendetwas seelenähnli-
ches, ‚psychoidisches' vorstellen mögen".[76]

In diesem Zusammenhang wird auch das Problem – oder Schein-
problem – der *Willensfreiheit* von Frank und Kelsen zwar aus verschiedenen Blickpunkten, aber mit gleicher Tendenz beurteilt: Nach der
Analyse von Frank bauten alle Theorien, die Naturereignisse nicht
ausschließlich mittels mechanischer Gesetze erklärten, sondern etwa
einen Begriff „Entelechie" einführen – gerade auch dann, wenn sie diese Faktoren betont „physikalisch" konstruierten – auf animistischen
Vorstellungen auf und mündeten in ihrer modernen Umformulierungen
letztlich in einen „Spiritismus".[77] Bei solchen Versuchen trete das Problem auf, wie „das Eingreifen übernatürlicher, geistiger Faktoren in die
Welt unserer physikalischen Erfahrung" zu verstehen und mit den
Ergebnissen der exakten Wissenschaft in Einklang gebracht werden
könnte. Ein solches Eingreifen sei nach Frank etwa zur Rettung der
„sogenannten Willensfreiheit" erforderlich. Denn wenn man eine lük-
kenlose mechanische Kausalität menschlicher Handlungen nicht aner-
kenne, müsse man das Eingreifen nichtphysikalischer Faktoren mit den
Gesetzen der Physik vereinbaren. Dieser außerphysikalische Faktor sei
etwa für die Anhänger der „Willensfreiheit" eben der freie Entschluss.[78]

Kelsen nimmt dieses Thema in einer Fußnote auf und formuliert
im Anschluss an Frank: „Die Annahme der Willensfreiheit hat – da man

---

74   *Vergeltung und Kausalität*, S. 261.

75   Philipp Frank, *Das Kausalgesetz und seine Grenzen*, 1932, Nachdruck hrsg. von
     Anne J. Kox, Suhrkamp-Verlag: Frankfurt/Main 1988, S. 170ff.

76   Frank, ebd., S. 173; Kelsen, ebd., S. 503.

77   Vgl. Frank, ebd., S. 140, im Zuge einer gegen den Neoaristotelismus und Vitalis-
     mus gerichteten Argumentation.

78   Vgl. Frank, ebd., S. 170.

sie nur zur Begründung der ethisch-juristischen Verantwortlichkeit des Individuums für nötig hält – lediglich vom Standpunkt einer normativen Wertspekulation einen Sinn".[79]

Während also Kelsen im Sinne des dualistischen Modells der Naturbetrachtung – einmal als Gefüge von kausalen Faktoren und das andere Mal als soziomorphe Deutung – die Annahme einer „Willensfreiheit" als Funktion einer normativen Weltsicht begreift, analysiert Frank die bei „pseudo"- oder „quasi"mechanischen Deutungsversuchen notwendig auftretenden animistischen Vorstellungen.

Nach Kelsen entspringt die Vorstellung von der Energie als Maß der Kausalität der Vergeltungslehre, nämlich dem Grundsatz, dass Gleiches mit Gleichem vergolten werde. Die Vorstellung der objektiven Messbarkeit der im Vergeltungsgesetz miteinander verknüpften Tatbestände – je größer die Schuld, desto größer die Strafe etc. – beruhe „auf der substanzialisierenden Tendenz des primitiven Denkens", dass wie alle Qualitäten, Zustände, Kräfte etc. insbesondere auch das Böse und Gute zu quantitativ bestimmbaren Stoffen macht. Kelsen weist darauf hin, dass man im modernen Strafrecht die These der Äquivalenz von Schuld und Strafe im Rahmen der Präventionstheorie überwunden habe und er vergleicht das Äquivalenzprinzip der Energetik damit. Dieses stelle in der Physik einen ähnlichen Fortschritt dar wie die Präventionstheorie in der Rechtswissenschaft: Beide bedeuteten eine Überwindung des Vergeltungsprinzips.[80]

Ein anderes zu überwindendes Element sei die aus dem normativen Denken stammende Methode, *Teilausschnitte des Geschehens* zu isolieren, wobei dies nicht hindere, brauchbare Resultate zu erzielen, man müsste sie nur durch das Bewusstsein korrigieren, „dass jede Wirkung unendlich viele Ursachen, jede Ursache unendlich viele Wirkungen habe".[81]

---

79   Vgl. Kelsen, ebd., S. 504.

80   Kelsen, ebd., S. 262.

81   ebd., S. 264. Vgl. dazu auch Richard von Mises, *Kleines Lehrbuch des Positivismus. Einführung in die empirische Wissenschaftsauffassung*, 1939 als erster Band der Library of Unified Science erschienen (Band 2 war Kelsens, *Vergeltung und Kausalität* – vgl. oben I. 1.), Neudruck hrsg. und eingeleitet von Friedrich Stadler, Suhrkamp-Verlag, Frankfurt/Main: 1990, S. 238: „Die sprachüblichen kausalen Wendungen ... entsprechen ursprünglich der primitiven Vorstellung, daß es isolierbare Einzelergebnisse gibt, die unabhängig von allem übrigen Geschehen eintreten oder ausbleiben können." (zur Editionsgeschichte vgl. auch Stadler, *Einleitung*, ebd., S. 35).

Aus dem Vergeltungsprinzip stamme auch die Vorstellung der zeitlichen Aufeinanderfolge von Ursache und Wirkung. Die moderne Naturwissenschaft emanzipiere davon einen Begriff des Kausalgesetzes im Sinne funktionaler Abhängigkeit von Ereignissen. Hier verwertet Kelsen den Aufsatz Zilsels „Über die Asymmetrie der Kausalität und die Einsinnigkeit der Zeit".[82]

Schließlich beschreibt Kelsen die durch die Quantenmechanik eingeleitete Wendung von der strengen Gewissheit des Gesetzesbegriffs zur Wahrscheinlichkeit unter Berufung u.a. auf Reichenbach und Bergmann. Im Übergang von der absoluten Notwendigkeit der Kausalvorstellung zur statistischen Wahrscheinlichkeit werde das bedeutsamste Element des Vergeltungsprinzips abgestreift.[83] Über die Konsequenzen dieser Entwicklung für Kelsens eigene Wissenschaftstheorie haben wir schon früher gesprochen.[84]

VI. Zum Schluss: Der „Reimport" der Kausalität in das juristische Denken

Die normativen Ursprünge des Kausalitätsprinzips, also seine Entstehung aus dem Zusammenhang einer „sozialen Deutung der Natur" werden auch dort deutlich, wo das juristische Denken die Kategorie der Kausalität gleichsam in die juristische Sphäre „reimportiert". Dazu kommt es vor allem in zwei Zusammenhängen: Zum einen wird in straf- oder zivilrechtlichen Haftungszusammenhängen *Kausalität als Merkmal von Tatbeständen* normiert, zum anderen fungiert *Kausalität als Motiv* oder sachliche Rechtfertigung *für die Normierung von Haftungen.*

Bei der rechtsdogmatischen ersten Fragestellung ist mit der neueren Lehre davon auszugehen, dass es sich bei Kausalität im juristischen Zusammenhang um einen Rechtsbegriff handelt[85] Die oft disku-

---

82   in: Die Naturwissenschaften 1927, S. 280-286.

83   *Vergeltung und Kausalität*, S. 267ff.

84   Vgl. dazu II. 1. d.

85   Vgl. grundlegend Karl Engisch, *Die Kausalität als Merkmal der strafrechtlichen Tatbestände*, J.C.B. Mohr (Paul Siebeck): Tübingen 1931 (Nachdruck 1955), S.4ff., sowie Manfred Burgstaller, *Das Fahrlässigkeitsdelikt im Strafrecht*, MANZ-Verlag: Wien 1974, S. 75, Helmut Koziol, *Österreichisches Haftpflichtrecht, Bd. I, Allgemeiner Teil*, 3. Auflage, MANZ-Verlag: Wien 1979, S. 90 und Robert Rebhahn, *Staatshaftung wegen mangelnder Gefahrenabwehr*, MANZ-Verlag: Wien 1997, S. 543.

tierte Frage, ob – in verfahrensrechtlichen Zusammenhängen – Kausalitätsfragen Erkenntnis- oder Entscheidungsprobleme sind,[86] ist eindeutig im ersteren Sinn zu beantworten.[87] Ob in der Ausdifferenzierung der rechtsdogmatischen Analyse zur Feststellung von Haftungen eine separate Schicht rein naturwissenschaftlicher Kausalität – was immer dies bedeutet – angenommen wird oder nicht, gilt als Frage einer zweckmäßigen juristischen Begriffsbildung.[88]

Wird eine solche Kategorie angenommen, so kommt es dazu, dass innerhalb der normativen Sphäre der Unterschied zwischen „Sein" oder „Sollen" nochmals – gleichsam auf einer tieferen Ebene – abgebildet wird. Es zeigt sich aber die Tendenz, bei solchen Analysen stets das bestehende Interesse an der der normativen Zurechnung zu wahren. Dieses tritt dann entweder durch entsprechende „normativisierte" Auffassungen der Kausalität zu Tage[89] oder durch die enge Verknüpfung einer – naturwissenschaftlich gedachten – Kausalität mit einer zweiten Folie einer „objektiven Zurechenbarkeit" oder des „Rechtswidrigkeitszusammenhangs".[90]

Die ausführlichste Analyse solcher Phänomene liefert die Studie von H.L.A. Hart und Tony Honoré.[91] Ihr wichtigstes Ergebnis liegt darin, dass in der juristischen Praxis, namentlich dort wo eine Prägung durch gerichtliche Rechtsfortbildung vorliegt, von „common-sense-Annahmen" ausgegangen wird, die von vornherein an sozialen Gesichtspunkten orientiert sind. Sie weisen – so darf im Zusammenhang dieser Abhandlung hinzugefügt werden – eine gewisse Ähnlichkeit mit jenem Alltagsverständnis auf, das bei Evans-Pritchard und Horton

---

86　Vgl etwa Lorenz Krüger, *Über die Relativität und die objektive Realität des Kausalbegriffs*, in: Weyma Lübbe (Hrsg.), *Kausalität und Zurechnung. Über Verantwortung in komplexen kulturellen Prozessen*, Walter De Gruyter: Berlin. New York 1994, S. 147 (S. 160).

87　Nach Kelsen, *Reine Rechtslehre*, S. 244 ist die Feststellung der Tatsache eines Deliktes stets konstitutiv. Dies gilt dann auch für die im Tatbestand enthaltenen kausalen Elemente.

88　Vgl. etwa Burgstaller, a.a.O., S.75; anders anscheinend Kurt Schmoller, „Die Kategorie der Kausalität und der naturwissenschaftliche Kausalverlauf im Lichte strafrechtlicher Tatbestände", *Österreichische Juristen-Zeitung* 1982, S. 449, 487 (S. 488ff.).

89　Vgl den Problemaufriss bei Schmoller, a.a.O., S. 487ff.

90　Vgl etwa Burgstaller, a.a.O., S. 69ff.

91　*Causation in the law*, second edition, Clarendon Press: Oxford 1985, S. 1ff.

analysiert wird[92] und das gleichsam vor der Ebene einer entweder magischen oder aber naturwissenschaftlichen Erklärung steht.

Bei der rechtspolitischen Frage der Kausalität geht es darum, dass die Rechtsordnung zwar im Prinzip Zurechnungen frei von sonstigen Zusammenhängen vorsehen kann.[93] Indessen wird die rechtspolitische oder auch gleichheitsrechtliche Rechtfertigung für Haftungen in der Regel in Kausalitätserwägungen gefunden.[94] Das Aufzeigen von Kausalzusammenhängen ist aber gerade bei gefährlichen Großtechnologien schwierig.

Die hier sehr komplexen Kausalitätsbeziehungen veranlassen dazu, den Kausalitätsbegriff für normative Zwecke zu erweitern. Nach Wolfgang Köck stünde in der neueren Rechtsentwicklung „das Bemühen im Vordergrund, dem Geschädigten dabei zu helfen, mit den Schwierigkeiten des Kausalitätsnachweises fertig zu werden."[95] Dies kann rechtstechnisch seinen Ausdruck in Beweisregeln finden, z.B. in einer Beweislastumkehr zu Ungunsten des „Verursachers", in Kausalitätsvermutungen u.a.m.[96] Schließlich tauchen hinter den Zurechnungen auch Reminiszenzen an das Vergeltungsprinzip auf, etwa wenn bei der Anwendung von Biotechniken eine außerordentlich weite Schadenszurechnung stattfinden soll oder wenn – wie anscheinend im amerikanischen Schadenersatzrecht – enorme Haftungen nicht durch explizite Zurechnung im Wege genereller Normsetzung, also durch Willensakt, sondern über die Brücke (pseudo) kausaler Verknüpfungen auferlegt werden.

VII. Zusammenfassung

Mit dem gegenständlichen Beitrag sollten spezifische Berührungspunkte der Reinen Rechtslehre (im weitesten Sinn) und dem Logischen Empirismus aufgezeigt werden. Dafür wurde eine enge wissenschafts-

---

92   Vgl. oben Fn. 60.

93   Vgl. Kelsen, Reine Rechtslehre, S. 125ff.

94   Vgl. etwa Rebhahn, a.a.O. S.543, und zum Zusammenhang zwischen Eingriffsmöglichkeiten und Zurechnungen unter den Bedingungen des technischen Fortschrittes: Weyma Lübbe, „Handeln und Verursachen: Grenzen der Zurechnungsexpansion", in : Lübbe (Hrsg.), a.a.O. S. 223ff.

95   „Kausalität und Zurechnung im Haftungsrecht. Klassische und moderne Problemkonstellationen", in : Lübbe, a.a.O. S.9 (S. 22).

96   Vgl. Köck, a.a.O. S. 23ff.

historische Perspektive gewählt, bei der außerordentlichen Weite der Themen unvermeidlich.

Solche Berührungspunkte lassen sich zwar nur an der Peripherie beider Strömungen ausmachen, erreichen dort aber eine beachtliche Intensität. Gemeinsam ist zunächst die Reflexion der Grundlagen des eigenen Denkens in einer historisch-soziologischen Perspektive. Abgesehen vom Erkenntniswert geht es dabei auch um eine Strategie zur wirksameren Durchsetzung der eigenen Methode. Beiden Strömungen ist daher das Element der *Ideologiekritik* in hohem Maße zu Eigen. Einzelne Konvergenzen konnten bei den Themen *Deutung der primitiven Naturauffassung, Geschichte des Begriffs des Naturgesetzes* und *Entwicklung des Kausalitätsprinzips* gezeigt werden.

EDGAR MORSCHER

DIE SEIN-SOLLEN-DICHOTOMIE IM LOGISCHEN POSITIVISMUS UND IM RECHTSPOSITIVISMUS

Den „Kern" meines Beitrages bilden die Abschnitte 2, 3, 4 und 5. Zuerst (in Abschnitt 2) werde ich die Frage aufwerfen:
(i) Worin stimmt die Normauffassung des Logischen Positivismus mit derjenigen des Rechtspositivismus überein?
Die Antwort auf diese Frage wird lauten: in der (These der) Sein-Sollen-Dichotomie. Dabei handelt es sich jedoch, wie ich zeigen werde, bloß um eine oberflächliche Gemeinsamkeit. Um die tieferliegenden Unterschiede herauszuarbeiten, werde ich daher (in Abschnitt 3) die Frage anschließen:
(ii) In welchem Kontext steht die Sein-Sollen-Dichotomie im Logischen Positivismus und im Rechtspositivismus?
Dabei stellt sich heraus, dass im Logischen Positivismus und im Rechtspositivismus ganz Verschiedenes gemeint ist, wenn von Sollsätzen die Rede ist. Zur Klärung dieses terminologischen Problems werde ich (in Abschnitt 4) die Frage beantworten:
(iii) Wie wird der Terminus ‚Sollsatz' im Logischen Positivismus und wie wird er im Rechtspositivismus verwendet?
Damit soll die Beantwortung der wichtigsten Frage vorbereitet werden, um die es danach (in Abschnitt 5) geht:
(iv) Worin unterscheidet sich die (These der) Sein-Sollen-Dichotomie im Logischen Positivismus von der (These der) Sein-Sollen-Dichotomie im Rechtspositivismus?

Diesen vier Fragestellungen entsprechend gliedert sich mein Beitrag in die vier Hauptabschnitte 2–5. Ihnen werde ich (in Abschnitt 1) ein paar Vorbemerkungen vorausschicken und (in Abschnitt 6) eine kleine demokratie- und gesellschaftspolitische „Nach-Denkerei" (diese Wortschöpfung verdanken wir Erich Kästner) folgen lassen.

1 Ein paar Vorbemerkungen

Logischer Positivismus und Rechtspositivismus sind keine homogenen Schulen; die Vertreter dieser beiden Geistesrichtungen weisen in den von ihnen behandelten Themen und in den von ihnen eingenommenen Standpunkten vielmehr eine ziemlich große Bandbreite auf. Ein globaler und undifferenzierter Vergleich der beiden Strömungen ohne jede Einschränkung und Konkretisierung wäre daher – wenn nicht schon

von vornherein zum Scheitern verurteilt, so doch sicher – nicht zielfüh- '
rend. Ich werde mich deshalb bei meinem Vergleich auf je einen
Hauptvertreter der beiden Richtungen beschränken oder zumindest
konzentrieren. Beim Rechtspositivismus liegt die Wahl von Hans Kelsen als Hauptvertreter auf der Hand und bedarf keiner eigenen Rechtfertigung. Schwieriger gestaltet sich eine solche Einschränkung beim
Logischen Positivismus, selbst wenn wir uns – wie im vorliegenden
Kontext naheliegend – auf seine Ausprägung im Wiener Kreis beschränken. Mit gutem Grund hat man Moritz Schlick als den Gründer
des Wiener Kreises zugleich auch als dessen Leitfigur angesehen.
Ebenso berechtigt erscheint es aber, Rudolf Carnap die geistige
Führungsrolle im Wiener Kreis zuzuschreiben; mit seinem Namen sind
nämlich mehrere neopositivistische Programme untrennbar verknüpft,
und er gilt unbestritten als der international einflussreichste, für viele
aber (und auch für mich) schlicht als der bedeutendste philosophische
Kopf des Wiener Kreises. Bei der Frage, wem die geistige Führungs-
position im Wiener Kreis zukommt, wurde Otto Neurath allerdings allzu
lange übergangen oder zumindest unterschätzt, weshalb seine führende Rolle im Wiener Kreis gerade in letzter Zeit mit gutem Grund besonders hervorgehoben und ihm ein Platz zumindest neben Schlick
und Carnap eingeräumt wird. Ohne in diese interessante historische
Debatte über die Leitgestalt des Wiener Kreises eingreifen zu wollen,
wird für mich hier Rudolf Carnap als Hauptvertreter des Logischen
Positivismus fungieren. Er bekannte sich nämlich gerade in Normfragen zu einem besonders radikalen und zugleich typisch neopositivistischen Standpunkt – dem sogenannten Emotivismus – und stimmte
darin auch mit bedeutenden Vertretern des Logischen Positivismus
außerhalb des Wiener Kreises – wie Ludwig Wittgenstein (im *Tractatus*), Bertrand Russell (in vielen, wenn auch nicht allen seinen Schriften mit moralphilosophischem Inhalt) und Alfred J. Ayer – überein.
Neben Rudolf Carnap haben sich auch andere Mitglieder des Wiener
Kreises – wie z.B. Moritz Schlick oder Viktor Kraft – eingehend mit
Normfragen beschäftigt. Ihr diesbezüglicher Standpunkt läßt sich jedoch bei weitem nicht so eindeutig dem Logischen Positivismus zuordnen. Wie auch immer – ich werde hier jedenfalls für den Logischen
Positivismus Rudolf Carnap als wichtigste Vergleichs- und Bezugs-
person heranziehen.
    Ich werde meine Darstellung mit außergewöhnlich umfangreichen
Zitaten und Belegstellen begleiten und abstützen, wofür ich Experten
des Logischen Positivismus ebenso wie Experten des Rechtspositivismus um Verständnis bitte. Der Logische Positivismus und der Rechts-

positivismus haben nämlich gerade in Normfragen häufig dieselben Termini in ganz unterschiedlicher Bedeutung verwendet. Insbesondere Kelsen kann vor Missverständnissen bei Nicht-Fachleuten nur durch Beibringung von ausreichendem Belegmaterial geschützt werden. Beim Lesen meiner Ausführungen können die Zitate selbstverständlich über- flogen werden; sie dienen nur dazu, sich im Zweifelsfalle zur Über- prüfung den genauen Wortlaut vor Augen führen zu können. Ich wer- de mich bei Kelsen im großen und ganzen auf die 2. Auflage seiner *Reinen Rechtslehre* und die späteren Schriften beschränken und nicht auf die Entwicklung eingehen, die zu dem Standpunkt hinführt, den er in der 2. Auflage der *Reinen Rechtslehre* eingenommen hat.

2 Die (oberflächliche) Übereinstimmung in den Normauffassungen von Logischem Positivismus und Rechtspositivismus

Der Logische Positivismus und der Rechtspositivismus stimmen in ihren Normauffassungen in einem wesentlichen Punkt überein: Beide vertreten eine Sein-Sollen-Dichotomie. Die These der Sein-Sollen- Dichotomie hat jedoch im Laufe der Zeit verschiedene Formen an- genommen und wurde auf vielfältige Art und Weise interpretiert. So braucht es uns nicht wunderzunehmen, dass unter dem Schlagwort ‚Sein-Sollen-Dichotomie' sehr unterschiedliche Auffassungen und The- sen subsumiert wurden und werden.

Mit der These der Sein-Sollen-Dichotomie wird zunächst bloß eine Trennung von Sein und Sollen, also eine Trennung des Normativen vom Faktischen behauptet. Damit ist vorerst einmal nur gesagt, dass Soll-Sätze (bzw. allgemein: normative Sätze) eine andere semantische Funktion als Ist-Sätze (bzw. allgemein: deskriptive Sätze) haben. So verstanden, erscheint uns heute die These der Sein-Sollen-Dichotomie als trivial. Dennoch ist sie auch in diesem schwachen Sinn keineswegs nichtssagend, da sie jedenfalls eine naturalistische Interpretation von Normen ausschließt. Bereits G.E. Moore wollte mit seinem „Argument der offenen Frage" zeigen, dass jede naturalistische Interpretation von Normen eine unhaltbare Fehlinterpretation bzw. Fehldefinition darstellt (seit G.E. Moore hat sich dafür der unpassende Terminus ‚naturalisti- scher Fehl*schluss*' eingebürgert). Man hat daher gelegentlich auch die anti-naturalistische These, die Moore angeblich mit seinem Argument beweisen wollte, mit der These der Sein-Sollen-Dichotomie gleichge- setzt. Damit ist allerdings nicht viel gewonnen, da bis zum heutigen Tag nicht geklärt werden konnte, was unter der anti-naturalistischen

These von Moore genau zu verstehen ist.[1] Den meisten Vertretern der
Sein-Sollen-Dichotomie war aber die bloße Negation des naturalistischen Standpunktes – was immer auch damit gemeint ist – ohnedies
zu wenig. Sie wählten daher für ihre Position das drastischere Bild
einer „unüberbrückbaren Kluft" zwischen Sein und Sollen und verban-
den diese Metapher mit der sogenannten These von Hume; doch auch
mit dieser Interpretation kommen wir nicht viel weiter, denn schon
längst entbrannte ein heftiger und bis heute unentschiedener Streit
darüber, was denn Hume mit seiner These eigentlich gemeint hat.[2]
Was auch immer Humes Anliegen war: Mit der Metapher von der
„unüberbrückbaren Kluft" will man offenbar ausschließen, dass Sein
und Sollen durch eine Brücke miteinander verbunden werden, dass es
also einen logischen Übergang von Seinssätzen zu Sollsätzen in Form
einer logischen Ableitung gibt. Sollsätze sind demnach niemals aus
Seinssätzen logisch ableitbar. Etwas präziser formuliert lautet die
These: Ein nicht-trivialer (d.h. nicht bereits logisch bzw. analytisch
gültiger) rein normativer Satz ist niemals aus einer konsistenten Menge
rein deskriptiver Sätze logisch ableitbar.

Diese These gilt – zumindest dem Wortlaut nach – sowohl für Hans
Kelsen und seine Reine Rechtslehre als auch für Rudolf Carnap und
andere Vertreter des Logischen Positivismus. Bei dieser Übereinstimmung handelt es sich allerdings bloß um eine oberflächliche Gemeinsamkeit. Diese oberflächliche Gemeinsamkeit deckt tieferliegende
Unterschiede grundsätzlicher Art zu, die eine genauere Analyse, welche in die Tiefe vorstößt, zu Tage fördert. Es gilt daher, die Frage zu
beantworten, worin sich die Sein-Sollen-Dichotomie im Logischen
Positivismus von derjenigen im Rechtspositivismus unterscheidet.

---

1   Vgl. dazu die beiden „klassischen" Aufsätze der Moore-Schüler Frankena und
     Stevenson: William K.Frankena, „The Naturalistic Fallacy", in: *Mind* 48, 1939, S.
     464–477, und Charles L.Stevenson, „Moore's Arguments against Certain Forms
     of Ethical Naturalism", in: Paul Arthur Schilpp (Hrsg.), *The Philosophy of G.E.
     Moore.* La Salle, Illinois: Open Court 1942, [2]1952, S. 69–90.

2   Vgl. dazu W.D. Hudson (Hrsg.), *The Is-Ought Question. A Collection of Papers on
     the Central Problem in Moral Philosophy.* London: MacMillan 1969, S. 33–80.

3 Der Kontext der Sein-Sollen-Dichotomie im Logischen Positivismus und im Rechtspositivismus

Bevor ich jedoch die Unterschiede in der Interpretation der Sein-Sollen-Dichotomie zwischen dem Logischen Positivismus und dem Rechtspositivismus und innerhalb dieser Positionen herausarbeite, werde ich die These in den jeweiligen Kontext einbetten, in dem sie im Logischen Positivismus und im Rechtspositivismus steht. Dazu werde ich eine Reihe von Originaltexten anführen, die als Belegstellen für die unterschiedlichen Interpretationen der Sein-Sollen-Dichotomie dienen.

3.1 Logischer Positivismus

3.1.1 Die ursprüngliche Lehre von der Sein-Sollen-Dichotomie im Logischen Positivismus

Im Logischen Positivismus bildet das Sinnkriterium die Grundlage für die Sein-Sollen-Dichotomie. Die verschiedenen Versionen des Sinnkriteriums, welche von einzelnen Vertretern des Wiener Kreises vorgeschlagen wurden, haben allesamt ihre Wurzel in Wittgensteins *Tractatus logico-philosophicus*. Das Sinnkriterium diente in allen seinen Varianten in erster Linie als Waffe im Kampf gegen Metaphysik und Religion und bildete die Voraussetzung zur „Überwindung der Metaphysik durch logische Analyse der Sprache", wie ein berühmter Aufsatztitel von Carnap lautet. Das Mystische bzw. das Religiöse ist – so bereits Wittgenstein in seinem *Tractatus* – unaussprechlich und mündet, wenn man es zu verbalisieren versucht, in sinnlosen Scheinsätzen. Wittgenstein hatte aber mit seiner Sprachkritik nicht nur die Sätze der Metaphysik und der Religion im Visier: Auch die Sätze seiner eigenen Sprachtheorie – der Abbildtheorie – fallen samt den Sätzen der damit verbundenen Ontologie und Erkenntnistheorie sowie allen Sätzen der Logik und Mathematik dem Sinnkriterium als sinnlose Scheinsätze zum Opfer, was Wittgenstein zur vielzitierten Leiter-Metapher im *Tractatus* (6.54) animierte. Carnap und andere Vertreter des Wiener Kreises übernahmen zunächst diese radikale Auffassung; erst später nahmen sie zumindest Logik und Mathematik von diesem Verdikt aus. Die Wert- und Sollsätze der Ethik (und auch der Ästhetik) trifft jedoch das Sinnkriterium genauso wie die metaphysischen Sätze von allem Anfang an – nämlich bereits im *Tractatus* – mit voller Wucht, und dabei bleibt es auch bei Carnap und anderen Vertretern des Logischen Positivismus. Schon im *Tractatus* heißt es:

6.41 Der Sinn der Welt muß außerhalb ihrer liegen. In der Welt ist alles, wie es ist, und geschieht alles, wie es geschieht; es gibt *in* ihr keinen Wert – und wenn es ihn gäbe, so hätte er keinen Wert. Wenn es einen Wert gibt, der Wert hat, so muß er außerhalb alles Geschehens und So-Seins liegen. [...] 6.42 Darum kann es auch keine Sätze der Ethik geben. Sätze können nichts Höheres ausdrücken. 6.421 Es ist klar, daß sich die Ethik nicht aussprechen läßt.

Daraus entwickelte sich bei Carnap und in weiterer Folge bei Alfred Jules Ayer die extreme Form des metaethischen Emotivismus, den auch Russell in ähnlicher Form in einigen seiner Schriften vertreten hat. Demnach sind Wert- und Sollsätze bloßen Interjektionen vergleichbar und somit nichts anderes als unmittelbarer Ausdruck von Gefühlen und Einstellungen, sie haben also dieselbe Funktionsweise wie z.B. die Ausdrücke ‚pfui!' oder ‚bravo!' bzw. ‚juchhe!'.[3]

Diese Auffassung möchte ich zunächst durch zwei einschlägige Stellen aus Carnaps Werken belegen; die erste stammt aus seinem Aufsatz „Überwindung der Metaphysik durch logische Analyse der Sprache":

Die logische Analyse spricht somit das Urteil der Sinnlosigkeit über jede vorgebliche Erkenntnis, die über oder hinter die Erfahrung greifen will. Dieses Urteil trifft zunächst jede spekulative Metaphysik [...] Weiter gilt das Urteil auch für alle *Wert- oder Normphilosophie*, für jede Ethik oder Ästhetik als normative Disziplin. Denn die objektive Gültigkeit eines Wertes oder einer Norm kann ja (auch nach Auffassung der Wertphilosophen) nicht empirisch verifiziert oder aus empirischen Sätzen deduziert werden; sie kann daher überhaupt nicht (durch einen sinnvollen Satz) ausgesprochen werden. [...] einen Satz, der ein Werturteil aussprächе, kann man überhaupt nicht bilden.[4]

---

3 Kelsen hat den Emotivismus – ohne Bezugnahme auf den Logischen Positivismus – mit ganz ähnlichen Worten charakterisiert und von der sogenannten autobiographischen Version des Naturalismus, mit der er häufig verwechselt wird, mit aller wünschenswerten Deutlichkeit unterschieden (ohne allerdings dabei die Termini ‚Emotivismus' und ‚Naturalismus' zu verwenden); vgl. Hans Kelsen, *Reine Rechtslehre. Mit einem Anhang: Das Problem der Gerechtigkeit*, 2.Aufl. Wien: Verlag Franz Deuticke 1960, unveränderter Nachdruck 1983, S. 20.

4 Rudolf Carnap, „Überwindung der Metaphysik durch logische Analyse der Sprache", in: *Erkenntnis* 2, 1931, S. 219–241, siehe S. 237.

Die folgende Stelle ist Carnaps Büchlein *Philosophy and Logical Syntax* entnommen:

It is easy to see that it is merely a difference of formulation, whether we state a norm or a value judgment. A norm or rule has an imperative form, for instance: "Do not kill!" The corresponding value judgment would be: "Killing is evil." [...] The rule, "Do not kill," has grammatically the imperative form and will therefore not be regarded as an assertion. But the value statement, "Killing is evil," although, like the rule, it is merely an expression of a certain wish, has the grammatical form of an assertive proposition. Most philosophers have been deceived by this form into thinking that a value statement is really an assertive proposition, and must be either true or false. Therefore they give reasons for their own value statements and try to disprove those of their opponents. But actually a value statement is nothing else than a command in a misleading grammatical form. It may have effects upon the actions of men, and these effects may either be in accordance with our wishes or not; but it is neither true nor false. It does not assert anything and can neither be proved nor disproved. This is revealed as soon as we apply to such statements our method of logical analysis. From the statement "Killing is evil" we cannot deduce any proposition about future experiences. Thus this statement is not verifiable and has no theoretical sense, and the same thing is true of all other value statements.[5]

Einige charakteristische Zitate aus *Sprache, Wahrheit und Logik* sollen jetzt noch zeigen, wie Alfred Jules Ayer den emotivistischen Standpunkt besonders klar auf den Punkt gebracht, ja geradezu „auf die Spitze getrieben" hat:

[Wenn ich] sage „Das Stehlen von Geld ist unrecht", dann äußere ich einen Satz, der keine faktische Bedeutung hat, das heißt, der keine Proposition ausdrückt, die entweder wahr oder falsch sein kann. Es ist so, als ob ich geschrieben hätte „Das Stehlen von Geld!!" – wobei, durch eine entsprechende Konvention, Gestalt und Dicke der Ausrufezeichen zeigen, daß damit die Empfindung

---

5   Rudolf Carnap, *Philosophy and Logical Syntax*. London: Kegan Paul-Trench-Trubner 1935, S. 23–25.

einer besonderen Art moralischer Mißbilligung ausgedrückt wird.
Es ist klar, daß hier nichts gesagt wird, was wahr oder falsch sein
kann. [...] Denn wenn ich sage, eine bestimmte Handlungsweise
sei recht oder unrecht, so mache ich damit keine Tatsachenaussage, nicht einmal eine Aussage über meinen eigenen Geisteszu-
stand. Ich drücke nur gewisse moralische Empfindungen aus [...]
in jedem Falle, in dem man gemeinhin sagen würde, man fälle ein
ethisches Urteil, ist die Funktion des relevanten ethischen Wortes
rein „emotional". Es wird dazu verwendet, eine Empfindung über
bestimmte Gegenstände auszudrücken, nicht aber, eine Behauptung über sie aufzustellen. [...] Und wir haben gesehen, daß Sätze,
die einfach moralische Urteile ausdrücken, gar nichts sagen; sie
sind bloße Ausdrucksweisen von Empfindungen und fallen als
solche nicht unter die Kategorien von Wahrheit und Falschheit. Sie
sind aus demselben Grunde unverifizierbar, aus dem ein Schmer-
zensschrei oder ein Gebot unverifizierbar ist – weil sie keine echten
Propositionen ausdrücken.[6]

Es ist klar, daß der Schluß, es sei unmöglich, über Wertfragen zu
disputieren, auch aus unserer Theorie folgt. [...] wir meinen, daß
man in Wirklichkeit niemals über Wertfragen disputiert.[7]

Sollsätze sind – ebenso wie Wertsätze – nach dieser Auffassung des
Logischen Empirismus gar nicht „sinnfähig" und infolgedessen auch
nicht „logikfähig": Ein Sollsatz hat überhaupt keinen Sinn und kann
daher auch nicht Träger logischer Eigenschaften (wie Allgemeingültigkeit) sein oder logische Beziehungen (wie z.B. die Beziehung der logischen Folge, der logischen Vereinbarkeit, der logischen Unvereinbarkeit usw.) zu anderen Sätzen (gleichgültig ob es sich dabei selbst
wieder um Sollsätze handelt oder nicht) eingehen. Aus diesem Grund
ist auch jede logische Beziehung zwischen einem Sollsatz und anderen
Sätzen und somit erst recht auch eine logische Folgerung eines Sollsatzes aus Seinssätzen ausgeschlossen.

---

6   Alfred Jules Ayer, *Language, Truth and Logic*. London: Victor Gollancz 1936,
    [2]1946. Deutsche Übersetzung: *Sprache, Wahrheit und Logik*. Stuttgart: Philipp
    Reclam jun. 1970, S. 141–143.

7   *Ebd.*, S. 146.

3.1.2 Die weitere Entwicklung der Sein-Sollen-Dichotomie im Logischen Positivismus

Manche Vertreter des Logischen Positivismus haben den radikalen metaethischen Emotivismus zu einem gemäßigten Non-Kognitivismus abgeschwächt. Dieser behauptet nicht mehr die völlige Sinnlosigkeit von Wert- und Sollsätzen, sondern nur ihre *kognitive* Sinnlosigkeit, die darin besteht, dass sie nicht im üblichen Sinne des Wortes wahr oder falsch sein können:

> Dagegen sind absolute Werturteile, die nur davon sprechen, was getan werden soll, dem empiristischen Sinnkriterium nach ohne kognitive Bedeutung. [...] Da sie aber nicht-kognitiv sind, können sie nicht als Aussagen verstanden werden.[8]

> Die These vom nicht-kognitiven Charakter der Werturteile wird von fast allen geteilt, die sich der Bewegung des logischen Empirismus zugehörig betrachten.[9]

Aus dieser Unfähigkeit von Wert- und Sollsätzen, Wahrheitsträger (genauer: Träger von Wahrheitswerten) zu sein, wurde dann von den (meisten) Vertretern des Logischen Positivismus geschlossen, dass Wert- und Sollsätze infolgedessen auch nicht Träger von logischen Eigenschaften und Relationen sein können und dass sie somit „logikunfähig" seien. Aus diesem Grund kann auch ein Sollsatz niemals aus anderen Sätzen – nicht aus anderen Sollsätzen und schon gar nicht aus Seinssätzen – logisch folgen (genausowenig wie aus einem Sollsatz andere Sätze logisch folgen können).

Die Sein-Sollen-Dichotomie des Logischen Positivismus beruht somit auf der These, dass Sollsätze überhaupt „logiklos" seien, und diese These wiederum wird im Logischen Positivismus unterschiedlich begründet, nämlich zunächst damit, dass Sollsätze völlig sinnlos sind, und später damit, dass sie kognitiv sinnlos bzw. wahrheitswertlos sind.

---

8   Vgl. z.B. Rudolf Carnap, „Intellectual Autobiography", in: Paul Arthur Schilpp (Hrsg.), *The Philosophy of Rudolf Carnap*. La Salle, Illinois: Open Court 1963, S. 1–84; deutsche Übersetzung in: *Mein Weg in die Philosophie*. Stuttgart: Philipp Reclam jun. 1993, S. 127.

9   *Ebd.*, S. 129.

Erst sehr spät (in einem Interview aus dem Jahre 1964) deutet
Carnap die Möglichkeit von zumindest non-deduktiven logischen Beziehungen zwischen Wert- bzw. Sollsätzen an:

Ich glaube, daß die Philosophen, in der modernen, der wissenschaftlichen Philosophie, nichts über den Inhalt von Wertaussagen
zu sagen haben, sondern nur über die logischen Beziehungen zwischen Wertaussagen, so daß auf diesem Gebiet, wo mit der deduktiven Logik nichts anzufangen ist, oder doch nur sehr wenig,
auch logische Möglichkeiten bestehen, um zu sagen: diese Wert-
aussage ist unverträglich mit den Wertaussagen, die wir vorher
aufgestellt haben; etwa derartiges; oder sie folgt daraus, oder ähnliches. Also das ist jetzt in Entwicklung begriffen.[10]

Die nunmehr angedeutete Möglichkeit logischer Beziehungen wird von
Carnap allerdings auf Beziehungen zwischen Wertsätzen und anderen
Wertsätzen beschränkt: Sie sind zwar nicht mehr „logiklos", doch setzt
Carnap offenbar stillschweigend voraus, dass solche Wert- und Soll-
sätze nur untereinander, nicht jedoch zu Seinssätzen in logischen
Beziehungen stehen können, indem sie etwa aus Seinssätzen allein
bzw. aus einer konsistenten Menge von reinen Tatsachenaussagen
logisch folgen oder mit solchen Sätzen unvereinbar sind.

3.2 Rechtspositivismus

Der Wortlaut, in dem Kelsen den Dualismus von Sein und Sollen beschreibt, stimmt fast völlig mit demjenigen überein, den ich einleitend
für die These der Sein-Sollen-Dichotomie verwendet habe und in dem
die These auch für den Logischen Positivismus Gültigkeit hat:

Niemand kann leugnen, daß die Aussage: etwas ist – das ist die
Aussage, mit der [dem] eine Seins-Tatsache beschrieben wird –
wesentlich verschieden ist von der Aussage: daß etwas sein soll
– das ist die Aussage, mit der eine Norm beschrieben wird; und
daß daraus, daß etwas ist, nicht folgen kann, daß etwas sein soll,
so wie daraus, daß etwas sein soll, nicht folgen kann, daß etwas
ist.[11]

---

10   *Ebd.*, S. 145f.

11   Hans Kelsen, *Reine Rechtslehre, a.a.O.*, S. 5.

Daß die Aussage, daß etwas ist, einen völlig anderen Sinn hat als die Aussage, daß etwas sein soll, und daß daraus, daß etwas ist, nicht folgt, daß etwas sein oder nicht sein soll, sowie daraus, daß etwas soll, nicht folgt, daß etwas ist oder nicht ist – darin besteht der logische Dualismus von Sein und Sollen.[12]

Daraus, daß etwas *ist*, kann nicht folgen, daß etwas sein *soll*; sowie daraus, daß etwas sein *soll*, nicht folgen kann, daß etwas *ist*. Der Geltungsgrad einer Norm kann nur die Geltung einer anderen Norm sein.[13]

Kelsen formuliert an diesen Stellen die These vom Dualismus zwischen Sein und Sollen als metasprachliche These über Sätze, wie dies bereits im Logischen Positivismus der Fall war und heute noch üblich ist, wenn man die These exakt ausdrückt. An mindestens ebenso vielen Stellen drückt sich Kelsen aber anders aus und formuliert den Sein-Sollen-Dualismus als These über Sein und Sollen selbst (anstatt über die entsprechenden Sätze):

Der Unterschied zwischen Sein und Sollen kann nicht näher erklärt werden. Er ist unserem Bewußtsein unmittelbar gegeben.[14]

[Wert und Wirklichkeit fallen] so wie Sollen und Sein – in zwei verschiedene Sphären.[15]

Daher besteht zwischen der Kausalität der Naturordnung und der Freiheit unter der Moral- und Rechtsordnung kein Widerspruch; so wie ja auch zwischen der Naturordnung auf der einen Seite und der Moral- und Rechtsordnung auf der anderen kein Widerspruch besteht und kein Widerspruch bestehen kann, da die eine eine Seins-Ordnung ist, die anderen Soll-Ordnungen sind, und nur zwischen einem Sein und einem Sein, oder zwischen einem Sollen und einem Sollen, nicht aber zwischen einem Sein und einem Sol-

---

12 *Ebd.*, S. 19.
13 *Ebd.*, S. 196.
14 *Ebd.*, S. 5.
15 *Ebd.*, S. 19.

len – als Gegenstand von Aussagen – ein logischer Widerspruch bestehen kann.[16]

[...] daß aus dem Sein kein Sollen, aus Tatsachen keine Normen gefolgert werden können.[17]

[...] und aus einem Sein kann kein Sollen, aus einer Tatsache keine Norm geschlossen werden; dem Sein kann kein Sollen, den Tatsachen können keine Normen, der empirischen Wirklichkeit kann kein Wert immanent sein. [...] Wer in Tatsachen Normen, in der Wirklichkeit Werte zu finden, zu entdecken oder zu erkennen glaubt, täuscht sich selbst. [...] Wirklichkeit und Wert gehören zu zwei verschiedenen Bereichen.[18]

An diesen Stellen formuliert Kelsen die Dualismus-These nicht als metasprachliche These über Seins- und Sollsätze, sondern als These über die entsprechenden Entitäten – Sein und Sollen – selbst; es handelt sich hier also – zumindest dem Wortlaut nach – um eine ontologische These, auch wenn Kelsen sogar hier noch von einem „logischen Dualismus von Sein und Sollen"[19] spricht. Der Unterschied zwischen diesen beiden Arten, den Dualismus von Sein und Sollen zu beschreiben, kann auf zweierlei Art interpretiert werden: Entweder handelt es sich dabei nur um zwei verschiedene Formulierungen einer und derselben These, die strenggenommen eine metasprachliche These über Sätze darstellt und in der zweiten Gruppe der Zitate bloß in ontologischer – bzw. nach Carnaps Terminologie: „inhaltlicher" – Redeweise dargestellt wird; oder aber es handelt sich um zwei verschiedene Thesen, wobei die ontologische These die Begründung für die metasprachliche These liefert.

Ohne diese Frage hier endgültig entscheiden zu wollen, neige ich der Auffassung zu, dass man in der *Reinen Rechtslehre* einen ontologischen und einen metasprachlichen Sein-Sollen-Dualismus unterscheiden sollte, wobei die ontologische These als Begründung für die meta-

---

16 *Ebd.*, S. 102.

17 *Ebd.*, S. 409.

18 *Ebd.*, S. 405. Fast gleich lautende Formulierungen über den Dualismus von Sein und Sollen wie in der *Reinen Rechtslehre* gibt Kelsen auch noch in der postum erschienenen *Allgemeinen Theorie der Normen*, hg. von Kurt Ringhofer und Robert Walter. Wien: Manzsche Verlags- und Universitätsbuchhandlung 1979, S. 44ff.

19 *Ebd.*, S. 19 (Fußnote).

sprachliche These dient – ähnlich wie ja auch Wittgenstein *seine* metasprachliche These, dass ethische Sätze sinnlos bzw. unaussprechbar sind (*Tractatus* 6.42 und 6.421), ontologisch damit begründet, dass Werte nicht *in* der Welt sind (*Tractatus* 6.41).

Viel wichtiger ist jedoch, dass Kelsens metasprachliche Dualismus-These trotz ihrer fast völligen Übereinstimmung im Wortlaut etwas ganz anderes besagt als das, was man gewöhnlich und insbesondere auch im Logischen Positivismus darunter verstanden hat und versteht. Das hängt mit Kelsens ganz spezieller Verwendung des Terminus ‚Sollsatz' zusammen: Kelsen versteht, wie ich im folgenden Abschnitt herausarbeiten werde, unter einem Sollsatz bzw. unter einer Aussage, dass etwas sein soll, etwas ganz anderes, als was man gewöhnlich – insbesondere auch im Logischen Positivismus – darunter versteht.

4 „Gewöhnliche" Sollsätze und Sollsätze im Sinne von Kelsen: eine terminologische Klarstellung

4.1 „Gewöhnliche" Sollsätze und Schein-Sollsätze

In der Alltagssprache wird das Wort ‚sollen' in verschiedenen Funktionen verwendet; so kann es z.B. verwendet werden, um eine Vermutung oder eine unbestätigte Mitteilung auszudrücken wie in: ‚Er soll in Notwehr gehandelt haben', ‚Es soll geregnet haben' usw. Von solchen Verwendungsweisen des Wortes ‚sollen' sehen wir hier ab und beschränken uns auf diejenigen Fälle, in denen das Wort normativ verwendet wird. Das Wort ‚sollen' (im normativen Sinn verwendet) kann nun aber in einem Satz wesentlich oder unwesentlich vorkommen. Als erste Gruppe von Beispielen betrachten wir folgende Sätze, in denen das Wort ‚sollen' wesentlich vorkommt:

Beispielsätze IA:
(1) Du sollst Deinem Nachbarn helfen.
(2) Du sollst Deinen Nächsten lieben.
(3) Du sollst nicht töten.
(4) Es ist nicht der Fall, dass Du die Kindesentführerin bestrafen sollst.
(5) (Zu unterscheiden von:) Du sollst die Kindesentführerin nicht bestrafen.
(6) Wenn Dein Nachbar in Not ist, dann sollst Du ihm helfen.

(7) Wer sich in einer allgemein begreiflichen heftigen Gemütsbewegung dazu hinreißen lässt, einen anderen zu töten, soll mit Freiheitsstrafe von fünf bis zu zehn Jahren bestraft werden.

Bei den ersten fünf Beispielsätzen (1)–(5) handelt es sich um sogenannte *reine* Sollsätze, da in ihnen alle inhaltlichen Komponenten durch das ‚sollen' bestimmt und daher normativ sind, während in den beiden anderen Beispielsätzen (6) und (7) auch nicht-normative Komponenten enthalten sind, weshalb diese Sätze keine reinen, sondern sogenannte gemischte Sollsätze sind. In der deutschen Sprache können alle diese Sätze (die reinen Sollsätze ebenso wie die gemischten) aber auch anders – ohne Verwendung des Wortes ‚sollen' – formuliert werden. Sinngleich mit den ersten drei Beispielsätzen sind etwa die folgenden

Beispielsätze IB:
(1') Hilf Deinem Nachbarn!
(1'') Du hast Deinem Nachbarn zu helfen.
(2') Liebe Deinen Nächsten!
(2'') Du hast Deinen Nächsten zu lieben.
(3') Töte nicht!
(3'') Du hast nicht zu töten.
(3''') Du darfst nicht töten.

Synonym mit dem letzten Beispielsatz von Gruppe IA ist die Formulierung in § 76 StGB, die zu den Beispielsätzen IB gehört:

(7') Wer sich in einer allgemein begreiflichen heftigen Gemütsbewegung dazu hinreißen lässt, einen anderen zu töten, ist mit Freiheitsstrafe von fünf bis zu zehn Jahren zu bestrafen.

Bei diesem Beispiel wird deutlich, dass man nicht ohne weiteres jeden Sollsatz der Art IA durch einen sinngleichen Imperativ bzw. Befehlssatz ausdrücken kann (dies sieht man übrigens auch ganz deutlich bei den zwei verschiedenen Negationen von ‚sollen' in den beiden Beispielen mit der Kindesentführerin). Zwar kann man jeden Imperativ sehr leicht in einen sinngleichen Sollsatz der Art IA übersetzen, aber wegen gewisser grammatikalischer Eigenheiten der Imperativ-Form ist das Umgekehrte nicht ohne weiteres möglich. Obwohl also immer wieder in der Literatur auf die Korrespondenz zwischen Sollsätzen und

Imperativen verwiesen wird, ist es höchst problematisch, sich ganz auf den Imperativ zu beschränken. Der Terminus ‚Sollsatz' wird nun für gewöhnlich (in der Grammatik ebenso wie in der philosophischen Literatur) in einem engeren und einem weiteren Sinn verwendet: Im engeren Sinn gehören zu den Sollsätzen nur die Sätze von der Art der Beispielsätze IA, im weiteren Sinn zählt man aber auch Sätze vom Typ der Beispielsätze IB zu den Sollsätzen. In diesem weiteren Sinn verwende auch ich hier im folgenden den Terminus ‚Sollsatz', der demgemäß folgendermaßen definiert wird:

Ein *Sollsatz* (bzw. Normsatz) ist ein Satz, in dem das Wort ‚sollen' (in normativer Verwendungsweise) mindestens einmal wesentlich vorkommt, oder ein Satz, der mit einem solchen Satz synonym (oder zumindest logisch äquivalent) ist.

Da nach gängiger Auffassung mit Hilfe des normativ verwendeten Wortes ‚sollen' auch alle anderen normativen Begriffe (wie ‚verboten', ‚geboten', ‚erlaubt' usw.) ausgedrückt werden können und sich somit alle normativen Begriffe auf ‚sollen' zurückführen (bzw. sogar damit definieren) lassen, sagt man statt ‚Sollsatz' mit gutem Recht auch ‚Normsatz'. Diejenigen, die eine solche Reduktion aller Normsätze auf Sollsätze im engeren Sinn ablehnen, können den Terminus ‚Sollsatz' zumindest *pars pro toto* für alle Normsätze verwenden.

Das Wort ‚sollen' kann nun aber in einem Satz auch enthalten sein, ohne in ihm wesentlich vorzukommen. Insbesondere sind es drei Arten von Kontexten, innerhalb deren ein normatives Wort wie ‚sollen', wenn es überhaupt darin enthalten ist, nur unwesentlich vorkommt, nämlich innerhalb der direkten Rede und anderer metasprachlicher Sätze, die sich auf Sollsätze der Art I beziehen (IIA), innerhalb der indirekten Rede (IIB) und in gewissen modalen Kontexten (IIC).

Beispielsätze IIA:
Peter sagte zu mir: ‚Du sollst Deinem Nachbarn helfen!'
Das fünfte Gebot in Ex 20, 13 lautet in der Einheitsübersetzung der Heiligen Schrift (*Die Bibel*, Aschaffenburg 1980), S. 74: ‚Du sollst nicht morden.'
§76 StGB lautet (bzw. in BGBl. Nr. 60 vom 23.1.1974 steht): ‚Wer sich in einer allgemein begreiflichen heftigen Gemütsbewegung dazu hinreißen läßt, einen anderen zu töten, ist mit Freiheitsstrafe von fünf bis zu zehn Jahren zu bestrafen.'

Der Satz ‚Du sollst nicht töten' besteht aus vier Wörtern.

Beispielsätze IIB:
Peter sagte zu mir, dass ich meinem Nachbarn helfen soll.
Das fünfte Gebot besagt, dass man nicht töten darf.
§76 StGB besagt (bzw. in BGBl. Nr. 60 vom 23.1.1974 steht),
dass mit Freiheitsstrafe von fünf bis zu zehn Jahren bestraft werden soll, wer sich in einer allgemein begreiflichen heftigen Gemütsbewegung dazu hinreißen lässt, einen anderen zu töten.

Beispielsätze IIC:
Peter glaubt, dass ich meinem Nachbarn helfen soll.
Das fünfte Gebot schreibt vor, dass man nicht töten darf.
Der Nationalrat hat beschlossen, dass mit Freiheitsstrafe von fünf
bis zu zehn Jahren bestraft werden soll, wer sich in einer allgemein begreiflichen heftigen Gemütsbewegung dazu hinreißen lässt,
einen anderen zu töten.
Der Richter N.N. hat das Urteil gefällt, dass der Angeklagte M.M.
wegen Totschlages gemäß §76 StGB mit einer Freiheitsstrafe von
acht Jahren bestraft werden soll.

In all diesen Beispielsätzen der Art II kommt ein normatives Wort wie
‚sollen' unwesentlich vor: Das Wort ‚sollen' und die mit seiner Hilfe
gebildeten Sollsätze des Typs I stehen nämlich in allen Beispielsätzen
der Art II im Bereich „neutralisierender" Kontexte bzw. Phrasen; dadurch wird das Wort ‚sollen' und der mit seiner Hilfe gebildete Sollsatz
seiner normativen Kraft beraubt. Alle Beispielsätze der Art II sind daher keine echten Sollsätze, sondern ganz normale „Seinssätze" bzw.
Aussagesätze deskriptiver Art, die etwas – nämlich ein Sollen – beschreiben und im gewöhnlichen Wortsinn wahr oder falsch sind.
    Während für die Untergruppe IIA leicht ein angemessener Name
eingeführt werden könnte (man könnte diese Sätze etwa ‚Meta-Sollsätze' nennen), hat sich bisher kein gemeinsamer Name für alle Sätze
der Art II eingebürgert. Man könnte sie – in Anlehnung an den neopositivistischen Terminus ‚Scheinsatz' – ‚Schein-Sollsätze' nennen, weil
es sich dabei um Sätze handelt, die das Wort ‚sollen' enthalten und die
daher wie Sollsätze aussehen, aber keine sind, da das Wort ‚sollen' in
ihnen nur unwesentlich vorkommt. Die Schein-Sollsätze beschreiben
Äußerungen, Überzeugungen, Beschlüsse etc., mit denen festgelegt
wird, dass etwas gesollt ist; man könnte sie daher auch ‚Sollensbeschreibungen' nennen. Auch dieser Terminus ist allerdings nicht üb-

lich; dennoch werde ich ihn im folgenden für Sätze der Art II verwenden und im allgemeinen dem Terminus ‚Schein-Sollsatz' vorziehen, da dieser einen negativen Beiklang hat. Sollensbeschreibungen enthalten also zwar das Wort ‚sollen', aber nur unwesentlich; es steht nämlich in einer bloßen Sollensbeschreibung, wo immer es darin vorkommt, im Bereich einer neutralisierenden Phrase.

Für eine einigermaßen standardisierte Sprache lässt sich der Begriff des *Bereichs* einer Phrase bzw. eines Kontexts streng definieren (analog zum Begriff des Bereichs eines Quantors in der Prädikatenlogik), und ebenso kann der Begriff einer *neutralisierenden* Phrase bzw. eines *neutralisierenden* Kontexts jederzeit (etwa durch Aufzählung) streng definiert werden. Mit Hilfe dieser beiden Begriffe kann man dann auch eine strenge Definition der Satzart aufstellen, welche durch die drei Satzgruppen IIA, IIB und IIC beispielhaft erläutert wird:

Sollensbeschreibungen sind Sätze, in denen mindestens ein normatives Wort wie ‚sollen' bzw. mindestens ein Sollsatz der Art I (d.i. ein „echter" Sollsatz) vorkommt, aber immer nur im Bereich einer neutralisierenden Phrase bzw. eines neutralisierenden Kontexts.

Von den Sollsätzen bzw. Normsätzen sagt man im allgemeinen, dass sie ein Sollen bzw. eine Norm *ausdrücken*; von den Sollensbeschreibungen hingegen kann man sagen, dass sie ein Sollen (bzw. auch einen Sollsatz) *beschreiben*.

4.2 „Sollsätze" im Sinne von Kelsen

Kelsen hat sich – und das ist sein gutes Recht – für eine grundlegend andere, vom üblichen Sprachgebrauch abweichende Terminologie entschieden. Dieser grundlegende terminologische Unterschied wird allerdings zunächst dadurch verdeckt, dass Kelsen Sätze von der Art unserer Beispielsätze IA ebenso wie wir zwar ‚Sollsätze' nennt, sie aber – und auch das ist sein gutes Recht – ganz anders deutet, nämlich im Sinne unserer Sollensbeschreibungen von der Art II. Diese brisante Mischung provoziert geradezu Missverständnisse, weshalb an dieser Stelle eine ganz präzise Klärung der verschiedenen Terminologien dringend erforderlich ist. Eine solche Klärung bedeutet selbstverständlich keinerlei Kritik an Kelsen, da jeder frei ist, seine eigene Terminologie selbst festzulegen, und eine solche Festlegung niemals richtig oder unrichtig, sondern nur mehr oder weniger zweckmäßig ist. Ohne eine solche Klarstellung ist es jedoch fast unvermeidlich, dass Kelsens Standpunkt in der Sein-Sollen-Frage missverstanden wird.

Zur Klarstellung werde ich im folgenden die Sollsätze im Sinne von
Kelsen als ‚Kelsen-Sollsätze' oder kurz ‚K-Sollsätze' bezeichnen. Sie
lassen sich innerhalb unseres Begriffsrahmens folgendermaßen charakterisieren:

> *K-Sollsätze* sind Sollensbeschreibungen (also Schein-Sollsätze), die
> allerdings von Kelsen wie echte Sollsätze formuliert bzw. durch
> Sätze der Art IA wiedergegeben werden.

Diese Charakterisierung könnten wir auch in folgende Worte fassen,
die etwas anschaulicher sind: K-Sollsätze sind Sollensbeschreibungen
in der sprachlichen „Verkleidung" von Sollsätzen; oder: K-Sollsätze
sind Formulierungen der Art I, die als bloße Sollensbeschreibungen
interpretiert werden. Für diejenigen Sätze, die zur Gruppe unserer Beispielsätze I gehören und Sollsätze im Sinne unserer Terminologie sind,
also ein Sollen oder eine Norm ausdrücken, führt Kelsen keine standardisierte sprachliche Formulierung ein. Es ist jedoch anzunehmen,
dass für ihn Befehlssätze bzw. Imperative[20] diese Funktion ausüben;
sie allein gehören bei Kelsen offenbar zu den Sätzen der Art I. Statt
von Befehls*sätzen* spricht Kelsen allerdings lieber von Befehlen bzw.
Befehlsakten oder Imperativen, d.s. sinnlich wahrnehmbare (Willens-)
Akte oder äußere Vorgänge,[21] die in Worten ausgedrückt[22] bzw. – wie
man heute vielleicht sagen würde – durch Sprechakte vollzogen werden können.[23] Ein solcher Akt erhält seinen objektiven Sinn durch eine
(sinngebende bzw. sinnstiftende) Norm,[24] zugleich ist dieser (von einer
Norm verliehene) objektive Sinn des Aktes selbst eine Norm bzw. ein
Sollen oder – wie Kelsen manchmal sogar mit besonderer Betonung
sagt – eine „Soll-Norm".[25] Handelt es sich um rechtliche (Soll-)Normen,
so spricht Kelsen von Rechtsnormen, und die sie beschreibenden K-
Sollsätze nennt er ‚Rechtssätze'.

---

20 Hans Kelsen, „Zur Frage des praktischen Syllogismus", in: *Neues Forum* 15,
    Nr.173, Mai 1968, S. 333–334, vgl. S. 333.
21 Hans Kelsen, *Reine Rechtslehre, a.a.O.*, S. 2.
22 *Ebd.*, S. 3.
23 *Ebd.*, S. 6.
24 *Ebd.*, S. 3.
25 *Ebd.*, S. 4–7.

Rechtssätze sind Aussagesätze; sie beschreiben Rechtsnormen, die der Sinn von (Willens-)Akten sind.[26] (Willens-)Akte sind äußere Vorgänge und damit empirische Tatsachen; Rechtsnormen sind der Sinn solcher Akte bzw. solcher empirischen Tatsachen und können daher empirisch-deskriptiv beschrieben werden. Rechtssätze sind infolgedessen empirisch-deskriptive Sätze, obwohl das, was sie beschreiben, keine Seinstatsachen, sondern Rechts- bzw. Sollnormen sind.[27]

[Die Rechtswissenschaft] beschreibt die durch Akte menschlichen Verhaltens erzeugten und durch solche Akte anzuwendenden und zu befolgenden Rechtsnormen und damit die durch diese Rechtsnormen konstituierten Beziehungen zwischen den von ihnen bestimmten Tatbeständen. Die Sätze, in denen die Rechtswissenschaft diese Beziehungen beschreibt, müssen als Rechts*sätze* von den Rechts*normen* unterschieden werden [...]. Rechts*sätze* sind hypothetische Urteile, die aussagen, daß im Sinn einer [...] Rechtsordnung unter gewissen von dieser Rechtsordnung bestimmten Bedingungen gewisse von dieser Rechtsordnung bestimmte Folgen eintreten sollen. Rechts*normen* sind keine Urteile, das heißt Aussagen [...]. Sie sind [...] Gebote und als solche Befehle, Imperative [...]. Aber sofern Rechtsnormen sprachlich, das heißt in Worten und Sätzen zum Ausdruck kommen, können sie in der Form von Aussagen erscheinen, mit denen Tatsachen festgestellt werden.[28]

Der Unterschied zeigt sich darin, daß die von der Rechtswissenschaft formulierten, das Recht beschreibenden, niemanden und zu nichts verpflichtenden und berechtigenden Sollsätze wahr oder unwahr sein können, während die von der Rechtsautorität gesetzten – die Rechtssubjekte verpflichtenden und berechtigenden – Sollnormen weder wahr noch unwahr, sondern nur gültig oder ungültig sind; so wie ja auch Seins-Tatsachen weder wahr noch unwahr sind, sondern nur existieren oder nicht existieren, und nur Aussagen über Tatsachen wahr oder unwahr sein können.[29]

---

26 *Ebd.*, S. 7.
27 *Ebd.*, S. 61 (Fußnote), 83.
28 *Ebd.*, S. 73.
29 *Ebd.*, S. 75f.

Darum empfiehlt es sich, die beiden Äußerungen auch terminolo-
gisch als Rechts-Norm und Rechts-Satz zu unterscheiden.[30]

[Der die (Geltung der) Strafrechtsnorm, die für Diebstahl Gefäng-
nisstrafe vorschreibt,] beschreibende Rechtssatz kann nur lauten:
daß, wenn jemand Diebstahl begeht, er bestraft werden soll. Aber
das Sollen des Rechtssatzes hat nicht, wie das Sollen der Rechtsnorm, einen vorschreibenden sondern einen beschreibenden Sinn.
Diese Doppeldeutigkeit des Wortes „Sollen" wird übersehen, wenn
man Sollsätze mit Imperativen iden[ti]fiziert.[31]

Ein Rechtssatz ist z.B. der Satz: Wenn ein Mensch ein Verbrechen
begeht, soll eine Strafe über ihn verhängt werden; oder: wenn ein
Mensch seine Schuld nicht bezahlt, soll eine Zwangsvollstreckung
in sein Vermögen gerichtet werden [...]. Allgemein formuliert: unter
bestimmten, und zwar von der Rechtsordnung bestimmten, Bedingungen soll ein bestimmter, und zwar von der Rechtsordnung
bestimmter, Zwangsakt erfolgen. [...] Im Rechtssatz wird [...] ausgesagt [...], daß, wenn *A* ist, *B* sein soll, auch wenn *B* vielleicht
tatsächlich nicht ist.[32]

[...] der Rechtssatz [wird] hier dahin formuliert [...], daß unter bestimmten Bedingungen eine bestimmte Folge eintreten *soll*.[33]

Dieses „Sollen" drückt nur den spezifischen Sinn aus, in dem die
beiden Tatbestände durch eine Rechtsnorm, und das heißt: in
einer Rechtsnorm, miteinander verbunden sind. Die Rechtswissenschaft kann [...] den Rechtssatz nicht anders formulieren als [als]
einen Satz, der aussagt: daß gemäß einer bestimmten positiven
Rechtsordnung unter gewissen Bedingungen eine bestimmte Folge
eintreten soll.[34]

---

30   *Ebd.*, S. 76.
31   *Ebd.*, S. 77. Zur Doppeldeutigkeit von ‚Sollen' vgl. auch Hans Kelsen, *Allgemeine
     Theorie der Normen, a.a.O.*, S. 121f.
32   *Ebd.*, S. 80.
33   *Ebd.*, S. 80.
34   *Ebd.*, S. 81.

[...] Rechtssätze können nur Soll-Sätze sein. Aber – und dies ist die logische Schwierigkeit, die in der Darstellung dieses Sachverhaltes vorliegt – mit dem Gebrauch des Wortes „sollen" nimmt der von der Rechtswissenschaft formulierte Rechtssatz nicht die autoritative Bedeutung der von ihm beschriebenen Rechtsnorm an; das „Sollen" hat im Rechtssatz einen bloß deskriptiven Charakter.[35]

In unsere Terminologie übersetzt, heißt das: Sollens- bzw. Normbeschreibungen (d.s. K-Sollsätze) dürfen nicht mit Sollsätzen (d.s. Kelsens Imperative) gleichgesetzt oder verwechselt werden; das Wort ‚sollen' kommt in Sollensbeschreibungen bzw. K-Sollsätzen unwesentlich, in Sollsätzen aber wesentlich vor und ist in diesem Sinne „doppeldeutig".

Kelsens Terminologie führt deshalb leicht zu Missverständnissen, weil er für echte Sollsätze keine standardisierte Formulierung einführt und die normalen Sollsätze der Alltagssprache von vornherein als Sollensbeschreibungen bzw. K-Sollsätze interpretiert. Es klingt fast wie Selbstironie, wenn er sich später darüber beklagt, „daß man Rechtsnormen und Aussagen über Rechtsnormen nicht deutlich auseinanderhält":

Diese sehr häufige Vermengung der Norm mit der Aussage über die Norm ist darum bis zu einem gewissen Grade erklärlich – aber nicht entschuldbar –, weil sowohl die Norm wie die Aussage über die Norm in einem Soll-Satz formuliert wird und beide Sätze gleich lauten können, aber doch verschiedenen Sinn haben. Von dem Gesetzgeber statuiert, ist der Satz: „Diebe sollen mit Gefängnis bestraft werden" eine Norm. Das Sollen hat hier eine *vor*schreibende Bedeutung. In einem Lehrbuch des Strafrechts kann die Aussage über diese Norm in dem Satz formuliert werden: „Diebe sollen mit Gefängnis bestraft werden", also mit dem Satz des Gesetzgebers gleichlautend sein. [...] Aber in dem Satz des Lehrbuchs, der ein Satz *über* eine Rechtsnorm ist, hat das Sollen keine *vor*schreibende Bedeutung; denn der Verfasser des Lehrbuchs ist nicht zuständig, etwas vorzuschreiben; sondern hat eine *be*schreibende Bedeutung.[36]

---

35 *Ebd.*, S. 83.

36 Hans Kelsen, „Recht und Logik", in: *Forum* 12, Nr. 142, Oktober 1965, S. 421–425, und Nr.143, November 1965, S. 495–500, vgl. S. 498. Diese Klarstellungen hat Kelsen in seine *Allgemeine Theorie der Normen*, a.a.O.,

5 Die Unterschiede zwischen der Sein-Sollen-Dichotomie im Logischen Positivismus und derjenigen im Rechtspositivismus

Die in Abschnitt 3 zitierten Belegstellen haben – gemeinsam mit der terminologischen Klarstellung in Abschnitt 4 – gravierende Unterschiede in der Auffassung der Sein-Sollen-Dichotomie zu Tage gefördert, die ich nun anhand der folgenden drei Fragen genauer herausarbeiten möchte:
a) Von welcher Art ist die Sein-Sollen-Dichotomie? (Abschnitt 5.1)
b) Wie wird die Sein-Sollen-Dichotomie begründet? (Abschnitt 5.2)
c) Welche Konsequenzen ergeben sich aus der Sein-Sollen-Dichotomie? (Abschnitt 5.3)

5.1 Von welcher Art ist die Sein-Sollen-Dichotomie?

Als erstes gilt es jetzt, die verschiedenen Thesen, welche mit der Sein-Sollen-Dichotomie in Verbindung gebracht werden, genau zu identifizieren und zu charakterisieren. Damit liefern wir zugleich so etwas wie eine Typologie der Sein-Sollen-Dichotomien; dabei werden wir die einzelnen Thesen der Sein-Sollen-Dichotomie mit ‚T1', ‚T2', ... durchnummerieren. Eine solche flexible Technik zur Unterscheidung verschiedener Dichotomie-Thesen mittels Nummerierung ist erforderlich, weil die grobe Unterscheidung zwischen einer ontologischen, einer erkenntnistheoretischen und einer semantischen These, so einleuchtend sie auch sein mag und so sehr das vorhandene Material sie uns geradezu aufdrängt,[37] für eine sachgerechte Behandlung des Problems bei weitem zu wenig differenziert bleibt.

S.119–125, übernommen und darin noch wesentlich ausgebaut; er gibt hier (auf S. 121) sogar zu, „daß ein Soll-Satz sowohl eine *Norm* wie eine *Aussage über eine Norm* sein kann".

37   Vgl. Jerzy Wróblewski, „Kelsen, the Is-Ought Dichotomy and [the] Naturalistic Fallacy", in: *Revue Internationale de Philosophie* 35, Nr. 138, 1981, S. 508–517. Wróblewskis Aufsatz bietet eine klare und übersichtliche Darstellung der Sein-Sollen-Dichotomie bei Kelsen. Dass ich hier weitere Differenzierungen einführe, bedeutet keine Kritik an Wróblewskis Arbeit, sondern ist durch die andere Zielsetzung meines Aufsatzes bedingt, der einen Vergleich von Rechtspositivismus und Logischem Positivismus ziehen soll. Meine „Grobtypisierung" der Dichotomie-Thesen stimmt mit derjenigen von Wróblewski überein (ich hatte sogar, noch ohne seinen Aufsatz zu kennen, fast genau dieselben Vokabeln wie er zur Bezeichnung der einzelnen Thesen gewählt).

5.1.1 Logischer Positivismus

Aufgrund des Sinnkriteriums gilt für den Logischen Positivismus zunächst einmal die folgende *semantische These* T1, dass – zum Unterschied von den Seinssätzen – alle Sollsätze ausnahmslos sinnlose Scheinsätze sind:

> T1: Kein Sollsatz ist sinnvoll; Seinssätze hingegen sind im allgemeinen sinnvoll.

Diese These wurde in weiterer Folge zur *erkenntnistheoretischen These* T2 abgeschwächt, die besagt, dass alle Sollsätze ausnahmslos kognitiv sinnlos bzw. wahrheitswertlos sind:

> T2: Kein Sollsatz ist kognitiv sinnvoll bzw. wahrheitswertfähig, d.h. potentieller Träger von Wahrheitswerten; Seinssätze sind hingegen kognitiv sinnvoll.

Die folgende *extrem-logische These* T3 steht zwar bei vielen Logischen Positivisten stillschweigend im Hintergrund bzw. zwischen den Zeilen, bleibt aber meist unausgesprochen und wird nur von „Nebenfiguren" des Logischen Positivismus gelegentlich explizit geäußert; sie besagt, dass alle Sollsätze ausnahmslos „logiklos" sind:

> T3: Kein Sollsatz ist aus (einer Menge von) anderen Sätzen logisch ableitbar – gleichgültig, um was für Sätze es sich dabei handelt (Seinssätze oder auch Sollsätze), d.h.: Kein Sollsatz ist „logikfähig"; Seinssätze sind hingegen „logikfähig".

Aus dieser extrem-logischen These T3 folgt trivialerweise durch Abschwächung die „normale" *logische Sein-Sollen-Dichotomie-These* T4, die ich einleitend bereits (in einer etwas anderen standardisierten Form) angeführt habe:

> T4: Kein reiner und nicht bereits logisch gültiger Sollsatz ist aus einer konsistenten Menge von rein deskriptiven Seinssätzen logisch ableitbar.

5.1.2 Rechtspositivismus

5.1.2.1 Die grundlegenden Dichotomie-Thesen in der „Reinen Rechtslehre"

Betrachten wir nun die verschiedenen Formulierungen der Sein-Sollen-Dichotomie bei Kelsen, und zwar zunächst in der 2.Auflage seiner *Reinen Rechtslehre.* Darin steht die folgende *ontologische These* T5 im Vordergrund:

> T5: Der Bereich des Sollens (bzw. der Werte und Normen) ist verschieden und scharf getrennt vom Bereich des Seins (bzw. der Wirklichkeit und der Tatsachen).

Von dieser ontologischen These ist Kelsens *K-logische These* T6 zu unterscheiden:

> T6: Kein K-Sollsatz (d.i. keine Sollensbeschreibung) ist aus einer Seinstatsachenbeschreibung logisch ableitbar.

Statt ‚Seinstatsachenbeschreibungen' können wir auch kurz ‚K-Seinssätze' sagen. Kelsen hat offenbar stillschweigend vorausgesetzt, dass sowohl K-Sollsätze als auch K-Seinssätze kontingent bzw. logisch indeterminiert, also weder logisch wahr noch logisch falsch sind. Wenn wir diese stillschweigende Voraussetzung „aufdecken", lautet T6 folgendermaßen:

> T6': Kein K-Sollsatz, der nicht logisch wahr ist, ist aus einer konsistenten Menge von K-Seinssätzen logisch ableitbar.

Ebenso wie T3 und T4 ist auch T6 bzw. T6' eine logische These. T6 bzw. T6' behauptet jedoch etwas völlig anderes als T3 und T4: T3 und T4 behaupten die logische Unableitbarkeit von Sollsätzen, T6 bzw. T6' behauptet die logische Unableitbarkeit von K-Sollsätzen. K-Sollsätze sind jedoch „normale" Aussagesätze, die im üblichen Sinne des Wortes wahr oder falsch sein können, sie sind somit Wahrheitsträger; daher sind sie unbestritten wahrheitswertfähig und „logikfähig", was von den Sollsätzen zumindest in Frage gestellt werden kann, im Logischen Positivismus jedoch ausdrücklich bestritten wird.

    Kelsens metasprachlicher Sein-Sollen-Dualismus besagt: Aus einem deskriptiven Aussagesatz, der eine Seinstatsache beschreibt, ist kein K-Sollsatz bzw. keine Sollensbeschreibung logisch ableitbar, also kein deskriptiver Aussagesatz, der eine Sollnorm beschreibt. Kelsens Dualismus-These behauptet also die logische Unableitbarkeit gewisser Aussagesätze aus anderen Aussagesätzen, weil das, was die Aussagesätze der ersten Art beschreiben (Seinstatsachen), nichts mit dem zu tun hat, was die anderen Aussagesätze beschreiben (Sollnormen). Es ist eine These von derselben Art wie: Aus Aussagesätzen, die von den Charaktereigenschaften von Menschen handeln, sind keine Aussagesätze logisch ableitbar, die von Zahlen handeln. Oder: Aus Aussagesätzen, die von Zahlen handeln, sind keine Aussagesätze ableitbar, welche die Farben und Düfte von Blumen beschreiben.

Die ontologische These T5 wiederum ist für einen Logischen Positivisten wie Carnap bestenfalls eine Formulierung in „inhaltlicher Redeweise" für eine These wie z.B. T6 oder T6', welche den Inhalt von T5 in „formaler Redeweise" wiedergibt. Ohne eine solche Übersetzung in eine formale bzw. metasprachliche (nach Carnaps Programm in der *Logischen Syntax der Sprache* sogar: syntaktische) Redeweise bliebe These T5 für Carnap ein sinnloser Scheinsatz.

Umgekehrt gibt es aber vom Standpunkt Kelsens und innerhalb seines Rahmens keinen Zugang zu den Dichotomie-Thesen des Logischen Positivismus, also zu T1–T4, weil in allen diesen Thesen von Sollsätzen die Rede ist, die jedoch im Rahmen des Kelsenschen Ansatzes fehlen.

5.1.2.2 Die (implizite) Ablehnung der semantischen Dichotomie-These T1 und die (implizite) Anerkennung der erkenntnistheoretischen Dichotomie-These T2 in der „Reinen Rechtslehre": eine Interpolation

Müssen wir uns aufgrund dieses Befundes mit der Feststellung begnügen, dass es zwischen der Sein-Sollen-Dichotomie im Logischen Positivismus und derjenigen im Rechtspositivismus keinen gemeinsamen Nenner gibt, dass es sich dabei also um zwei gänzlich verschiedene Themen bzw. Fragestellungen handelt, die wie zwei windschiefe Geraden aneinander vorbeilaufen?

Um einen Vergleich zwischen dem Logischen Positivismus und dem Rechtspositivismus hinsichtlich der Sein-Sollen-Dichotomie ziehen zu können, müssen wir Kelsens Lehre modifizieren, indem wir ihren sprachlichen Rahmen ergänzen: Neben den Sollnormen und den sie beschreibenden K-Sollsätzen benötigen wir auch noch Sätze, welche die Sollnormen nicht bloß beschreiben, sondern in der Sprache direkt repräsentieren bzw. ausdrücken wie unsere Sollsätze. Kelsen müsste für diese „echten" Sollsätze zwar einen anderen Namen und auch andere Formulierungen wählen, da er bereits seine K-Sollsätze einfach

‚Sollsätze' nennt und genauso formuliert, wie wir unsere Sollsätze formulieren. Es handelt sich dabei jedoch nicht um einen substantiellen Eingriff, sondern nur um eine sprachliche Ergänzung und Umbenennung, um Missverständnisse und Zweideutigkeiten zu vermeiden. Außerdem geht aus dem 38. Kapitel der *Allgemeinen Theorie der Normen* unmissverständlich hervor, dass Kelsen zu einer solchen Umbenennung und Umformulierung bereit war und unsere Sollsätze ohne weiteres als Ergänzung in sein System aufgenommen hätte. Fragen wir uns nun, wie Kelsen solche echten Sollsätze aus der Sicht seiner Lehre interpretieren würde. Obwohl der hypothetische Charakter dieser Frage unverkennbar ist, brauchen wir die Antwort auf sie nicht an den Haaren herbeizuziehen; vielmehr liefern Kelsens Ausführungen über die Sollnormen mehr als nur Anhaltspunkte dafür, was er wohl auch über deren unmittelbare sprachliche Repräsentanten gesagt hätte.

Aus der Sicht der Rechtsanwendung ist eine rein emotivistische Auffassung von Norm- und Sollsätzen grundsätzlich unhaltbar. Rechtliche Normsätze sollen ja das Handeln der Normadressaten regeln, und dazu müssen sich die Normadressaten an den rechtlichen Vorschriften, also an Sollsätzen und anderen Normsätzen orientieren können. Bei einer rein emotivistischen Interpretation von Sollsätzen ist das jedoch unmöglich: Emotionen können sich spontan einstellen, sie unterliegen keinen Regeln, sondern können von Launen geleitet sein. So kann sich zum Stehlen nicht nur die Emotion einstellen, die wir durch ‚pfui!' ausdrücken, sondern gleichzeitig auch diejenige, die wir mit ‚bravo!' oder ‚juchhe!' ausdrücken, und umgekehrt kann auf Nächstenliebe nicht nur mit ‚bravo!' oder ‚juchhe!', sondern gleichzeitig auch mit ‚pfui!' reagiert werden, ohne dass man sich deswegen selbst widerspricht. Es handelt sich dabei um eine reine Geschmacksfrage, doch über Geschmack lässt sich bekanntlich trefflich streiten, aber nicht rational argumentieren, wie das bekannte Sprichwort sagt: De gustibus non est disputandum.

Nach emotivistischer Auffassung ist die Verwendung von Sollsätzen nicht durch Regeln bestimmt, sondern völlig subjektiv, willkürlich und beliebig. Sollsätze sind daher sinnlos in einem sehr extremen Sinn dieses Wortes – und nicht bloß im Sinne von ‚wahrheitswertlos' oder ‚wahrheitswertunfähig'. Nach derart extrem sinnlosen Sollsätzen können die Normadressaten ihr Handeln nicht ausrichten. Dadurch verlören die Norm- und Sollsätze aber – aus der Sicht des Normadressaten – ihre Orientierungsfunktion und damit gleichzeitig –

aus der Sicht des Gesetzgebers – ihre Steuerungsfunktion, die beide unverzichtbar sind.

Aus der Sicht der Rechtspraxis und ebenso aus der Sicht der Rechtstheorie können daher (rechtliche) Norm- und Sollsätze keinesfalls sinnlos im extremen Sinn des Emotivismus sein, weil sie dadurch ja ihre rechtliche Funktion verlören. Für einen Rechtstheoretiker und somit auch für einen Rechtspositivisten wie Kelsen ist infolgedessen die These T1 des Logischen Positivismus, angewandt auf rechtliche Sollsätze, unakzeptabel.

Rechtliche Norm- und Sollsätze sind also nach Kelsen nicht bloßer Ausdruck von Gefühlen, wohl aber sind sie der Ausdruck eines normsetzenden Willensaktes des Gesetzgebers. Der Sinn dieses Willensaktes und damit indirekt auch des ihn ausdrückenden Norm- und Sollsatzes ist das Sollen selbst bzw. die Sollnorm.[38] Diese Interpretation von normsetzenden Akten bzw. von Norm- und Sollsätzen, die Kelsen mit anderen Rechtstheoretikern teilt, könnte man als Volitivismus oder Präskriptivismus dem Emotivismus der Logischen Positivisten gegenüberstellen. Der wesentliche Unterschied zwischen Emotionen und Willensakten bzw. zwischen Fühlen und Wollen ist der Grund dafür, dass im Emotivismus die Sollsätze völlig sinnlos (und erst als Folge davon auch wahrheitswertlos und „logiklos") sind, während sie im Volitivismus keinesfalls völlig sinnlos sind. Allerdings können diese Sätze auch nach Kelsen keine Wahrheitswerte haben, wodurch sie jedoch nicht ihre rechtliche Funktionsfähigkeit verlieren. Die Wahrheitswertlosigkeit der Sollsätze lässt sich bei Kelsen allerdings nur aus der Wahrheitswertlosigkeit ihres Sinnes – d.h. der Sollnormen – erschließen, da Kelsen ja die Sollsätze selbst aus seiner Betrachtung ausklammert:

Eine Norm dagegen ist weder wahr noch unwahr, sondern nur gültig oder nicht gültig.[39]

[...] Rechtsnormen als Vorschreibungen, das heißt als Gebote, Erlaubnisse, Ermächtigungen [können] weder wahr noch unwahr sein.[40]

---

38   Hans Kelsen, *Reine Rechtslehre*, a.a.O., S. 9f.

39   *Ebd.*, S. 19; vgl. auch S. 75f.

40   *Ebd.*, S. 76.

Eine Norm aber ist weder wahr noch unwahr, sondern gilt oder gilt nicht.[41]

Sofern man zugibt, dass das, was Kelsen in diesen Zitaten von Soll-normen behauptet, auf unsere Sollsätze übertragbar ist, können wir festhalten: Kelsen stimmt der These T2 des Logischen Positivismus zu.

5.1.2.3 Die Nicht-Anerkennung der extrem-logischen Dichotomie-These T3 in der „Reinen Rechtslehre"

Kelsen schließt sich der – angeblich – traditionellen Auffassung an, dass logische Beziehungen und logische Ableitbarkeit nur zwischen Sätzen möglich sind, die wahr oder falsch sein können; Wahrheits-wertlosigkeit zieht demnach „Logikunfähigkeit" nach sich:

> Da Rechtsnormen als Vorschreibungen, das heißt als Gebote, Er-laubnisse, Ermächtigungen weder wahr noch unwahr sein können, ergibt sich die Frage, wie logische Prinzipien, insbesondere der Satz vom Widerspruch und die Regeln der Schlußfolgerung auf das Verhältnis zwischen Rechtsnormen angewendet werden können (so wie dies die Reine Rechtslehre seit jeher getan hat), wenn, traditioneller Anschauung nach, diese Prinzipien nur auf Aussagen anwendbar sind, die wahr oder unwahr sein können.[42]

Übertragen von den Sollnormen auf unsere Sollsätze, hieße das, dass Kelsen mit der erkenntnistheoretischen Dichotomie-These T2 auch die These T3 und damit auch die These T4 des Logischen Positivismus anerkennen müsste; die These T4 folgt nämlich trivial aus T3, und T3 ergibt sich aus T2 unter Voraussetzung der „traditionellen Anschau-ung", zu der sich Kelsen ohne weitere Begründung bekennt (ich werde sie später – in 5.2.3.2 – als unhaltbares Vorurteil entlarven).

In der Reinen Rechtslehre versuchte Kelsen allerdings, den Über-gang von der These T2 zur These T3 zu blockieren. Auf die rhetori-sche Frage, wie es überhaupt möglich sei, logische Prinzipien (und insbesondere das Widerspruchsprinzip und die Regeln der Schlussfol-

---

41 Hans Kelsen, „Die Grundlagen der Naturrechtslehre", in: Franz-Martin Schmölz (Hrsg.), Das Naturrecht in der politischen Theorie. Wien: Springer Verlag 1963, S. 1–37, vgl. S. 2.

42 Hans Kelsen, Reine Rechtslehre, a.a.O., S. 76f.

gerung) auf Rechtsnormen anzuwenden – „so wie dies die Reine
Rechtslehre seit jeher getan hat" –, antwortet sich Kelsen selbst:

> Die Antwort auf diese Frage ist: daß logische Prinzipien, wenn
> nicht direkt, so doch indirekt, auf Rechtsnormen angewendet wer-
> den, sofern sie auf die diese Rechtsnormen beschreibenden
> Rechtssätze, die wahr oder unwahr sein können, anwendbar sind.
> Zwei Rechtsnormen widersprechen sich und können daher nicht
> zugleich als gültig behauptet werden, wenn die beiden sie be-
> schreibenden Rechtssätze sich widersprechen; und eine Rechts-
> norm kann aus einer anderen abgeleitet werden, wenn die sie be-
> schreibenden Rechtssätze in einen logischen Syllogismus eingehen
> können.[43]

Kelsen glaubt, durch dieses Verfahren das Widerspruchsprinzip (und
die anderen logischen Prinzipien und Schlussregeln) „auch für die
Erkenntnis im Bereich der Normen"[44] rechtfertigen und retten zu können: „Die beiden Sätze: A soll sein, und A soll nicht sein, schließen
sich gegenseitig aus; von den beiden damit beschriebenen Normen
kann nur eine gelten."[45] Übertragen von der Ebene der Sollnormen auf
die sprachliche Ebene unserer Norm- bzw. Sollsätze, besagt das: Zwischen zwei Sollsätzen S_1 und S_2 besteht eine bestimmte logische
Beziehung genau dann, wenn diese logische Beziehung zwischen den
beiden die Sollsätze S_1 und S_2 beschreibenden K-Sollsätzen bzw.
Schein-Sollsätzen MS_1 und MS_2 besteht. Abgesehen davon, dass es
zu einem Sollsatz S_i nicht – wie dabei unterstellt wird – genau eine
Sollensbeschreibung MS_i gibt, welche sich auf S_i bezieht, sondern
dass S_i durch beliebig viele Schein-Sollsätze beschrieben werden kann,
wird klar, dass Kelsens Verfahren, wenn man es wörtlich nimmt, zum
Scheitern verurteilt ist, sobald man sich seine Auswirkungen an konkreten Beispielen vor Augen führt. Dass ein Sollsatz S_1 einem Sollsatz
S_2 widerspricht, hieße demnach: der (bzw. ein) Schein-Sollsatz MS_1,
der S_1 beschreibt, widerspricht dem (bzw. einem) Schein-Sollsatz MS_2,
der S_2 beschreibt. Nehmen wir folgende Beispielsätze:

---

43   *Ebd.*, S. 77.
44   *Ebd.*, S. 329.
45   *Ebd.*, S. 27.

S_1: Bestrafe die Tat x mit lebenslangem Freiheitsentzug! (Bzw.: Du sollst die Tat x mit lebenslangem Freiheitsentzug bestrafen.)
S_2: Bestrafe die Tat x nicht mit lebenslangem Freiheitsentzug! (Bzw.: Du sollst die Tat x nicht mit lebenslangem Freiheitsentzug bestrafen.)
MS_1: Richter N.N. fällt das Urteil, dass die Tat x mit lebenslangem Freiheitsentzug bestraft werden soll.
MS_2: Richter N.N. fällt das Urteil, dass die Tat x nicht mit lebenslangem Freiheitsentzug bestraft werden soll.
MS_1': S_1 enthält keine Negation.
MS_2': S_2 enthält eine Negation.

Die beiden Sätze S_1 und S_2 widersprechen einander offenkundig (auch nach Kelsens eigener Auffassung), während sich jedoch MS_1 und MS_2 sowie MS_1' und MS_2' keineswegs widersprechen, sondern logisch miteinander verträglich sind. Kelsen hat diesen Fehler später eingesehen und selbst korrigiert. In der *Reinen Rechtslehre* führte dieser Irrtum jedoch dazu, dass ein anderer Fehler – die von ihm als „traditionelle Anschauung" apostrophierte Auffassung, dass aus These T2 die These T3 folgt – „neutralisiert" und der sonst zwingende Übergang von T2 zu T3 blockiert wurde.

5.1.2.4 Die Anerkennung der logischen Dichotomie-These T4 in der „Reinen Rechtslehre"

Der schwächeren logischen Dichotomie-These T4 hat Kelsen jedoch in der *Reinen Rechtslehre* zugestimmt, obwohl er sie nicht auf T3 stützen konnte. Kelsen bringt diese These allerdings nicht dort zur Sprache, wo er den logischen Sein-Sollen-Dualismus bespricht, sondern im Rahmen seiner allgemeinen Überlegungen zur Frage der Normbegründung:

> Daraus, daß etwas *ist*, kann nicht folgen, daß etwas sein *soll;* sowie daraus, daß etwas sein *soll,* nicht folgen kann, daß etwas *ist*. Der Geltungsgrund einer Norm kann nur die Geltung einer anderen Norm sein.[46]

---

46 *Ebd.*, S. 196. Vgl. auch Hans Kelsen, *Allgemeine Theorie der Normen, a.a.O.*, S. 206.

Aber die Suche nach dem Geltungsgrund einer Norm kann nicht [...] ins Endlose gehen. Sie muß bei einer Norm enden, die als letzte, höchste vorausgesetzt wird. [...] Ihre Geltung kann nicht mehr von einer höheren Norm abgeleitet, der Grund ihrer Geltung nicht mehr in Frage gestellt werden. Eine solche als höchste vorausgesetzte Norm wird hier als Grundnorm bezeichnet.[47]

Wenn wir gewisse selbstverständliche Zusätze, die Kelsen bei seinen Formulierungen stillschweigend voraussetzte, explizit anführen, ergibt sich folgende These:

T4': Wenn ein Norm- bzw. Sollsatz, der nicht bereits logisch gültig ist, aus einer konsistenten Menge M von Sätzen logisch ableitbar ist, dann enthält M mindestens einen Norm- bzw. Sollsatz.

Die enge Verwandtschaft, ja (beinahe) logische Äquivalenz mit der Dichotomie-These T4 liegt auf der Hand. Obwohl Kelsens Dualismus-Thesen T5 und T6 etwas ganz anderes besagen als T4, stellt er seine These T4' in engem Zusammenhang mit T5 und T6 auf; an der ersten der beiden zuvor zitierten Belegstellen gewinnt man den Eindruck, Kelsen betrachte T4' bloß als Paraphrase von T6 oder zumindest als unmittelbare Folgerung aus T6.

Die Übersetzung von Kelsens Ausführungen in unsere Sprache und damit die Umschreibung seiner Gedanken mit den Worten der These T4' setzt allerdings ebenso wie schon die Übernahme der erkenntnistheoretischen Dichotomie-These T2 in den Rahmen der *Reinen Rechtslehre* zweierlei voraus: dass uns sprachliche Repräsentanten (und nicht nur Beschreibungen) der (Rechts-)Normen zur Verfügung stehen und dass wir das, was Kelsen von den (Rechts-)Normen selbst sagt, zumindest teilweise und *mutatis mutandis* auf deren sprachliche Repräsentanten übertragen dürfen. Allerdings wendet Kelsen die Bezeichnung ‚(logischer) Dualismus von Sein und Sollen' in seinen Schriften nirgends genau auf diese logische These an, sondern er lässt sie unbenannt.

5.1.2.5 Die Entwicklung nach der „Reinen Rechtslehre"

Nach dem Erscheinen der 2. Auflage der *Reinen Rechtslehre* im Jahre 1960 hat sich Kelsen weiterhin intensiv mit der Frage der Anwendbar-

---

47 *Ebd.*, S. 197.

keit der Logik auf Sollnormen im allgemeinen und Rechtsnormen im besonderen auseinandergesetzt. Diese Auseinandersetzung erfolgte vor allem in seinen bekannten Beiträgen im *Neuen Forum* sowie in der postum erschienenen *Allgemeinen Theorie der Normen.*[48] Darin hat Kelsen seine These, die logischen Prinzipien seien von den Rechtssätzen bzw. K-Sollsätzen auf Rechtsnormen und damit auf echte Sollsätze übertragbar und dadurch zumindest indirekt auf sie anwendbar, selbst korrigiert und zurückgenommen. Gleichzeitig hat Kelsen neben seinen eigenen auch andere Versuche, die logischen Prinzipien von deskriptiven Seins- bzw. Aussagesätzen auf Sollnormen bzw. echte Sollsätze zu übertragen, verworfen. So kritisiert Kelsen – mit gutem Grund – insbesondere auch den auf Walter Dubislav,[49] Albert Hofstadter und J.J.C. McKinsey[50] sowie Alf Ross[51] zurückgehenden Versuch einer sogenannten Erfüllungslogik für Normen; dabei werden die logischen Prinzipien von den Seinssätzen, welche die Befolgung bzw. Erfüllung von Norm- und Sollsätzen beschreiben, auf die Norm- und Sollsätze selbst übertragen. Nach Kelsen ist auch dieser Versuch, eine Normenlogik zu begründen, zum Scheitern verurteilt. Dadurch allein wird schon die Anwendbarkeit der Logik auf Rechtsnormen, wie sie Juristen im allgemeinen und Kelsen im besonderen vorausgesetzt haben, in Frage gestellt:

Die Anwendung logischer Prinzipien, insbesondere des Prinzips des ausgeschlossenen Widerspruchs und der Regel der Schlußfolgerung, auf Normen im allgemeinen und Rechtsnormen im besonderen ist jedoch keineswegs so selbstverständlich, wie dies von Juristen angenommen wird. Denn die beiden logischen Prinzipien sind ihrem Wesen nach nur – oder doch zumindest direkt nur – auf

---

48   Hans Kelsen, „Recht und Logik", *a.a.O.*; Hans Kelsen, „Nochmals: Recht und Logik", in: *Forum* 14, Nr. 157, Jänner 1967, S. 39–40; Hans Kelsen, „Zur Frage des praktischen Syllogismus", in: *Neues Forum* 15, Nr. 173, Mai 1968, S. 333–334; Hans Kelsen, *Allgemeine Theorie der Normen, a.a.O.*

49   Walter Dubislav, „Zur Unbegründbarkeit der Forderungssätze", in: *Theoria* 3, 1937, S. 330–342.

50   Albert Hofstadter/J.C.C.McKinsey, „On the Logic of Imperatives", in: *Philosophy of Science* 6, 1939, S. 446–457.

51   Alf Ross, „Imperatives and Logic", in *Theoria* 7, 1941, S. 53–71, sowie in: *Philosophy of Science* 11, 1944, S. 30–46.

Aussagen anwendbar, sofern diese [...] wahr oder unwahr sein können. [...] Normen aber [...] sind [...] weder wahr noch unwahr.[52]

Man kann von einer Norm [...] nicht sagen, sie sei wahr oder unwahr. Daher können die logischen Prinzipien des ausgeschlossenen Widerspruchs und der Schlußfolgerung auf Normen nicht, zumindest nicht direkt, und wenn überhaupt, so nur *per analogiam* angewendet werden. Und auch das wäre nur möglich, wenn zwischen der Wahrheit einer Aussage und der Geltung einer Norm eine Analogie bestünde. Eine solche Analogie besteht aber nicht. Vor allem darum nicht, weil Wahrheit und Unwahrheit Eigenschaften einer Aussage sind, Geltung aber nicht Eigenschaft einer Norm, sondern ihre Existenz, ihre spezifische, ideelle Existenz ist. Daß eine Norm gilt, bedeutet, daß sie vorhanden ist. Daß eine Norm nicht gilt, bedeutet, daß sie nicht vorhanden ist.[53]

Kelsen verschärft diese Skepsis gegenüber einer Anwendung der Logik auf Normen zur These, dass eine solche Anwendung *unmöglich* ist:

Eine Norm aber ist weder wahr noch unwahr, sondern gilt oder gilt nicht. Und zwischen der Wahrheit einer Aussage und der Geltung einer Norm besteht keinerlei Parallele oder Analogie. Ich betone dies im bewußten Gegensatz zu einer allgemein akzeptierten und auch von mir lange Zeit vertretenen Ansicht. Bestünde eine Analogie oder Parallele zwischen der Wahrheit einer Aussage und der Geltung einer Norm, müßte der Satz vom ausgeschlossenen Widerspruch, der auf zwei miteinander in Konflikt stehende Aussagen Anwendung findet, auch oder doch per analogiam auf zwei miteinander in Konflikt stehende Normen angewendet werden können. So wie von zwei miteinander in Konflikt stehenden Aussagen nur eine wahr sein kann, die andere unwahr sein muß, so könnte von zwei miteinander in Konflikt stehenden Normen nur eine gelten und müßte die andere ungültig sein. Das ist aber nicht der Fall.[54]

Was nun die Anwendbarkeit der logischen Regel der Schlußfolgerung auf Rechtsnormen betrifft, so steht in Frage, ob aus der Gel-

---

52 Hans Kelsen, „Recht und Logik", *a.a.O.*, S. 421.

53 *Ebd.* S. 422.

54 Hans Kelsen, „Die Grundlagen der Naturrechtslehre", *a.a.O.*, S. 2.

tung einer generellen Norm wie etwa: „Alle Diebe sollen bestraft werden" die Geltung einer individuellen Norm wie: „Der Dieb Schulze soll bestraft werden" logisch ebenso folgt, wie aus der Wahrheit der generellen Aussage: „Alle Menschen sind sterblich" die Wahrheit der individuellen Aussage: „Der Mensch Sokrates ist sterblich" logisch folgt. Und diese Frage muß verneint werden, sofern es sich dabei um *positive* Normen handelt. Und nur um solche kann es sich im Bereich der Rechtswissenschaft als einer Wissenschaft vom positiven Recht handeln.[55]

Aus dem bisher Dargestellten ergibt sich, daß die beiden wichtigsten logischen Prinzipien, der Satz vom ausgeschlossenen Widerspruch und die Regel der Schlußfolgerung auf die Beziehungen zwischen Normen eines positiven Rechts, weder direkt noch – wie ich allerdings noch in meiner Schrift *Reine Rechtslehre* (2. Aufl., 1960) angenommen habe – indirekt anwendbar sind.[56]

Kelsen stützt sich an diesen Stellen nicht einfach auf die Wahrheitswertunfähigkeit der Normen bzw. Sollsätze, zu der er sich ja selbst mit These T2 bekennt, sondern er argumentiert wesentlich diffiziler: Normen bzw. Sollsätze sind nicht nur wahrheitswertlos, sondern es gibt bei den Normen bzw. Sollsätzen auch keine Ersatzeigenschaften, die für die fehlenden Wahrheitswerte zur Begründung einer Logik in die Bresche springen könnten; insbesondere ist die – aus juristischer Sicht allein maßgebliche: positive – Geltung von Normen bzw. Sollsätzen als Analogon für die Wahrheit von Aussagesätzen für logische Zwecke unbrauchbar, wie Kelsen überzeugend darlegt.

Zwar nicht auf dem einfachen Weg über These T2, wohl aber auf einem diffizileren Weg scheint diese Argumentation doch schnurstracks auf die These T3 hinauszulaufen, dass alle Sollsätze „logikunfähig" sind. Umso überraschender folgt daher unmittelbar auf das letzte Zitat die Wende, die der These T3 eindeutig eine Absage erteilt:

Damit ist jedoch nicht gesagt, daß zwischen Normen überhaupt keine logischen Beziehungen bestehen. So z.B. die Beziehung zwischen zwei generellen Normen, die sich nur durch den Grad

---

55   Hans Kelsen, „Recht und Logik", *a.a.O.*, S. 496.

56   *Ebd.*, S. 498. Zum selben Ergebnis gelangt Kelsen auch in seiner *Allgemeinen Theorie der Normen, a.a.O.*, allerdings aufgrund einer wesentlich ausführlicheren und systematischeren Auseinandersetzung mit der Thematik; vgl. S. 166–203.

ihres generellen Charakters unterscheiden, eine Beziehung, die von der Beziehung zwischen einer generellen und der ihr entsprechenden individuellen Norm unterschieden werden muß. Aber auch in dem Verhältnis zwischen einer generellen Norm und der ihr entsprechenden, von dem rechtsanwendenden Organ gesetzten individuellen Norm besteht eine logische Beziehung insoferne, als der von dem Gericht *in concreto* festgestellte Tatbestand unter den in der generellen Norm *in abstracto* bestimmten Tatbestand subsumiert werden kann.[57]

Auf den Inhalt und die Relevanz dieser Stelle für eine Logik der Normen bzw. Sollsätze werde ich später noch zurückkommen; im Moment geht es nur um die Sein-Sollen-Dichotomie, und diesbezüglich wird durch die zitierte Stelle zweifelsfrei belegt: Kelsen hat nicht nur in der *Reinen Rechtslehre*, sondern auch in seinen späteren Arbeiten die Dichotomie-These T3 abgelehnt.

Schwieriger verhält es sich mit der These T4: Ohne dass Kelsen explizit dazu Stellung nimmt, kann man aus vielen Äußerungen schließen, dass er diese These aufrechterhalten wollte: Um eine Rechtsnorm begründen zu können, muss man immer eine andere Norm und letztlich die Grundnorm voraussetzen (T4'); eine Norm bzw. ein Sollsatz ist daher nie aus rein deskriptiven Aussagesätzen allein logisch ableitbar (T4).

Man wird Kelsen zugestehen, dass man aus der Beschreibung normerzeugender Akte allein nie auf die Geltung der Norm schließen kann. Kelsen betont nun aber, dass solche Akte für die Geltung unverzichtbar, also *conditio sine qua non* sind, weshalb ja gerade die Analogie mit der Wahrheit und damit die Übertragbarkeit logischer Prinzipien auf Normen in sich zusammenbricht. Aus Aussagen, welche das Fehlen solcher für die Geltung der Norm unverzichtbaren Akte feststellen, müsste nun aber logisch folgen, dass die betreffende Norm nicht gilt, und daraus (aus der Feststellung, dass eine Norm nicht gilt) folgt die Negation der Norm selbst. Zählt man Negationen von Normen bzw. Sollsätzen selbst wieder zur Kategorie der Normen bzw. Soll-

---

57 *Ebd.*, S. 498f. Auch dazu findet man in Kelsens *Allgemeiner Theorie der Normen*, *a.a.O.*, S. 203–216, eine ausführlichere Darstellung, die (auf S. 216) zum selben Schluss führt: „Das Ergebnis der vorangehenden Analyse ist, daß zwar der Satz vom ausgeschlossenen Widerspruch und die Regel der Schlußfolgerung in einem normativen Syllogismus auf die Beziehung zwischen Normen nicht anwendbar ist, daß aber andere Prinzipien der Logik auf diese Beziehung [...] anwendbar sind."

sätze, wie dies in der Logik üblich ist, wäre – entgegen These T4 –
aus einer konsistenten Menge rein deskriptiver Aussagesätze ein
Norm- bzw. Sollsatz logisch ableitbar, der selbst nicht schon logisch
gültig ist. Diese Konsequenz konnte Kelsen aber unterbinden, indem
er – mit vielen anderen prominenten Normtheoretikern und gegen die
Mehrheit der Logiker – die Auffassung vertrat, dass die Negation einer
Norm bzw. eines Sollsatzes selbst keine Norm bzw. kein Sollsatz ist.

5.2 Wie wird die Sein-Sollen-Dichotomie begründet?

Um den Stellenwert der einzelnen Dichotomie-Thesen im Rahmen des
Logischen Positivismus und im Rahmen des Rechtspositivismus her-
auszuarbeiten, befasse ich mich kurz mit der Frage des jeweiligen
Begründungszusammenhanges.

5.2.1 Logischer Positivismus

Grundlegend für den Logischen Positivismus ist die Anwendung des
Sinnkriteriums auf Sollsätze: Das ursprüngliche starke Sinnkriterium
ergibt in seiner Anwendung auf Sollsätze These T1, das abgeschwächte Sinnkriterium ergibt T2. Die These T1 liefert nun zwar
keinen zwingenden Beweis, wohl aber eine durchaus plausible Begründung für These T3; die abgeschwächte These T2 wird hingegen sehr
häufig – innerhalb und außerhalb des Logischen Positivismus – zur
Begründung von T3 herangezogen, liefert aber keineswegs eine plausible Begründung für T3 – vielmehr handelt es sich bei diesen Begrün-
dungsversuchen um Fehlschlüsse, wie ich noch zeigen werde.

Die These T4 ergibt sich zwar zwingend aus T3, wird aber im
Logischen Positivismus kaum thematisiert, da die strengere These T3
für „ausgemacht" gilt.

5.2.2 Rechtspositivismus

Für Kelsen war die ontologische These T5 die intuitive Grundlage für
seine logische Dichotomie-These T6. Aus T5 folgt zwar nicht zwingend T6, aber T5 ist sicher so etwas wie ein Plausibilitätsgrund für
T6, aus dem man durch gewisse Zusatzannahmen einen vollständigen
Beweis für T6 gewinnen könnte. Wie schon früher erwähnt, ist T6
vergleichbar einer These wie: Aus Aussagesätzen über Charaktereigenschaften von Menschen sind keine Aussagesätze über Zahlen
und aus diesen keine Aussagesätze über Farben und Düfte von Blumen logisch ableitbar. Als Plausibilitätsargument dafür könnte man
etwa anführen: Menschliche Charaktereigenschaften haben nichts mit

Eigenschaften von Zahlen und diese nichts mit Farben und Düften von Blumen zu tun, es handelt sich dabei um voneinander gänzlich unabhängige Bereiche. Auch diese Begründung ist – ähnlich wie die Berufung auf T5 zur Begründung von T6 – kein strenger Beweis, ließe sich aber durch entsprechende Zusätze und Differenzierungen zu einem solchen strengen Beweis ausbauen.

Die Dichotomie-Thesen T2, T3 und T4 werden von Kelsen gar nicht explizit thematisiert, sondern man muss seinen Standpunkt in diesen Fragen aus seinen Schriften rekonstruieren. Dabei stellt sich heraus, dass Kelsen zwar die These T2 vertritt, dass er aber weder in der *Reinen Rechtslehre* noch danach aus der These T2 auf die Dichotomie-These T3 schließt. Zwar entspricht es nach Kelsen der traditionellen Auffassung, dass sich T3 aus T2 ergibt, doch blockiert Kelsen diesen Übergang, da er ganz offenkundig als Rechtstheoretiker nicht nur an der – unbestrittenen – Logikfähigkeit der rechtswissenschaftlichen Sätze bzw. der K-Sollsätze, sondern auch an der Logikfähigkeit der Normen bzw. Sollsätze interessiert ist. Seinen Blockadeversuch in der *Reinen Rechtslehre* hat er später selbst als gescheitert durchschaut, doch mit scharfsinnigen Argumenten hat er eine neue Barriere ausgedacht, welche den Übergang von T2 zu T3 verhindern soll. Auf diese Bemühung Kelsens, die Logik für die Normen bzw. Sollsätze doch noch zu retten, werde ich im Appendix näher eingehen.

Die These T4 kann man schließlich Kelsen mit gutem Grund zuschreiben, ohne dass er sie allerdings präzise formuliert oder gar streng bewiesen hätte.

5.2.3 Stellungnahme

5.2.3.1 Ergebnis des Vergleichs

Der Vergleich der Dichotomie-Thesen und ihres Begründungszusammenhangs im Logischen Positivismus und im Rechtspositivismus fördert zu Tage, dass es sich dabei um völlig verschiedene Thesen handelt, denen auch ganz unterschiedliche Fragestellungen zugrunde liegen, die kaum mehr als eine gewisse Familienähnlichkeit aufweisen und durch den gemeinsamen Titel ‚Sein-Sollen-Dichotomie' zusammengehalten werden.

Zur logischen Fragestellung im heutigen Sinn und damit zu einer expliziten Formulierung und Behandlung der These T4 stößt weder der Logische Positivismus noch Kelsens Rechtspositivismus vor. Dies ist durchaus verständlich, da man zur damaligen Zeit die These T4, wenn sie überhaupt zur Diskussion gestellt wurde, für trivial hielt. Diese

Situation änderte sich erst in den 70er Jahren des 20. Jahrhunderts, als die These der Sein-Sollen-Dichotomie aufgrund der Entwicklung von Semantiken für die Deontische Logik als nicht-triviale logische These erkannt und anerkannt wurde.[58] Die ersten Arbeiten dazu stammen von Franz v. Kutschera,[59] Peter Kaliba[60] und Rainer Stuhlmann-Laeisz,[61] die umfassendste Studie zu dieser Problematik stammt von Gerhard Schurz.[62]

Die Diskussion um die Sein-Sollen-Dichotomie knüpft beim Logischen Positivismus und auch im Rechtspositivismus an ganz andere Fragestellungen an als die heutige Literatur zu diesem Thema: Ausgangspunkt der Diskussion im Logischen Positivismus ist das semantische Problem des Sinnkriteriums, das sich in der These T1 niederschlägt; Kelsen hingegen geht von einer intuitiven ontologischen Überlegung aus, die wir in T5 festgehalten haben. Die beiden Ausgangsthesen haben so wenig miteinander gemeinsam, dass Kelsens These T5 als metaphysischer Satz dem Sinnkriterium des Logischen Positivismus ebenso zum Opfer gefallen wäre wie sämtliche Sollsätze.

Ein gemeinsamer Schnittpunkt zwischen Logischem Positivismus und Rechtspositivismus bezüglich der Sein-Sollen-Dichotomie ergibt sich nur in der erkenntnistheoretischen These T2, von der allerdings die Logischen Positivisten und die Rechtspositivisten sehr unterschiedlich Gebrauch machen. Von Logischen Positivisten wurde die These T2 immer wieder dazu verwendet, um damit die Logikunfähigkeit von Imperativen, Normen bzw. Sollsätzen zu begründen, was sich als Fehlschluss erweist. Kelsen ist interessanterweise nicht in diese Falle getappt, obwohl auch für ihn die These T2 eine wichtige Rolle spielte; dem Fehlschluss von T2 zu T3 ist er aber nicht erlegen – ebensowenig

58   Edgar Morscher, „Das Sein-Sollen-Problem: logisch betrachtet", in: *Conceptus* 8, Nr. 25, 1974, S. 5–29.

59   Franz von Kutschera, *Einführung in die Logik der Normen, Werte und Entscheidungen.* Freiburg–München: Karl Alber Verlag 1973, S. 66ff.; und „Das Humesche Gesetz", in: *Grazer philosophische Studien* 4, 1977, S. 1–14.

60   Peter Kaliba, „'Is', 'ought', 'can', logic", in: Edgar Morscher/Rudolf Stranzinger (Hrsg.), *Ethics: Foundations, Problems and Applications.* Wien: Hölder-Pichler-Tempsky 1981, S. 176–180; Peter Kaliba, *Das Sein-Sollen-Problem. Eine Fallstudie zur Anwendung logischer Methoden auf Probleme der Philosophie.* Diplomarbeit am Institut für Philosophie der Universität Salzburg, Salzburg 1982.

61   Rainer Stuhlmann-Laeisz, *Das Sein-Sollen-Problem. Eine logische Studie.* Stuttgart–Bad Cannstatt: Friedrich Frommann Verlag – Günther Holzboog 1983.

62   Gerhard Schurz, *The Is-Ought Problem. An Investigation in Philosophical Logic.* Dordrecht–Boston–Lancaster: Kluwer Academic Publishers 1997.

wie Rudolf Carnap, der dafür offenbar ebenfalls ein zu gutes „logisches Gespür" hatte (und sich außerdem mit Normfragen insgesamt nur in einem sehr bescheidenen Ausmaß beschäftigte). Wegen der Bedeutung dieses Fehlschlusses in der gesamten Literatur zur.Normenlogik möchte ich aber kurz auf ihn eingehen.

5.2.3.2 Der Fehlschluss von T2 auf T3

Jørgen Jørgensen hat in den 30er Jahren auf ein „puzzle" hingewiesen, das von Alf Ross „Jørgensen's Dilemma" genannt wurde[63] und unter diesem Namen Eingang in die Fachliteratur fand. Jørgensen geht von unserer These T2 aus: Imperativsätze bzw. Sollsätze können nicht wahr oder falsch sein. Nun weist Jørgensen aber darauf hin: „According to a generally accepted definition of logical inference only sentences which are capable of being true or false can function as premisses or conclusions in an inference"[64]; diese Zusatzprämisse ist für den Übergang von T2 zu T3 erforderlich – ich nenne sie ‚Jørgensens Annahme'. Unter Voraussetzung dieser Annahme folgt angeblich aus T2, dass Imperativ- bzw. Sollsätze in einer logisch korrekten Ableitung weder als Prämisse noch als Konklusion fungieren können, dass also weder aus Sollsätzen irgendwelche Sätze noch aus irgendwelchen Sätzen Sollsätze logisch ableitbar sind. Mit dieser Konklusion (T3) gerät man nach Jørgensen jedoch deshalb in eine Zwickmühle, weil es ganz offensichtlich Beispiele von logisch korrekten Ableitungen gibt, die Imperative bzw. Sollsätze enthalten, wie z.B.: Wenn Dein Nachbar in Not ist, sollst Du ihm helfen; Dein Nachbar ist in Not; daher sollst Du Deinem Nachbarn helfen.

Aus diesem angeblichen Dilemma kann man sich jedoch leicht befreien, da Jørgensen seine Zusatzprämisse offen auf den Tisch legt. Dieser Zusatzprämisse können wir ohne weiteres zustimmen, wenn wir uns folgendes in Erinnerung rufen: Alfred Tarski hatte 1936 erstmals eine formal korrekte und sachlich angemessene Definition des Begriffs der logischen Folgerung aufgestellt;[65] zur Definition dieses Begriffes verwendete er den Begriff der Wahrheit (bzw. den damit

---

63 Alf Ross, „Imperatives and Logic", *a.a.O.*, S. 55.

64 Jørgen Jørgensen, „Imperatives and Logic", in: *Erkenntnis* 7, 1937/38, S. 288–296, siehe S. 290; vgl. auch S. 296.

65 Alfred Tarski, „Über den Begriff der logischen Folgerung", in: *Actualités Scientifiques et Industrielles* 394, 1936 (= *Actes du Congrès International de Philosophie Scientifique*, Vol.7), S. 1–11; der Aufsatz war zuvor im selben Jahr (1936) schon auf Polnisch erschienen.

verwandten Begriff der Erfüllung). Gleichzeitig wird dadurch auch der Begriff einer logisch (bzw. deduktiv) korrekten Ableitung definiert: Logisch (bzw. deduktiv) korrekt oder gültig ist nämlich eine Ableitung genau dann, wenn ihre Konklusion aus ihren Prämissen logisch folgt.[66] Nach dieser – nicht nur damals, sondern auch noch heute – „allgemein akzeptierten Definition" einer logisch korrekten Ableitung kann tatsächlich – wie Jørgensens Annahme besagt – nur ein Satz, der wahr oder falsch sein kann, in einer logisch korrekten Ableitung als Prämisse oder Konklusion vorkommen. Daraus folgt jedoch gemeinsam mit T2 keineswegs unsere These T3, sondern bloß: *Nach dieser allgemein akzeptierten Definition* kann kein Sollsatz Prämisse oder Konklusion einer logisch korrekten Ableitung sein (und insbesondere ist daher auch kein Sollsatz – wie T3 besagt – aus irgendwelchen Sätzen logisch ableitbar). Das Argument schließt jedoch keineswegs aus, dass ein Sollsatz – aufgrund einer anderen Definition – aus anderen Sätzen logisch ableitbar ist. Kelsen hat das offenbar durchschaut, denn er hält ·ja sehr sorgfältig Ausschau nach „Ersatzeigenschaften", die anstelle von Wahrheit und Falschheit zur Definition des Folgerungsbegriffs bei Normen bzw. Sollsätzen herangezogen werden könnten, auch wenn seine Suche danach ergebnislos endet. Der Schluss von T2 und Jørgensens Annahme auf T3 erweist sich jedenfalls als Fehlschluss. Obwohl Kelsen die Arbeit von Jørgensen gekannt hat,[67] ist er der Versuchung seines Fehlschlusses nicht erlegen.

5.3 Welche Konsequenzen ergeben sich aus der Sein-Sollen-Dichotomie?

5.3.1 Logischer Positivismus

Aus der Logikunfähigkeit der Sollsätze (These T3) und erst recht aus ihrer völligen Sinnlosigkeit (These T1) ergibt sich, dass über Sollfragen keine rationale Diskussion möglich ist. Da Sollsätze wesentlich für die Moralauffassungen und damit für die Ethik sind, lassen auch moralische bzw. ethische Fragen keine rationale Argumentation zu. Solche

---

66 Der Einfachheit halber bemühe ich mich in diesem Aufsatz absichtlich nicht um eine klare Trennung der syntaktischen Fragen der formal korrekten Ableitung und der Ableitbarkeit von den semantischen Fragen der gültigen Ableitung und der logischen Folgerung. Außerdem versuche ich, so weit wie möglich die Problematik einer logisch korrekten, aber nicht-deduktiven Ableitung auszuklammern.

67 Vgl. Kelsens Auseinandersetzung mit Jørgensens Arbeit in Hans Kelsen, „Recht und Logik", *a.a.O.*, S. 421f., und in Hans Kelsen, *Allgemeine Theorie der Normen, a.a.O.*, S. 154–158.

Fragen könnten somit bloß rein subjektiv, willkürlich und blind entschieden werden. Moral könnte infolgedessen nicht vernünftig gelehrt und durch Argumente weiterentwickelt werden, sondern man müsste die Tradition und Lehre von Moral der Manipulation und dogmatischen Indoktrination überlassen. Jede Art von Moral (und somit auch von Unmoral) wäre intellektuell gleichwertig, und die Entwicklung der Moral würde nicht durch Argumente, sondern nur durch Machtverhältnisse entschieden. Das konnte aber nicht im Sinne der Logischen Positivisten sein: Sie bekannten sich zu einem „wissenschaftlichen Humanismus"[68] und vertraten nicht nur theoretisch hohe moralische Ideale, sondern traten in der Praxis und in der Politik auch für sie ein – und zwar mit Argumenten.

Bereits Russell hat diesem Gefühl des Unbehagens (speziell gegenüber dem Emotivismus und damit der These T1) in seinem „Vorwort" zu Wittgensteins *Tractatus* folgendermaßen Ausdruck verliehen:

> Die ganze Ethik wird z.B. von Wittgenstein in die mystische, unausdrückbare Region abgeschoben. Trotzdem hat er seine ethischen Ansichten mitteilen können. Seine Verteidigung würde darin liegen, daß was er das Mystische nennt zwar nicht gesagt, wohl aber gezeigt werden kann. Das ist möglicherweise richtig; ich muß bekennen, daß mir einige intellektuelle Unbehaglichkeit bleibt.[69]

Allerdings hat der Logische Positivismus seine These T1 abgeschwächt zu T2, und T2 hat nicht mehr die fatale These T3 zur Konsequenz, wie wir in 5.2.3.2 gezeigt haben. Carnap scheint sich gegen Ende seines Lebens in diese Richtung geöffnet und große Hoffnungen in die Entwicklung einer (nicht-deduktiven) Logik der Werte und Normen gesetzt zu haben.[70]

5.3.2 *Rechtspositivismus*

Die Logikfähigkeit von Rechtsnormen scheint unverzichtbar zu sein, wenn Rechtsnormen ihre rechtliche Funktion erfüllen sollen, nämlich

---

68   Vgl. Rudolf Carnap, *Mein Weg in die Philosphie, a.a.O.*, S. 130 und 147, sowie Eric Hilgendorf (Hrsg.), *Wissenschaftlicher Humanismus. Texte zur Moral- und Rechtsphilosphie des frühen Logischen Empirismus.* Freiburg–Berlin–München: Haufe Verlagsgruppe 1998.

69   Bertrand Russell, „Vorwort" zu Ludwig Wittgenstein, „Logisch-Philosophische Abhandlung", in: *Annalen der Naturphilosophie* 14, 1921, S. 186–198, siehe S. 197.

70   Vgl. Rudolf Carnap, *Mein Weg in die Philosophie, a.a.O.*, S. 146.

ihre Steuerungsfunktion (aus der Sicht des Gesetzgebers) und ihre Orientierungsfunktion (aus der Sicht des Rechtsadressaten bzw. des Bürgers). Aus diesem Grund hat Kelsen Zeit seines Lebens gegen die Logiklosigkeit der Rechtsnormen angekämpft und um ihre Logikfähigkeit gerungen; er hat daher nie mit dem neopositivistischen Sinnkriterium oder der daraus resultierenden emotivistischen These T1 geliebäugelt. Ihm ging es mit seinen Thesen T5 und T6 primär um ganz andere Fragestellungen. An der erkenntnistheoretischen These T2 kam auch er allerdings nicht vorbei. Zum Unterschied von manchen Logischen Positivisten erlag er aber nie einem „Kurzschluss" von T2 zu T3. Das Hauptanwendungsgebiet der Logik bildet für ihn zweifellos die Rechtswissenschaft mit ihren Rechtssätzen bzw. K-Sollsätzen. Daneben hat er aber die Möglichkeit einer Logik der Normen bzw. Sollsätze selbst nie ausgeschlossen, ja er betrachtete sie offenbar sogar als unverzichtbar für das Recht und dessen sachgerechte Anwendung. Wenn ihm diese Logik auch nur in groben Zügen vorschwebte und ihm ihre Konturen nie ganz klar wurden, so hat er – ganz ähnlich wie Carnap – offenbar doch in ihre Entwicklung große Hoffnungen gesetzt.[71]

6 Eine demokratie- und gesellschaftspolitische „Nach-Denkerei"

6.1 Ein rechtspolitischer Vorwurf gegen die Rechtsauffassung des Rechtspositivismus

Kelsens logischer Dichotomie-These T4' zufolge muss bei jeder nicht-trivialen logischen Ableitung und Begründung einer Norm eine andere Norm als Prämisse vorausgesetzt werden. Normbegründung führt daher letztlich zur Annahme einer Grundnorm, die im Rahmen des positiven Rechts selbst nicht mehr begründet werden kann, sondern unbegründet vorausgesetzt werden muss.[72] Aufgrund von T4' müssen aber auch außerhalb des positiven Rechts alle Norm- und Wertmaßstäbe hypothetisch und relativ bleiben; auch Naturrecht und Moral können uns keine kategorischen und absoluten Norm- und Wertmaß-

71   Vgl. dazu Hans Kelsen/Ulrich Klug, *Rechtsnormen und logische Analyse. Ein Briefwechsel 1959 bis 1965.* Wien: Verlag Franz Deuticke 1981.

72   Hans Kelsen, *Reine Rechtslehre, a.a.O.*, S. 201ff.; Hans Kelsen, „Ausgewählte Schriften", in: Hans Klecatsky/René Marcic/Herbert Schambeck (Hrsg.), *Die Wiener rechtstheoretische Schule. Schriften von Hans Kelsen, Adolf Merkl und Alfred Verdross*, Bd.1. Wien–Frankfurt–Zürich und Salzburg–München: Europa Verlag und Universitätsverlag Anton Pustet 1968, S. 256, 286, 294.

stäbe liefern. Jede inhaltliche Bestimmung und Einschränkung der Grundnorm wäre daher subjektiv und willkürlich. Kelsen entscheidet sich daher dafür, gar keine solche inhaltliche Einschränkung vorzunehmen: Seine Grundnorm bleibt ein rein formales Rechtsprinzip – ähnlich wie Kants Kategorischer Imperativ ein rein formales Moralprinzip darstellt. Ein solches formales Prinzip schließt inhaltlich nichts aus, und es lassen sich daraus allein auch keine inhaltlichen Normen ableiten: „Daher kann jeder beliebige Inhalt Recht sein."[73] Die Grundnorm setzt bloß die oberste Rechtsautorität ein, und die Normen des positiven Rechts gelten, weil sie auf bestimmte Weise – nämlich im Einklang mit der Grundnorm – erzeugt bzw. von einem Menschen – der Rechtsautorität – gesetzt wurden. Auf eine inhaltliche Rechtfertigung der Rechtsnormen wird dabei bewusst verzichtet.[74] „Und in diesem Sinne muß jeder Inhalt, wenn er positives Recht ist, als ‚richtig', ‚gerecht' gelten."[75]

Ein „gesetzliches Unrecht" wäre demnach genauso eine *contradictio in adiecto* wie ein „übergesetzliches Recht". Diese beiden Begriffe verwendet Gustav Radbruch im Titel seines berühmten Aufsatzes, in dem er dem Rechtspositivismus vorwirft, jedes Recht *inhaltlich* zu immunisieren; damit werde aber ein menschenverachtendes Unrechtsregime wie dasjenige des Nationalsozialismus auch *rechtlich* immunisiert und somit legalisiert. Der Rechtspositivismus hat dadurch nach Radbruch „jegliche Abwehrfähigkeit gegen den Mißbrauch nationalsozialistischer Gesetzgebung" entkräftet:[76]

Der Positivismus hat in der Tat mit seiner Überzeugung ‚Gesetz ist Gesetz' den deutschen Juristenstand wehrlos gemacht gegen Gesetze willkürlichen und verbrecherischen Inhalts.[77]

---

73 Hans Kelsen, *Reine Rechtslehre, a.a.O.,* S. 201, vgl. auch S. 224, sowie Hans Kelsen, „Ausgewählte Schriften", *a.a.O.,* S. 616.

74 Hans Kelsen, *Reine Rechtslehre, a.a.O.,* S. 223f., 226; Hans Kelsen, „Ausgewählte Schriften", *a.a.O.,* S. 249, 256, 288, 295.

75 Hans Kelsen, „Ausgewählte Schriften", *a.a.O.,* S. 285.

76 Gustav Radbruch, „Gesetzliches Unrecht und übergesetzliches Recht", in: *Süddeutsche Juristen-Zeitung* 1, Nr. 5, August 1946, S. 105–108; abgedruckt in: Gustav Radbruch, *Rechtsphilosophie,* 6. Aufl. Stuttgart: K.F. Koehler Verlag 1963, S. 347–357, vgl. S. 107 bzw. S. 354f.

77 *Ebd.,* S. 107 bzw. S. 352.

Gesetz ist Gesetz, sagt der Jurist. [...] Das Gesetz gilt, weil es Gesetz ist [...]. Diese Auffassung vom Gesetz und seiner Geltung (wir nennen sie die positivistische Lehre) hat die Juristen wie das Volk wehrlos gemacht gegen noch so willkürliche, noch so grausame, noch so verbrecherische Gesetze.[78]

6.2 Ein moralischer Vorwurf gegen die Moralauffassung des Logischen Positivismus

Einen ähnlichen Vorwurf wie gegen die Rechtsauffassung des Rechtspositivismus könnte man auch gegen die Auffassung von Moral und Moralnormen im Logischen Positivismus erheben. Manche Vertreter des Logischen Positivismus – speziell im Wiener Kreis – waren ja engagierte Sozialdemokraten, die für Humanismus, Frieden und soziale Gerechtigkeit kämpften. Der Einsatz für solche hohen moralischen Ziele und Werte ist jedoch Schall und Rauch, wenn es sich bei allen moralischen Wert- und Normsätzen bloß um völlig sinnlose Scheinsätze und daher um leeres Geschwätz handelt. Demnach wären ja alle moralischen Normen und Werte – Humanität ebenso wie Menschenverachtung, Frieden wie Krieg, Gerechtigkeit wie Ungerechtigkeit – gleich viel wert: nämlich nichts. Ein solcher Wertenihilismus könnte sogar Schaden anrichten und sich als gefährlich für die Jugend erweisen. So sah es jedenfalls der Brentano-Schüler Oskar Kraus, der ernsthaft überlegte, Carnap deswegen bei Gericht anzuzeigen, wie dieser in seiner Autobiographie leicht amüsiert, aber voller Hochachtung für Kraus berichtet.[79]

Wie lässt sich also das soziale, politische, humanitäre und damit letztlich moralische Engagement von Vertretern des Logischen Positivismus mit ihrer theoretischen Auffassung von Moral und moralischen Normen vereinbaren? Entzieht diese theoretische Auffassung nicht jeder Argumentation für eine vernünftige moralische und politische Entwicklung und auch jeder moralischen Kritik an unhaltbaren politischen, rechtlichen und sozialen Missständen die Grundlage? Leistete damit nicht auch der Logische Positivismus – zwar ungewollt und ganz gegen seine eigenen Intentionen, aber dennoch – der menschenverachtenden Ideologie und Politik des Nationalsozialismus Vorschub?

---

78 Gustav Radbruch, „Fünf Minuten Rechtsphilosophie", in: *Rhein-Neckar-Zeitung*, 12.September 1945, S. 3; abgedruckt in: Gustav Radbruch, *Rechtsphilosophie*, 6. Aufl. Stuttgart: K.F. Koehler Verlag 1963, S. 335–337, vgl. S. 335.

79 Rudolf Carnap, *Mein Weg in die Philosophie*, a.a.O., S. 128.

Ein Vorwurf dieser Art wurde in der Tat gegen den Logischen Positivismus erhoben, und zwar nicht erst nach, sondern schon vor dem Zweiten Weltkrieg. Max Horkheimer hat diesen Vorwurf in seinem Aufsatz „Der neueste Angriff auf die Metaphysik" im Jahr 1937 in aller Schärfe und Deutlichkeit formuliert.[80] Horkheimer bemängelt in diesem Aufsatz, dass in der modernen Wissenschaft aufgrund der Metaphysik- und Moralkritik des Logischen Positivismus metaphysische und moralische Kategorien keinen Platz mehr haben.[81] Horkheimer gibt zwar zu, dass die Metaphysik an der geistigen Vorbereitung des autoritären Regierungssystems in Deutschland „ihren guten Anteil hat" und dass insofern „neopositivistische Denkart" mit ihrem Kampf gegen die Metaphysik eine gewisse Berechtigung hat.[82] Doch habe sie dabei weit übers Ziel geschossen und das Kind gewissermaßen mit dem Bad ausgeschüttet. Horkheimer malt in prophetischen Worten ein düsteres Bild von dem, was daraus entstehen könnte: „Dem Empirismus, besonders dem der neuesten Observanz", so schreibt er (und er meint damit den Logischen Positivismus), „könnte ein Mißgeschick passieren"[83]: Die Wissenschaftler könnten dem empiristischen Programm des Logischen Positivismus gemäß alles exakt und wertfrei registrieren, ohne zu bemerken, dass die Menschen durch Manipulation, Propaganda, „abgefeimte Methoden der Erziehung", wirtschaftliche und politische Unterdrückung usw. „verkehrte Eindrücke haben, ihnen selbst widersprechende Handlungen begehen, in jeder Empfindung, jedem Ausdruck und jedem Urteil bloß Täuschungen und Lügen produzieren. [...] Jenes Land gliche einem Tollhaus und einem Gefängnis zugleich und seine glatt funktionierende Wissenschaft merkte es nicht."[84] Wertung und Wissenschaft werden im Logischen Positivismus nicht nur auseinandergehalten,[85] sondern einander diametral entgegengesetzt: Wissenschaft ist alles, Wertung ist bloß sinnloses Geschwätz, also nichts. Kein Wunder, dass es dann auch keinen wesentlichen Unterschied mehr „zwischen der Verschwörung brutaler Machthaber gegen jede menschliche Aspiration auf Glück und Freiheit und anderer-

---

80 Abgedruckt in: Max Horkheimer, *Gesammelte Schriften. Band 4: Schriften 1936–1941. Herausgegeben von Alfred Schmidt.* Frankfurt/Main: S. Fischer 1988, S. 108–161.

81 *Ebd.*, S. 109.

82 *Ebd.*, S. 115.

83 *Ebd.*, S. 134f.

84 *Ebd.*, S. 135f.

85 *Ebd.*, S. 139.

seits dem Kampf dagegen" gibt, was „auch den übelsten Gewalten
noch willkommen" ist.[86] Und Horkheimer resümiert: „Für die Empiristen, auch die fortschrittlichsten, gibt es jedoch nur einen erkennbaren
Feind. Sie verwirren heillos die Fronten und schimpfen jeden einen Me-
taphysiker oder Dichter, gleichviel, ob er die Dinge in ihr Gegenteil
verkehrt oder sie beim Namen nennt."[87]

6.3 Vergleich der beiden Vorwürfe

Die beiden Vorwürfe gegen den Rechtspositivismus und gegen den
Logischen Positivismus verfolgen eine ähnliche, wenn nicht gar dieselbe Zielrichtung: Dem Logischen Positivismus wird vorgeworfen, dass
er nicht argumentativ zwischen akzeptablen und unakzeptablen Moral-
systemen unterscheiden kann; dem Rechtspositivismus wird vorgeworfen, dass er auf eine Unterscheidung zwischen richtigem oder
gerechtem und unrichtigem oder ungerechtem Recht verzichtet, weil
er nicht zwischen positivem Recht und „positivem Unrecht" unterscheiden kann.

Die Kritik an der Moralauffassung der Logischen Positivisten will
eine ihnen verborgen gebliebene Unverträglichkeit zwischen der Theorie und Praxis ihrer Moral aufzeigen: Durch ihre Moraltheorie entziehen
sie sich selbst den Boden, auf dem sie für die moralischen Ziele argumentativ eintreten hätten können, für welche sie in der Praxis gekämpft haben. Die Kritik am Formalismus der Grundnorm der Reinen
Rechtslehre trifft hingegen Kelsen nicht unvorbereitet: Er hat die
Konsequenz, die ihm vorgeworfen wird, vorweg- und – nach gründli-
cher Werteabwägung – schweren Herzens in Kauf genommen.

Die kritisierte Moralauffassung des Logischen Positivismus hat ihre
Grundlage in der These T1 bzw. T3, dass Sollsätze nicht sinnvoll bzw.
nicht logikfähig sind; diese Thesen haben in dem heute längst als
unhaltbar erkannten neopositivistischen Sinnkriterium ihre Wurzel. Die
kritisierte Rechtsauffassung der Reinen Rechtslehre basiert hingegen
auf der Lehre, dass die Grundnorm hypothetisch und relativ ist; diese
Lehre hat eine ihrer Wurzeln in der auch aus heutiger Sicht der Logik
durchaus vertretbaren (und in gewissem Sinne auch streng logisch beweisbaren) These T4'. Ihre andere Wurzel liegt allerdings nicht in einer
wissenschaftlich beweisbaren Behauptung, sondern in einem (rechts-)
politischen Postulat, nämlich der methodischen Forderung nach Tren-

---

86 *Ebd.*, S. 153.
87 *Ebd.*, S. 161.

nung von Rechtspolitik und Rechtswissenschaft, welche den rein formalen Charakter der Grundnorm zur Folge hat. Diese Forderung ist zwar – zum Unterschied vom Sinnkriterium – auch aus heutiger Sicht nicht unplausibel, aber eben keine wissenschaftlich überprüfbare oder gar beweisbare Behauptung, sondern ein praktisches Postulat.

Dieses praktische Postulat, welches die Reinheit der Rechtswissenschaft, ihre Reinhaltung von Ideologien und damit ihre Trennung von der (Rechts-)Politik verlangt, ist wieder eng verwandt mit dem Motiv der Logischen Positivisten für die Einführung des Sinnkriteriums: Sie wollten damit in erster Linie die Wissenschaften von metaphysischen Einflüssen befreien und reinhalten. Ein Vergleich der Vorwürfe fördert somit eine Reihe von Gemeinsamkeiten und Unterschieden an dem, was die Vorwürfe kritisieren, zu Tage.

6.4 Beurteilung der beiden Vorwürfe

Wie sind diese Vorwürfe aus heutiger Sicht zu beurteilen? Sicher ist, dass sowohl der Rechtspositivismus (und speziell Kelsen) als auch der Logische Positivismus (und hier wieder speziell Carnap) genau das Gegenteil von dem wollten, was ihnen vorgeworfen wird. Haben sie sich aber vielleicht mit ihren theoretischen Auffassungen von Recht und Moral und deren Normen ungewollt politisch schuldig gemacht – gewissermaßen als nützliche Idioten des herrschenden Regimes, das sie eigentlich bekämpfen wollten? So einfach dürfen wir es uns heute wohl nicht machen.

6.4.1 Der Vorwurf gegen den Rechtspositivismus

Kelsen hatte nämlich mit seiner Grundnorm ein klares Ziel vor Augen – die Rechtssicherheit. Auch eine inhaltliche Bestimmung des Rechts kann ein menschenverachtendes Unrechtregime niemals verhindern. Rechtliche Klarheit und Rechtssicherheit – zumindest als Ideal – sind in einer solchen Unrechtssituation wenigstens noch minimale Werte, die es aufrechtzuerhalten gilt. Bekämpft werden kann ein solches Regime, das alles Recht in Unrecht verkehrt, ohnedies nur mit politischen Mitteln.

Kelsen fällt dieser Verzicht auf eine inhaltliche Ausfüllung der Grundnorm gar nicht leicht; er spricht von einem „aus vielen Gründen schweren – Verzicht auf eine absolute, materiale Rechtfertigung", ja geradezu pathetisch von einem „versagungsvollen Sichbeschränken

auf die bloß hypothetische, formale Fundierung durch die Grundnorm".[88]

Dass es eine Grundnorm geben muss und dass diese Grundnorm
nicht kategorisch und absolut sein kann, sondern immer hypothetisch
und relativ bleiben muss, kann Kelsen logisch (mit der These T4')
begründen; es handelt sich dabei also um eine logisch-methodologische und damit rechtswissenschaftliche Behauptung. Dass die Grundnorm aber rein *formal* bleibt und aus ihr „jeder Inhalt ferngehalten
werden" muss,[89] lässt sich nicht mehr rein rechtswissenschaftlich
begründen, sondern beruht auch auf einer rechtspolitischen Überlegung und Abwägung.

Zuerst ist hier die Zielsetzung zu nennen: „die Wissenschaft vom
Recht kann und muß von der Politik getrennt werden".[90] Die methodologische Forderung nach Trennung von Rechtswissenschaft und
Rechtspolitik ist selbst eine auch rechtspolitische und keine rein
rechtswissenschaftliche Forderung. Es ist ein „Postulat" der Reinen
Rechtslehre, das zwar „die *Reinheit* einer Rechtslehre gewährleistet",[91]
aber keine von ihr begründbare Behauptung. Kelsen spricht in diesem
Zusammenhang auch von einer „anti-ideologischen Tendenz" der Reinen Rechtslehre: Sie hält die Darstellung des positiven Rechts von
jeder Vermengung mit einem „idealen" oder „richtigen" Recht frei.

Sie will das Recht darstellen, so wie es ist, nicht so, wie es sein
soll: sie fragt nach dem wirklichen und möglichen, nicht nach dem
„idealen", „richtigen" Recht. [...] Sie lehnt es ab, das positive Recht
zu bewerten. [...] Sie lehnt es insbesondere ab, irgendwelchen
politischen Interessen dadurch zu dienen, daß sie ihnen die „Ideologien" liefert, mittels deren die bestehende gesellschaftliche Ordnung legitimiert oder disqualifiziert wird.[92]

Die Autorität, die das Recht schafft und es daher zu erhalten
sucht, mag sich fragen, ob eine ideologiefreie Erkenntnis ihres
Produktes nützlich sei; und auch die Kräfte, die die bestehende
Ordnung zerstören und durch eine andere, für besser gehaltene er-

---

88   Hans Kelsen, „Ausgewählte Schriften", *a.a.O.*, S. 288.
89   *Ebd.*, S. 295.
90   *Ebd.*, S. 620.
91   *Ebd.*, S. 620.
92   Hans Kelsen, *Reine Rechtslehre*, *a.a.O.*, S. 112.

setzen wollen, mögen mit einer solchen Rechtserkenntnis nicht viel anzufangen wissen. Eine Wissenschaft vom Recht kann sich jedoch weder um die eine noch um die anderen kümmern.[93]

Die Forderung, Rechtswissenschaft und Rechtspolitik zu trennen, ist nur ein Spezialfall des allgemeinen Postulats, Wissenschaft von Politik zu trennen und von politischen Einflüssen frei zu halten.[94] Kelsen sieht selbst eine Analogie zwischen seiner Bemühung um „Reinheit" der Rechtswissenschaft von ideologischen und metaphysischen Voraussetzungen und dem Kampf der Logischen Positivisten für die Befreiung der empirischen Wissenschaften von der Metaphysik.[95]

Kelsen hat – wie schon erwähnt – noch ein zweites Argument für den rein formalen Charakter der Grundnorm und ihre Inhaltsleere: die Rechtssicherheit. Auch dabei handelt es sich allerdings um ein rechtspolitisches Motiv und keine rechtswissenschaftliche Begründung.

Genau an dieser Stelle hakt jedoch Radbruchs Kritik ein: Nach den grauenhaften Verbrechen gegen die Menschlichkeit, die der Nationalsozialismus im Rahmen und im Namen einer angeblichen Rechtsordnung begangen hatte, konnte man den rein formalen Charakter der Grundnorm nicht mehr einfach hinnehmen, auch wenn er einem Wert – nämlich der Rechtssicherheit – dienen sollte. Es geht hier nämlich um die Abwägung verschiedener Werte und Güter. Dabei gibt es einen Punkt, an dem der rein formale Charakter der Grundnorm in sich zusammenbricht und der Formalismus an sein Ende gelangt; an diesem Punkt kommt dann die Gerechtigkeit ins Spiel. Kelsens Formalismus lässt jedoch keine solche Ausnahme zu. Das bringt ihm den Vorwurf ein, dass sich seine Reine Rechtslehre mit ihrer völlig inhaltsleeren und ausschließlich und ausnahmslos formalen Grundnorm nicht gegen ein verbrecherisches Regime und eine menschenverachtende Diktatur wie den Nationalsozialismus rechtswissenschaftlich abgrenzen oder gar zur Wehr setzen kann und einem solchen Regime dadurch – zwar ungewollt, aber doch – Vorschub leistet.

Dieser Vorwurf mag zwar angesichts der politischen und insbesondere der rechtspolitischen Einstellung von Kelsen überraschen, aber er hat durchaus eine gewisse sachliche Berechtigung. Im übrigen dürfte

---

93   Hans Kelsen, *Reine Rechtslehre, a.a.O.*, S. 112f.

94   Hans Kelsen, „Science and Politics", in: *The American Political Science Review* 45, Nr. 3, September 1951, S. 641ff., vgl. S. 641.

95   Hans Kelsen, „Ausgewählte Schriften", *a.a.O.*, S. 288.

dieser Vorwurf Kelsen selbst kaum überrascht haben, hat er ihn doch bereits in der 1.Auflage der *Reinen Rechtslehre* inhaltlich vorweggenommen, wenn er darauf hinweist, dass manche (nämlich speziell sozialistische) Demokraten die *Reine Rechtslehre* für einen „Schrittmacher des Faschismus" halten.[96]

6.4.2 Der Vorwurf gegen den Logischen Positivismus

Ähnlich verhält es sich mit dem Vorwurf gegen den Logischen Positivismus, dass er durch die These von der Sinnlosigkeit aller Metaphysik und Ethik auch jeder vernünftigen Kritik an herrschenden Ideologien, Wertsystemen und Weltanschauungen den Boden entzogen hat. Der Logische Positivismus wollte die überkommene Metaphysik und Ethik entzaubern, weil sie so lange und so oft zur Stützung autoritärer Regimes und zur Unterdrückung der Menschen missbraucht wurden. Mit der radikalen Aufklärung und Emanzipation warf der Logische Positivismus die gesamte Metaphysik und Ethik als sinnlos über Bord. Die Gefahr, dass Metaphysik und Ethik zur Stützung immer neuer menschenverachtender Ideologien missbraucht werden könnten, wurde als größer eingeschätzt als die Gefahr, die entsteht, wenn wir gar keine Metaphysik und Ethik mehr haben bzw. wenn wir über metaphysische und ethische Fragen überhaupt nicht mehr sinnvoll sprechen können. Das war vielleicht eine Fehleinschätzung.

6.4.3 Zusammenfassung

Es mag sein, dass Rechtspositivismus und Logischer Positivismus in ihren theoretischen Auffassungen von Recht und Moral nicht haltbar sind und dass ihre Lehren unter Umständen in gewissen Situationen auch einem menschenverachtenden System förderlich sind. Genau dasselbe gilt aber auch für die Gegenposition. Ein menschenverachtendes System wie das des Nationalsozialismus kann und wird jede theoretische Position für sich nützen und missbrauchen, und dies kann durch unzählige Fakten aus der Geschichte belegt werden. Gegen Unmenschlichkeit in der Realität der politischen Praxis ist nämlich kein theoretisches Kraut gewachsen. Bedauerlich ist nur, dass diejenigen, die in der Praxis von Recht und Moral dieselben humanitären Ziele anstreben, aber in der theoretischen Auseinandersetzung um Recht und Moral auf verschiedenen Seiten stehen, sich nur allzu selten,

---

96 Hans Kelsen, *Reine Rechtslehre, a.a.O.*, S. V.

meist jedoch gar nicht zusammenfinden, um den gemeinsamen Feind in der praktischen Realität politisch wirksam zu bekämpfen.

Appendix: Kann denn Logik Sünde sein?

Der Siegeszug der modernen Wissenschaften, der in blinder Wissenschaftsgläubigkeit gipfelte, erweckte bei vielen Menschen den Eindruck, jede Erkenntnis sei von vornherein ein Wert in sich. Dieser Eindruck wurde durch die postmoderne Wissenschaftskritik und Wissenschaftsfeindlichkeit gründlich in Frage gestellt. Gleichzeitig mit der modernen Wissenschaft gerieten auch die Hilfsmittel und Instrumente, die zu ihrem Siegeszug beigetragen hatten, in Verruf: Vernunft, Methodologie und Logik. Auf einmal gewinnt die Metapher vom Baum der Erkenntnis im Paradies wieder Bedeutung: Erkenntnis kann auch Gefahr in sich bergen oder gar Unheil bringen.

Die moderne Logik, die von Gottlob Frege vor mehr als hundert Jahren begründet wurde, ist eines der Markenzeichen der modernen Wissenschaft. Sie kann sich allerdings nicht darüber beklagen, dass sie – außerhalb eines engen Kreises von Naturwissenschaftlern, Mathematikern, Logikern und Philosophen – allzu begeistert aufgenommen wurde. Auch Rechtstheoretiker und Rechtspraktiker haben kaum von ihr Notiz genommen.

Die Theoretiker und Praktiker des Rechts gehörten seit den ersten Anfängen der abendländischen Logik in der griechischen Philosophie zu ihren führenden Anwendern. Sie haben die Entwicklung der Logik über die Jahrhunderte hinweg nicht nur an vorderster Front mitverfolgt, sondern zum Teil auch mitgestaltet. Heutzutage gehören ausgerechnet die Juristen zu den größten Skeptikern gegenüber der modernen Logik. Bei näherer Betrachtung wird dies durchaus verständlich: Wenn die Logik auf das Recht selbst – d.h. auf die Rechtsnormen und die rechtlichen Sollsätze – gar nicht anwendbar ist und nicht einmal indirekt darauf angewendet werden kann, verliert die Logik weitgehend ihre Bedeutung für die Rechtspraxis. Für die Rechtswissenschaft müsste aber die ganz „normale" Logik ausreichen, die uns der Hausverstand eingibt; auf die moderne Logik scheint somit auch der Rechtstheoretiker leichten Herzens und ohne Verlust verzichten zu können. Mit gutem Grund hat daher Prof. Robert Walter beim Symposium „Logischer Empirismus und Reine Rechtslehre" im Oktober 1999 in Wien die Frage aufgeworfen, was denn die moderne Logik tatsächlich der Rechtswissenschaft bieten kann, was diese nicht auch mit den traditionellen logischen Methoden erreichen könnte. In dieser Frage liegt eine berechtigte Herausforderung an die moderne Logik im allgemeinen und an die Rechts- und Normenlogik im besonderen: Die Rechts- und Normenlogik gibt sich selbst auf, wenn sie diese Frage nicht be-

antworten kann, und um die moderne Logik ist es nicht allzu gut bestellt, wenn sie sich nicht selbst um ihre Anwendungsmöglichkeiten
in relevanten Gebieten der sozialen Praxis kümmert. Ich will mich hier
in diesem Appendix der Herausforderung von Prof. Walter stellen.

A1. Was kann die moderne Logik der Rechtswissenschaft bieten?

Die moderne Logik kann der Rechtswissenschaft nicht mehr, aber
auch nicht weniger bieten als allen anderen Wissenschaften. Ob eine
Wissenschaft das Angebot der modernen Logik allerdings annimmt
oder nicht, liegt an der Wissenschaft und nicht an der modernen Logik. Die Rechtswissenschaft hat bisher zugegebenermaßen – wie übrigens auch die meisten anderen Sozial- und Geisteswissenschaften –
nur in sehr bescheidenem Ausmaß dieses Angebot genützt. Sollte die
moderne Logik diesen Disziplinen nichts – oder zumindest nicht mehr
als die traditionelle Logik – zu bieten haben, was ihnen bei der Lösung
ihrer Probleme hilfreich ist, wäre für diese Disziplinen und ihre Vertreter die Beschäftigung mit der modernen Logik eine reine Zeitver-
schwendung und damit nicht bloß unnütz, sondern sogar schädlich
(weil sie Zeit kostet und nichts „bringt"). Was also bringt uns die moderne Logik, was nicht auch schon die traditionelle Logik konnte?

Am besten beantworten wir diese Frage zunächst damit, dass wir
zeigen, was die moderne Logik denjenigen Disziplinen gebracht hat,
die sie dringend gebraucht haben, wie in erster Linie die Mathematik:
Der Fortschritt der modernen Mathematik wäre ohne moderne Logik
nicht möglich gewesen. Es ist kein Zufall, dass Gottlob Frege, dem der
große Wurf einer Neubegründung der Logik gelang, Mathematiker war.

a) Erstes Beispiel: Relationsausdrücke

Warum hat ausgerechnet die Mathematik eine neue Logik so dringend
benötigt? Die Antwort ist ganz einfach: Die Gesetze und Theorien der
Mathematik sind voller Relationsausdrücke (d.s. zwei- und mehrstellige
Prädikate wie z.B. ‚x ist größer als y'), die in der traditionellen Logik
ausgeklammert blieben. Bereits in die elementare Mathematik gehen
– wie übrigens auch in alle anderen Wissenschaften – wesentlich
Relationen ein. Mathematik ohne Relationen ist unmöglich, und eine
Logik ohne Logik für Relationsausdrücke ist nicht mathematik- und
überhaupt nicht wissenschaftstauglich. Die traditionelle Logik enthielt
aber keine Relationsausdrücke und entwickelte daher auch keine Systeme mit Gesetzen für Relationen, wie schon Augustus de Morgan
beklagte. Ein simpler Schluss wie „Alle Pferde sind Tiere; daher sind

alle Pferdeköpfe Tierköpfe" kann infolgedessen mit den Mitteln der traditionellen Logik allein nicht als gültig erwiesen werden, obwohl wir
ihn intuitiv mit unserem Hausverstand zu Recht als gültig anerkennen.
Solche Schlüsse gibt es aber in allen Wissenschaften und auch in der
heutigen Rechtswissenschaft in großer Anzahl: „Kokain ist eine Droge;
daher ist jeder Kokaindealer ein Drogendealer und jeder Kokainkon-
sument ein Drogenkonsument"; „Jede Garconniere ist eine Wohnung;
daher ist jeder Eigentümer einer Garconniere ein Wohnungseigentü-
mer" usw.

Man muss darauf gefasst sein, dass Rechtswissenschaftler auf
dieses Beispiel mit der Frage reagieren: Und dazu brauchen wir die
moderne Logik? Sagt uns nicht schon der Hausverstand, wie wir mit
solchen Beispielen umzugehen haben? In den einfachen Fällen, die wir
hier zur Illustration verwenden, trifft das durchaus zu – aber schon
nicht mehr, sobald die Beispiele nur ein wenig komplizierter konstruiert
sind. Außerdem ist es ja um so schlimmer um die traditionelle Logik
bestellt (die ja angeblich für die Zwecke der Rechtswissenschaft ausreicht), wenn sie bereits bei derart einfachen Beispielen versagt. Und
schließlich: In der Wissenschaft dürfen wir uns doch nicht damit begnügen, dass uns der Hausverstand etwas intuitiv eingibt, sondern wir
wollen darüber hinaus wissen, warum es so ist; das aber kann nur
eine systematische Behandlung solcher Fragen im Rahmen einer logischen Theorie leisten.

b) Zweites Beispiel: Kennzeichnungen

Kennzeichnungen sind Ausdrücke der Art ‚der/die/das Soundso‘, die
in der Alltagssprache ebenso wie in den wissenschaftlichen Fach-
sprachen eine bedeutsame Rolle spielen. Sie werden in der Sprache
der modernen Logik wiedergegeben durch Ausdrücke der Art ‚dasjenige x, von dem gilt: x ist soundso‘, welche aus zwei Komponenten
zusammengesetzt sind: dem sogenannten Kennzeichnungsoperator
(d.i. die Phrase ‚dasjenige x, von dem gilt') und der Kennzeichnungs-
basis (d.i. der Ausdruck ‚x ist soundso‘, der beliebig komplex sein kann
und durch den die nähere Charakterisierung von x erfolgt). Nicht nur
die Mathematik (‚die Lösung der Gleichung $2x = 14$‘, ‚die positive Qua-
dratwurzel von 16‘ usw.), sondern auch alle anderen Wissenschaften
sind voller Kennzeichnungen, die wir deshalb benötigen, weil uns ja
bei weitem nicht für alle Dinge Eigennamen zur Verfügung stehen.
Beispiele für solche Kennzeichnungen in rechtswissenschaftlichen
Kontexten sind: ‚das oberste Staatsorgan von Österreich‘, ‚das gesetz-

gebende Organ von Österreich', ,der Mörder von Frau N.N.', ,der El-
ternteil, der den Haushalt führt, in dem er das Kind betreut' (§140 (2)
ABGB), ,diejenige Person, die mich bis zu meinem Tode pflegt' (OGH
20.11.1979, 2 Ob 570/79) usw.

Bertrand Russell hat am Anfang des 20.Jahrhunderts als erster das
Problem der Kennzeichnungen als logisches Problem thematisiert und
eine Theorie der Kennzeichnungen entwickelt, die Eingang in die *Principia Mathematica* gefunden hat. In weiterer Folge wurden noch mehrere alternative Kennzeichnungstheorien entwickelt. Obwohl Philosophen der Vergangenheit oft meisterhaft mit Kennzeichnungen umgin-
gen (etwa Anselm von Canterbury in seinem Gottesbeweis), stand
ihnen keine Kennzeichnungstheorie zur Verfügung, da diese erst ein
Kind der modernen Logik ist.[97]

c) Drittes Beispiel: Definitionen

Definitionen spielen eine wichtige Rolle in den Wissenschaften im
allgemeinen und ganz besonders in der Rechtswissenschaft. Juristen
galten und gelten als Meister des Definierens. Die Definitionsregeln der
traditionellen Logik sind aus heutiger Sicht jedoch unbrauchbar: Manche traditionelle Definitionsregeln (wie z.B. das Verbot, dass das Definiens negativ ist oder eine Einteilung enthält) sind nicht bloß überflüssig, sondern schlichtweg unhaltbar; und wichtige Definitionsregeln, die zur Vermeidung von Widersprüchen erforderlich sind, fehlen
im traditionellen Kanon der Definitionsregeln und lassen sich nur mit
den Mitteln der modernen Logik präzise formulieren und begründen (so
z.B. die Regel, dass im Definiens einer Definition keine Variable frei
vorkommen darf, die nicht auch in ihrem Definiendum aufscheint).

d) Viertes Beispiel: Begriffsanalyse von ,Recht auf etwas'

Stig Kanger war ein außerhalb von Fachkreisen zwar wenig bekannter,
aber bedeutender Logiker (er gilt als einer der Begründer der sogenannten Mögliche-Welten-Semantik). Als schwedischer Experte in
verschiedenen UN-Gremien beschäftigte er sich mit der logischen
Analyse des Rechtsbegriffs im Zusammenhang mit den Menschenrechten. Mit ganz einfachen Mitteln der modernen Logik, die der traditio-

---

97 Vgl. dazu .Gudrun Soriat, „Zur Interpretation von Kennzeichnungen in der
    juristischen Sprache", in: *Forschungsberichte und Mitteilungen des Forschungs-
    instituts Philosophie/Technik/Wirtschaft an der Universität Salzburg* 2, 1986, S.
    19–42.

nellen Logik nicht zur Verfügung standen, entwickelte er eine systematische und vollständige Analyse der Phrase: (Rechtspartei) *x* hat gegenüber (Partei) *y* ein Recht darauf, dass *p*. Dabei bediente er sich der aussagenlogischen Negation und Konjunktion sowie eines Normoperators (‚es ist geboten, dass') und eines Handlungsoperators (‚*x* handelt so, dass *p*'). Es gelang ihm zu zeigen, dass es genau 26 verschiedene Arten von Recht auf etwas gibt, die übrigens alle in verschiedenen Artikeln der UN-Deklaration der Menschenrechte vorkommen (manche davon sehr häufig, manche nur ein- oder zweimal).[98] Anhand eines ganz simplen Beispieles (‚Recht auf Leben') soll die Einfachheit und Fruchtbarkeit dieser Analyse kurz erläutert werden: ‚*x* hat gegenüber *y* ein Recht darauf, dass *x* am Leben bleibt' kann (unter anderem) entweder heißen: Es ist geboten, dass *y* so handelt, dass *x* am Leben bleibt (dabei handelt es sich um einen Anspruch von *x* bzw. um eine Lebenserhaltungspflicht), oder aber: Es ist geboten, dass *y* nicht so handelt, dass *x* nicht am Leben bleibt (was besagt, dass es verboten ist, dass *y* so handelt, dass *x* stirbt – dabei handelt es sich um eine Immunität von *x* bzw. um ein Tötungsverbot). Einen absoluten Anspruch auf Leben (der jede Art von Sterbenlassen durch Nichtbehandlung oder Einstellung von intensivmedizinischen Maßnahmen ausschließt) vertritt heute nicht einmal mehr die katholische Moraltheologie, während Lebensrecht im Sinne der Immunität praktisch unbestritten ist. Wenn solche elementaren (und mit den Mitteln der modernen Logik auf einfache und präzise Weise herauszuarbeitenden) Unterschiede vernachlässigt werden, lässt sich's trefflich über das Lebensrecht streiten und polemisieren. Kanger war übrigens nicht der Auffassung, dass solche Präzisierungen immer sofort in die Praxis umgesetzt werden sollten und die Rechtstexte etwa gar von vornherein in einer solchen präzisen Sprache abgefasst sein müssen. Vielmehr wies er ausdrücklich darauf hin, dass die Mehrdeutigkeit und Vagheit solcher Ausdrücke oft Voraussetzung dafür ist, dass die betreffenden Texte Zustimmung erfahren und politisch durchsetzbar sind. Auf der Grundlage einer solchen Zustimmung lassen sich dann erst weitere Differenzierungen einführen und Fortschritte erzielen. Die Klarheit und Präzision in der Theorie ist dabei jedoch von großem Vorteil für diejenigen, die politisch verantwortungsvoll handeln wollen.

98   Stig Kanger/Helle Kanger, „Rights and Parliamentarism", in: Raymond E. Olson/ Anthony M. Paul (Hrsg.), *Contemporary Philosophy in Scandinavia*. Baltimore-London: The Johns Hopkins Press 1972, S. 213–236.

Mit diesen vier Beispielen kann natürlich nur angedeutet werden, dass die moderne Logik der Rechtswissenschaft bei der Lösung ihrer Probleme Hilfen anbieten kann, welche der traditionellen Logik versagt blieben. Wichtiger als diese Beispiele ist jedoch der prinzipielle Vorteil, den die moderne Logik gegenüber der traditionellen Logik dadurch bietet, dass sie mit ihrer (aussagenlogischen) Theorie der Wahrheitsfunktionen und der (prädikatenlogischen) Quantifikationstheorie sowie der Theorie der Modalitäten eine systematische und damit vollständige Erfassung aller für wissenschaftliche Zwecke relevanten Kontexte ermöglicht, während mit den Mitteln der traditionellen Logik nur ganz bestimmte Satztypen erfasst werden können.

Das sind nur ein paar Hinweise dazu, was die moderne Logik der Rechtswissenschaft ebenso wie allen anderen Wissenschaften bieten kann. Damit ist nur wenig, aber doch etwas gezeigt: Um ein guter, ja sogar ein hervorragender Wissenschaftler zu sein, braucht man die Logik im allgemeinen und die moderne Logik im besonderen nicht zu kennen – man muss sie und ihre Gesetze nur korrekt anwenden, was auch ohne explizite Kenntnis ohne weiteres möglich ist. Jede Wissenschaft (wenn auch nicht jeder einzelne Vertreter von ihr) sollte sich aber zumindest in einem gewissen Rahmen (nämlich im Zusammenhang mit der Behandlung ihrer Grundlagen) auch mit den eigenen Methoden beschäftigen, und dazu gehören auch alle Verfahren und Techniken, die man unter Umständen stillschweigend und ohne sie zu kennen anwendet wie die Gesetze und Regeln der Logik. Wenn aber die Logik in einer Wissenschaft (wie z.B. der Rechtswissenschaft) überhaupt eine Rolle spielt und man sich aus den dargelegten Gründen mit ihr zumindest in einem gewissen Rahmen beschäftigen muss, lässt sich leicht zeigen, dass man sich dann nicht mit der traditionellen Logik begnügen darf, sondern die moderne Logik zu Rate ziehen muss. Kein Jurist wäre zufrieden, wenn ein Sachverständiger in einem Verfahren die physikalischen oder biologischen Gesetze, wie sie im 18. oder 19. Jahrhundert verstanden wurden, anwenden würde. Warum sollte man sich dann aber ausgerechnet bei der Logik damit begnügen?

Selbst wenn man sich durch solche Argumente davon überzeugen ließe, dass das Studium der elementaren Teile der modernen Logik (d.i. der Aussagen- und Prädikatenlogik) einem Juristen gut- oder gar nottut, hat man damit die folgende Frage noch nicht beantwortet, ja nicht einmal berührt:

A2. Braucht die Rechtswissenschaft eine eigene Sollens- bzw. Normenlogik?

Die Rechtswissenschaft *beschäftigt* sich zwar mit (rechtlichen) Norm- und Sollsätzen (in dem hier vorausgesetzten Sinn dieses Terminus), die zu ihrem Gegenstandsbereich gehören, aber sie *enthält* keine Norm- bzw. Sollsätze, sondern bloß Norm- und Sollensbeschreibungen, also K-Sollsätze. Diese aber sind ganz „normale" Aussagesätze, auf welche die ganz „normale" Logik anwendbar und für die keine eigene Normen- bzw. Sollenslogik erforderlich ist. Warum sollte sich also ein Rechtswissenschaftler nicht mit der Logik, die er für seine eigenen Sätze – die K-Sollsätze – zwar benötigt, die aber für diesen Zweck völlig ausreicht, begnügen?

Eine kurze Antwort, die einer ausführlichen Begründung bedarf, lautet: Der Rechtswissenschaftler braucht die Normen- und Sollenslogik – sofern es eine solche überhaupt gibt (aber das ist eine eigene Frage, auf die ich erst im nächsten Abschnitt näher eingehe) – nicht in dem Sinne, dass er sie selbst in seiner eigenen Argumentation anwendet, sondern er braucht sie zur angemessenen Beschreibung der Rechtswirklichkeit in seinen K-Sollsätzen. In der Rechtswirklichkeit, die der Rechtswissenschaftler beschreibt, spielen Normen und Sollsätze unbestritten eine tragende Rolle. Ihre angemessene Beschreibung in K-Sollsätzen gehört zweifellos zu den vornehmen Aufgaben der Rechtswissenschaft. Eine angemessene Beschreibung der Rechtswirklichkeit erfordert, dass man in der Lage ist, alle rechtlich relevanten Aspekte ihrer Normen und Sollsätze zu beschreiben. Zur Rechtswirklichkeit gehört z.B. auch das Muster der Krawatte, die der Verteidiger im Strafprozess gegen Jack Unterweger trug, der Haarschnitt des Richters im Strafprozess gegen Franz Fuchs, der Dialekteinschlag, der beim Nationalratspräsidenten bei der Verkündung eines Beschlusses des Nationalrates „heraustönt", die chemische Zusammensetzung des Papiers, auf welchem ein Gesetz im Bundesgesetzblatt veröffentlicht wird, und die Schriftart und Schriftgröße, in der es darin gedruckt ist. Alle diese Beschreibungskomponenten gehören zwar zur Rechtswirklichkeit, sie sind jedoch ganz offensichtlich rechtlich völlig irrelevant und können daher bei der rechtswissenschaftlichen Beschreibung der Rechtswirklichkeit getrost vernachlässigt werden. Sowohl rechtlich als auch rechtswissenschaftlich von höchster Relevanz ist aber z.B. die Frage, ob die Verkündung eines Nationalratsbeschlusses durch den Präsidenten oder die Verlautbarung im Bundesgesetzblatt den Vorschriften entspricht oder nicht; oder die Frage, wie ein richterliches Urteil begründet wird, ob es sich dabei vielleicht sogar um ein Fehlurteil handelt. (Der Terminus ,Fehlurteil' kann nicht nur wertend, sondern auch – wie z.B. in Art. 3 des Protokolls Nr. 7 zur Konvention zum Schutze der Menschenrechte und Grundfreiheiten – rein deskriptiv verwendet werden.) Bei solchen Beschreibungen geht es um Beziehungen zwischen den Inhalten einzelner Rechtsnormen und Sollsätze sowie um Beziehungen zwischen diesen Inhalten und Sachverhaltsfeststellungen. Solche Beziehungen sind aber zumindest zum Teil von logischer Art wie insbesondere die Beziehungen der logischen Vereinbarkeit und der logischen Unvereinbarkeit und der logischen Folge. Rechtlich und rechtswissenschaftlich bedeutsame Begriffe wie der Begriff des Normenkonflikts oder die Beziehung der Entsprechung (dass nämlich eine individuelle Norm einer generellen Norm „entspricht") fallen zwar nicht einfach mit den erwähnten logischen Begriffen zusammen, sie lassen sich aber auch nur mit deren Hilfe angemessen charakterisieren und definieren. Das hat übrigens auch Kelsen so gesehen (ich werde darauf im letzten Teil des Appendix zurückkommen). Da es sich bei diesen logischen Begriffen jedoch um Eigenschaften von und Beziehungen zwischen Norm- und Sollsätzen handelt, benötigen wir dafür eine eigene Normen- bzw. Sollenslogik oder zumindest eine Logik, welche auch auf Norm- und Sollsätze anwendbar ist und für deren logische Analyse ausreicht.

Die von mir hier vertretene Auffassung erweckt bei oberflächlicher Betrachtung vielleicht den Eindruck, ich möchte die längst überholte Unterscheidung zwischen Natur- und Geisteswissenschaften wieder aufwärmen. Das ist keineswegs der Fall: Die moderne Wissenschaftstheorie hat gezeigt, dass diese alte Unterscheidung unhaltbar ist. Damit ist aber keineswegs gesagt, dass sich alle Sätze aller empirischen Wissenschaften in einer einheitlichen Sprache mit einem gemeinsamen Vokabular ausdrücken lassen. Das war das Ziel der frühen reduktionistischen Programme einer Einheitswissenschaft im Wiener Kreis: Zunächst wollte man die Sätze aller Wissenschaften in einer phänomenalistischen Sprache ausdrücken (das war das Ziel von Ernst Mach und von Carnaps *Logischem Aufbau der Welt*), dann wurde dasselbe Ziel mit einer physikalistischen Einheitssprache angestrebt. Auch dieses Ziel ist aus heutiger Sicht utopisch – zumindest ist seine Realisierung in weite Ferne gerückt. Statt dessen muss man zur Kenntnis nehmen, dass die angemessene wissenschaftliche Beschreibung der belebten Natur andere Beschreibungskategorien erfordert als die Beschreibung der anorganischen Wirklichkeit. Ebenso aber erfordert die Beschreibung von Lebewesen mit Bedürfnissen und Interessen andere Kategorien als die Beschreibung von Lebewesen, die keine Be-

dürfnisse und Interessen haben. Schließlich erfordert auch die Beschreibung von Lebewesen, die nicht nur Interessen haben, sondern
sich ihrer Interessen bewusst sein können, die sich selbst Ziele setzen
können und sich dieser Ziele und ihrer Norm- und Wertvorstellungen
bewusst sind, andere Beschreibungskategorien als die Beschreibung
von Lebewesen, welche diese Fähigkeiten nicht haben. Zur Beschreibung dieser Wirklichkeit gehört selbstverständlich nicht, diese Ziele,
Normen und Werte als richtig oder unrichtig zu beurteilen. Wohl aber
gehört zu dieser Beschreibung die Feststellung, ob gewisse Handlungen im Gegensatz zu oder im „Einklang" mit diesen Zielen, Normen
und Werten stehen, ob diese Ziele, Normen und Werte untereinander
in einem Gegensatz oder im „Einklang" stehen, ob manche von ihnen
aus anderen logisch folgen oder nicht. Dazu sind aber logische Kategorien wie ‚Vereinbarkeit' und ‚Unvereinbarkeit', ‚logische Folge' usw.
erforderlich.

Zur rechtswissenschaftlichen Beschreibung der Rechtswirklichkeit
gehört aber auch wesentlich die Beschreibung und Beurteilung der in
der Rechtswirklichkeit verwendeten Argumentationen, Ableitungen
und Schlüsse. Das betrifft sowohl die Begründung richterlicher Entscheidungen als auch die Argumentationen im Rahmen von Rechts-
verfahren und auch in der Rechtspolitik, also etwa bei der Rechtserzeugung. Ohne eine solche zumindest teilweise auch logische Beschreibung bliebe die rechtswissenschaftliche Beschreibung der
Rechtswirklichkeit in einem wesentlichen Bestandteil unvollständig.
(Wenn wir ein Urteil als Fehlurteil bzw. eine Urteilsbegründung als
inhaltlich oder formal unkorrekt charakterisieren, handelt es sich dabei
häufig um ein Werturteil. Wir können eine solche Charakterisierung
aber auch rein deskriptiv verstehen. Durch eine solche Charakterisierung wird das Urteil natürlich nicht aufgehoben, sie kann aber in einem neuen Verfahren rechtlich relevant sein und gehört daher zur
Beschreibung der Rechtswirklichkeit. Werden solche Charakterisierun-
gen deskriptiv verwendet, stecken in ihnen metalogische Begriffe –
und zwar metalogische Begriffe einer Normenlogik; ohne solche metalogischen Begriffe lassen sie sich nicht definieren.)

Um es nochmals ganz deutlich zu machen: Der Rechtswissenschaftler verwendet diese Normen- und Sollenslogik nicht selbst in
seiner eigenen Argumentation, sondern er verwendet nur die (metalogischen) Begriffe einer solchen Normen- und Sollenslogik (wie die
Begriffe der logischen Vereinbarkeit und der logischen Folge) als relevante Kategorien für die Beschreibung der Rechtswirklichkeit. In diesem Sinne – und nur in diesem Sinne – „braucht" auch der Rechts-

wissenschaftler eine Normen- bzw. Sollenslogik. Solche metalogischen Begriffe einer Normen- bzw. Sollenslogik, die der Rechtswissenschaftler zur Beschreibung der Rechtswirklichkeit verwenden kann und sogar verwenden muss, die er also benötigt, wenn er die Rechtswirklichkeit angemessen beschreiben will, gibt es aber selbstverständlich nur dann, wenn Normen und Sollsätze selbst überhaupt „logikfähig" sind, wenn sie also logische Eigenschaften haben und logische Beziehungen eingehen können. Der logische Positivismus hat diese Möglichkeit zumindest in seiner frühen Phase strikt geleugnet. Kelsen hingegen hat diese Möglichkeit immer wieder kritisch hinterfragt und in Frage gestellt, aber nie prinzipiell ausgeschlossen; man spürt förmlich, wie er in seinem Spätwerk um eine positive Antwort auf diese Frage gerungen hat.

A3. Ist eine Normen- bzw. Sollenslogik überhaupt möglich?

a) Grundsätzliche Bemerkungen

Die Normen- bzw. Sollenslogik wurde seit ihren ersten Gehversuchen in Ernst Mallys *Grundgesetzen des Sollens* (Graz 1926) und ihrer Wiedergeburt in Georg Henrik von Wrights berühmtem Aufsatz „Deontic Logic" (in *Mind* 60, 1951) ebenso oft für unmöglich erklärt wie totgesagt. Dabei wurde meist eine elementare Tatsache übersehen oder vernachlässigt: *Die* Normen- bzw. Sollenslogik gibt es gar nicht, und daher können wir von ihr auch gar nicht feststellen, ob sie möglich oder unmöglich, tot oder lebendig ist. Es gibt nur viele verschiedene Systeme verschiedener Arten von Normen- bzw. Sollenslogiken, die wir kritisch als mehr oder weniger gelungen bzw. als misslungen beurteilen können. Die Frage ist nicht so sehr, ob eine Normenlogik möglich oder unmöglich ist, als vielmehr, ob wir sie für bestimmte Zwecke (etwa für das Recht und die Rechtssicherheit) brauchen. Falls wir sie aber brauchen (und ich bin – wie sich im letzten Teil des Appendix zeigen wird – felsenfest davon überzeut), dann sollten wir alles daransetzen, eine dieser Zielsetzung angemessene Normenlogik zu entwickeln und sie immer weiter zu verbessern. Eine Normenlogik wächst nämlich bekanntlich nicht auf Bäumen und fällt auch nicht fertig vom Himmel, sondern muss von uns geschaffen werden. Und wenn uns manche oder die meisten Systeme der Normenlogik, die bisher entwickelt wurden, aus diesen oder jenen Gründen missfallen, müssen wir eben versuchen, neue Systeme ohne diese Mängel auszuarbeiten. Die meisten Kritiker der Normenlogik haben ihre Kritik an bestimmten Charakterzügen normenlogischer Systeme festgemacht, die sie als notwendige „Wesenszüge" jeder Normenlogik angesehen haben; aus diesen angeblichen Wesenszügen „der" Normenlogik wurden dann mehr oder weniger absurde Paradoxien abgeleitet, und hierauf wurde flugs der Totenschein für „die" Normenlogik mit der Todesursache „Inkonsistenz" ausgestellt. So einfach ist es aber nicht, denn kein einziges Gesetz der Normenlogik ist – isoliert betrachtet – unumstößlich. Selbst auf so grundlegende Prinzipien wie die Distributionsgesetze, die in fast allen normenlogischen Systemen gelten, kann man ohne weiteres verzichten. (Wenn man ‚A ist gesollt' bzw. ‚es ist gesollt, dass A' mit ‚$O(A)$' abkürzt, kann man diese Gesetze vereinfacht so formulieren: Wenn $O(A$ und $B)$, dann $O(A)$ und $O(B)$; Wenn gilt: $O($wenn A, dann $B)$, dann gilt auch: Wenn $O(A)$, dann $O(B)$; usw.) Ein normenlogisches System muss nicht einmal das sogenannte normenlogische Gesetz vom ausgeschlossenen Widerspruch enthalten, das besagt, dass ein Sachverhalt bzw. eine Handlung A nicht zugleich verboten und geboten sein kann, d.i. mit unseren Abkürzungen formuliert: Es ist nicht der Fall, dass $O(A)$ und $O($nicht-$A)$, bzw. (was dasselbe besagt): Wenn $O($nicht-$A)$, dann nicht-$O(A)$.

Die moderne Logik kennt sogar Systeme, bei denen nicht einmal mehr das sogenannte Monotoniegesetz gilt, das man lange für unumstößlich ansah und das besagt, dass eine logisch korrekte Ableitung logisch korrekt bleiben muss, wenn man bloß eine neue Prämisse hinzufügt. Formen des „nicht-monotonen Schließens" kommen auch in neueren Systemen der Normenlogik zur Anwendung, und solche Systeme scheinen sich gerade auch für die Analyse und Wiedergabe des Schließens im Bereich des Rechts besonders gut zu eignen, wie ich an einem einfachen Beispiel zeigen möchte: Gemäß §75 StGB gilt: „Wer einen anderen tötet, ist mit Freiheitsstrafe von zehn bis zu zwanzig Jahren oder mit lebenslanger Freiheitsstrafe zu bestrafen." Nehmen wir nun an, N.N. habe X.Y. getötet, so wäre daraus gemeinsam mit §75 StGB ableitbar, dass N.N. mit Freiheitsstrafe von zehn bis zwanzig Jahren oder mit lebenslanger Freiheitsstrafe zu bestrafen ist. Fügt man nun aber noch die Prämisse hinzu, dass N.N. unzurechnungsfähig (gemäß §11 StGB) ist und daher nicht schuldhaft gehandelt hat (gemäß §4 StGB), oder dass N.N. (gemäß §3 StGB) in Notwehr und daher nicht rechtswidrig gehandelt hat, so wird dadurch die Anwendbarkeit von §75 StGB und damit die ursprüngliche Ableitung vereitelt (bzw. „defeated", wie es in der einschlägigen Fachliteratur der „Default Logic" heißt). Ein anderer Typ der „Vereitelung" der ursprünglichen Ableitung liegt vor, wenn wir über den konkreten Fall zusätzliche Informationen erhalten, aus denen sich eine Spezifizierung der Tat –

etwa gemäß §§76–79 StGB – ergibt, wodurch ebenfalls die Anwendung von §75 ausgesetzt wird. Auch in diesem Fall wird aus einer ursprünglich logisch korrekten Ableitung durch Hinzufügung einer neuen Prämisse eine unzulässige Ableitung – ganz im Gegensatz zum „Grundprinzip" der Monotonie, das in den üblichen Systemen der Logik (seien sie „klassischer" Art oder auch nicht) meist als gültig vorausgesetzt wird. In Systemen einer solchen non-monotonen Logik lässt sich rechtliches Schließen offenbar in besonders natürlicher Weise wiedergeben – ja es scheint geradezu, als hätten diese logischen Systeme, die sich vor allem aus dem Bereich der Computerwissenschaften und der Künstlichen Intelligenz heraus entwickelt haben, auch vom juristischen Schließen einiges gelernt.

Mit diesem Beispiel wollte ich zeigen, dass man bei der Beantwortung der Frage, ob eine Normenlogik möglich ist oder nicht, keine – auch nicht die fundamentalsten und altehrwürdigsten – Gesetze der Logik als unumstößlich voraussetzen darf. Auf jedes einzelne von diesen Gesetzen kann unter gewissen Begleitumständen und Rahmenbedingungen auch verzichtet werden. Das Gesamtsystem als solches muss allerdings gewisse Minimalbedingungen erfüllen, wenn es sich dabei um ein System handeln soll, das den Namen ‚Logik' noch verdient. Genau um diese Minimalbedingungen ist es auch Kelsen in seinem Ringen um eine Normenlogik gegangen.

b) Kelsens Bemühungen um eine Normen- bzw. Sollenslogik

Wie sehr Kelsen an einer Anwendbarkeit der Logik auf die Normen und Sollsätze des Rechts selbst (und nicht nur auf die K-Sollsätze der Rechtswissenschaft) interessiert war, zeigt sich ganz deutlich dort, wo er der „traditionellen Anschauung", dass aus der Wahrheitswertlosigkeit der Normen und Sollsätze ihre „Logikunfähigkeit" folge, nicht zu widersprechen wagt, aber sofort einen neuen Ausweg sucht: Die logischen Gesetze sind demnach auf Normen und Sollsätze zwar nicht direkt, wohl aber indirekt anwendbar, insofern sie von den K-Sollsätzen, welche Sollsätze beschreiben, auf diese selbst übertragbar seien. Kelsen hat selbst die Unhaltbarkeit dieses Standpunktes erkannt und ihn ausdrücklich widerrufen. Die logischen Gesetze, Eigenschaften und Beziehungen können nicht von den K-Sollsätzen auf die Sollsätze, die sie beschreiben, übertragen werden, und sie brauchen auch gar nicht auf sie übertragen zu werden. Als Meta-Sollsätze können die K-Sollsätze aber sehr wohl unter anderem den Sollsätzen auch logische Eigenschaften und Beziehungen zuschreiben und daher eine metalogische Rolle erfüllen; die K-Rechtssätze der Rechtswissenschaften müs-

sen diese Rolle von metalogischen Sätzen auch mit übernehmen,
wenn sie nicht wesentliche Aspekte der Rechtswirklichkeit bei ihrer
Beschreibung ausklammern und vernachlässigen wollen. Kelsen hat
dies meines Wissens zwar nirgends explizit gesagt, mit seiner Idee der
Übertragbarkeit ist ihm dieser Gedanke aber vielleicht undeutlich vor
Augen gestanden.

Mit der Aufgabe seiner These der Übertragbarkeit der Logik von K-
Sollsätzen auf Sollsätze ist Kelsen aber nicht in den alten Fehlschluss
von Wahrheitswertlosigkeit auf „Logikunfähigkeit" zurückverfallen.
Vielmehr stellt er nunmehr neue Überlegungen an, die eine direkte
Anwendung der Logik auf Normen und Sollsätze ermöglichen sollten.
Dabei hat Kelsen völlig richtig erkannt: Um die Logik auf Norm- bzw.
Sollsätze anwenden zu können, müssen diese zwar nicht wahr oder
falsch im üblichen Sinn des Wortes sein; wir müssen aber eine der
Wahrheit und Falschheit der Aussagesätze analoge Eigenschaft bei
Sollsätzen finden, welche in der Logik der Sollsätze gewissermaßen
die Rolle übernehmen kann, welche Wahrheit und Falschheit in der
Logik der Aussagesätze einnehmen. Nur eine solche semantische Be-
gründung macht nämlich aus einem bloßen formalen Spiel mit Sollsätzen eine Sollens*logik*.

Kelsen prüft aus diesem Grund sehr sorgfältig den Ansatz der
sogenannten „Erfüllungslogik" für Normen, bei dem die Erfüllung bzw.
Befolgung und die Nicht-Erfüllung bzw. Nicht-Befolgung eines Norm-
oder Sollsatzes die Rolle des Wahrheitswertersatzes übernehmen. Die
Überprüfung führt bei Kelsen zu einem negativen Resultat („die Analogie trügt"), und er verwirft daher die Erfüllungslogik.[99] Die weitere
Entwicklung der Normenlogik hat Kelsen recht gegeben.

Die nächste Kandidatin – zugleich die Hauptkandidatin –, die Kelsen auf ihre Tauglichkeit für die Rolle des Wahrheitsersatzes bei Norm-
und Sollsätzen hin überprüft, ist deren Geltung:

Was nun die Anwendbarkeit der logischen Regel der Schlußfolgerung auf Rechtsnormen betrifft, so steht in Frage, ob aus der Geltung einer generellen Norm wie etwa: „Alle Diebe sollen bestraft
werden" die Geltung einer individuellen Norm wie: „Der Dieb Schulze soll bestraft werden" logisch ebenso folgt, wie aus der Wahrheit der generellen Aussage: „Alle Menschen sind sterblich" die

---

99   Hans Kelsen, „Recht und Logik", *a.a.O.*, S. 425 sowie S. 495. Vgl. dazu die
     ausführliche Kritik an verschiedenen Formen der Erfüllungslogik in Hans Kelsen,
     Allgemeine Theorie der Normen, a.a.O., S. 154ff., 173ff.

Wahrheit der individuellen Aussage: „Der Mensch Sokrates ist sterblich" logisch folgt. Und diese Frage muß verneint werden, sofern es sich dabei um *positive* Normen handelt. Und nur um solche kann es sich im Bereich der Rechtswissenschaft als einer Wissenschaft vom positivem Recht handeln.[100]

Die Begründung dafür klingt ganz einfach und plausibel:

[...] die Geltung der individuellen Norm: „Schulze soll ins Gefängnis gesetzt werden" ist nicht in der Geltung der generellen Norm: „Alle Diebe sollen ins Gefängnis gesetzt werden" und der Wahrheit der Aussage: „Schulze ist ein Dieb" impliziert. Denn die individuelle Norm gilt nur, wenn sie durch den Willensakt des zuständigen Gerichtes gesetzt ist.[101]

Die rechtliche (und das heißt im Rahmen des Rechtspositivismus: die positivrechtliche) Geltung einer Norm ist durch einen Willens- bzw. Setzungsakt bedingt,[102] und daher kann die Geltung einer Norm (und das heißt hier: einer positiven Rechtsnorm) nicht als Ersatz für die Wahrheit bei der Begründung einer Normenlogik „einspringen".

Damit ist für Kelsen nun aber die Liste möglicher Ersatzkandidaten für die Wahrheitswerte bei Norm- und Sollsätzen zum Zwecke der Begründung einer Normenlogik erschöpft. Kelsen hätte natürlich noch weitere Möglichkeiten ausloten können: statt der positiven Geltung eine Gültigkeit von Normen, die von ihrer Setzung unabhängig ist; die Akzeptabilität oder Zustimmungswürdigkeit; oder die Erfüllung in einer sogenannten deontisch perfekten Welt. Die zuletzt genannte Idee bildet die Grundlage einer Semantik für Norm- und Sollsätze, die im Rahmen der Mögliche-Welten-Semantik entstanden ist. Die Mögliche-Welten-Semantik wurde von Stig Kanger und Saul Kripke primär für die Modallogik entwickelt; sie haben sie aber gleich von Anfang an auch explizit auf die Normenlogik angewandt. Trotz gewisser Vorbehalte und Einwände, die es auch heute noch gegenüber der Mögliche-Welten-Semantik gibt, kann man wohl ohne Übertreibung behaupten, dass das Problem, mit dem Kelsen bis zu seinem Lebens-

---

100 *Ebd.*, S. 496.

101 *Ebd.* Vgl. dazu auch die Ausführungen in Hans Kelsen, *Allgemeine Theorie der Normen, a.a.O.*, S. 179ff., besonders S. 185ff.

102 Ebd., S. 496; Hans Kelsen, „Zur Frage des praktischen Syllogismus", *a.a.O.*, S. 333.

ende gerungen hat, durch diese Semantik gelöst wird. Der metaphysische Beiklang, der dieser Semantik anhaftet und an dem viele Anstoß nehmen, kann übrigens völlig zum Verschwinden gebracht werden, indem man sich auf die abstrakte modelltheoretische Fassung dieser Idee beschränkt. Die Mögliche-Welten-Semantik entstand Ende der 50er Jahre. Es dauerte jedoch eine Zeit lang, bis sie sich über einen engeren Kreis von Fachleuten hinaus verbreitet und etabliert hat. Kelsen hat diese neue Entwicklung leider nicht mehr rezipiert. Dies ist besonders bedauerlich angesichts der Tatsache, dass er sich in der *Allgemeinen Theorie der Normen* mit zahlreichen früheren Ansätzen für eine semantische Begründung der Normenlogik, die allesamt fehlgeschlagen sind, kritisch auseinander gesetzt hat. Ausgerechnet den letztlich erfolgreichen Neuansatz für eine Normenlogik konnte er nicht mehr wissenschaftlich aufarbeiten.

Obwohl Kelsen auf seiner Suche nach einer Grundlage für eine Normen- bzw. Sollenslogik nicht fündig wurde, hat er daran festgehalten, dass es logische Beziehungen zwischen Normen gibt, die rechtlich relevant sind: Die logischen Prinzipien sind zwar weder direkt noch indirekt auf Normen eines positiven Rechts anwendbar. „Damit ist jedoch nicht gesagt, daß zwischen Normen überhaupt keine logischen Beziehungen bestehen."[103] Diese logischen Beziehungen spielen in Kelsens neuem Ansatz eine tragende Rolle bei der Begründung der Geltung einer individuellen Norm durch die Geltung einer generellen Norm. Die Geltung der individuellen Norm folgt zwar – wie schon erwähnt – nicht logisch aus der Geltung der generellen Norm und entsprechenden Tatsachenaussagen und kann daher auch nicht logisch korrekt daraus abgeleitet, wohl aber *begründet* werden.[104] Für diese besondere Art der Begründung entwickelt Kelsen ein kompliziertes Modell. Die Begründung kann mangels einer logischen Folgerungsbeziehung nicht in einem normativen bzw. praktischen Syllogismus erfolgen, sondern sie erfolgt in einem ganz normalen theoretischen Syllogismus, der ausschließlich aus Aussagesätzen besteht.[105] In diese Aussagesätze geht aber die Feststellung einer logischen Beziehung zwischen Normen ein: nämlich die Feststellung der logischen Bezie-

---

103 *Ebd.*, S. 498.
104 *Ebd.*, S. 497f., Hans Kelsen „Zur Frage des praktischen Syllogismus", a.a.O., S. 333.
105 *Ebd.*, S. 498, Hans Kelsen, „Zur Frage des praktischen Syllogismus", *a.a.O.*, S. 333.

hung des *Entsprechens*, die nach Kelsen eine Subsumtions-Beziehung ist. Wesentlich für die Begründung einer individuellen durch eine generelle Norm ist für Kelsen auf jeden Fall, „daß die durch den Richter gesetzte individuelle Norm der generellen durch den Gesetzgeber gesetzten Norm entspricht. Darin liegt ja die ‚Begründung' der Geltung jener durch die Geltung dieser."[106] Es kommt dabei aber auf die „Koinzidenz [...] zwischen der von dem Richter anzuwendenden generellen und der von ihm in dieser Anwendung gesetzten individuellen Norm" an.[107]

So sehr sich Kelsen auch darum bemüht, die gesamte Begründungsfrage auf die Ebene der Meta-Sollsätze bzw. der K-Sollsätze zu verschieben und damit auf der Ebene von reinen Aussagesätzen zu lösen, um auf diese Weise ohne jede Norm- bzw. Sollenslogik auszukommen: Er kommt nicht darum herum, eine solche Norm- bzw. Sollenslogik vorauszusetzen, da er in seiner Normbegründung metalogische Begriffe zur Beschreibung gewisser Beziehungen zwischen Normen verwendet (oder jedenfalls Begriffe, die sich nur mit Hilfe solcher metalogischen Begriffe definieren lassen).

Kelsen erläutert seine Begründungstheorie an einem paradigmatischen, aber besonders einfachen Fall: der Begründung einer individuellen, vom Richter gesetzten Norm durch eine generelle Gesetzesnorm. Die dabei zur logischen Beschreibung der Beziehungen zwischen den Normen vorausgesetzten logischen Gesetze sind verhältnismäßig trivial: Es handelt sich dabei bloß um eine Anwendung der Regel der universellen Einsetzung bzw. Spezifikation sowie der Regel des Modus Ponens auf Norm- bzw. Sollsätze. Aber bereits mit dieser trivialen Ausdehnung logischer Regeln auf Norm- bzw. Sollsätze ist die entscheidende Grenze zwischen einer „normalen" Logik für Aussagesätze und einer Normen- bzw. Sollenslogik überschritten. Eine allgemeine Theorie der Normbegründung erfordert aber wesentlich mehr, nämlich eine umfassende Norm- bzw. Sollenslogik. Das sieht man sofort ein, wenn man Kelsens Beispiel vom Dieb Schulze, der ins Gefängnis gesetzt werden soll, durch ein etwas realistischeres und nur geringfügig komplizierteres Beispiel ersetzt. Nehmen wir dazu an, der Richter R.R. (bzw. ein zuständiges Gericht) stelle fest, dass X.Y. von N.N. getötet

---

106 Hans Kelsen, „Zur Frage des praktischen Syllogismus", *a.a.O.*, S. 334.

107 *Ebd.*, S. 334. Ähnlich, aber ausführlicher auch in Hans Kelsen, *Allgemeine Theorie der Normen*, *a.a.O.*, S. 203–215.

wurde, und R.R. verurteile N.N. gemäß §75 StGB zu 17 Jahren Gefängnis. Es stellt sich nun die Aufgabe, dem Kelsenschen Schema
gemäß den Satz ‚Das Urteil von R.R., dass N.N. mit 17 Jahren Freiheitsentzug bestraft werden soll, ist eine gültige Norm' mit Hilfe der
beiden folgenden (und weiterer zu ergänzender) Prämissen zu begründen:

Prämisse 1: ‚Gemäß §75 StGB gilt die Norm: Wer einen anderen
tötet, ist mit Freiheitsstrafe von zehn bis zu zwanzig Jahren oder mit
lebenslanger Freiheitsstrafe zu bestrafen.'

Prämisse 2: ‚R.R. hat festgestellt, dass N.N. den X.Y. getötet hat.'

Bereits bei diesem immer noch sehr einfachen Beispiel ist zur formalen
Aufbereitung einer Begründung nach dem Kelsenschen Schema schon
wesentlich mehr an Normenlogik erforderlich als bei Kelsens eigenem
Beispiel. Zu zeigen wäre, was es in diesem Fall genau heißt (d.h.
welches die notwendigen und hinreichenden Bedingungen dafür sind),
dass der subjektive Sinn des Aktes von R.R., der in der Konklusion beschrieben wird, der generellen Norm, deren Geltung in Prämisse 1
festgestellt wird, *entspricht*. Ich möchte diese einfache Aufgabe hier
als Herausforderung für andere ungelöst stehen lassen. (Wer der Auffassung ist, dass die Rechtswissenschaft ohne jede Normenlogik und
deren metatheoretische Begrifflichkeit auskommt, müsste diese Aufgabe ohne Verwendung metalogischer Begriffe einer Normenlogik
lösen können; ich glaube nicht, dass das möglich ist – ich habe bisher
jedenfalls keine solche Lösung gefunden.)

A4. Wozu und in welchem Sinn „braucht" das Recht selbst eine Normen- bzw. Sollenslogik?

Der Rechtspraktiker, der die Rechtsnormen anwendet (in unserem
Beispiel: der Richter R.R.), muss die logischen Zusammenhänge, die
der Rechtswissenschaftler in der Begründung des Urteils von R.R.
beschreibt, gewissermaßen praktizieren. Die Forderung, dass sein
Urteil bzw. der subjektive Sinn des von ihm gesetzten Rechtsaktes der
generellen Gesetzesnorm *entspricht* und dass er damit in Einklang mit
den Regeln und Gesetzen der Normenlogik handelt, dient der Rechtssicherheit.

Um im Einklang mit normenlogischen Regeln und Gesetzen Recht
sprechen und praktizieren zu können, muss man im allgemeinen diese
Regeln und Gesetze kennen oder von ihnen zumindest eine gewisse
Ahnung haben; wenn man fähig ist, sie „instinktiv" anzuwenden, umso
besser. Natürlich denkt niemand daran, dass diese logischen Regeln
und Gesetze in der Rechtspraxis explizit aufscheinen und die logische

Sprache oder gar ihre Formeln in die Rechtssprache Eingang finden müssten. Wohl aber müsste man – wenn die vorausgehenden Überlegungen stimmen – von Rechtstheoretikern wie von Rechtspraktikern erwarten, dass sie imstande sind, für beliebige Rechtsnormen, die in ihrem Zuständigkeitsbereich durch rechtliche Willensakte gesetzt werden können, Begründungen gemäß einem Schema, wie es Kelsen vorschwebte, zu konstruieren. Und von der Rechtswissenschaft wird man erwarten, dass sie nicht bloß Beispiele für solche Begründungen angibt, sondern eine allgemeine Begründungstheorie entwickelt. Diese kommt meines Erachtens um eine Normen- bzw. Sollenslogik – wie immer diese auch aussehen mag – nicht herum. (Kelsens Ringen um eine solche Begründungstheorie blieb zwar in einem skizzenhaften Entwurf stecken; dieser ist aber nicht nur verbesserungsbedürftig, sondern auch verbesserungsfähig. Es fehlte ihm in erster Linie die logisch-semantische Fundierung. Heute verfügen wir über das dafür erforderliche logische Instrumentarium.)

Das Ziel dieser Bemühungen liegt in der Stärkung der Rechtssicherheit. Rechtssicherheit ist vielleicht nicht der einzige und höchste Wert, aber sicher eines der höchsten Rechtsgüter. Selbst für Gustav Radbruch kann sie nur in extremen Ausnahmefällen einem andern, noch höheren Wert – nämlich der Gerechtigkeit – geopfert werden. Der Rechtssicherheit dient letztlich die Entwicklung einer allgemeinen Begründungstheorie für Rechtsakte und damit auch die dafür erforderliche Einbeziehung einer Normen- bzw. Sollenslogik in die Rechtstheorie.

Literatur

Alfred Jules Ayer, *Language, Truth and Logic*. London: Victor Gollancz 1936, ²1946; deutsche Übersetzung: *Sprache, Wahrheit und Logik*. Stuttgart: Philipp Reclam jun. 1970.

Rudolf Carnap, „Überwindung der Metaphysik durch logische Analyse der Sprache", in: *Erkenntnis* 2, 1931, S. 219–241.

Rudolf Carnap, „Theoretische Fragen u. praktische Entscheidungen", in: *Natur und Geist* 2, 1934, S. 257–260.

Rudolf Carnap, *Philosophy and Logical Syntax*. London: Kegan Paul-Trench-Trubner 1935.

Rudolf Carnap, „Intellectual Autobiography", in: Paul Arthur Schilpp (Hrsg.), *The Philosophy of Rudolf Carnap*. La Salle, Illinois: Open

Court 1963, S. 1–84; deutsche Übersetzung in: *Mein Weg in die Philosophie*. Stuttgart: Philipp Reclam jun. 1993, S. 5–131.

Rudolf Carnap, *Mein Weg in die Philosophie*. Stuttgart: Philipp Reclam jun. 1993.

Walter Dubislav, „Zur Unbegründbarkeit der Forderungssätze", in: *Theoria* 3, 1937, S. 330–342.

William K. Frankena, „The Naturalistic Fallacy", in: *Mind* 48, 1939, S. 464–477.

Eric Hilgendorf (Hrsg.), *Wissenschaftlicher Humanismus. Texte zur Moral- und Rechtsphilosophie des frühen logischen Empirismus.* Freiburg–Berlin–München: Haufe Verlagsgruppe 1998.

Albert Hofstadter/J.C.C. McKinsey, „On the Logic of Imperatives", in: *Philosophy of Science* 6, 1939, S. 446–457.

Max Horkheimer, „Der neueste Angriff auf die Metaphysik", in: *Zeitschrift für Sozialforschung* 6, 1937, 1, S. 4–51; abgedruckt in: Max Horkheimer, *Gesammelte Schriften, Band 4: Schriften 1936–1941*, hg. von Alfred Schmidt. Frankfurt/Main: S. Fischer 1988, S. 108–161.

W.D. Hudson (Hrsg.), *The Is-Ought Question. A Collection of Papers on the Central Problem in Moral Philosophy*. London: MacMillan 1969.

Jørgen Jørgensen, „Imperatives and Logic", in: *Erkenntnis* 7, 1937/38, S. 288–296.

Peter Kaliba, „'Is', 'ought', 'can', logic", in: Edgar Morscher/Rudolf Stranzinger (Hrsg.), *Ethics: Foundations, Problems and Applications*. Wien: Hölder-Pichler-Tempsky 1981, S. 176–180.

Peter Kaliba, *Das Sein-Sollen-Problem. Eine Fallstudie zur Anwendung logischer Methoden auf Probleme der Philosophie*. Diplomarbeit am Institut für Philosophie der Universität Salzburg, Salzburg 1982.

Stig Kanger/Helle Kanger, „Rights and Parliamentarism", in: Raymond E. Olson/Anthony M. Paul (Hrsg.), *Contemporary Philosophy in Scandinavia*. Baltimore-London: The Johns Hopkins Press 1972, S. 213–236.

Hans Kelsen, „Science and Politics", in: *The American Political Science Review* 45, Nr. 3, September 1951, S. 641ff. vgl. S. 641.

Hans Kelsen, *Reine Rechtslehre. Mit einem Anhang: Das Problem der Gerechtigkeit*, 2. Aufl. Wien: Verlag Franz Deuticke 1960; unveränderter Nachdruck 1983. [Ich zitiere nach der Ausgabe von 1983 und nicht nach dem inzwischen erschienenen Nachdruck von 2000, da diese Ausgabe den Anhang, aus dem ich hier zitiere, nicht enthält; außerdem sind auch im Nachdruck von 2000 die Druckfehler der Ausgabe von 1983 nicht verbessert worden.]

Hans Kelsen, „Die Grundlagen der Naturrechtslehre", in: Franz-Martin Schmölz (Hrsg.), *Das Naturrecht in der politischen Theorie.* Wien: Springer Verlag 1963, S. 1–37; abgedruckt in: *Österreichische Zeitschrift für öffentliches Recht* 13, Nr. 1–2, 1963, S. 1–37, sowie in: Hans Klecatsky/René Marcic/Herbert Schambeck (Hrsg.), *Die Wiener rechtstheoretische Schule.* [*Ausgewählte*] *Schriften von Hans Kelsen, Adolf* [*Julius*] *Merkl und Alfred Verdross,* Bd. 1. Wien–Frankfurt–Zürich und Salzburg–München: Europa Verlag und Universitätsverlag Anton Pustet 1968, S. 869–912.

Hans Kelsen, „Recht und Logik", in: *Forum* 12, Nr. 142 und Nr. 143, Oktober 1965 und November 1965, S. 421–425 und S. 495–500; abgedruckt in Hans Klecatsky/René Marcic/Herbert Schambeck (Hrsg.), *Die Wiener rechtstheoretische Schule.* [*Ausgewählte*] *Schriften von Hans Kelsen, Adolf* [*Julius*] *Merkl und Alfred Verdross,* Bd. 2. Wien–Frankfurt–Zürich und Salzburg–München: Europa Verlag und Universitätsverlag Anton Pustet 1968, S. 1469–1497.

Hans Kelsen, „Nochmals: Recht und Logik", in: *Forum* 14, Nr. 157, Jänner 1967, S. 39–40.

Hans Kelsen, „Zur Frage des praktischen Syllogismus", in: *Neues Forum* 15, Nr. 173, Mai 1968, S. 333–334.

Hans Kelsen, „Ausgewählte Schriften", in: Hans Klecatsky/René Marcic/Herbert Schambeck (Hrsg.), *Die Wiener rechtstheoretische Schule.* [*Ausgewählte*] *Schriften von Hans Kelsen, Adolf* [*Julius*] *Merkl und Alfred Verdross,* 2 Bde. Wien–Frankfurt–Zürich und Salzburg–München: Europa Verlag und Universitätsverlag Anton Pustet 1968.

Hans Kelsen, *Allgemeine Theorie der Normen,* hg. von Kurt Ringhofer und Robert Walter. Wien: Manzsche Verlags- und Universitätsbuchhandlung 1979.

Hans Kelsen/Ulrich Klug, *Rechtsnormen und logische Analyse. Ein Briefwechsel 1959 bis 1965.* Wien: Verlag Franz Deuticke 1981.

Franz von Kutschera, *Einführung in die Logik der Normen, Werte und Entscheidungen.* Freiburg–München: Karl Alber Verlag 1973.

Franz von Kutschera, „Das Humesche Gesetz", in: *Grazer philosophische Studien* 4, 1977, S. 1–14.

Edgar Morscher, „Das Sein-Sollen-Problem: logisch betrachtet", in: *Conceptus* 8, Nr.25, 1974, S. 5–29.

Gustav Radbruch, „Fünf Minuten Rechtsphilosophie", in: *Rhein-Neckar-Zeitung*, 12. September 1945, S. 3; abgedruckt in: Gustav Radbruch, *Rechtsphilosophie*, 6. Aufl. Stuttgart: K.F. Koehler Verlag 1963, S. 335–337.

Gustav Radbruch, „Gesetzliches Unrecht und übergesetzliches Recht", in: *Süddeutsche Juristen-Zeitung* 1, Nr. 5, August 1946, S. 105–108; abgedruckt in: Gustav Radbruch, *Rechtsphilosophie*, 6.Aufl. Stuttgart: K.F. Koehler Verlag 1963, S. 347–357.

Alf Ross, „Imperatives and Logic", in: *Theoria* 7, 1941, S. 53–71, sowie in: *Philosophy of Science* 11, 1944, S. 30–46.

Bertrand Russell, „Vorwort" zu Ludwig Wittgenstein, „Logisch-Philosophische Abhandlung", in: *Annalen der Naturphilosophie* 14, 1921, S. 186–198.

Gerhard Schurz, *The Is-Ought Problem. An Investigation in Philosophical Logic*. Dordrecht–Boston–Lancaster: Kluwer Academic Publishers 1997.

Gudrun Soriat, „Zur Interpretation von Kennzeichnungen in der juristischen Sprache", in: *Forschungsberichte und Mitteilungen des Forschungsinstituts Philosophie/Technik/Wirtschaft an der Universität Salzburg* 2, 1986, S. 19–42.

Charles L. Stevenson, „Moore's Arguments against Certain Forms of Ethical Naturalism", in: Paul Arthur Schilpp (Hrsg.), *The Philosophy of G.E. Moore*. La Salle, Illinois: Open Court 1942, [2]1952, [3]1968, S. 69–90; abgedruckt in: Charles L. Stevenson, *Facts and Values. Studies in Ethical Analysis*. New Haven: Yale University Press 1963, S. 117–137.

Rainer Stuhlmann-Laeisz, *Das Sein-Sollen-Problem. Eine logische Studie*. Stuttgart–Bad Cannstatt: Friedrich Frommann Verlag–Günther Holzboog 1983.

Alfred Tarski, „Über den Begriff der logischen Folgerung", in: *Actualités Scientifiques et Industrielles* 394, 1936 (= *Actes du Congrès International de Philosophie Scientifique*, Vol. 7), S. 1–11; der Aufsatz war zuvor im selben Jahr (1936) schon auf Polnisch erschienen.

Jerzy Wróblewski, „Kelsen, the Is-Ought Dichotomy and [the] Naturalistic Fallacy", in: *Revue Internationale de Philosophie* 35, Nr. 138, 1981, S. 508–517.

ERIC HILGENDORF

ZUM BEGRIFF DES WERTURTEILS IN DER REINEN RECHTSLEHRE

I. Einleitung

Der geistesgeschichtliche Hintergrund der Reinen Rechtslehre mit ihrer
strengen Trennung von „Sein" und „Sollen" wird häufig im Neukantianismus gesehen. Dem lässt sich allerdings entgegenhalten, dass der
Neukantianismus eine durchaus heterogene Bewegung bildete, die
teilweise ganz unterschiedliche Strömungen umfasste.[1] Deshalb ist
eine pauschale Zuordnung zu „dem" Neukantianismus mit einiger
Skepsis zu betrachten. Sieht man als Kennzeichen des Neukantianismus den transzendentalphilosophischen Ansatz, also die Frage nach
der „Bedingung der Möglichkeit", so dürfte vor allem Kelsens Grundnorm neukantianischen Ursprungs sein.[2] Kelsen selbst hat seine Lehre
zwar bekanntlich zum Neukantianismus in Parallele gesetzt, als Basis
seiner Rechtslehre aber auf den älteren staatsrechtlichen Positivismus
verwiesen.[3] Schon dies zeigt, dass die Frage nach dem geistesge-
schichtlichen Hintergrund der Reinen Rechtslehre mit dem Hinweis auf
die Philosophie der Neukantianer nur sehr unzulänglich beantwortet
ist.

In diesem Artikel soll es darum gehen, den geistigen Wurzeln der
Reinen Rechtslehre und insbesondere ihrem Verhältnis zum Wiener
Neoempirismus am Beispiel von Kelsens Äußerungen zum Wertfreiheitsproblem nachzuspüren. Außerdem möchte ich Kelsens Werturteilslehre kritisch untersuchen und auf ihre Tragfähigkeit überprüfen.

---

1   Überblick bei Manfred Pascher, *Einführung in den Neukantianismus. Kontext,
     Grundpositionen, Praktische Philosophie.* München: Wilhelm Fink Verlag 1997.
     Zur Verbindung zwischen Logischem Empirismus und Neukantianismus vgl.
     Massimo Ferrari, „Über die Ursprünge des logischen Empirismus, den Neukantia-
     nismus und Ernst Cassirer aus der Sicht der neueren Forschung", in: Enno Ru-
     dolph, Ion O. Stamatescu (Hg.), *Von der Philosophie zur Wissenschaft. Cassirers
     Dialog mit der Naturwissenschaft.* Hamburg: Felix Meiner Verlag 1997, S. 93-
     131 (Cassirer Forschung, Band 3).

2   Eingehend Horst Dreier, *Rechtslehre, Staatssoziologie und Demokratietheorie bei
     Hans Kelsen.* Baden-Baden: Nomos Verlagsgesellschaft 2. Aufl. 1990, S. 56-90.

3   Hans Kelsen, *Reine Rechtslehre. Mit einem Anhang: Das Problem der Gerechtig-
     keit.* Wien: Franz Deuticke Verlag 2. Aufl. 1960, S. III (Vorwort zur ersten
     Auflage 1934); vgl. auch Robert Walter, *Hans Kelsens Rechtslehre.* Baden-Baden:
     Nomos Verlagsgesellschaft 1999, S. 14f. (Würzburger Vorträge zur Rechtsphilo-
     sophie, Rechtstheorie und Rechtssoziologie, hg. von Horst Dreier und Dietmar
     Willoweit, Heft 24).

Dabei werde ich mich auf die 1960 erschienene 2. Auflage der *Reinen Rechtslehre* konzentrieren und nur gelegentlich Ausblicke auf frühere oder spätere Formen seiner Lehre geben. Auf die schwierigen und umstrittenen Fragen im Zusammenhang mit einer möglichen Periodisierung von Kelsens Werk brauche ich hier nicht einzugehen,[4] denn die Werturteilskonzeption der Reinen Rechtslehre Kelsens zeichnet sich durch eine bemerkenswerte Kontinuität aus, die von seinen frühesten Schriften bis hin zu dem Alterswerk, der „Theorie der Normen", reicht. Ob dies gegen die Periodisierungsbemühungen oder vielleicht nur gegen Kelsens Werturteilslehre spricht, wird im folgenden zu untersuchen sein.

II. Werturteile in der *Reinen Rechtslehre* (1960)

Kelsen unterscheidet in der *Reinen Rechtslehre*[5] zwei verschiedene Fassungen des Begriffs „Werturteil": „Wert-Urteil" (sic) nennt er zunächst das „Urteil, daß ein tatsächliches Verhalten so ist, wie es einer objektiv gültigen Norm gemäß sein soll". Er spricht auch von einem „objektiven Werturteil". Werturteile in diesem Sinn möchte Kelsen von „Wirklichkeitsurteilen" unterschieden wissen, „die ohne Beziehung zu einer als objektiv gültig angesehenen Norm, und das heißt letzten Endes: ohne Beziehung zu einer vorausgesetzten Grundnorm aussagen, daß etwas ist und wie es ist."[6] Kelsen zufolge können Werturteile, die sich auf die Moral- oder Rechtsnormen einer geltenden Ordnung

---

4   Dazu zuletzt Carsten Heidemann, *Die Norm als Tatsache. Zur Normentheorie Hans Kelsens*. Baden-Baden: Nomos Verlagsgesellschaft 1997 (Studien zur Rechtsphilosophie und Rechtstheorie, hg. von Robert Alexy und Ralf Dreier, Band 13) mit kritischer Besprechung von Stanley L. Paulson, „Four Phases in Hans Kelsen's Legal Theory? Reflections on a Periodization", in: *Oxford Journal of Legal Studies* 18 (1998), S. 153-166, Replik von Carsten Heidemann, „Norms, Facts, and Judgements. A Reply to S.L. Paulson", in: *Oxford Journal of Legal Studies* 19 (1999), S. 345-350 und Duplik von Stanley L. Paulson, „Arriving at a Defensible Periodization of Hans Kelsen's Legal Theory", ebd., S. 351-364.

5   Eine ähnliche Begriffsbestimmung findet sich schon in Kelsens Frühwerk *Hauptprobleme der Staatsrechtslehre. Entwickelt aus der Lehre vom Rechtssatze*. Tübingen: J.C.B. Mohr (Paul Siebeck) 1911, 2. Aufl. 1923. ND. Aalen: Scientia 1984, S. 67f.; im Kern unverändert ders., *Allgemeine Theorie der Normen*. Im Auftrag des Hans-Kelsen-Instituts aus dem Nachlass herausgegeben von Kurt Ringhofer und Robert Walter. Wien: Manzsche Verlags- und Universitätsbuchhandlung 1979, S. 147ff.

6   *Reine Rechtslehre* (Anm. 3), S. 17.

beziehen, wahr oder unwahr sein.[7] So sei etwa das „Urteil, daß es nach christlicher Moral gut ist, seine Freunde zu lieben und seine Feinde zu hassen", unwahr, „wenn eine Norm der in Geltung stehenden christlichen Moral gebietet, nicht nur sein Freunde, sondern auch seine Feinde zu lieben".[8] Für Kelsen ist ein (objektives) Werturteil also eine Aussage über die Entsprechung bzw. Nichtentsprechung einer bestimmten Verhaltensweise mit einer (objektiv gültigen) Norm. Derartige Aussagen enthalten, anders als Normen, keinen präskriptiven Bestandteil, sondern sind rein deskriptiv.[9]

Der Ausdruck „Werturteil" kann nach Kelsen zweitens für ein Urteil stehen, „mit dem die Beziehung eines Objektes zu dem darauf gerichteten Wunsch oder Willen eines oder auch vieler Menschen festgestellt wird".[10] Es handelt sich für Kelsen um einen Satz, in dem ein „subjektiver Wert" ausgesagt wird.[11] In einem solchen Werturteil wird nicht ein Bezug zu einer (als objektiv gültig angesehenen) Norm, sondern zu einem psychischen Sachverhalt, nämlich menschlichem Wollen, hergestellt. Kelsen führt für diese Art von Werturteilen kein Beispiel an, gemeint sind aber wohl Äußerungen wie: „Mitleid ist (nach Ansicht der meisten Menschen) gut" oder „Gewalt ist (nach Ansicht vieler Menschen) schlecht". Ein Werturteil dieser Art ist für Kelsen eine Sonderform eines Wirklichkeitsurteils, weil es die „Beziehung zwischen zwei Seins-Tatsachen, nicht die Beziehung einer Seins-Tatsache und einer objektiv gültigen Soll-Norm" feststellt. Ein derartiges Werturteil ist

objektiv, sofern es der Urteilende ohne Rücksicht darauf fällt, ob er selbst das Objekt oder sein Gegenteil wünscht oder will, das Verhalten billigt oder mißbilligt, sondern einfach die Tatsache feststellt, daß ein Mensch oder auch viele Menschen ein Objekt oder

---

7   Ebd., S. 19.

8   Ebd.

9   Rudolf Thienel, *Kritischer Rationalismus und Jurisprudenz. Zugleich eine Kritik an Hans Alberts Konzept einer sozialtechnologischen Jurisprudenz.* Wien: Manzsche Verlags- und Universitätsbuchhandlung 1991, S. 163.

10   Z.B. *Reine Rechtslehre* (Anm. 3), S. 20.

11   Ebd., S. 22.

sein Gegenteil wünschen oder wollen, insbesondere ein bestimmtes Verhalten billigen oder mißbilligen.[12]

Um den Unterschied zwischen den beiden Kelsenschen Grundformen von Werturteilen deutlicher hervorzuheben, könnte man von
„normbezogenen" versus „wollensbezogenen" Werturteilen sprechen.
Die Unterscheidung zwischen „objektiven" und „subjektiven" Werturteilen deckt sich damit nicht; vielmehr ist ein normbezogenes Werturteil im Kelsenschen Sinne dann „objektiv", wenn es sich auf eine
objektiv gültige, also durch die Grundnorm erfasste, Norm bezieht; ein
wollensbezogenes Werturteil ist „objektiv", wenn es ohne Rücksicht
auf die Wünsche des Äußernden gefällt wird. Als „subjektiv" wird man
ein normbezogenes Werturteil im Kelsenschen Sinne also dann bezeichnen dürfen, wenn es sich nicht auf eine objektiv gültige Norm
bezieht, und ein wollensbezogenes Werturteil dann, wenn es durch die
Wünsche des Äußernden (mit)bestimmt wird. Bei Kelsen bleibt dies
aber offen; seine Terminologie erscheint unscharf und teilweise widersprüchlich. Immerhin führt er aus, die Prädikate „objektiv" und „subjektiv" bezögen sich „auf die ausgesagten Werte"; ein Urteil, „das ohne
Rücksicht auf das Wünschen und Wollen des Urteilenden" erfolge, sei
objektiv.[13]
Daneben unterscheidet Kelsen noch andere Formen von Werturteilen bzw. werturteilsähnlichen Äußerungen: (1) „Werturteile" nennt
Kelsen auch Aussagen über die Geeignetheit eines Mittels zur Erreichung eines gegebenen Zwecks, also Aussagen über die Zweckmäßigkeit von Mitteln. Ist der Zweck (das Bezweckte) „objektiv gesollt"
(gemeint ist wohl: durch eine objektiv gültige Norm geboten), so handelt es sich um ein objektives Werturteil. Wird der Zweck dagegen nur
„subjektiv gewünscht" (und ist nicht objektiv geboten), so handelt es
sich um ein subjektives Werturteil.[14] (2) Eine weitere Fallgruppe umfasst Äußerungen in Urteilsform ohne kognitiven Charakter: Wenn die
in Urteilsform auftretende Äußerung, dass etwas gut oder schlecht
sei, lediglich der „unmittelbare Ausdruck" dafür ist, dass der Sprecher
„dieses Etwas (oder sein Gegenteil) wünscht", so handelt es sich nach
Kelsen nicht um ein Urteil, sondern nur „um eine Funktion der emotio-

---

12   Ebd. Kelsens Sprachgebrauch ist allerdings nicht ganz konsistent, da er auf
     derselben Seite vorschlägt, Werturteile, „die einen subjektiven Wert aussagen",
     generell als „subjektive Werturteile" zu bezeichnen.
13   Ebd.
14   Ebd., S. 24.

nalen Komponente des Bewußtseins".[15] Kelsen ordnet derartige Äußerungen also nicht der informativen, sondern ausschließlich der expressiven Funktion der Sprache zu.[16] (3) Das richterliche Urteil schließlich ist nach Kelsen ebenfalls kein Werturteil, sondern eine individuelle Norm (im Unterschied zu generellen Norm, dem Gesetz).[17]

Zum Problem der Wertfreiheit, also der Unterscheidung von wert(ungs)freien wissenschaftlichen Stellungnahmen einerseits, eigenen Wertungen des Wissenschaftlers andererseits, scheint sich Kelsen nur vereinzelt geäußert zu haben. Immerhin betont er im Zusammenhang mit den objektiven normbezogenen Werturteilen, man könne „die Beziehung eines bestimmten menschlichen Verhaltens zu einer normativen Ordnung feststellen, das heißt aussagen, daß dieses Verhalten der Norm entspricht oder nicht entspricht, ohne dabei selbst zu dieser normativen Ordnung emotional, das heißt billigend oder mißbilligend, Stellung zu nehmen."[18] Die Trennung von Wissenschaft und eigenem Werturteil ist jedoch gerade der tragende Grundsatz der Reinen Rechtslehre. Immer wieder hat Kelsen die Differenz zwischen Rechtswissenschaft und Rechtspolitik betont.[19] Systematisch findet diese Differenz in der Unterscheidung von Rechtssatz und Rechtsnorm ihren Ausdruck.[20] „Der Unterschied zwischen der Funktion der Rechtswissenschaft und der Funktion der Rechtsautorität", schreibt Kelsen, „und sohin zwischen dem Produkt der einen und dem der anderen, wird häufig ignoriert [...]. Aber die Rechtswissenschaft kann das Recht nur beschreiben, sie kann nicht, wie das von der Rechtsautorität (in generellen und individuellen Normen) erzeugte Recht, etwas vorschrei-

---

15　Ebd., S. 20.

16　Zusammenfassend zu den Sprachfunktionen Max Black, *Sprache. Eine Einführung in die Linguistik*. Übersetzt und kommentiert von Herbert E. Brekle. München: Wilhelm Fink Verlag 1973, S. 129-159; vgl. auch Eric Hilgendorf, *Tatsachenaussagen und Werturteile im Strafrecht, entwickelt am Beispiel des Betrugs und der Beleidigung*. Berlin: Duncker & Humblot 1998, S. 21 m.w.N. (Schriften zum Strafrecht, Heft 116).

17　*Reine Rechtslehre* (Anm. 3), S. 20.

18　Ebd., S. 22.

19　Ebd., S. 75 Anm. *.

20　Ebd., S. 73ff.

ben".[21] Schon diese Sätze zeigen, dass Kelsen dem Prinzip der Wertfreiheit der Wissenschaft folgt.[22]

In der heutigen Jurisprudenz wird das Postulat der Wert(ungs)freiheit kaum vertreten, jedenfalls nicht ausdrücklich. Das dürfte jedoch daran liegen, dass das Webersche Postulat in der Rechtswissenschaft notorisch missverstanden und zu Unrecht mit einem Wertskeptizismus oder gar Wertnihilismus in Verbindung gebracht wird. Die ganz überwiegende Zahl der Fachjuristen dürfte die Ansicht teilen, dass zwischen Aussagen de lege lata einerseits, politischen Bewertungen und Empfehlungen de lege ferenda andererseits ein wesentlicher Unterschied besteht. Die Forderung nach einer deutlichen Trennung von fachwissenschaftlichen Äußerungen und eigenen politisch-moralischen Wertungen des Wissenschaftlers – nur *dies* meint das Postulat der Wert(ungs)freiheit! – ist also der Rechtswissenschaft keineswegs fremd.[23] Im folgenden soll es jedoch nicht um das Wertfreiheitsproblem als solches gehen, sondern nur um Kelsens Position dazu und ihre historische Genese.

Für Kelsens Werturteilsverständnis und seine Haltung zum Wertfreiheitsproblem kommen vor allem drei Quellen in Betracht: (1) Die traditionelle Begriffsbestimmung in der Rechtsdogmatik, die Kelsen als Fachjurist im Detail kannte, (2) die von Max Weber angestoßene Debatte um die Wertfreiheit der Sozialwissenschaften, die Kelsen spätestens bei seinem Aufenthalt in Heidelberg kennen gelernt haben dürfte, und (3) die sprachkritischen Analysen des „Wiener Kreises" um Schlick und Carnap, der fast zeitgleich mit Kelsens Schule in der österreichischen Hauptstadt wirkte. Es wird zu zeigen sein, dass für Kelsens Auffassung allein die beiden letztgenannten Quellen in Frage

---

21   Ebd., S. 75. H.i.O.

22   So auch Rudolf Thienel, „Der Rechtsbegriff der Reinen Rechtslehre – Eine Standortbestimmung", in: Heinz Schäffer u.a. (Hg.), *Staat, Verfassung, Verwaltung. Festschrift für Friedrich Koja zum 65. Geburtstag*. Wien u.a.: Springer 1998, S. 161-200 (164); Robert Walter, „Hans Kelsen, die Reine Rechtslehre und das Problem der Gerechtigkeit", in: Margarethe Beck-Mannagetta, Helmut Böhm, Georg Graf (Hg.), *Der Gerechtigkeitsanspruch des Rechts. Festschrift für Theo Mayer-Maly zum 65. Geburtstag*. Band 3: Rechtsethik. New York: Springer 1996, S. 207-233 (212).

23   Dazu Eric Hilgendorf „Wertfreiheit in der Jurisprudenz?", in: *Universitas. Zeitschrift für interdisziplinäre Wissenschaft* 53 (1998), S. 151-164; ders., Lothar Kuhlen, *Die Wertfreiheit in der Jurisprudenz*. Heidelberg: C. F. Müller 2000 (Schriftenreihe der Juristischen Studiengesellschaft Karlsruhe).

kommen, während die fachjuristische Diskussion offenbar für die Werturteilskonzeption der Reinen Rechtslehre keine Rolle spielte.

III. Der Werturteilsbegriff in der Rechtsdogmatik

Vergleicht man Kelsens Äußerungen mit der Begriffsbildung der Rechtsdogmatik, so zeigt sich schnell, dass Kelsen aus dieser Quelle nicht geschöpft hat. In der Rechtsdogmatik, und hier dürfte sich die österreichische nicht wesentlich von der deutschen Rechtsdogmatik unterscheiden, wird der Ausdruck „Werturteil" traditionellerweise mit der „Tatsache" bzw. der „Tatsachenbehauptung"[24] kontrastiert, ein Gegensatzpaar, das sich bis zu Feuerbach zurückverfolgen lässt.[25] Die Unterscheidung von Tatsachenbehauptungen und Werturteilen spielt in der deutschen Rechtsdogmatik z.B. beim Betrug (§263 StGB) und bei den Beleidigungsdelikten (§§185 ff StGB) eine wesentliche Rolle; auch im Zivilrecht (z.B. §824 BGB) und im öffentlichen Recht (Art. 5 GG) taucht sie auf. Während Tatsachenbehauptungen dem Beweis zugänglich sein sollen, werden Werturteile als „subjektive Stellungnahmen" eingestuft.[26]

Im Detail ist allerdings vieles unklar; vor allem ist das Verhältnis von Werturteilen zu (sonstigen) Meinungsäußerungen nicht geklärt. Bemerkenswerterweise werden in der Jurisprudenz auch deskriptive Aussagen, z.B. Prognosen und Rechtsbehauptungen, als Werturteile bezeichnet,[27] ein Sprachgebrauch, der mit dem in der Wissenschaftslehre üblichen Verständnis von „Werturteil" nicht zu vereinbaren ist. Im österreichischen Recht der Jahrhundertwende, das Kelsen als Student kennen gelernt hat, spielte die Unterscheidung zwischen Tatsachenbehauptungen und Werturteilen ebenfalls eine gewisse Rolle, allerdings scheint die Frage weniger umstritten gewesen zu sein als im

---

24 Tatsachenbehauptungen sind Behauptungen über Tatsachen. Nur sie, und nicht Tatsachen, können wahr oder falsch sein. „Tatsachenurteile" meint dasselbe wie „Tatsachenbehauptungen". Korrekt wäre deshalb die Entgegensetzung „Tatsachenurteile" vs. „Werturteile".

25 Dazu näher Hilgendorf, *Tatsachenaussagen und Werturteile* (Anm. 16), S. 29ff., 43ff.

26 Vgl. statt aller Herbert Tröndle, Thomas Fischer, *Strafgesetzbuch und Nebengesetze*. München: C. H. Becksche Verlagsbuchhandlung 1999, §263 Rz 2ff.

27 Dazu kritisch Hilgendorf, *Tatsachenaussagen und Werturteile* (Anm. 16), S. 143ff. (Prognosen), 205ff. (Rechtsbehauptungen).

deutschen Recht.[28] In der Reinen Rechtslehre lässt Kelsen diese dogmatischen Fragen jedenfalls unberücksichtigt.

IV. Der Werturteilsstreit in den Sozialwissenschaften

Der zu Beginn des 20. Jahrhunderts im „Verein für Socialpolitik" ausgetragene Werturteilsstreit[29] gehört nach wie vor zu den großen Grundlagenproblemen der Sozialwissenschaften. Im Mittelpunkt des Streits steht das Postulat der Wertfreiheit der Wissenschaften. Dabei geht es, wie Max Weber formuliert hat, letztlich um eine „höchst triviale Forderung: daß der Forscher und Darsteller die Feststellung empirischer Tatsachen [...] und seine praktisch wertende, d.h. diese Tatsachen [...] als erfreulich oder unerfreulich beurteilende, in diesem Sinn: ‚bewertende' Stellungnahme unbedingt auseinanderhalten solle, weil es sich da nun einmal um heterogene Probleme handelt".[30] Als „Werturteil" bezeichnet Weber also eine Stellungnahme, in der Tatsachen als „erfreulich oder unerfreulich" beurteilt und somit „bewertet" werden. Dabei schließt Weber die Bewertung fremder, empirisch feststellbarer Wertungen ausdrücklich ein.[31]

Für Weber sind Werturteile präskriptiver Natur. Man kann sie als Unterklasse der Wertungen einordnen, nämlich als Wertungen, die in

---

28   Aus der zeitgenössischen Literatur vgl. etwa August Finger: *Compendien des österreichischen Rechts: Das Strafrecht.* Band 2. Berlin: Carl Heymanns Verlag 3. Aufl. 1914, S. 285 (Beleidigungsäußerung), S. 558 f. (Täuschungsäußerung beim Betrug). Der Begriff „Werturteil" wird dabei nicht verwendet. Auch in der zeitgenössischen Staatsrechtsliteratur spielt er keine Rolle. Im umfassenden *Österreichischen Rechtslexikon* (hg. von Friedrich Duschenes u.a., Band 4. Prag: Höfer und Kloucek 1898) werden die Begriffe „Tatsachenbehauptung" bzw. „Tatsache" und „Werturteil" nicht aufgeführt. Bis heute scheint die Abgrenzung zwischen Tatsachenbehauptungen und Werturteilen im österreichischen Recht eine geringere Rolle zu spielen als im deutschen.

29   Der Streit fand seinen formalen Höhepunkt in der 1914 im Verein für Socialpolitik ausgetragenen Werturteilsdiskussion. Die Diskussionsbeiträge wurden erst im Jahr 1996 (zusammen mit einer ausführlichen Einleitung) von Heino Heinrich Nau herausgegeben (*Der Werturteilsstreit. Die Äußerungen zur Werturteilsdiskussion im Ausschuß des Vereins für Sozialpolitik (1913)*). Wien: Metropolis Verlag 1996.

30   Max Weber, *Der Sinn der „Wertfreiheit" der soziologischen und ökonomischen Wissenschaften* (1917), zitiert nach Max Weber, *Gesammelte Aufsätze zur Wissenschaftslehre*, hg. von Johannes Winckelmann. Tübingen: J.C.B. Mohr (Paul Siebeck) 7. Aufl. 1988, S. 500.

31   Ebd., S. 500.

der logischen Form eines Urteils auftreten. Das Postulat der Wertfreiheit lautet, dass der Wissenschaftler zwischen Aussagen über Sachverhalte und der eigenen politischen oder moralischen Bewertung dieser Sachverhalte deutlich zu trennen habe.[32] Die Vertreter des Wertfreiheitspostulates erheben diese Forderung nicht nur für die Sozialwissenschaften, sondern für alle wissenschaftlichen Disziplinen. Weber hat sein Wertfreiheitsprinzip übrigens ausdrücklich auch auf die Rechtswissenschaft bezogen.[33]

Kelsens Forderung nach einer „reinen", d.h. von allen nichtjuristischen Bestandteilen gereinigten Rechtslehre weist offenbare Parallelen zum Postulat der Wertfreiheit auf. In der 1934 erschienenen ersten Auflage der *Reinen Rechtslehre* formuliert Kelsen, sein Ziel sei es gewesen, die Jurisprudenz als Wissenschaft von rechtspolitischen Raisonnements abzugrenzen und sie so „dem Ideal aller Wissenschaft, Objektivität und Exaktheit, soweit als irgend möglich anzunähern".[34] Die Vermutung liegt nahe, dass Kelsen von Weber und der beginnenden Diskussion um das Wertfreiheitspostulat prägende Impulse erhalten hat. Kelsen verbrachte noch vor dem ersten Weltkrieg etwa ein Jahr in Heidelberg und arbeitete dort an seiner Habilitationsschrift, den „Hauptproblemen der Staatsrechtslehre", durch die er die Reine Rechtslehre begründete. Zwar suchte Kelsen offenbar keinen persönlichen Kontakt zu Weber und seinem Kreis,[35] doch dürfte ihm die Diskussion um das Wertfreiheitspostulat, die Max Weber schon 1904 bei der Übernahme der Redaktion des *Archivs für Sozialwissenschaft und Sozialpolitik* angestoßen hatte, nicht verborgen geblieben sein, zumal die Vorgeschichte des Fächer übergreifenden Wertfreiheitsproblems weit in das 19. Jahrhundert zurückreicht.[36]

---

32 Karl-Dieter Opp, *Methodologie der Sozialwissenschaften. Einführung in Probleme ihrer Theorienbildung und praktischen Anwendung.* Opladen/Wiesbaden: Westdeutscher Verlag 4. Aufl. 1999, S. 218.

33 *Der Sinn der „Wertfreiheit"* (Anm. 30), S. 496.

34 Zitiert nach der 2. Auflage der *Reinen Rechtslehre* (Anm. 3), S. III.

35 Rudolf Aladár Métall, *Hans Kelsen. Leben und Werk.* Wien: Verlag Franz Deuticke 1968, S. 12. Wie Métall, a.a.O., S. 11 berichtet, besuchte Kelsen zwar das Seminar von Georg Jellinek, blieb jedoch auch diesem gegenüber auf Distanz.

36 Nau (Anm. 29), S. 9ff. Zum Positivismusstreit der 60er Jahre des 20. Jahrhunderts und seiner Vorgeschichte Hans-Joachim Dahms, *Positivismusstreit. Die Auseinandersetzungen der Frankfurter Schule mit dem logischen Positivismus, dem amerikanischen Pragmatismus und dem kritischen Rationalismus.* Frankfurt a. M.: Suhrkamp 1994. Für eine streng systematisch angelegte detaillierte Aufarbeitung des Werturteilstreits und seiner Fortsetzung im Positivismusstreit siehe

Die große Nähe zwischen dem Weberschen Wertfreiheitspostulat und dem Kelsenschen Postulat der „Reinheit" der Rechtslehre zeigt sich auch an der fast gleich lautenden heftigen, zum Teil außerordentlich unsachlichen Kritik, der beide Postulate ausgesetzt waren und sind: Den Vertretern des Wertfreiheitspostulats wurde z.b. vorgeworfen, die Rolle, die Werte und Wertungen in den Wissenschaft spielen, zu ignorieren und jede moralische Verantwortung des Forschers für seine Forschungsergebnisse zu leugnen. Wissenschaft werde durch das Wertfreiheitprinzip zum theoretischen Glasperlenspiel ohne praktische Bedeutung. Im Positivismusstreit der 60er Jahre wurde den Anhängern des Wertfreiheitsprinzips entgegengehalten, eine konservative und autoritäre Sozialwissenschaft zu präferieren und so die „Herrschenden" zu unterstützen.[37] Bisweilen wurde das Wertfreiheitspostulat sogar mit Wertnihilismus und totalitärem Dezisionismus in Verbindung gebracht.[38] Kelsen sah sich ganz ähnlicher Kritik ausgesetzt. Er resümiert schon im Vorwort der ersten Auflage der *Reinen Rechtslehre* eloquent die Angriffe auf seine Lehre: Die einen kritisierten sie als inhaltslos, andere bezeichneten sie als subversiv, die einen monierten die Politikferne der Reinen Rechtslehre, durch die sie wissenschaftlich wertlos werde, andere verdächtigten sie, Ausdruck einer gefährlichen politischen Tendenz zu sein – wobei über den genauen Inhalt dieser Tendenz wiederum keine Einigkeit bestehe.[39] Ähnliche Töne beherrschen die Kritik übrigens noch heute.

Zusammenfassend lässt sich sagen, dass (1) zwischen dem Weberschen Wertfreiheitspostulat und der Forderung Kelsens nach einer von politischen und moralischen Wertungen gereinigten Rechtslehre ein enger Zusammenhang besteht. Beide fordern die Trennung von wissenschaftlichen Aussagen und politisch-moralischen Wertun-

---

Herbert Keuth, *Wissenschaft und Werturteil. Zu Werturteilsdiskussion und Positivismusstreit*. Tübingen: J.C.B. Mohr (Paul Siebeck) 1989.

37 Wichtige Stellungnahmen zum Werturteils- und Positivismusstreit sind gesammelt in: Hans Albert, Ernst Topitsch (Hg.), *Werturteilsstreit*. Darmstadt: Wissenschaftliche Buchgesellschaft 3. Aufl. 1990 (Wege der Forschung, Band CLXXV).

38 Die vor allem im populärphilosophischen Schrifttum immer noch weitergereichte Behauptung, Kelsen, Weber oder der Wiener Neoempirismus hätten eine wie auch immer geartete Affinität zur Philosophie des „Dritten Reiches" besessen, ist nachweislich falsch und bestenfalls durch historische Unkenntnis zu erklären. Sehr aufschlussreich dazu jetzt Gereon Wolters, „Der ‚Führer' und seine Denker. Zur Philosophie des ‚Dritten Reiches'", in: *Deutsche Zeitschrift für Philosophie* 47 (1999), S. 223-251.

39 *Reine Rechtslehre* (Anm. 3), S. IVf.

gen, also eine wert(urteils)freie Wissenschaft. Unter Berücksichtigung des biographischen Hintergrunds Kelsens lässt sich die Reine Rechtslehre vielleicht sogar als Versuch deuten, auf der Grundlage des Weberschen Wissenschaftsprogramms eine umfassende Rechtslehre zu formulieren.[40] Umso erstaunlicher ist, dass sich Kelsen in seinen Schriften offenbar niemals eingehender mit dem Weberschen Postulat auseinander gesetzt hat. (2) Im Hinblick auf die Definition des Begriffs „Werturteil" weichen Kelsen und Weber dagegen erheblich voneinander ab. Kelsens normbezogene Werturteile sind, ebenso wie die wollensbezogenen Urteile, deskriptiver Natur; sie beschreiben die Erfüllung bzw. Nichterfüllung einer Norm durch ein bestimmtes Verhalten. Demgegenüber gehören für Weber Werturteile der präskriptiven Sprache an; sie enthalten also ein wertendes und handlungsanleitendes Element. Insofern existiert also ein deutlicher Unterscheid zwischen Kelsen und Weber.

V. Die Werturteilsdiskussion im Wiener Kreis

Zwischen dem im Verein für Socialpolitik ausgefochtenen Werturteilsstreit und der Werturteilsdiskussion im Wiener Kreis besteht eine wenig bekannte Verbindung. Unter den Teilnehmern der Werturteilsdiskussion war nämlich auch Otto Neurath, der später eine der prägenden Gestalten des Wiener Kreises werden sollte. Sein Diskussionspapier zum Werturteilsstreit[41] besteht aus 11 knapp, fast aphoristisch formulierten Thesen. Neurath führt zunächst jede „sittliche Bewertung" auf eine „Art von Lust oder Unlust" zurück (These 1). Eine bestimmte faktisch gegebene Ordnung könne zum einen Gegenstand einer sittlichen Bewertung sein; möglich sei es aber auch, sittliche Bewertungen als Teil einer bestehenden Ordnung anzusehen (These 7). Der wissenschaftliche Charakter der Nationalökonomie wird Neurath zufolge nicht dadurch beeinträchtigt, dass man sittliche Bewertungen zum

---

40   Besonders deutlich wird die Nähe zu Weber in Kelsens Schrift „Politics, ethics, religion, and law", in: *Faktoren der politischen Entscheidung. Festgabe für Ernst Fraenkel zum 65. Geburtstag*, hg. von Gerhard A. Ritter und Gilbert Ziebura. Berlin: Walter de Gruyter 1963, S. 3-10.

41   Publiziert bei Nau, *Werturteilsstreit* (Anm. 29), S. 93-95; auch in: Otto Neurath, *Gesammelte philosophische und methodologische Schriften*. Band 1, hg. von Rudolf Haller und Heiner Rutte. Wien: Verlag Hölder-Pichler-Tempsky 1981, S. 69-70.

Gegenstand der Untersuchung macht (These 11). Soweit dürften Neuraths Ausführungen mit dem Weberschen Standpunkt in Einklang zu bringen sein.

Neurath zufolge ist es jedoch auch denkbar, gegebene Einrichtungen in wissenschaftlicher Weise einer sittlichen Bewertung zu unterziehen (These 11), eine Aussage, die auf den ersten Blick mit dem Wertfreiheitsprinzip nicht zu vereinbaren ist. Er hält allerdings sittliche Bewertungen „in wissenschaftlicher Formulierung" offenbar nur dann für möglich, „wenn man sich über das Prinzip geeinigt hat, welches der sittlichen Bewertung zugrunde liegt" (These 9) und zieht eine Parallele zur „hygienische[n] Bewertung bestimmter chemischer Verbindungen" (These 11). Dem lässt sich entnehmen, dass Neurath unter „sittlichen Bewertungen in wissenschaftlicher Formulierung" Aussagen über die Sicherung bzw. Gefährdung eines als sittlich positiv ausgezeichneten Ziels versteht, also beispielsweise Äußerungen wie „Die Chemikalie X ist unhygienisch, denn sie gefährdet die Gesundheit der Bevölkerung" oder „Die Eigentumsverteilung Y ist unsittlich, denn sie beeinträchtigt das Glücksempfinden der von ihr Betroffenen".

Wenn „unsittlich" in derartigen Sätzen nicht mehr bedeuten soll als „das Glücksempfinden der Betroffenen gefährdend" und „sittlich" dementsprechend als Abkürzung für „das Glücksgefühl der Betroffenen steigernd" definiert wird, so handelt es sich nicht um Bewertungen im Weberschen Sinn, sondern um Tatsachenaussagen. „Sittliche Bewertungen in wissenschaftlicher Formulierung" im Neurathschen Sinne gehörten dann nicht der präskriptiven, sondern der deskriptiven Sprache an. Sie wären deshalb mit dem Wertfreiheitspostulat vereinbar. Neuraths Äußerungen sind allerdings außerordentlich knapp und unklar; eine auch nur ansatzweise überzeugende Analyse des Wertfreiheitsproblems gelingt ihm nicht. Die hier vorgeschlagene Neurath-Interpretation ist deshalb durchaus angreifbar.

In den späteren Diskussionen des Wiener Kreises spielten, wie Carnap berichtet hat,[42] auch moralphilosophische Fragen eine Rolle. Dabei ging es u.a. um die logische Natur der Werturteile. Allerdings zog offenbar kein Mitglied des Kreises den kategorialen Unterschied zwischen deskriptiven und präskriptiven Sätzen – ontologisierend ausgedrückt: zwischen „Sein" und „Sollen" – in Frage. Insofern ist die Parallele zu Kelsen offenkundig, wenngleich sich die Mitglieder des

---

42   Rudolf Carnap, *Mein Weg in die Philosophie*. Übersetzt und mit einem Nachwort sowie einem Interview herausgegeben von Willy Hochkeppel. Stuttgart: Philipp Reclam jun. 1993, S. 14.

Kreises eher auf Hume als auf Kant stützten. Die Werturteilsdiskussion im Wiener Kreis und mehr noch die Rezeption dieser Diskussion in der Fachphilosophie stand unter dem Zeichen des positivistischen Sinnkriteriums der Verifikation. Aus ihm ergab sich die Sinnlosigkeit von Werturteilen. In seinem berühmten Aufsatz über die „Überwindung der Metaphysik durch logische Analyse der Sprache" hat Carnap dies ausdrücklich ausgesprochen.[43]

Mit dem Sinnlosigkeitsverdikt ging Carnap über das Webersche Postulat einer deutlichen Trennung von wissenschaftlichen Tatsachenaussagen und persönlichen Wertungen weit hinaus.[44] Das Wertfreiheitspostulat dürfte für die Mitglieder des Wiener Kreises so selbstverständich gewesen sein, dass sich nähere Ausführungen dazu erübrigten.[45] Selbst Victor Kraft, der sich Anfang der 40er Jahre auf der Basis der wissenschaftlichen Philosophie des Kreises eingehend moralphilosophischen Fragen zuwandte, hat die begriffliche Trennung von deskriptiven und präskriptiven Aussagen niemals in Zweifel gezogen.

Carnaps Analyse der Werturteile wurde von Ayer und anderen aufgegriffen und im Emotivismus fortgeführt und differenziert. Bei Kelsen lassen sich Einflüsse des Emotivismus nachweisen, etwa in seiner Behauptung, Werturteile ohne Erkenntnisfunktion seien mit Äußerungen wie „Bravo" oder „Pfui" gleichzustellen.[46] Als Kelsen dies im Jahr 1960 veröffentlichte, war der Emotivismus in der Moralphilosophie allerdings schon längst überholt und durch die differenzierteren

---

43   Abgedruckt in Eric Hilgendorf (Hg.), *Wissenschaftlicher Humanismus. Texte zur Moral- und Rechtsphilosophie des frühen logischen Empirismus.* Freiburg u.a.: Haufe 1998, S. 72-102 (96f.) (Haufe-Schriftenreihe zur rechtswissenschaftlichen Grundlagenforschung, Band 12). Eingehend zur Werturteilsdiskussion im Wiener Kreis Abraham Kaplan, *Logical Empiricism and Value Judgements,* in: Paul Arthur Schilpp (Hg.), *The Philosophy of Rudolf Carnap.* La Salle, Ill.: Open Court 1963, S. 827-856 (The Library of Living Philosophers, Volume XI). Zu einem möglichen biographischen Hintergrund des Sinnlosigkeitsverdikts Hilgendorf, *Wissenschaflicher Humanismus,* S. 403f.

44   Das vor allem von Carnap und Reichenbach ausgesprochene strenge Sinnlosigkeitsverdikt gegen Werturteile wurde allerdings nicht von allen Mitgliedern des Kreises geteilt. Auch Carnap hat es später deutlich abgeschwächt.

45   Vgl. aber immerhin den zur Peripherie des Kreises gehörenden Felix Kaufmann, *Methodenlehre der Sozialwissenschaften.* Wien: Springer 1936, ND Wien: Springer 1999 (hg. von Günther Winkler), S. 175ff. (Forschungen aus Staat und Recht 128). Einschlägige Passagen aus Kaufmanns Werk sind abgedruckt in: Hilgendorf, *Wissenschaftlicher Humanismus* (Anm. 43), S. 163-199.

46   Siehe oben II.

Analysen von Kraft[47] und Hare[48] ersetzt worden. Bemerkenswerterweise scheint Kelsen die Weiterentwicklung der Metaethik nicht zur Kenntnis genommen zu haben, denn noch in seinem posthum erschienenen Alterswerk, der *Theorie der Normen*, wiederholt er die emotivistisch beeinflusste Werturteilsanalyse der Reinen Rechtslehre ohne größere Änderungen.[49]

VI. Zwischenergebnis

Zusammenfassend ergibt sich also folgendes Bild:

(1) Kelsen übernimmt in seiner Werturteilslehre weder die fachjuristische Begriffsbestimmung noch den Definitionsansatz Webers, sondern geht eigene Wege. Immerhin lässt sich bei Kelsens Analyse der rein expressiven Werturteile ein Einfluss des von Carnap und Ayer begründeten Emotivismus feststellen. Die Wertlehre Victor Krafts scheint Kelsen nicht gekannt zu haben. Die Wirkung des Wiener Kreises auf Kelsen war also jedenfalls in dieser Hinsicht nur marginal.

(2) Auch zum Werturteilsstreit findet sich bei Kelsen nur wenig, obgleich der Gedanke der Wertfreiheit einen tragenden Grundsatz des Kelsenschen Systems darstellt. Es lässt sich aber vermuten, dass das Wertfreiheitspostulat Max Webers, mit dem Kelsen wohl schon am Beginn seiner wissenschaftlichen Tätigkeit konfrontiert wurde, die Konzeption der Reinen Rechtslehre wesentlich beeinflusst hat.

VII. Kritik

Wenigstens kurz möchte ich auf einige Probleme der Kelsenschen Werturteilskonzeption eingehen.

Fragwürdig ist zunächst, dass Kelsen die rechtsdogmatische und rechtspraktische Perspektive völlig ignoriert. Gerade bei einem so

---

47   *Victor Kraft, Die Grundlagen einer wissenschaftlichen Wertlehre.* Wien: Springer 1937, 2. Aufl. 1951, S. 12ff., 183ff. Für den Werturteilsbegriff besonders wichtige Passagen sind abgedruckt bei Hilgendorf, *Wissenschaftlicher Humanismus* (Anm. 43), S. 255-268.

48   Richard M. Hare, *The Language of Morals.* Oxford: Clarendon Press 1952; deutsch unter dem Titel *Die Sprache der Moral.* Frankfurt am Main: Suhrkamp 1972.

49   *Theorie der Normen* (Anm. 5), S. 148.

grundlegenden Begriff wie „Werturteil" wäre es mit Blick auf die auch von Kelsen hochgehaltene „Einheit der Rechtsordnung"[50] wünschenswert, in allen Bereichen der Rechtswissenschaft eine einheitliche Terminologie zu verwenden. Eine Berücksichtigung der zwar möglicherweise nicht in jeder Hinsicht überzeugenden, aber doch relativ differenzierten rechtsdogmatischen Diskussion hätte Kelsen auf manche Probleme seiner Werturteilskonzeption aufmerksam machen können.

Kelsen definiert das objektive normbezogene Werturteil über die Erfüllung bzw. Nichterfüllung einer objektiv gültigen Norm. Diese Begriffsbestimmung ist viel zu eng, um den üblichen Sprachgebrauch auch nur annähernd zu erfassen: Ein erstes Problem liegt darin, dass Normen bei Kelsen stets an menschliches Verhalten anknüpfen. Daraus folgt, dass nach Kelsens Konzeption nur menschliches Verhalten Gegenstand eines (normbezogenen) Werturteils sein kann, nicht dagegen z.b. verhaltensneutrale Vorgänge oder Gegenstände. Objektive ästhetische Werturteile scheinen mangels objektiv gültiger Normen über Schönheit oder Hässlichkeit in Kelsens Modell von vornherein nicht möglich zu sein. Des Weiteren ist es in Kelsens Terminologie ausgeschlossen, komparative Werturteile zu formulieren wie etwa: „A ist besser als B".

Kelsens Konzeption der wollensbezogenen Werturteile scheint mir ebenfalls mit erheblichen Problemen belastet zu sein. Ein solches Werturteil ist nach Kelsen „das Urteil, mit dem die Beziehung eines Objektes zu dem darauf gerichteten Wunsch oder Willen eines oder auch vieler Menschen festgestellt wird".[51] Diese Formulierung ist unklar. Vermutlich meint Kelsen beschreibende Sätze wie „A wünscht X" oder „A hält X für gut".[52] Es ist allerdings sehr fraglich, weshalb man Sätze wie diese als Werturteile betrachten sollte. Kelsen verzichtet bei den wollensbezogenen Werturteilen ohne Begründung auf den Definitionsansatz, den er bei normbezogenen Werturteilen gewählt hatte, nämlich die Bezugnahme auf die Erfüllung bzw. Nichterfüllung einer

---

50 Karl Engisch, *Die Einheit der Rechtsordnung*. Heidelberg: Carl Winter Universitäts-verlag 1935. ND. Darmstadt: Wissenschaftliche Buchgesellschaft 1987.

51 *Reine Rechtslehre* (Anm. 3), S. 20.

52 Kazimierz Opalek hat darauf hingewiesen, dass Kelsens Formulierung auch reine Wunschsätze erfasst, vgl. *Norm, Wert und Werturteil*, in: *Die Reine Rechtslehre in wissenschaftlicher Diskussion* (ohne Herausgeber). Wien: Manzsche Verlags-und Universitätsbuchhandlung 1982, S. 66-78 (70) (Schriftenreihe des Hans-Kelsen-Instituts, Band 7).

Norm.[53] Die Qualifikation als Werturteil scheint allein damit zusammenzuhängen, dass ein Wunsch oder eine Willensregung im Spiel ist. Dies reicht jedoch nach üblichem Sprachgebrach keineswegs aus, um einen sprachlichen Ausdruck als Werturteil zu kennzeichnen; Sätze wie „A wünscht X" oder „A hält X für gut" sind vielmehr geradezu Paradebeispiele für Tatsachenaussagen. Allenfalls die subjektiven wollensbezogenen Werturteile („Ich wünsche X") weisen eine gewisse Nähe zu Werturteilen im üblichen Sinn auf, wenn man sie nicht als Beschreibungen eines eigenen Wunsches (dann handelte es sich wieder um eine Tatsachenaussage), sondern als einen Wunschsatz interpretiert, der mit dem entsprechenden Imperativ („Gib mir X!") bedeutungsgleich ist. Kelsens Terminologie ist jedoch zu grob, um diese Diffenzierungen zu erfassen.

Die Abgrenzung von Werturteilen zu Tatsachenaussagen (oder, in Kelsens Terminologie, zu „Wirklichkeitsurteilen") bildet das Kernproblem der Kelsenschen Werturteilskonzeption. Versteht man unter einer Tatsachenaussage eine Aussage, die empirisch prüfbar ist,[54] so sind nicht nur Kelsens wollensbezogene Werturteile, die fremde oder eigene Wünsche beschreiben, Tatsachenaussagen, sondern auch die normbezogenen Werturteile. Die Übereinstimmung eines Verhaltens mit einer Norm besteht darin, dass das tatsächliche Verhalten dem im Tatbestand der Norm umschriebenen Verhalten „entspricht", d.h. der im Tatbestand typisierten Verhaltensbeschreibung subsumierbar ist. Noch deutlicher wird die Natur der normbezogenen Werturteile, wenn man Sätze wie „Es ist nach Maßgabe der österreichischen Rechtsordnung rechtmäßig, über einen Dieb die Todesstrafe zu verhängen" betrachtet. Derartige Sätze sind ohne weiteres einer empirischen Prüfung zugänglich. Aus diesen Gründen hat Kelsen recht, wenn er die normbezogenen Werturteile als wahrheitsfähig bezeichnet.[55] Er hätte allerdings noch den weiteren Schritt tun sollen, sie offen als Tatsachenaussagen anzuerkennen. Auch die Aussagen über die Geeignetheit eines Mittels zur Erreichung eines bestimmten Zwecks sind empirisch prüfbar und stellen deshalb nach üblicher Terminologie nicht Werturteile, sondern Tatsachenaussagen dar.

---

53   Ebd., S. 70f.

54   Diese Begriffsbestimmung empfiehlt sich auch für die Rechtsdogmatik, vgl. Hilgendorf, *Tatsachenaussagen und Werturteile* (Anm. 16), S. 127.

55   *Reine Rechtslehre* (Anm. 3), S. 19.

Werturteile wie „Lügen ist schlecht" sind dagegen nach üblichem Sprachgebrauch nicht wahrheitsfähig. Sie sind keiner empirischen Prüfung oder Widerlegung zugänglich, können deshalb auch nicht wahr oder falsch sein. Sie drücken vielmehr eine persönliche Stellungnahme des Sprechers aus. Werturteile in diesem Sinn gehören zur präskriptiven, nicht zur deskriptiven Sprache. Kelsen hingegen deutet in der Reinen Rechtslehre auch das Werturteil als eine „Funktion der Erkenntnis", als Urteil im strengen Sinn. Damit blendet er aber das wertende, handlungsanleitende Moment, das Werturteile im üblichen Sinn auszeichnet, aus. Dies führt zu einer unnötigen und differenzierteren Problemanalysen abträglichen Verarmung der Terminologie, die wesentliche Probleme der normativen Sprache nicht mehr zu erfassen vermag.

Kelsens eigenwillige Werturteilskonzeption ist umso bemerkenswerter, als er in seinem nur drei Jahre vor der 2. Auflage der *Reinen Rechtslehre* publizierten Aufsatz „Platon und die Naturrechtslehre" Werturteile strikt von Wirklichkeitsurteilen unterscheidet und als nicht wahrheitsfähig bezeichnet.[56] Hier folgt er offenbar der üblichen Werturteilskonzeption. Ein Grund für die in der *Reinen Rechtslehre* entwikkelte eigenwillige Konzeption von Werturteilen ist nicht erkennbar. Der Werturteilsbegriff spielt in der Reinen Rechtslehre keine tragende Rolle. Die Beibehaltung des in der Wissenschaftslehre spätestens seit Max Weber üblichen Verständnisses von „Werturteil" als eines in Urteilsform geäußerten nicht wahrheitsfähigen, sondern wertenden Ausdrucks wäre mit den übrigen Teilen der Reinen Rechtslehre ohne weiteres zu vereinbaren gewesen.

VIII. Resümee und Ausblick

Ich komme zum Resümee meiner Kritik. Obwohl ich ansonsten der Reinen Rechtslehre in vielen Punkten folgen kann, scheint mir doch Kelsens Lehre von den Werturteilen kaum tragfähig zu sein.[57] Sie ignoriert die handlungsanleitenden Aspekte von Werturteilen, ist in

---

56 Zitiert nach: Hans Kelsen, *Staat und Naturrecht. Aufsätze zur Ideologiekritik*. Mit einer Einleitung hg. von Ernst Topitsch. München: Wilhelm Fink Verlag 1964, 2. Aufl. 1989, S. 232-292 (235).

57 Dasselbe gilt für Kelsens hier nicht mehr zu diskutierende Konzeption des Wertbegriffs, die eng mit den Konzepten der Normerfüllung und des Werturteils zusammenhängt. Dazu Opalek, *Norm, Wert und Werturteil* (Anm. 52), S. 67f.

sich nicht stimmig und weicht darüber hinaus ohne erkennbaren Grund von der in den Sozialwissenschaften und der Wissenschaftslehre sonst üblichen Begriffsbestimmung ab.

Die Reine Rechtslehre wird allerdings von ihren Hauptvertretern bekanntlich nicht als museale Veranstaltung betrieben, sondern ist in stetiger Präzisierung und Weiterentwicklung begriffen. Die Wertfreiheitsproblematik scheint mir in dieser Hinsicht ein besonders lohnender Untersuchungsgegenstand zu sein. Dabei liegt es nahe, an die Werturteilsdiskussion in der modernen Wissenschaftslehre anzuknüpfen, die wiederum zu großen Teilen eine Fortentwicklung von Ideen Victor Krafts darstellt. Die wichtigsten Beiträge dazu hat Hans Albert geliefert.[58] Einer seiner Vorschläge lautet, das Wertfreiheitsproblem in mehrere Teilfragen zu zerlegen, die es erlauben sollen, das Problem sachlich und differenziert zu lösen. Da sich die Albertsche Problemaufspaltung auch für die Reine Rechtslehre fruchtbar machen lässt,[59] möchte ich sie abschließend kurz vorstellen.

Albert unterscheidet beim Wertfreiheitsproblem folgende Teilfragen:[60]

---

58 „Das Werturteilsproblem im Lichte der logischen Analyse", in: *Zeitschrift für die gesamte Staatswissenschaft* 1956, S. 410-439; ders., „Wissenschaft und Politik. Zum Problem der Anwendbarkeit einer wertfreien Wissenschaft", in: Ernst Topitsch (Hg.), *Probleme der Wissenschaftstheorie. Festschrift für Victor Kraft.* Wien: Springer 1960, S. 201-232; ders., „Wertfreiheit als methodisches Prinzip. Zur Frage der Notwendigkeit einer normativen Sozialwissenschaft", in: *Probleme der normativen Ökonomik und der wirtschaftlichen Beratung.* Schriften des Vereins für Socialpolitik, Neue Folge, Band 20. Berlin: Duncker & Humblot 1963, S. 32-63; zusammenfassend ders., *Traktat über kritische Vernunft.* Tübingen: J.C.B. Mohr (Paul Siebeck) 5. Auflage 1991, S. 74-81.

59 Dazu auch Thienel, *Kritischer Rationalismus und Jurisprudenz* (Anm. 9), S. 158ff.

60 „Das Werturteilsproblem im Licht der logischen Analyse" (Anm. 58), S. 413f. Albert bezeichnet als Werturteile Äußerungen, die folgende Eigenschaften aufweisen: „1. Der Sprecher drückt mit seinem Urteil eine Stellungnahme zu einem Sachverhalt aus und zeichnet ihn damit positiv oder negativ aus. 2. Er bekennt sich damit implizit zu einem allgemeinen Prinzip, das eine derartige Stellungnahme rechtfertigt oder ein Kriterium für sie enthält. 3. Er legt den Adressaten des Werturteils eine gleichartige Stellungnahme nahe". Vgl. Hans Albert, *Probleme der Wissenschaftslehre in der Sozialforschung,* in: Rene König (Hg.), *Handbuch der empirischen Sozialforschung.* Stuttgart: Ferdinand Enke 1961, 3. Aufl. 1973 (Taschenbuchausgabe), Band 1, S. 57-102 (67). Dazu auch Eric Hilgendorf, *Hans Albert zur Einführung.* Hamburg: Junius Verlag 1997, S. 115ff. Aus der neueren fachphilosophischen Diskussion Peter Stemmer, „Gutsein", in: *Zeitschrift für philosophische Forschung,* Band 51 (1997), S. 65-92 (91), wo das Werturteil unter Bezug auf ein (überindividuelles oder individuelles) Wollen, verbunden mit einem Akt der Stellungnahme, bestimmt wird.

(1) Lässt sich ein System, in welchem Werturteile vorkommen, als „wissenschaftlich" bezeichnen? (definitorisches Problem)

(2) Was ist der Sinn eines Werturteils? Worin unterscheidet es sich von einer Tatsachenaussage oder, um in der Kelsenschen Terminologie zu bleiben, von einem „Wirklichkeitsurteil"? (logisch-begriffliches Problem)

(3) Sind Werturteile in der Wissenschaft erforderlich oder kann man auf sie verzichten? (methodologisches Problem)

(4) Dürfen (oder sollen) Wissenschaftler vom Katheder herab nicht bloß die Tatsachen ihrer Disziplin darstellen, sondern sie auch politisch oder moralisch bewerten? (moralisches Problem)

Wie würde Kelsen diese Fragen beantworten? Dass er die Katheder-wertung ablehnte, dürfte unstrittig sein. Auch die Frage nach der Erforderlichkeit von Werturteilen im Aussagezusammenhang der Rechtswissenschaft würde Kelsen wohl verneinen, während er bei der Rechtsanwendung Werturteile als erforderlich anerkennen würde.[61] Rechtsanwendung ist aber nicht dasselbe wie Rechtswissenschaft, so dass Kelsen vermutlich auch die erste Frage nach der Vereinbarkeit von moralischen oder politischen Werturteilen i.e.S. mit Wissenschaftlichkeit negativ beantwortet hätte. Die zweite Frage, also die Frage nach der begrifflichen Präzisierung des Ausdrucks „Werturteil", hat Kelsen beantwortet. Seine Antwort weist aber, wie ich auszuführen versucht habe, so viele Mängel und offene Fragen auf, dass sie nicht das letzte Wort der Reinen Rechtslehre dazu sein sollte.

---

61   Näher zum Rechtsanwendungsproblem in der Reinen Rechtslehre Walter, *Hans Kelsens Rechtslehre* (Anm. 3), S. 25f. m.w.N.

STANLEY L. PAULSON[1]

ZWEI WIENER WELTEN UND EIN ANKNÜPFUNGSPUNKT:
CARNAPS *AUFBAU*, KELSENS REINE RECHTSLEHRE UND DAS
STREBEN NACH OBJEKTIVITÄT

I. Einleitung

In seinem im Mai 1928 geschriebenen Vorwort zur 1. Auflage des Werkes *Der logische Aufbau der Welt*[2] bekennt sich Rudolf Carnap (1891–1970)[3] zu einer, wie er sagt, „wissenschaftliche[n] Grundein-

---

1   Bei Uta Bindreiter (Lund), Martin Borowski (Kiel), Carsten Heidemann (Kiel), Peter
     Koller (Graz), Lukas H. Meyer (Bremen und Cambridge, Massachusetts), Bonnie
     Litschewski Paulson (Kiel und St. Louis), Malte Sievers (Kiel) und Alexander
     Somek (Wien) bedanke ich mich für wertvollen Rat verschiedenster Art.
     Besonderen Dank schulde ich Robert Alexy, meinem Gastgeber in Kiel während
     des Jahres 1999-2000, dessen Fragen und Vorschläge zu einer als Referat
     vorgetragenen früheren Version des Textes mir bei der Präzisierung der These sehr
     geholfen haben.

2   Rudolf Carnap, *Der logische Aufbau der Welt* (im folgenden: *Aufbau*), Berlin-
     Schlachtensee 1928, Nachdruck der im Jahre 1961 erschienenen 2. Aufl.,
     Hamburg 1998. Vgl. auch den Text bei Anm. 65-66.

3   Carnap wurde am 18. Mai 1891 in Ronsdorf bei Barmen – beide Orte sind heute
     Stadtteile von Wuppertal – geboren. Er studierte von 1910 bis 1914 sowohl in
     Freiburg i.B. als auch – und vor allem – in Jena, wo er u.a. die Vorlesungen
     Gottlob Freges besuchte. Während des ersten Weltkrieges diente er als Offizier
     im Heer – ursprünglich an der Front und ab dem Sommer 1917 in Berlin, wo er
     als Physiker in einer militärischen Einrichtung arbeitete. Nach dem Kriege nahm
     er in Jena die Studien auf den Gebieten der Physik und Philosophie wieder auf.
     1921 folgte anhand der Arbeit „Der Raum" (Anm. 14) die Promotion bei Bruno
     Bauch. Durch Hans Reichenbach lernte Carnap im Sommer 1924 Moritz Schlick
     kennen. Dank dessen Einladung hielt Carnap 1925 einige Vorträge in Wien, und
     in demselben Jahre legte er dort die damalige Fassung seines *Aufbaus* (Anm. 2)
     als Habilitationsschrift vor. 1926 nahm er Schlicks Angebot einer Dozentur in
     Wien an, wo er schnell Mitglied der Gruppe wurde, die schon zu dieser Zeit
     lebhaft diskutierte und die uns als „Wiener Kreis" bekannt ist. Ab dem Sommer
     1927 fanden informelle Sitzungen mit Ludwig Wittgenstein statt, an denen nicht
     nur Carnap und Schlick beteiligt waren, sondern auch Friedrich Weismann und
     Herbert Feigl; Anfang 1929 brach Wittgenstein jedoch den Kontakt mit Carnap
     und Feigl völlig ab. Von 1931 bis 1935 las Carnap an der deutschen Universität
     in Prag. Von dort aus emigrierte er in die Vereinigten Staaten, wo er zuerst eine
     Professur in Chicago und später – als Nachfolger Hans Reichenbachs – in Los
     Angeles annahm. Dort starb Carnap am 14. September 1970. Vgl. allgemein
     Rudolf Carnap, *Mein Weg in die Philosophie* (im folgenden: *Mein Weg*), übers. v.
     Willy Hochkeppel, Stuttgart 1993; Thomas Mormann, *Rudolf Carnap* (im
     folgenden: *Carnap*), München 2000, S. 13-37. Vgl. auch *Dear Carnap, Dear Van.
     The Quine-Carnap Correspondence and Related Work*, hg. v. Richard Creath,

stellung", aus der sich die Forderung entnehmen lasse, dass jede wissenschaftliche These gerechtfertigt und zwingend begründet werden
müsse[4] – ein von Carnap vertretenes Postulat der Rationalität. Durch
den Umstand, dass gerade zu dieser Zeit starke Strömungen „auf
philosophisch-metaphysischem und auf religiösem Gebiet"[5] vorherrsch-
ten, die einer solchen Einstellung[6] entgegenstanden, wollte sich Carnap nicht beirren lassen. Auf die damals bedrückende Lage hinwei-
send fragte er sich, was uns trotzdem die Zuversicht gebe, mit der
Forderung nach Klarheit und metaphysikfreier Wissenschaft durch-
zudringen:

Das ist die Einsicht, oder, um es vorsichtiger zu sagen, der Glaube,
daß jene entgegenstehenden Mächte der Vergangenheit angehö-
ren. Wir spüren eine innere Verwandtschaft der Haltung, die unserer philosophischen Arbeit zugrundeliegt, mit der geistigen Haltung, die sich gegenwärtig auf ganz anderen Lebensgebieten aus-

---

Berkeley 1990. Zur Periodisierung der früheren Entwicklungsphasen Carnaps vgl.
Anm. 12. Die Literatur zur Geschichte des Wiener Kreises, auch zur Einordnung
dieser Bewegung in allgemeinere Zusammenhänge, ist umfangreich und vielseitig.
Statt vieler sei verwiesen auf Elisabeth Nemeth, *Otto Neurath und der Wiener
Kreis. Revolutionäre Wissenschaftlichkeit als Anspruch*, Frankfurt a. M. 1981;
Peter Galison, „Aufbau/Bauhaus: Logical Positivism and Architectural Modernism",
in: *Critical Inquiry*, 16 (1990), S. 709-752; J. Alberto Coffa, *The Semantic
Tradition from Kant to Carnap* (im folgenden: *Semantic Tradition*), Cambridge
1991; Rudolf Haller, *Neopositivismus. Eine historische Einführung in die
Philosophie des Wiener Kreises*, Darmstadt 1993; *Origins of Logical Empiricism*,
hg. v. Ronald N. Giere und Alan W. Richardson (im folgenden: *Origins*),
Minneapolis 1996; und Massimo Ferrari, „Über die Ursprünge des logischen
Empirismus, den Neukantianismus und Ernst Cassirer aus der Sicht der neueren
Forschung", in: *Von der Philosophie zur Wissenschaft* (Cassirer-Forschungen, Bd.
III), hg. v. Enno Rudolph und Ion O. Stamatescu, Hamburg 1997, S. 93-131. Last
but hardly least sei auf die Arbeit Friedrich Stadlers verwiesen: *Studien zum
Wiener Kreis* (im folgenden: *Wiener Kreis*), Frankfurt a. M. 1997, mit
umfangreicher Bibliographie von Quellen und Literatur. Vgl. auch die Hinweise in
Anm. 33.

4   Carnap, *Aufbau* (Anm. 2), Vorwort zur 1. Aufl., S. XIV-XV.

5   Ebd., S. XV.

6   Als weiterer Ausdruck dieser Einstellung sei auf das 1929 in der Reihe „Ver-
     öffentlichung des Vereins Ernst Mach" erschienene „Manifest" des Wiener Kreises
     verwiesen, nämlich: Otto Neurath, Rudolf Carnap und Hans Hahn, *Wissen-
     schaftliche Weltauffassung. Der Wiener Kreis*, nachgedruckt in: Otto Neurath,
     Gesammelte philosophische und methodologische Schriften, 2 Bde., hg. v. Rudolf
     Haller und Heiner Rutte, Wien 1981, Bd. I, S. 299-336. Vgl. allgemein dazu
     Stadler, *Wiener Kreis* (Anm. 3), S. 370-375.

wirkt; wir spüren diese Haltung in Strömungen der Kunst, besonders der Architektur, und in den Bewegungen, die sich um eine
sinnvolle Gestaltung des menschlichen Lebens bemühen: des persönlichen und gemeinschaftlichen Lebens, der Erziehung, der äußeren Ordnungen im Großen. Hier überall spüren wir dieselbe
Grundhaltung, denselben Stil des Denkens und Schaffens. Es ist
die Gesinnung, die überall auf Klarheit geht und doch dabei die nie
ganz durchschaubare Verflechtung des Lebens anerkennt, die auf
Sorgfalt in der Einzelgestaltung geht und zugleich auf Großlinigkeit
im Ganzen, auf Verbundenheit der Menschen und zugleich auf
freie Entfaltung des Einzelnen. Der Glaube, daß dieser Gesinnung
die Zukunft gehört, trägt unsere Arbeit.[7]

Genau sechs Jahre später, und zwar in seinem im Mai 1934 geschriebenen Vorwort zur 1. Auflage der *Reinen Rechtslehre*,[8] zögert
Hans Kelsen (1881–1973)[9] nicht, trotz der sich bereits abzeichnenden

---

7   Carnap, *Aufbau* (Anm. 2), Vorwort zur 1. Aufl., S. XV-XVI. Im obigen Zitat
     schreibt Carnap, es gebe eine Verwandtschaft der Haltung, die „unserer
     philosophischen Arbeit zugrundeliegt", mit der geistigen Haltung auf anderen
     Gebieten, nicht zuletzt bei der Architektur, vgl. dazu Galison, „Aufbau/Bauhaus"
     (Anm. 3). In einem Oktober 1929 am Bauhaus in Dessau gehaltenen Vortrag, aus
     dem Galison, ebd., S. 710, Anm. 1, zitiert, führte Carnap aus, er arbeite auf dem
     Gebiet der Wissenschaft, während sie – also die Architekten und Gestalter am
     Bauhaus – auf dem der sichtbaren Formen arbeiteten; beide Gebiete seien nur
     verschiedene Seiten eines einzigen Lebens. Vgl. auch dazu Herbert Feigl, „The
     Wiener Kreis in America", in: ders., *Inquiries and Provocations. Selected Writings*,
     1924-1974, hg. v. Robert S. Cohen, Dordrecht 1981, S. 57-94, bes. S. 62f.;
     Mormann, *Carnap* (Anm. 3), S. 22-25, 79f.

8   Hans Kelsen, *Reine Rechtslehre*, 1. Aufl. (im folgenden: *RR* 1), Leipzig/Wien
     1934, Nachdruck: Aalen 1985.

9   Kelsen wurde am 11. Oktober 1881 in Prag geboren. Drei Jahre später zog die
     Familie Kelsen nach Wien um, wo Kelsen aufwuchs. Von 1901 an studierte er
     Rechtswissenschaften in Wien, 1906 folgte die Promotion. Unter dem Titel
     Hauptprobleme der Staatsrechtslehre (im folgenden: *Hauptprobleme*), Tübingen
     1911, erschien seine umfangreiche Habilitationsschrift, an der er 1905 bis 1910
     in Wien und Heidelberg gearbeitet hatte. Während des ersten Weltkrieges war er
     zunächst Stellvertreter des Militäranwaltes in Wien, später beim Divisions-Gericht
     der Justizabteilung des k.u.k. Kriegsministeriums. 1918 wurde er von Karl Renner,
     dem Kanzler der provisorischen Regierung Österreichs, beauftragt, an der Vor-
     bereitung einer neuen Verfassung mitzuarbeiten. Wie sich erweisen sollte, spielte
     Kelsen eine Schlüsselrolle beim Verfassen und Überarbeiten mehrerer Entwürfe
     der Österreichischen Bundesverfassung vom 1. Oktober 1920. Von 1921 bis
     1930 amtierte er als Richter des Verfassungsgerichtshofes sowie gleichzeitig als
     ordentlicher Professor an der Juridischen Fakultät der Universität Wien. Intrigen
     der christlich-sozialen Partei führten zu seiner Ablösung als Verfassungsrichter,

verhängnisvollen politischen und geisteswissenschaftlichen Entwicklungen, wenn auch begreiflicherweise mit wenig Zuversicht, sich positiv zur Frage der Verwirklichung des Ideals einer objektiven Wissenschaft zu äußern. Dieses Ideal, schrieb er damals, habe nur in einer
Periode sozialen Gleichgewichts Aussicht auf allgemeine Anerkennung, also nicht unter den damaligen Verhältnissen:

> Und so scheint denn heute nichts unzeitgemäßer zu sein, als eine
> Rechts-Lehre, die ihre Reinheit wahren will, während es für die
> anderen überhaupt keine Macht gibt, der sich anzubieten sie nicht
> bereit wären, während man sich nicht mehr scheut, laut und öf-
> fentlich den Ruf nach einer politischen Rechtswissenschaft zu
> erheben und für diese den Namen einer ,reinen' zu beanspruchen,
> so als Tugend preisend, was höchstens bitterste persönliche Not
> gerade noch entschuldigen könnte. Wenn ich es dennoch wage,
> in dieser Zeit das Ergebnis meiner bisherigen Arbeit am Problem
> des Rechts zusammenzufassen, so geschieht es in der Hoffnung,
> daß die Zahl derer, die den Geist höher schätzen als die Macht,
> größer ist, als es heute scheinen möchte, geschieht es vor allem
> in dem Wunsche, daß eine jüngere Generation in dem wilden Lärm
> unserer Tage nicht ganz ohne den Glauben an eine freie Rechts-
> wissenschaft bleibe, in der festen Überzeugung, daß deren Früchte
> einer ferneren Zukunft nicht verloren gehen werden.[10]

Das sind die auffälligen Gemeinsamkeiten der beiden Denker: Eine
auf die Wissenschaft gerichtete Einstellung, das Streben danach, sich
dem Ideal aller Wissenschaft – nämlich „Objektivität und Exaktheit"[11]
– anzunähern, und der Glaube an eine Zukunft, in der sich die Wissen-

---

was ihn veranlaßte, 1930 einen Ruf nach Köln anzunehmen. Nachdem er drei
Jahre später aufgrund des berüchtigten „Gesetzes zur Wiederherstellung des
Berufsbeamtentums vom 7.4.1933" die Kölner Professur verloren hatte,
übernahm er im Herbst desselben Jahres eine Professur am Genfer „Institut
Universitaire des Hautes Etudes Internationales". Im Frühling 1940 wanderte
Kelsen zusammen mit seiner Frau Margarethe in die Vereinigten Staaten aus, wo
er nach unsicheren Anfang in Cambridge, Massachusetts im Jahre 1942
eine Dozentur an der University of California, Berkeley erhielt; drei Jahre später
nahm er einen Ruf als Professor an eben dieser Universität an. In Berkeley
verbrachte er etwa dreißig Jahre bis zu seinem Tod am 19. April 1973. Zur
Periodisierung der Entwicklungsphasen Kelsens vgl. Anm. 12.

. Kelsen, *RR* 1 (Anm. 8), Vorwort, S. XIVf.

Ebd., S. IX; vgl. Carnap, *Aufbau* (Anm. 2), Vorwort zur 1. Aufl., S. XIVf.

schaft gegen die damals herrschenden irrationalen Gewalten durchsetzen werde.

Man könnte auch darauf verweisen, dass die geisteswissenschaftlichen Einflüsse auf beide Denker teilweise ähnlich waren. Beide ließen sich in ihren jeweiligen Anfangsphasen[12] von Kant und den Neukantia-

12 Die revisionistische Auslegung des *Aufbaus*, der ich folge (vgl. den Text bei Anm. 33-34, 36, 73-78), spiegelt sich in der Periodisierung der ersten Entwicklungsphasen Rudolf Carnaps wider. Die erste Phase, die man vielleicht als „Objektivierungsprogramm" kennzeichnen kann, läuft von dem Erscheinen des *Raums* (Anm. 14) im Jahre 1922 bis zur Veröffentlichung des *Aufbaus* sechs Jahre später. Der *Aufbau* reflektiert sowohl neukantianische als auch empiristische Elemente, und ab 1926, zu welcher Zeit Carnap sich der Überarbeitung des *Aufbau*-Manuskripts zuwandte (vgl. Anm. 65-66), nahm er in das Werk Züge seiner neuen Wiener philosophischen Umgebung auf, vgl. Mormann, *Carnap* (Anm. 3), S. 84, nicht zuletzt Elemente des *Tractatus* Ludwig Wittgensteins. In einem zweiten, 1928 erschienenen Werk, *Scheinprobleme in der Philosophie* (Anm. 39), führte Carnap sein radikales Sinnkriterium ein, mit dem er, wie man sagen kann, schon in diesem Werk seine zweite Phase vorwegnimmt. Diese lässt sich vor allem anhand des Physikalismus und der Syntax kennzeichnen. Das Konstitutionssystem des *Aufbaus* ersetzt Carnap durch ein Sprachsystem mit physikalischem Vokabular, vgl. Mormann, *Carnap* (Anm. 3), S. 114 et passim; Carnap, Brief an Otto Neurath vom 23.12.1933, zitiert in: Coffa, *Semantic Tradition* (Anm. 3), S. 272. Bezüglich des Wandels zum Physikalismus vgl. Carnap, „Die physikalische Sprache als Universalsprache der Wissenschaft", in: *Erkenntnis*, 2 (1931/32), 432-465; was die Syntax und die eng damit verknüpfte Lehre von möglichen Wissenschaftssprachen anbelangt, vgl. Carnap, *Logische Syntax der Sprache*, Wien 1934.

Die erste Phase Hans Kelsens, die man als „kritischen Konstruktivismus" kennzeichnen kann, kommt am deutlichsten in seinem ersten großen, im Jahre 1911 erschienenen Werk, der Habilitationsschrift *Hauptprobleme* (Anm. 9) zum Ausdruck. In dieser ersten Phase geht es ihm vor allem um die rechtswissenschaftliche Begriffsbildung. Seine scharfe Ablehnung aller auf Fakten beruhenden Rechtslehren, die er für grundfalsch hielt, war in dieser ersten Phase nicht nur recht augenfällig, sondern hat seine Rechtslehre damals entscheidend bestimmt. Die zweite, klassische oder neukantianische Phase von etwa 1921 bis 1960 lässt sich anhand zweier Entwicklungen kennzeichnen, die sich schon Mitte der zwanziger Jahre vollzogen. Zum einen wird der kritische Konstruktivismus durch Kelsens Versuch ersetzt, seine Reine Rechtslehre zumindest teilweise auf eine transzendentale Argumentation zu stützen, deren Einzelheiten sich anhand verschiedener, auf Kant und die Neukantianer zurückführbarer Lehren darstellen lassen. Zum anderen hat Kelsen schon 1923 die gesamte Stufenbaulehre Adolf Julius Merkls übernommen, was bedeutet, dass die statische Auffassung der *Hauptprobleme* durch eine auf die Rechtserzeugung bezogene Lehre, seine „Rechtsdynamik", ersetzt wurde. Anfang der vierziger Jahre führt Kelsen einige analytische und empiristische Komponenten in seine Lehre ein, ohne jedoch die neukantianische Argumentation aufzugeben. Doch um 1960 ersetzt Kelsen sein neukantianisches Instrumentarium gänzlich durch eine Willenstheorie des Rechts, in die er recht skeptische Positionen aufnimmt, zum Beispiel den Zweifel an der

nern beeinflussen. In dem Jenaer Seminar von Bruno Bauch studierte Carnap die *Kritik der reinen Vernunft*, und in seiner 1922 erschienenen Doktorarbeit spiegelt sich die Auffassung Kants wider, die geometrische Struktur des Raumes werde von der reinen Form der Sinnlichkeit, also der reinen Anschauungsform bestimmt.[13] „Es ist", wie Carnap dort schreibt, „von mathematischer und philosophischer Seite schon mehrfach dargelegt worden, daß jene Behauptung Kants über die Bedeutung des Raumes für die Erfahrung durch die Lehre von den nichteuklidischen Räumen nicht erschüttert wird, aber von dem dreistufigen, euklidischen Gefüge, das Kant allein bekannt war, auf ein allgemeineres übertragen werden muß."[14] Von den Schriften der Neukantianer kannte Carnap nicht nur diejenigen Bauchs,[15] sondern auch einige von Heinrich Rickert,[16] und aus der Marburger Schule einige von Paul Natorp[17] sowie das Frühwerk *Substanzbegriff und Funktionsbegriff* von Ernst Cassirer.[18]

Kelsen folgte in seinen *Hauptproblemen der Staatsrechtslehre* der Unterscheidung von normativen und erklärenden Betrachtungsweisen bei Wilhelm Windelband[19] sowie der die beiden Betrachtungsweisen scharf von einander trennenden, den Methodendualismus widerspie-

---

Anwendbarkeit der Logik auf das Recht. Diese skeptische Phase stellt die dritte und letzte dar, die bis zum Tode Kelsens währt. Zur Periodisierung der Entwicklungsphasen Kelsens: Carsten Heidemann, *Die Norm als Tatsache. Zur Normentheorie Hans Kelsens*, Baden-Baden 1997, S. 19-213 et passim; Stanley L. Paulson, „Four Phases in Hans Kelsen's Legal Theory? Reflections on a Periodization", in: *Oxford Journal of Legal Studies*, 18 (1998), S. 153-166.

13   Vgl. Immanuel Kant, *Kritik der reinen Vernunft* (zuerst erschienen 1781, 2. Aufl. 1787), A 20-21.

14   Rudolf Carnap, *Der Raum. Ein Beitrag zur Wissenschaftslehre* (Ergänzungsheft Nr. 56 zu den *Kant-Studien*), Berlin 1922, S. 67, vgl. auch S. 62-67, 85-87, und Carnap, *Mein Weg* (Anm. 3), S. 6. Vgl. allgemein dazu Michael Friedman, *Reconsidering Logical Positivism* (im folgenden: *Logical Positivism*), Cambridge 1999, S. 44-50, 142f.; Mormann, *Carnap* (Anm. 3), S. 51-55.

15   In Carnap, *Aufbau* (Anm. 2) wird auf Bauch hingewiesen, vgl. § 75 (S. 105).

16   Vgl. ebd., §§12 (S. 15), 64 (S. 87), 75 (S. 105).

17   Vgl. ebd., §§64 (S. 87), 65 (S. 89), 162 (S. 225), 163 (S. 226), 179 (S. 253).

18   Ernst Cassirer, *Substanzbegriff und Funktionsbegriff*, Berlin 1910, und vgl. Carnap, *Aufbau* (Anm. 2), §§12 (S. 15), 64 (S. 87), 75 (S. 105).

19   Vgl. Kelsen, *Hauptprobleme* (Anm. 9), S. 4-8 et passim; Wilhelm Windelband, „Normen und Naturgesetze", in: ders., *Präludien*, 1. Aufl., Freiburg i.B. 1884, S. 211-246, 3. Aufl., Tübingen 1907, S. 278-317.

gelnden Sein/Sollen-Unterscheidung.[20] Fünf Jahre später setzte er sich ausführlich mit Emil Lask und vor allem Rickert auseinander.[21] Selbst wenn es auf den ersten Blick so aussieht, als habe Kelsen deren Lehren gänzlich zurückweisen wollen, hat er wesentlich mehr sub silentio aufgenommen als seine Ablehnung, wie er sie expressis verbis vorgetragen hat, vermuten lässt.[22] Anfang der zwanziger Jahre setzte er sich mehrmals mit dem überspannten transzendentalen Ansatz Fritz Sanders auseinander.[23] Das Frühwerk Ernst Cassirers, *Substanzbegriff und Funktionsbegriff*, war auch Kelsen bekannt,[24] und Kelsen versuchte zudem – wie in einer autobiographischen Skizze von Alfred Verdroß belegt wird –, sich mit den Hauptwerken Hermann Cohens bekannt zu machen.[25]

---

20   Vgl. allgemein zu der Sein/Sollen-Unterscheidung Kelsens und den sich daraus ergebenden Problemen Stanley L. Paulson, „Konstruktivismus, Methodendualismus und Zurechnung im Frühwerk Hans Kelsens", in: *Archiv des öffentlichen Rechts*, 124 (1999), S. 631-657.

21   Vgl. Hans Kelsen, „Die Rechtswissenschaft als Norm- oder als Kulturwissenschaft. Eine methodenkritische Untersuchung", in: *Schmollers Jahrbuch für Gesetzgebung, Verwaltung und Volkswirtschaft im Deutschen Reiche*, 40 (1916), S. 1181-1239, nachgedruckt in: *Die Wiener rechtstheoretische Schule*, 2 Bde. (im folgenden: *WS* I bzw. II), hg. v. Hans Klecatsky u.a., Wien 1968, Bd. I, S. 37-93.

22   Dies lässt sich hier nicht näher erläutern. Allgemein handelt es sich dabei um Kelsens Beibehaltung des philosophischen Geltungsbegriffes der Südwestdeutschen Neukantianer, ohne deren Lehre von objektiven Werten mit aufzunehmen. Diese Entwicklung stellt Kelsens Ausarbeitung seines Ausgangspunktes in den *Hauptproblemen* dar, der vor allem auf den beiden Windelbandschen Betrachtungsweisen beruht, vgl. die Hinweise in Anm. 19.

23   Von den Arbeiten Fritz Sanders vgl. vor allem: „Die transzendentale Methode der Rechtsphilosophie und der Begriff des Rechts", in: *Zeitschrift für öffentliches Recht*, 1 (1919/20), S. 468-507, sowie: *Rechtsdogmatik oder Theorie der Rechtserfahrung*, Wien/Leipzig 1921, beide nachgedruckt in: Fritz Sander und Hans Kelsen, *Die Rolle des Neukantianismus in der Reinen Rechtslehre*, hg. v. Stanley L. Paulson, Aalen 1988, S. 75-114, 115-278. Zur letzteren dieser Arbeiten Sanders vgl. die Erwiderung von Hans Kelsen, „Rechtswissenschaft und Recht", in: *Zeitschrift für öffentliches Recht*, 3 (1922), S. 103-235, nachgedruckt in: *Die Rolle des Neukantianismus*, a.a.O., S. 279-411. Vgl. auch Fritz Sander, „Das Recht als Sollen und das Recht als Sein", in: *Archiv für Rechts- und Wirtschaftsphilosophie*, 17 (1923/24), S. 1-52.

24   Cassirer (Anm. 18), und vgl. Hans Kelsen, *Der soziologische und der juristische Staatsbegriff*, Tübingen 1922, §35 (S. 211-218, bes. S. 212-215).

25   Vgl. „Alfred Verdroß", in: *Österreichische Rechts- und Staatswissenschaften der Gegenwart in Selbstdarstellungen*, hg. v. Nikolaus Grass, Innsbruck 1952, S. 200-210, bes. S. 201. Vgl. auch Kelsen, *Hauptprobleme* (Anm. 9), Vorrede zur 2. Aufl., Tübingen 1923. Dort kommentiert Kelsen kurz einige Lehren, die er Cohen zuschreibt, und fügt hinzu, er habe „den entscheidenden erkenntnis-theoretischen

Ich gehe davon aus, dass Carnap und Kelsen die gleiche wissenschaftliche Grundeinstellung teilten. Sie waren in dieser Hinsicht gei-
stesverwandt und blieben ihrer Gesinnung treu, obgleich die äußeren
Verhältnisse immer verheerender wurden. Diese Haltung ist bewun-
dernswert. Doch ihre wissenschaftliche Einstellung sagt zunächst
nichts über Ähnlichkeiten oder Unterschiede ihrer jeweiligen Theorien
aus.

Ein Vergleich der beiden Theorien scheint auf den ersten Blick eine
ganze Reihe von Gegensätzen zu Tage zu fördern. Der erkenntnistheoretische „foundationalism" oder Fundamentismus[26] des Carnapschen *Aufbaus* – und zwar in der vom klassischen Empirismus tradier-
ten Form – und der Normativismus der Reinen Rechtslehre Kelsens
sind einander diametral entgegengesetzte Lehren. Während Elementarerlebnisse, also „das Gegebene", als Carnaps *explanantia* fungieren –
Elementarerlebnisse laufen in ihrer Funktion parallel zu den Sinnes-
daten der klassischen Empiristen[27] –, besteht das Gegebene bei Kelsen
aus tatsächlichen „Rechtserfahrungen", die als seine *explananda* an-

---

Gesichtspunkt, von dem allein aus die richtige Einstellung der Begriffe Staat und
Recht möglich" gewesen sei, „durch Cohens Kant-Interpretation, insbesondere
durch seine ‚Ethik des reinen Willens'" gewonnen, ebd., §VI (S. XVII). Diese
Bemerkung ist interessant, aber m.E. bestreitbar. Die Kant-Interpretation, die sich
am augenfälligsten in den Arbeiten Kelsens widerspiegelt, ist die der Südwest-
deutschen Neukantianer, vgl. Kelsen selbst dazu, ebd., §1 (S. VI), S. 4-8 et
passim. Die Cohen zugeschriebenen Begriffe und Lehren, vgl. ebd., §VI (bes. S.
XVII), lassen sich – was das Verständnis Kelsens anbelangt – auf andere Quellen
zurückführen. Vgl. dazu Stanley L. Paulson, „Kelsen and the Marburg School:
Reconstructive and Historical Perspectives", in: *Prescriptive Formality and
Normative Rationality in Modern Legal Systems. Festschrift for Robert S.
Summers*, hg. v. Werner Krawietz u.a., Berlin 1994, S. 481-494; vgl. zu diesen
Fragen auch Geert Edel, „The *Hypothesis* of the Basic Norm: Hans Kelsen and
Hermann Cohen", in: *Normativity and Norms. Critical Perspectives on Kelsenian
Themes*, hg. v. Stanley L. Paulson und Bonnie Litschewski Paulson, Oxford 1998,
S. 195-219.

26   Als Übersetzung des englischen „foundationalism" empfiehlt es sich, statt des
      Ausdrucks „Fundamentalismus" wegen dessen recht unglücklicher Konnotation
      den Ausdruck „Fundamentismus" zu verwenden. Zur Veranschaulichung der in
      diesem Sinne ungeschickten Übersetzung von „foundationalism" mit
      „Fundamentalismus" vgl. die Aufsätze in dem im übrigen rundum gelungenen
      Sammelband: *Analytische Philosophie der Erkenntnis*, hg. v. Peter Bieri, Frankfurt
      a. M. 1987, Teil II, § 1.

27   Ernst Mach, *Die Analyse der Empfindungen*, 9. Aufl., Jena 1922 (zuerst
      erschienen 1886); Bertrand Russell, *Unser Wissen von der Aussenwelt*, übers. v.
      Walther Rothstock, Leipzig 1926 (zuerst erschienen als: *Our Knowledge of the
      External World*, Chicago 1914).

zusehen sind, und die sich unter Berufung auf ein neukantianisches Instrumentarium rechtswissenschaftlich rekonstruieren und damit auch erklären lassen. Während also bei Carnap das Gegebene als *explanans* auftritt, ist es bei Kelsen das *explanandum*. Wenn Carnaps *Aufbau* als der Höhepunkt des aus der empiristischen Tradition bekannten erkenntnistheoretischen Fundamentismus zu verstehen und Kelsens Reine Rechtslehre als die Exposition des Normativismus im Recht zu betrachten ist, dann ergibt sich daraus ein Gegensatz, der kaum schärfer ausfallen könnte.

Die Einflüsse Kants und der Neukantianer auf beide Denker sprechen nicht gegen diesen schroffen Gegensatz. Der Neukantianismus Marburger und Heidelberger[28] Prägung war zu Beginn des 20. Jahrhunderts die vorherrschende Universitätsphilosophie.[29] Es wäre kaum möglich gewesen, ihn zu ignorieren. Wenn jedoch solche Einflüsse in der Tat eine entscheidende Rolle bei dem rechtsphilosophischen Projekt Kelsens bis zum Ende seiner klassischen Phase um 1960 spielten,[30] hat sich Carnap schon in den späten zwanziger Jahren von diesen Einflüssen größtenteils gelöst. Es sollte sich herausstellen, dass

---

28 Ich ziehe die Bezeichnung „Heidelberger" Schule den Bezeichnungen „Südwestdeutsche" und „Badener" Schule vor, auch wenn letzere gebräuchlicher sind.

29 Zur Entwicklung des Neukantianismus bis 1881 vgl. Klaus Christian Köhnke, *Entstehung und Aufstieg des Neukantianismus*, Frankfurt a. M. 1986; zur Geschichte des Marburger Neukantianismus vgl. Ulrich Sieg, *Aufstieg und Niedergang des Marburger Neukantianismus*, Würzburg 1994.

30 Zu den Entwicklungsphasen Kelsens vgl. Anm. 12. Die These, dass der Neukantianismus eine entscheidende Rolle bei der Rechtslehre Kelsens spielt, ist heute weder philosophisch noch textlich bestritten. Interpreten, die in anderen Hinsichten z.T. ganz voneinander zu unterscheidende Ansätze zur Kelsenschen Rechtslehre vertreten, stimmen in diesem Punkt überein. Vgl. unter den gegenwärtigen Interpreten z.B. Horst Dreier, *Rechtslehre, Staatssoziologie und Demokratietheorie bei Hans Kelsen*, Baden-Baden 1986, 2. Aufl., 1990, S. 56-90; Heidemann, *Die Norm als Tatsache* (Anm. 12), S. 43-57, 222-242, 261-280, et passim; Geert Edel, „The *Hypothesis* of the Basic Norm" (Anm. 25); Stefan Hammer, „A Neo-Kantian Theory of Legal Knowledge in Kelsen's Pure Theory of Law?", in: *Normativity and Norms* (Anm. 25), S. 177-194; Gerhard Luf, „On the Transcendental Import of Kelsen's Basic Norm", in: ebd., S. 221-234; Stanley L. Paulson, „Introduction", in: ebd., S. XXIII-LII, bes. S. XXXV-XXXIX; ders., „Kelsens Reine Rechtslehre und die Grenzen transzendentaler Argumentation", in: *Gesellschaft Denken. Eine erkenntnistheoretische Standortbestimmung der Sozialwissenschaften*, hg. v. Leonhard Bauer und Klaus Hamberger, Wien (im Druck). Bei den Einzelheiten einer adäquaten Rekonstruktion, in der die neukantianischen Bestandteile hervorgehoben werden, besteht freilich alles andere als Übereinstimmung. Zu diesem Thema vgl. auch Anm. 22 und 25.

der Lehrer in Jena, von dem sich Carnap am tiefgreifendsten beeinflussen ließ, nicht Bruno Bauch war, sondern Gottlob Frege.[31]
Es ist jedoch nicht schwer, teils profunde Unterschiede zwischen
der Kelsenschen und Carnapschen Theorie aufzuzeigen. Mir scheint
ein anderer Ansatz, bei dem der Gegensatz zwischen Carnap und
Kelsen nicht so schroff auffällt, philosophisch vielversprechender zu
sein.[32] Dabei handelt es sich um ein beiden Theorien – der Carnapschen des *Aufbaus* und der Reinen Rechtslehre Kelsens – zugrundelie-
gendes Element struktureller Natur. Die Bedeutung dieses Elements
zeigt sich, wenn man, statt der gängigen Lesart des *Aufbaus* als er-
kenntnistheoretischem Fundamentismus zu folgen, dieses Werk als
Versuch deutet, „eine radikal neue Konzeption der Objektivität" als

---

31   Vgl. Carnap, *Mein Weg* (Anm. 3), S. 17, 19-20, 39, 45. Doch eine vollständige
      Kontrastierung dieser beiden Denker wäre fehl am Platz, vgl. Kurt Walter Zeidler,
      „Bruno Bauchs Frege-Rezeption", in: *Neukantianismus. Perspektiven und
      Probleme*, hg. v. Ernst Wolfgang Orth und Helmut Holzhey, Würzburg 1994, S.
      214-232. Eine allgemeine Verortung von Frege innerhalb des Neukantianismus
      versucht Gottfried Gabriel, „Frege als Neukantianer", in: *Kant-Studien*, 77 (1986),
      S. 84-101; vgl. auch Hans-Johann Glock, „Vorsprung durch Logik: The German
      Analytic Tradition", in: *German Philosophy since Kant*, hg. v. Anthony O'Hear,
      Cambridge 1999, S. 137-166, bes. S. 156-161.

32   Dieser Ansatz ändert natürlich nichts an der historischen Tatsache, dass es – von
      einer einzigen Ausnahme abgesehen – offenbar keinen persönlichen Kontakt
      zwischen den beiden Gruppierungen, dem Wiener Kreis und der Wiener
      rechtstheoretischen Schule, gegeben hat. Bekanntlich ist die Ausnahme der
      phänomenologisch eingestellte Felix Kaufmann. Als Mitglied des Vereins Ernst
      Mach nahm Kaufmann an den Abendseminaren Schlicks teil. Kaufmann
      distanzierte sich aber von einigen Lehren des Wiener Kreises – eine
      Widerspiegelung der Tatsache, dass er bis in die dreißiger Jahre hinein seiner
      phänomenologischen Orientierung treu blieb. Im Jahre 1930 konnte er noch
      schreiben: „Es ist erstaunlich, daß die präzisen, einleuchtenden Formulierungen,
      die wir E. Husserl [...] verdanken, methodologisch noch kaum ausgewertet
      wurden, so daß heute noch ein erbitterter Streit um Grundpositionen besteht,
      bezüglich welcher die Theorie bereits das entscheidende Wort gesprochen hat."
      Kaufmann, *Das Unendliche in der Mathematik und seine Ausschaltung*,
      Leipzig/Wien 1930, S. 13, zitiert nach Bruno Kohlberg, „Felix Kaufmann, der
      ‚Phänomenologe des Wiener Kreises'", in: *Phänomenologie und logischer
      Empirismus*, hg. v. Friedrich Stadler, Wien 1997, S. 23-45 (27f.); vgl. auch
      Ingeborg Helling, „Logischer Positivismus und Phänomenologie: Felix Kaufmanns
      Methodologie der Sozialwissenschaft", in: *Philosophie, Wissenschaft, Aufklärung.
      Beiträge zur Geschichte und Wirkung des Wiener Kreises*, hg. v. Hans-Joachim
      Dahms, Berlin 1985, S. 237-256. Zu Felix Kaufmann allgemein vgl. Stadler,
      Wiener Kreis (Anm. 3), S. 712-716; Günther Winkler, *Die Rechtswissenschaft als
      empirische Sozialwissenschaft*, Wien 1999, S. 179-240.

wissenschaftliches Programm[33] zu erarbeiten. Carnap schreibt, die Wissenschaft wolle allein „vom Objektiven sprechen; alles jedoch, was nicht zur Struktur, sondern zum Materialen gehört, alles was konkret aufgewiesen wird, ist letzten Endes subjektiv."[34] Analog dazu lässt sich die Reine Rechtslehre Kelsens weniger als Exposition des „Normativismus" denn als Versuch verstehen, die Objektivierung des Rechts durchzuführen. Denn Kelsen strebt danach, „das Subjektive" gänzlich aus dem Recht auszuscheiden. Dies erfolgt durch Ersetzung derjenigen Begriffe, die das Recht in einem subjektiven Sinn ausdrücken, durch begriffliche Gegenstücke, die das Recht in dessen objektiven Sinne ausdrücken. Das Objektivierungsprogramm Kelsens kommt auch nicht von ungefähr. „Denn das Recht ist seinem Wesen nach objektiv. Nicht objektives Recht wäre überhaupt kein Recht."[35]

Diesen beiden revisionistischen, auf das Streben nach Objektivität[36] fokussierten Auslegungen der beiden Theorien folgend lässt sich zeigen, dass das der Theorie Carnaps zugrundeliegende strukturelle Element sich in seinen „Strukturaussagen" widerspiegelt, das der

---

33 Die Formulierung stammt von Friedman, *Logical Positivism* (Anm. 14), S. 95. Michael Friedman ist die führende Figur unter denen, die eine revisionistische Auslegung des Carnapschen *Aufbaus* in diese Richtung erarbeitet haben. Vgl. auch Alan W. Richardson, *Carnap's Construction of the World*, Cambridge 1998; Mormann, *Carnap* (Anm. 3). Ansätze zu dieser revisionistischen Auslegung finden sich bei Susan Haack, „Carnap's *Aufbau*: Some Kantian Reflexions", in: *Ratio*, 19 (1977), S. 170-176, und insbesondere Werner Sauer, „Carnaps ‚Aufbau' in Kantianischer Sicht", in: *Grazer Philosophische Studien*, 23 (1985), S. 19-35. Sauer verweist, ebd., S. 20, Anm. 3, auf Ernst von Aster, der schon viel früher „gehaltvolle Bemerkungen" über Bezüge des *Aufbau* zum Neukantianismus gebracht hat, vgl. Aster, *Die Philosophie der Gegenwart*, Leiden 1935, S. 199f. Vgl. auch C. Ulises Moulines, „Hintergründe der Erkenntnistheorie des frühen Carnap", in: *Grazer Philosophische Studien*, 23 (1985), S. 1-18.

34 Carnap, *Aufbau* (Anm. 2), § 16 (S. 20).

35 Kelsen, *Allgemeine Staatslehre*, Berlin 1925, §10(e) (S. 54).

36 Als neukantianisches Thema ist das Streben nach Objektivität gut bekannt, und es ist bei Heinrich Rickert zum Leitmotiv seines erkenntnistheoretischen Hauptwerks geworden. Rickert eröffnet dieses Werk mit der Frage: „Was ist der vom Subjekt unabhängige Gegenstand als *Maßstab* der Erkenntnis, oder wodurch erhält das Erkennen seine Objektivität?" Rickert, *Der Gegenstand der Erkenntnis*, 6. Aufl., Tübingen 1928, S. 1 (Hervorhebung im Original), vgl. auch S. 161-165. Zu Rickert allgemein vgl. Christian Krijnen, *Nachmetaphysischer Sinn*, Würzburg 2001.

Theorie Kelsens in Ermächtigungsnormen.[37] Meine allgemeine These
lautet, dass die Berechtigung dafür, Strukturaussagen beziehungsweise Ermächtigungsnormen als das strukturelle Element der jeweiligen Theorien zu betrachten, darin liegt, dass es gerade diese Bestandteile sind, kraft derer Carnap und Kelsen ihre jeweiligen Objektivierungsprogramme durchführen.

Ich fange mit der Lehre Carnaps an. Dabei handelt es sich zum
einen um seine erst in den *Scheinproblemen in der Philosophie* erschienene Metaphysikkritik, seinen Kampf m.a.W. gegen die Subjektivität in deren extravagantester Form, zum anderen um sein im *Aufbau*
ausgearbeitetes Konstitutionssystem, in dessen Rahmen er auch seine
Lehre von der Objektivität entwickelt. Dies sind die jeweiligen Schwerpunkte der Abschnitte II und III. Ein zusätzlicher, auf Carnap bezogener Abschnitt, der sich mit den Gründen dafür befasst, die revisionistische Auslegung des Carnapschen *Aufbau*s der älteren, weit ver-
breiteten, auf den erkenntnistheoretischen Fundamentismus bezogenen Auslegung vorzuziehen, wäre auch möglich. Doch die revisionistische Auslegung ist schon mehrmals dargestellt worden,[38] und es
soll ausreichen, zu Beginn des Abschnitts III auf die Hauptargumente
hinzuweisen. Im Gegensatz dazu wird die schon angedeutete, z.T.
entsprechende Auslegung der Reinen Rechtslehre Kelsens bisher nicht
erwogen, und ich stelle sie deswegen ausführlich dar, nämlich im
Abschnitt IV, in dem sowohl konkurrierende Lesarten seiner Rechtslehre als auch die Subjektivitätsproblematik zum Ausdruck kommen.
Darauf folgt, im Abschnitt V, eine Skizze der beiden Arten von Ermächtigungsnormen, die unter anderem als das der Kelsenschen Lehre
zugrundeliegende strukturelle Element wirken.

Das erste Thema Carnaps, dem ich mich zuwende, ist seine Metaphysikkritik. Sie ist von Bedeutung, da Carnap die Metaphysik als
Subjektivität in ihrer überspanntesten Verkörperung ansieht.

---

37   Allerdings kam Kelsen bei der Entwicklung seiner Lehre von der Ermächtigung nur
     schleppend voran. Abgesehen von der Stufenbaulehre (Ermächtigung zur
     Normsetzung), die Kelsen früh in den zwanziger Jahren von Adolf Julius Merkl
     übernommen hatte (vgl. den Text bei Anm. 167-171), erschien die erste, der
     Konstruktion eines Begriffes der Ermächtigung (nämlich zur Sanktionsverhängung)
     gewidmete Darstellung erst in den späteren dreißiger Jahren. Vgl. allgemein zu
     diesen Entwicklungen Abschnitt V unten.

38   Vgl. die Hinweise in Anm. 33.

II. Carnaps Metaphysik- bzw. Subjektivitätskritik in den *Scheinproblemen*

Im Jahre 1928 ist Carnaps kurzes Werk *Scheinprobleme in der Philosophie*[39] erschienen, also gleichzeitig mit dem *Aufbau*. Während Carnaps *Aufbau* den Höhepunkt seiner ersten Phase, nämlich der des Objektivierungsprogramms, darstellt,[40] sind seine *Scheinprobleme* ein Werk des Übergangs. Im ersten Teil dieses Werkes schaut Carnap rückwärts, und zwar auf die Leitmotive des *Aufbaus*. Im zweiten Teil nimmt er zwei Leitmotive der frühen dreißiger Jahre vorweg[41] – zum einen ein Sinnkriterium, zum anderen die sich aus der Anwendung dieses Sinnkriteriums ergebende Überwindung der Metaphysik zugunsten einer „wissenschaftlichen Sprache".[42]

Das Sinnkriterium. Was, fragt sich Carnap in den *Scheinproblemen*, ist darunter zu verstehen, wenn behauptet wird, diese oder jene Aussage sei *sinnvoll?*

Der Sinn einer Aussage besteht darin, daß sie einen (denkbaren, nicht notwendig auch bestehenden) Sachverhalt zum Ausdruck bringt. Bringt eine (vermeintliche) Aussage keinen (denkbaren) Sachverhalt zum Ausdruck, so hat sie keinen Sinn, ist nur scheinbar eine Aussage. Bringt eine Aussage einen Sachverhalt zum Ausdruck, so ist sie jedenfalls sinnvoll; und zwar ist sie wahr, wenn dieser Sachverhalt besteht, falsch, wenn er nicht besteht. Man kann von einer Aussage schon wissen, ob sie sinnvoll ist, noch bevor man weiß, ob sie wahr oder falsch ist.[43]

Wenn eine Aussage allein schon bekannte und anerkannte Begriffe enthalte, so ergebe sich aus diesen ihr Sinn. Wenn aber die in Betracht kommende Aussage einen neuen Begriff enthalte, dann „muß

---

39 Rudolf Carnap, *Scheinprobleme in der Philosophie* (im folgenden: *Scheinprobleme*), Berlin 1928, zitiert nach der 2. Aufl., Hamburg 1961, nachgedruckt als Anhang zur 2. Aufl. des *Aufbaus* (Anm. 2), S. 291-336.

40 Zur Periodisierung der früheren Entwicklungsphasen Carnaps vgl. Anm. 12.

41 Vgl. Rudolf Carnap, „Überwindung der Metaphysik durch logische Analyse der Sprache" (im folgenden: „Überwindung"), in: *Erkenntnis*, 2 (1931/32), S. 219-241.

42 Vgl. Rudolf Carnap, „Physikalische Sprache als Universalsprache der Wissenschaft", in: ebd., S. 432-465.

43 Carnap, *Scheinprobleme* (Anm. 39), §7 (S. 317).

angegeben werden, welchen Sinn sie hat."[44] Dafür sei es sowohl notwendig als auch hinreichend, Fälle von Erfahrung angeben zu können,
in denen die Aussage wahr beziehungsweise falsch heiße.[45]
    Zur Veranschaulichung dieser These führt Carnap Beispiele solcher
ganz offenkundig sinnlosen (Schein-)Aussagen ein: „1. ‚dieser Stein ist
traurig'; 2. ‚dieses Dreieck ist tugendhaft'; 3. ‚Berlin Pferd blau'; 4.
‚und oder dessen'; 5. ‚bu ba bi'; 6. ‚—)] ∇ – – – '."[46] Die meisten dieser Beispiele enthalten grammatische oder syntaktische Mängel, aus
denen Carnap die zu erwartende Schlussfolgerung ihrer Sinnlosigkeit
ohne weiteres zieht. Hier braucht man das auf Erfahrung bezogene
Sinnkriterium nicht. Die Beispiele (1) und (2) sind jedoch anders. Deren Sinnlosigkeit lässt sich nicht auf syntaktische Mängel zurückführen, sondern allein auf semantische. Auf diese beiden Beispiele ist
Carnaps in den *Scheinproblemen* eingeführtes Sinnkriterium anwendbar: Da keine Fälle von Erfahrung angegeben werden können, in denen
sich die Aussagen (1) und (2) als entweder wahr oder falsch zählen
lassen, seien sie „ebenso sinnlos" wie die syntaktisch mangelhaften
Beispiele. Es handele sich m.a.W. insgesamt um Scheinsätze.
    Vom Gegensatz zwischen dem philosophischen Realismus und
Idealismus ausgehend wendet Carnap sein Sinnkriterium auf die angeblich größte Quelle von Scheinsätzen überhaupt, die der Metaphysik, an.
    Überwindung der Metaphysik. Der philosophische Realist behaup-
tet, die mich umgebenden, wahrgenommenen, körperlichen Dinge
seien nicht nur Inhalt meiner Wahrnehmung, sondern sie bestünden
außerdem an sich („Realität der Außenwelt'). Bei dem philosophisch
eingestellten Idealisten handelt es sich um die Gegenbehauptung: real
sei nicht die Außenwelt selbst, sondern nur die Wahrnehmungen oder
Vorstellungen von ihr („Nichtrealität der Außenwelt'). Carnap fragt
allein, „ob die genannten Thesen überhaupt einen wissenschaftlichen
Sinn haben, ob sie überhaupt einen Inhalt haben, zu dem die Wissenschaft dann zustimmend oder ablehnend Stellung nehmen könnte."[47]
    Wenn die jeweiligen Vertreter der beiden Philosophien etwa als
Geographen Probleme zu lösen hätten, kämen sie zu dem gleichen

---

44   Ebd.
45   Ebd., §7 (S. 317f.).
46   Ebd. (Eines der Beispiele Carnaps habe ich ausgelassen und die verbleibenden neu
      nummeriert.)
47   Ebd., §9 (S. 324) (Hervorhebung im Original ausgelassen).

Ergebnis. Sie beschrieben die Existenz des Berges und auch dessen Beschaffenheit – nach Lage, Gestalt, Höhe usw. – auf die gleiche Art und Weise. „Der Gegensatz zwischen den beiden Forschern tritt erst auf, wenn sie nicht mehr als Geographen sprechen, sondern als Philosophen."[48] In der Eigenschaft als Philosoph spricht der erste, der Realist, nicht nur von der Beschaffenheit des Berges, sondern fügt hinzu: „außerdem ist er real", während ihm der zweite, der Idealist, entgegnet: „im Gegenteil, der Berg selbst ist nicht real, real sind nur unsere Wahrnehmungen und sonstigen Bewußtseinsvorgänge."[49] Dieser Disput lasse sich nicht lösen, denn die einzige Divergenz zwischen den beiden Disputanten liege nicht auf empirischem Gebiete. Empirisch gesehen gebe es keine Unterschiede zwischen den beiden Positionen. Kraft des verwendeten Sinnkriteriums sage man nicht, dass die beiden metaphysischen Thesen falsch seien, sondern: „sie haben überhaupt keinen Sinn, in Bezug auf den die Frage, ob wahr oder falsch, gestellt werden könnte."[50] Da es in jeder Gegenüberstellung angeblich konkurrierender metaphysischer Positionen keinen empirischen Unterschied gebe, führe das Sinnkriterium der *Scheinprobleme* zu dem Ausscheiden aller Arten der Metaphysik.

In dem 1932 erschienenen Aufsatz „Überwindung der Metaphysik durch logische Analyse der Sprache"[51] erhöht Carnap den Einsatz. Jetzt behauptet er, die Sinnlosigkeit der Metaphysik lasse sich streng beweisen.[52]

Durch die Entwicklung der *modernen Logik* ist es möglich geworden, auf die Frage nach Gültigkeit und Berechtigung der Metaphysik eine neue und schärfere Antwort zu geben. Die Untersuchungen der „angewandten Logik" oder „Erkenntnistheorie", die sich die Aufgabe stellen, durch logische Analyse den Erkenntnisgehalt der

---

48   Ebd., §10 (S. 325).
49   Ebd., §10 (S. 325f.).
50   Ebd., §10 (S. 326).
51   Vgl. Anm. 41, und vgl. allgemein zu dieser Arbeit Michael Friedmann, „Overcoming Metaphysics: Carnap and Heidegger", in: *Origins* (Anm. 3), S. 45-79; Peter M.S. Hacker, „Carnaps ‚Überwindung der Metaphysik'", in: *Deutsche Zeitschrift für Philosophie*, 48 (2000), S. 469-486; Gottfried Gabriel, „Carnap und Heidegger. Zum Verhältnis von analytischer und kontinentaler Philosophie", in: ebd., S. 487-497; Ursula Wolf, „Warum sich die metaphysischen Fragen nicht beantworten, aber auch nicht überwinden lassen", in: ebd., S. 499-504.
52   Diese Formulierung folgt der von Mormann, *Carnap* (Anm. 3), S. 71.

wissenschaftlichen Sätze und damit die Bedeutung der in den
Sätzen auftretenden Wörter („Begriffe") klarzustellen, führen zu
einem positiven und zu einem negativen Ergebnis. [...] Auf dem
Gebiet der *Metaphysik* (einschließlich aller Wertphilosophie und
Normwissenschaft) führt die logische Analyse zu dem negativen
Ergebnis, daß *die vorgeblichen Sätze dieses Gebietes gänzlich
sinnlos sind.* Damit ist eine radikale Überwindung der Metaphysik
erreicht, die von den früheren antimetaphysischen Standpunkten
aus noch nicht möglich war.[53]

Worauf beruht sich diese „radikale Überwindung der Metaphysik"?
Nach Carnap zum einen auf einer weiteren Entwicklung seines schon
in den *Scheinproblemen* eingeführten Sinnkriteriums, zum anderen auf
einer anhand der modernen Logik durchzuführenden Analyse von
Sätzen. Fangen wir mit dem Sinnkriterium an. Dabei geht es vor allem
um den Begriff der Ableitbarkeit. Ein Satz S ist nur dann sinnvoll,
wenn S aus der Konjunktion einschlägiger elementarer Sätze, etwa
ES_1, ES_2 und ES_3, ableitbar sei und diese umgekehrt aus jenem Satz
S ableitbar seien. Also „für die Satzform ,das Ding x ist ein Arthropo-
de'" sei es bestimmt,

daß ein Satz dieser Form ableitbar sein soll aus Prämissen von der
Form „x ist ein Tier", „x hat einen gegliederten Körper", „x hat
gegliederte Extremitäten", „x hat eine Körperdecke aus Chitin", und
daß umgekehrt jeder dieser Sätze aus jenem Satz ableitbar sein
soll.[54]

Also sei das Sinnkriterium unter Berufung auf den Begriff der Ableitbarkeit von Nichtelementarsätzen aus Elementarsätzen und umgekehrt zu verstehen. Darüber hinaus sei diese auf verschiedene Art und
Weise zu formulieren:

1. Aus was für Sätzen ist S *ableitbar*, und welche Sätze sind aus
S ableitbar?
2. Unter welchen Bedingungen soll S *wahr*, unter welchen falsch
sein?

---

53   Carnap, „Überwindung" (Anm. 41), §1 (S. 219f.) (Hervorhebung im Original).
54   Ebd., §2 (S. 222).

3. Wie ist *S* zu *verifizieren?*
4. Welchen *Sinn* hat *S?*[55]

Zumindest auf den ersten Blick sieht es so aus, als hätte man es mit vier Sinnkriterien zu tun, von denen sich die Ableitbarkeit in dem ersten dieser Kriterien widerspiegelt. Doch Carnap behauptet, diese seien nicht unabhängig von einander zu verstehende Kriterien, sondern sie gälten als verschiedene Formulierungen ein und desselben Kriteriums. Die Bedingungen dafür, ohne deren Erfüllung ein Satz nicht sinnvoll sein könne, ließen sich in jedem der vier Schemata angeben, die – so Carnap – „im Grunde dasselbe besagen".[56] Diese Behauptung, die vier Schemata besagten dasselbe, ist verwunderlich. Die Gegenbeispiele, mit denen man auf sie erwidern kann, sind zahlreich. Wenn man z.b. die Schemata (3) und (4) aufgreift und sie etwa auf den Satz „Alle Elektronen haben dieselbe Negativladung" anwendet, trifft es zu, dass sich der Sinn des Satzes – Schema (4) folgend – angeben lässt, doch die Verifikation dieses Satzes – auf die sich Schema (3) bezieht – höchst problematisch bleibt.[57]

Das angedeutete Gegenbeispiel ist eine Widerspiegelung der berüchtigten Schwierigkeiten, in die Carnap und andere bei der Erarbeitung des Verifikationskriteriums geraten sind.[58] Ich möchte jedoch nicht auf diese Schwierigkeiten eingehen, sondern die Untersuchung von Carnaps Programm der Überwindung der Metaphysik fortsetzen. In deren Verlauf komme ich zu seiner auf der modernen Logik beruhenden Analyse von Sätzen.

In dem Aufsatz „Überwindung" kritisiert Carnap nicht die Positionen des Realisten oder Idealisten als solche. Vielmehr bezieht er sich auf metaphysische Sätze von Martin Heidegger. In seinem 1929 gehaltenen Vortrag „Was ist Metaphysik?" fragt Heidegger nicht zuletzt nach dem „Nichts",[59] und Carnap beruft sich auf die moderne Logik, um seine Argumentation auszuführen, dass ein Satz wie „Das Nichts

---

55 Ebd., §2 (S. 221f.) (Hervorhebung im Original).

56 Ebd., §2 (S. 224). Vgl. Mormann, *Carnap* (Anm. 3), S. 72.

57 Ebd., S. 72f.

58 Vgl. z.B. Carl Hempel, „Problems and Changes in the Empiricist Criterion of Meaning", in: *Revue International de Philosophie*, 11 (1950), S. 41-63.

59 Vgl. Martin Heidegger, *Was ist Metaphysik?*, Bonn 1929, S. 7f., nachgedruckt in: ders., *Gesamtausgabe*, Bd. IX: *Wegmarken*, Frankfurt a. M. 1976, S. 103-122, bes. S. 105f.

nichtet" völlig sinnlos sei.[60] Dessen Substantiv und Verb bezögen sich nicht auf einen Gegenstand, und das, was an diesem „Scheinsatz" zu retten sei, lasse sich unter Beschränkung auf den Existenzquantor und Negator ausdrücken.[61]

Doch Carnaps an Heidegger gerichtete Argumente sind bekannt und müssen nicht neu aufgezählt werden. Mein Anliegen ist ein anderes: Was versteht Carnap eigentlich unter „Metaphysik"? Er nähert sich dem Begriff der Metaphysik mit Hilfe eines Rätsels: Wenn die Sätze der Metaphysik völlig sinnlos seien, wenn sie gar nichts besagten, wie sei es dazu gekommen, dass „wirklich so viele Männer der verschiedensten Zeiten und Völker, darunter hervorragende Köpfe, so viel Mühe, ja wirkliche Inbrunst auf die Metaphysik verwendet haben [sollten], wenn diese in nichts bestände als in bloßen, sinnlos aneinandergereihten Wörtern?"[62] Carnaps Antwort darauf:

Diese Bedenken haben insofern recht, als die Metaphysik tatsächlich etwas enthält; nur ist es kein theoretischer Gehalt. Die (Schein-)Sätze der Metaphysik dienen *nicht zur Darstellung von Sachverhalten*, weder von bestehenden (dann wären es wahre Sätze) noch von nicht bestehenden (dann wären es wenigstens falsche Sätze); sie dienen *zum Ausdruck des Lebensgefühls.*[63]

Wie wir gesehen haben, ist Carnap der Ansicht, die Sätze der Metaphysik hätten keinen Sinn, und daraus ließe sich entnehmen, sie seien auch nicht intersubjektiv, denn Intersubjektivität setze einen Sinn voraus. Das bedeute wiederum, dass die Sätze der Metaphysik als Ausdrücke des Lebensgefühls rein subjektiv zu verstehen seien. In diesem Sinne erweist sich Carnaps Kampf gegen die Metaphysik als Kampf gegen die Subjektivität.

Doch diese Analyse Carnaps spricht sein konstruktives Programm, sein Objektivierungsprogramm anhand des Konstitutionssystems, nicht an. Diesem Programm möchte ich mich jetzt zuwenden.

---

60 Carnap, „Überwindung" (Anm. 41), §7 (S. 238), und vgl. allgemein §§6-7 (S. 229-238). Vgl. allgemein zur Heidegger-Carnapschen Auseinandersetzung den höchst interessanten Beitrag von Friedman, „Overcoming Metaphysics" (Anm. 51).

61 Vgl. Carnap, „Überwindung" (Anm. 41), §5 (bes. S. 229-231).

62 Ebd., §7 (S. 238).

63 Ebd. (Hervorhebung im Original). Nach Gottfried Gabriel ist Grundlage dieser Einschätzung der Metaphysik Diltheys Weltanschauungslehre, vgl. Gabriel, „Carnap und Heidegger" (Anm. 51), S. 490.

III. Carnaps Konstitutionssystem und das Leitmotiv der Objektivität

Der *Aufbau* Carnaps ist ein ehrgeiziges, breit angelegtes und – im übrigen – weithin ziemlich unbeliebtes Werk.[64] Im Zeitraum von 1922 bis 1925 verfasste Carnap eine erste Fassung des *Aufbaus*,[65] die ursprünglich den Titel „Konstitutionssystem der Begriffe" trug[66] und deren Themen 1926 in Wien erörtert wurden. Zwei Jahre später veröffentlichte Carnap eine überarbeitete Fassung.

Bevor ich mich einigen Einzelheiten des Konstitutionssystems zuwende, wird es aber von Nutzen sein, kurz der älteren, auf den erkenntnistheoretischen Fundamentismus bzw. den klassischen Empirismus bezogenen Lesart des *Aufbaus* die revisionistische, von dem Streben nach Objektivität als wissenschaftlichem Programm ausgehende, gegenüberzustellen.

Lesarten des Aufbaus. Kein geringerer als Willard Van Orman Quine vertrat ein halbes Jahrhundert lang die Auffassung, der *Aufbau* sei ein Werk auf dem Gebiet des klassischen Empirismus. In dem berühmten, zuerst 1951 erschienenen Aufsatz, „Zwei Dogmen des Empirismus",[67] führt Quine seine Vorstellung des „radikalen Reduktionis-

---

64 Nelson Goodman, dessen Arbeit *The Structure of Appearance*, Cambridge, Massachusetts 1951, der einzige philosophisch beeindruckende Versuch ist, ein mit dem *Aufbau* verwandtes Programm durchzuführen, stellt die z.T. recht negative Rezeption des *Aufbaus* folgendermaßen dar: „Der *Aufbau* ist eine Kristallisation von Vielem, was nach weitverbreiteter Ansicht als das Schlimmste in der Philosophie des 20. Jahrhunderts gilt. Dieses Werk ist den anti-empiristischen Metaphysikern und den alogischen Empiristen, den Oxforder Analytikern und den anti-analytischen Bergsonianern sowie denjenigen, welche die Philosophie über die Wissenschaften erheben, und denjenigen, welche die Philosophie zugunsten der Wissenschaften abschaffen wollen, ein Greuel. In den philosophischen Zeitschriften richtet sich ein gut Teil der gegenwärtigen Polemik gegen Auffassungen, die in virulenter Form im *Aufbau* zu finden sind. Der *Aufbau* ragt als abschreckendes Beispiel heraus." Nelson Goodman, „The Significance of *Der logische Aufbau der Welt*", in: *The Philosophy of Rudolf Carnap*, hg. v. Paul Arthur Schilpp, LaSalle, Illinois 1963, S. 545-558 (545).

65 Vgl. Carnap, *Mein Weg* (Anm. 3), S. 25, und Carnap, *Aufbau* (Anm. 2), Vorwort zur 2. Aufl., S. XVII.

66 Vgl. Feigl, „The *Wiener Kreis* in America" (Anm. 7), S. 61.

67 Willard Van Orman Quine, „Zwei Dogmen des Empirismus", in: *Zur Philosophie der idealen Sprache. Texte von Quine, Tarski, Martin, Hempel und Carnap*, hg. u. übers. v. Johannes Sinnreich, München 1972, S. 167-194, und in: Quine, *Von einem logischen Standpunkt*, übers. mit einem Nachwort v. Peter Bosch, Frankfurt a. M.–Berlin–Wien 1979, S. 27-50, 173f. (zuerst erschienen 1951). Ich verwende die Übersetzung von Peter Bosch.

mus" ein und erklärt in dessen Idiom die Aufgabe des *Aufbau*s. Radikaler Reduktionismus besagt, von jeder sinnvollen Aussage werde angenommen, dass sie in eine (wahre oder falsche) Aussage über direkte Erfahrung übersetzbar sei. In diesem Sinne hätten John Locke und David Hume gemeint, jede Idee müsse entweder direkt aus sinnlicher Erfahrung hervorgehen oder aber aus derart entstandenen Ideen zusammengesetzt sein.[68] Wenn die „Ideen" von Locke und Hume durch Aussagen ersetzt werden, dann zähle auch Carnaps *Aufbau* zum radikalen Reduktionismus.

> [J]etzt verstanden als von Aussagen als Elementen ausgehend, machte sich [der radikale Reduktionismus] zur Aufgabe, eine Sinnesdatensprache zu entwickeln und zu zeigen, wie weiterer signifikanter Diskurs Aussage für Aussage in sie übersetzt werden kann. Carnap nahm diese Aufgabe im *Aufbau* in Angriff.

Darüber hinaus sei Carnap

> der erste Empirist, der sich nicht mit der bloßen Behauptung der Reduzierbarkeit von Wissenschaft auf Terme der direkten Erfahrung zufriedengab, sondern ernsthafte Schritte zur Durchführung jener Reduktion unternahm.[69]

Fast ein halbes Jahrhundert später, in dem Werk *From Stimulus to Science*, scheint Quines Auffassung unverändert zu sein.

> Carnaps *Aufbau* war der Höhepunkt des von Hobbes, Locke, Berkeley und Hume entwickelten Phänomenalismus, der seine Wurzeln in Descartes' methodischem Zweifel sowie dem schon in der Antike bekannten Problem von Erkenntnis und Irrtum gehabt hatte.[70]

---

68   Ebd., §5 (S. 43).

69   Ebd., §5 (S. 44).

70   Willard Van Orman Quine, *From Stimulus to Science*, Cambridge, Massachusetts 1995, S. 13.

Auch eine ganze Reihe anderer Philosophen und Interpreten versteht den *Aufbau* so.[71] Darüber hinaus vertritt Carnap selbst in dem Vorwort zur 1961 erschienenen 2. Auflage des *Aufbaus* und zwei Jahre später in seiner Autobiographie diese Auffassung. Im *Aufbau* handele es sich um die These, „daß es grundsätzlich möglich sei, alle Begriffe auf das unmittelbar Gegebene zurückzuführen."[72]

Wenn die Auffassung, der *Aufbau* stelle den Höhepunkt des klassischen Empirismus dar, die herrschende Meinung ist, was hat es dann mit der hier vertretenen, revisionistischen Position, der *Aufbau* reflektiere Carnaps Lehre von der Objektivität als wissenschaftlichem Programm, auf sich? Zweierlei ist darauf zu antworten. Einerseits erkennen die Vertreter der revisionistischen Auslegung an, dass der *Aufbau* Elemente des klassischen Empirismus aufweist. In den Worten Michael Friedmans, des einflussreichsten unter den Revisionisten: „Sicher trifft es zu, dass der *Aufbau* einen wichtigen Versuch zu einer phänomenalistischen Reduktion enthält."[73] Andererseits argumentieren die Revisionisten, es sei trotzdem berechtigt, beim *Aufbau* nach einem anderen Schwerpunkt zu suchen, denn es gebe einige grundlegende Elemente in diesem Werk, die sich im Rahmen der empiristischen Lesart nicht erklären lassen. Zwei darauf beruhende Einwände der Revisionisten lassen sich kurz darlegen.

Erstens geht es bei Carnaps Begriff des Gegebenen nicht um „atomistische" Bestandteile – also nicht um die Sinnesempfindungen des Empiristen –, sondern um Querschnitte von Erfahrung, zwischen denen eine Grundrelation besteht. Dass Carnap dadurch die empiristische Lehre von dem Gegebenen als primitiven, sinnlichen „Atomen" ablehnt,[74] ist schon eine Abweichung vom klassischen Empirismus, auch wenn seine Reduktion auf das Gegebene durchaus als analog zur Reduktion der klassischen Empiristen auf deren „atomistisch" oder

---

71   Statt vieler sei auf folgende Arbeiten verwiesen: Goodman, „The Significance of *Der logische Aufbau der Welt*" (Anm. 64); Feigl, „The *Wiener Kreis* in America" (Anm. 7), S. 61; Friedrich Kambartel, *Erfahrung und Struktur. Bausteine zu einer Kritik des Empirismus und Formalismus*, Frankfurt a. M. 1968, S. 149-198; Herbert Schnädelbach, *Erfahrung, Begründung und Reflexion*, Frankfurt a. M. 1971, S. 63-130; Hempel, Carl, „Rudolf Carnap. Logical Empiricist", in: *Rudolf Carnap. Logical Empiricist*, hg. v. Jaakko Hintikka, Dordrecht 1975, S. 1-13.

72   Carnap, *Aufbau* (Anm. 2), Vorwort zur 2. Aufl., S. XVIII; vgl. auch Carnap, *Mein Weg* (Anm. 3), S. 25-27.

73   Vgl. Friedman, *Logical Positivism* (Anm. 14), S. 90.

74   Vgl. ebd., S. 91, und Carnap, *Aufbau* (Anm. 2), §§67 (bes. S. 92), 75 (S. 104-107), 93 (S. 129f.).

phänomenalistisch zu verstehendes Gegebenes betrachtet werden kann. Auf Einzelheiten dieses Themas wird zurückzukommen sein. Ein zweiter Einwand gegen die herrschende Interpretation ist wesentlich schwerwiegender. Obwohl Carnaps im *Aufbau* entwickeltes Konstitutionssystem mit einem phänomenalistischen vergleichbar ist, führt er mehrmals aus, dieses System sei nur ein mögliches Konstitutionssystem von mehreren.[75] Insbesondere habe sich als Möglichkeit „für die Gesamtform des Konstitutionssystems" auch die Systemform „mit Basis im Physischen" ergeben.[76] Freilich habe das phänomenalistische System Vorteile gegenüber dem physischen, indem jenes eine „erkenntnismäßige Primarität" widerspiegele,[77] doch – wie Friedman betont – die Wahl des phänomenalistischen Systems sei gerade das, eine Wahl; Rudolf Carnap sei nicht notwendig von vornherein auf den Phänomenalismus beschränkt.[78] Wenn dies aber zutrifft, dann muss der Schwerpunkt des *Aufbau*s ein anderer sein. Auch auf dieses Thema wird im Laufe meiner Darstellung des Konstitutionssystems im *Aufbau*, der ich mich jetzt zuwende, zurückzukommen sein.

Viele Lehren des *Aufbau*s Carnaps betreffen sein Konstitutionssystem, und zwar die Gegenstandslehre und die damit eng verknüpfte Extensionalitätsthese, die Lehre von dem Gegebenen, die Lehre von den Elementarerlebnissen und deren Grundrelation, die Quasianalyse und schließlich die Lehre von der Objektivität als wissenschaftlichem Programm. Fangen wir mit der Gegenstandslehre an.

Gegenstände, Aussagen über Gegenstände und die Extensionalitätsthese. Carnap versteht den Ausdruck „Gegenstand" in seinem weitesten Sinne. „Gegenstand" bezieht sich auf alles, worüber eine Aussage gemacht werden kann. Zu den Gegenständen also seien nicht nur Dinge, sondern auch Eigenschaften und Beziehungen, Klassen und Relationen, Zustände und Vorgänge, ferner Wirkliches und Unwirkliches zu zählen.[79] Doch trotz dieses sehr breit angelegten Verständnisses von „Gegenstand" geht es bei dem Projekt im *Aufbau* vor allem um die Gegenstände der Wissenschaften – also der Naturwissenschaften, Psychologie und Kulturwissenschaften.[80] Deren Ge-

---

75   Vgl. ebd., §§57-63 (S. 77-85), 122 (S. 162).

76   Vgl. ebd., §62 (S. 83), und Friedman, *Logical Positivism* (Anm. 14), S. 92.

77   Ebd., und vgl. Carnap, *Aufbau* (Anm. 2), §54 (S. 74).

78   Friedman, *Logical Positivism* (Anm. 14), S. 93.

79   Carnap, *Aufbau* (Anm. 2), §1 (S. 1).

80   Vgl. ebd., §§12 (S. 15), 23-24 (S. 29-32).

genstände müssen so „konstituiert" werden, dass sich jede Aussage über so einen Gegenstand in anderen, auf Erfahrung gerichteten Aussagen wiedergeben lässt. Diese Relation zwischen zurückführbaren Gegenständen und Aussagen über diese Gegenstände lässt sich auch präziser formulieren: „Ist ein Gegenstand c auf die Gegenstände a und b zurückführbar, so sind [...] die Aussagen über c umformbar in Aussagen über a und b."[81] Wenn also geeignet formulierte Aussagen 1, 2 und 3 über die jeweiligen Gegenstände a, b und c vorhanden sind, ist Aussage 1 nur dann wahr, wenn die Konjunktion der Aussagen 2 und 3 auch wahr ist.[82]

Wie anhand dieser Formulierung zu sehen ist, bezieht sich Carnap hier auf die Extensionalitätsthese:[83] Jede Aussage ist eine Wahrheitsfunktion von Elementaraussagen. Darüber hinaus ist Carnap der Meinung, dass die Aufgabe, eine noch stärkere Beziehung zwischen verschiedenen Gegenständen als die einer auf deren Aussagen gerichteten Äquivalenz herzustellen, zurückgewiesen werden müsse, und zwar – damals von Ludwig Wittgenstein beeinflusst[84] – als unhaltbar.[85] Vier Gegenstandsgebiete werden unterschieden: Eigenpsychisches, Physisches, Fremdpsychisches, Geistiges.[86] Carnap behauptet also nicht, dass etwa eine Aussage über einen geistigen Gegenstand in eine Aussage über einen physischen oder einen psychischen Gegenstand sinnvoll übersetzt werden könne. Denn so eine Behauptung würde gerade das voraussetzen, was Carnap als unhaltbar zurückgewiesen hat: eine Bedeutungsthese, die stärker als die Extensionalitätsthese zu verstehen ist.

Wenn man an dieser Stelle, nämlich mit der Lehre vom Gegenstand, aufhörte, sähe das Carnapsche Programm im *Aufbau* so aus, wie Quine es kennzeichnet. Doch Carnap ist nicht bereit, sich dem

---

81 Ebd., §2 (S. 2) (sowohl hier als auch unten werden die von Carnap eingeführten Variablen „a", „b" und „c" in einer gemessen an seinem Text umgekehrten Reihenfolge aufgestellt).

82 Ebd., §51 (S. 70f.).

83 Vgl. ebd., §§43-45 (S. 57-63), 52 (bes. S. 71).

84 Vgl. Andrew Hamilton, „Carnap's *Aufbau* and the Legacy of Neutral Monism", in: *Wissenschaft und Subjektivität. Der Wiener Kreis und die Philosophie des 20. Jahrhunderts*, hg. v. David Bell und Wilhelm Vossenkuhl, Berlin 1992, S. 131-152, bes. S. 137, 148f.

85 Carnap, *Aufbau* (Anm. 2), §23 (bes. S. 30).

86 Vgl. ebd., §58 (S. 79).

klassischen Empirismus anzuschließen, was man anhand seiner „Zusammensetzung" des Gegebenen einsehen kann.

Elementarerlebnisse als Grundelemente: „das Gegebene". Das Gegebene, das, „was zu allem anderen erkenntnismäßig primär ist",[87] besteht aus „Elementarerlebnissen", die als Carnaps Grundelemente zu betrachten sind. Während etwa Ernst Mach die „einfachste[n] Sinnesempfindungen" als das Gegebene betrachtet hat,[88] sieht Carnap Sinnesempfindungen nicht als das Gegebene selbst an, sondern als Abstraktionen von den Elementarerlebnissen, als „etwas erkenntnismäßig Sekundäres".[89] Im Gegensatz zu Sinnesempfindungen seien Elementarerlebnisse als Querschnitte von Erfahrung *„in ihrer Totalität und geschlossenen Einheit"* zu begreifen.[90] Dadurch will Carnap auf ihren Charakter als Gesamteindrücke hinweisen:

> der Akkord ist ursprünglicher als die Teiltöne, der Eindruck des Gesamtsehfeldes ursprünglicher als die Einzelheiten in ihm, und wieder die Einzelgestalten im Sehfeld ursprünglicher als die farbigen Sehfeldstellen, aus denen sie „zusammengesetzt" sind.[91]

Diesbezüglich stützt sich Carnap expressis verbis auf die von Wolfgang Köhler und anderen entwickelte Gestalttheorie.[92]

Die Ähnlichkeitserinnerung als Grundrelation. Doch mit der Einführung von Elementarerlebnissen beziehungsweise Grundelementen allein kommt man nicht aus. Sie müssen zueinander in einer Grundrelation stehen. „Denn wenn die Grundelemente als eigenschaftslos und beziehungslos nebeneinander stehend gegeben würden, so wäre kein Konstitutionsschritt von ihnen aus möglich."[93] Carnap führt eine ein-

---

87   Ebd., §67 (S. 92).

88   Ebd., §67 (S. 91).

89   Ebd. In den *Scheinproblemen* (Anm. 39) schreibt Carnap dazu: „Die Psychologie (in diesem Falle besonders die Gestaltpsychologie) belehrt uns, daß die Gesamtwahrnehmung *vor* den sie ‚zusammensetzenden' Einzelempfindungen erlebt wird, daß diese erst durch einen nachträglichen Abstraktionsprozeß zum Bewußtsein gebracht werden." Ebd., S. 297f. (Hervorhebung im Original).

90   Carnap, *Aufbau* (Anm. 2), §67 (S. 92) (Hervorhebung im Original).

91   Ebd., §67 (S. 93).

92   Ebd., §67 (S. 92), und vgl. Wolfgang Köhler, „Gestaltprobleme und Anfänge einer Gestalttheorie", in: *Jahresbericht über die gesamte Physiologie und experimentelle Pharmakologie*, 3 (1. Hälfte) (Bericht über das Jahr 1922) (1925), S. 512-539.

93   Carnap, *Aufbau* (Anm. 2), §61 (S. 83).

zige Art von Grundrelation ein: die Ähnlichkeitserinnerung. Der Ausgangspunkt ist der, dass es sich bei Elementarerlebnissen, etwa x und y, um Querschnitte von Erfahrung handelt, wobei x und y an verschiedenen Stellen des gesamten Erlebnisstroms[94]zu finden sind. Wie verhalten sie sich zu einander? An dieser Stelle tritt die Ähnlichkeitserinnerung ein. Nach Carnap sind die Elementarerlebnisse durch eine Ähnlichkeitserinnerung miteinander verbunden. Präziser formuliert: „Zwei Elementarerlebnisse x und y heißen teilähnlich, wenn entweder zwischen x und y oder zwischen y und x die Beziehung der Ähnlichkeitserinnerung besteht."[95]

Während das Gegebene aus den Grundelementen, also Elementarerlebnissen besteht, weist Carnap darauf hin, dass unter konstitutivem Vorzeichen die Grundrelation gegenüber den Grundelementen primär sei. „[A]llgemein betrachtet die Konstitutionstheorie Einzelgegenstände als sekundär gegenüber ihrem Beziehungsgefüge."[96] Die einzelnen Grundrelationen, also die Instantiationen der einzigen Art von Grundrelation, bilden *die undefinierten Grundbegriffe des Systems.*"[97] Dies ist ja im Gegensatz zum klassischen Empirismus oder Positivismus ein entschieden kantisches bzw. neukantianisches Element im *Aufbau.* Carnap war sich dessen bewusst:

Der *Positivismus* hat hervorgehoben, daß das einzige *Material* der Erkenntnis im unverarbeiteten, erlebnismäßigen *Gegebenen* liegt; dort sind die *Grundelemente* des Konstitutionssystems zu suchen. Der *transzendentale Idealismus* insbesondere neukantianischer Richtung (Rickert, Cassirer, Bauch) hat aber mit Recht betont, daß diese Elemente nicht genügen; es müssen *Ordnungssetzungen* hinzukommen, unsere „*Grundrelationen*".[98]

Bei Carnap geht es an dieser Stelle um eine zweifache Distanzierung vom herkömmlichen Empiristen. Carnap revidiert dessen Auffassung des Gegebenen, indem er unter Berufung auf die Gestalttheorie die Sinnesempfindungen des Empirismus durch Querschnitte von

---

94 Vgl. ebd., §64 (S. 86).

95 Ebd., §78 (S. 110).

96 Ebd., §61 (S. 83).

97 Ebd., §75 (S. 105) (Hervorhebung im Original).

98 Ebd. (Hervorhebung im Original); vgl. weiter die Ausführungen in: Aster, *Die Philosophie der Gegenwart* (Anm. 33), S. 197-200.

Erfahrung, also Elementarerlebnisse, ersetzt, und er revidiert die Konstitutionsbasis des Empirismus – bei dem es wiederum um Sinnesempfindungen geht –, indem er eine Grundrelation einführt.

Quasianalyse. Carnaps Elementarerlebnisse sind nicht zerlegbar.[99] Deswegen scheidet eine Analyse im eigentlichen Sinn,[100] welche die Zerlegbarkeit des zu untersuchenden Gegenstandes voraussetzt, von vornherein aus. Carnaps Lösung zu diesem Problem ist die Quasianalyse, sozusagen die Analyse dessen, was sich nicht analysieren lässt.

Die aus der Unzerlegbarkeit der Elementarerlebnisse entstehende Schwierigkeit wird überwunden durch ein Konstitutionsverfahren, das, obwohl synthetisch, von irgendwelchen Grundelementen aus zu Gegenständen führt, die als formaler Ersatz für die Bestandteile der Grundelemente dienen können. Als formalen Ersatz bezeichnen wir sie, weil alle Aussagen, die von den Bestandteilen gelten, in analoger Form über sie ausgesprochen werden können. Dieses Verfahren bezeichnen wir als *„Quasianalyse"*.[101]

Abgesehen von den Elementarerlebnissen und den zwischen ihnen stehenden Ähnlichkeitserinnerungen sind Gegenstände Quasigegenstände.[102] Es wäre aber falsch, davon auszugehen, diese hätten einen geringeren Wirklichkeitsstatus als „wirkliche" Gegenstände. Wie Thomas Mormann schreibt, stehen Quasigegenstände nicht neben „wirklichen" Gegenständen, sondern als „im Konstitutionssystem konstituierte Gegenstände" neben den Grundelementen und der Grundrelation dieses Systems.[103]

Anhand dieser Skizze einiger Komponenten des Konstitutionssystems komme ich nun auf die Carnapsche Lehre von der Objektivität als wissenschaftliches Programm zurück.

Objektivität als wissenschaftliches Programm – das zentrale Leitmotiv des Aufbaus. Bereits zu Beginn des *Aufbaus* schlägt Carnap eine Brücke zwischen dem Konstitutionssystem und seiner Vorstellung von Objektivität. Das Konstitutionssystem habe nicht nur die Aufgabe,

---

99 Vgl. Carnap, *Aufbau* (Anm. 2), §69 (S. 94).

100 Vgl. ebd., §69 (S. 95).

101 Ebd., §69 (S. 94) (Hervorhebung im Original).

102 Vgl. ebd., §§52, 160.

103 Mormann, *Carnap* (Anm. 3), S. 96.

Begriffe in verschiedene Arten einzuteilen und die Unterschiede und gegenseitigen Beziehungen dieser Arten zu untersuchen. Sondern die Begriffe sollen aus gewissen Grundbegriffen stufenweise abgeleitet, „konstituiert" werden, so daß sich ein *Stammbaum der Begriffe* ergibt, in dem jeder Begriff seinen bestimmten Platz findet. Daß eine solche Ableitung aller Begriffe aus einigen wenigen Grundbegriffen möglich ist, ist die Hauptthese der Konstitutionstheorie, durch die sie sich am meisten von anderen Gegenstandstheorien unterscheidet.[104]

Schon an dieser Stelle erweckt Carnap den Eindruck, dass der Schwerpunkt seiner Lehre bei der aus den Grundelementen und deren Grundrelation aufzubauenden „Konstitution" eines intersubjektiv zu verstehenden Begriffssystems liegt. In der Tat ist die Carnapsche Quasianalyse hierauf gerichtet. Obwohl der subjektive Ausgangspunkt aller Erkenntnis in den Erlebnisinhalten und ihren Verflechtungen liege, sei es doch möglich, wie der Aufbau des Konstitutionssystems zeigen solle, „zu einer intersubjektiven, *objektiven Welt* zu gelangen, die begrifflich erfaßbar ist und zwar als eine identische für alle Subjekte."[105]

Das Streben Carnaps nach Intersubjektivität oder Objektivität als wissenschaftlichem Programm kommt in diesen Zeilen deutlich zum Ausdruck. Der von ihm zu diesem Zweck eingeschlagene schwierige Weg ist durch die *Strukturaussagen* markiert. Hierfür benötigt Carnap zwei Schritte. Zum einen könne sich die Wissenschaft auf ein einziges Gegenstandsgebiet beschränken, was bedeute, dass dann die Notwendigkeit entfalle, bei jeder Aussage das Gegenstandsgebiet anzugeben.[106] Zum anderen führt Carnap ein gewaltiges begriffliches Instrumentarium ein, um zu zeigen, wie es dazu kommt, dass die „eindeutigen Kennzeichnungen" der Wissenschaft – wie er deren rekonstruierte Aussagen bezeichnet – als bloße Strukturangaben verstanden werden können.[107] Die Struktur dieser „Kennzeichnungen" lasse sich ausschließlich mit Hilfe der formalen oder logischen Sprache der Relationen oder Beziehungen definieren.[108] Beispielsweise heißt eine

---

104 Carnap, *Aufbau* (Anm. 2), §1 (S. 1) (Hervorhebung im Original).
105 Ebd., §2 (S. 3) (Hervorhebung im Original).
106 Ebd., §16 (S. 20).
107 Vgl. ebd., §15 (S. 19).
108 Vgl. ebd., §11 (S. 13).

Beziehung „*symmetrisch*, wenn sie mit ihrer Konversion (Umkehrung)
identisch ist (z.b. Gleichaltrigkeit), andernfalls *nicht-symmetrisch*; eine
nicht-symmetrische Beziehung heißt *asymmetrisch*, wenn sie ihre
Konverse ausschließt", usw.[109]

Aufgrund dieser Schritte – der Beschränkung auf ein einziges Gegenstandsgebiet, und der rein formalen Definition der eindeutigen
Kennzeichnung der Wissenschaft durch deren „Strukturaussagen" –
meint Carnap, sein Ziel erreicht zu haben: „Das Ergebnis ist also, daß
die eindeutige Kennzeichnung durch bloße Strukturangaben allgemein
möglich ist."[110] Die Kehrseite der Medaille ist: Für die Wissenschaft ist
es „möglich und zugleich notwendig [...], sich auf Strukturaussagen
zu beschränken."[111]

Carnap zufolge will die Wissenschaft vom Objektiven sprechen:
Was nicht zur Struktur, sondern zum Materialen gehöre, alles, was
konkret aufgewiesen werde, sei letzten Endes subjektiv. Die Reihe der
Erlebnisse sei für jedes Subjekt verschieden. Solle trotzdem Übereinstimmung in der Namensgebung erzielt werden für die Gebilde, die auf
Grund der Erlebnisse konstruiert würden, so könne das nicht durch
Bezugnahme auf das gänzlich divergierende Materiale geschehen,
sondern nur durch formale Kennzeichnung der Strukturen der Gebilde.[112]

Auch in der Lehre Hans Kelsens spielt ein strukturelles Element die
grundlegende Rolle. Denn es kommt Kelsen darauf an, „das Subjektive" im Recht zu objektivieren, und sein Mittel, dieses Programm
durchzuführen, ist die Ermächtigungsnorm. In dieser Norm spiegelt
sich die „Grundform" des Rechts, wie Kelsen diese anhand der
peripheren Zurechnung als der „besondere[n] Gesetzlichkeit des
Rechts"[113] ausarbeitet, wider.

In Abschnitt IV nehme ich die grundlegende Rolle dieses strukturellen Elements vorweg. Zum einen zeige ich, dass eine auf die

---

109 Ebd. (Hervorhebung im Original).

110 Ebd., § 15 (S. 19) (Hervorhebung im Original ausgelassen).

111 Ebd., § 16 (S. 21) (Hervorhebung im Original ausgelassen).

112 Ebd., § 16 (S. 20, 21). Vgl. zum Begriff der Struktur Friedrich Kambartel,
    „Struktur", in: *Handbuch philosophischer Grundbegriffe*, hg. Hermann Krings u.a.,
    München 1974, Bd. III, S. 1430-1439; Kambartel, *Erfahrung und Struktur* (Anm.
    71), S. 170-188, 244f.; Randall R. Dipert, „The Mathematical Structure of the
    World: The World as Graph", in: *The Journal of Philosophy*, 94 (1997), S. 329-
    358.

113 Vgl. Kelsen, *RR* 1 (Anm. 8), § 11(b) (S. 21-24, bes. S. 22).

Pflicht des Rechtssubjekts bezogene, Kelsen zugeschriebene „starke Normativitätsthese", deren textliche Belege sowieso recht dürftig sind, gänzlich unvereinbar ist mit Kelsens programmatischem Ansatz zur Objektivierung. Zum anderen lege ich dar, dass Kelsens „analytischer Ansatz", bei dem das an das Subjekt gerichtete Gebot der hypothetisch formulierten, an das Organ gerichteten Rechtsnorm weichen muss, gerade dieses Objektivierungsprogramm widerspiegelt.

Doch sind die Einzelheiten der hypothetisch formulierten Rechtsnorm in Kelsens Arbeiten alles andere als eindeutig. Einige behaupten, diese Norm sei ein an das Rechtsorgan gerichtetes Gebot.[114] In scharfem Gegensatz dazu zeige ich, in Abschnitt V, dass die Modalität der Kelsenschen Rechtsnorm diejenige der Ermächtigung ist. Tatsächlich vertritt Kelsen die These, dass es zwei Arten von Ermächtigungsnormen gibt – die Ermächtigung zur Sanktionsverhängung und diejenige zur Normsetzung. Kelsens eleganteste Formulierung ihrer Struktur kommt in seiner Darstellung der „vollständigen Rechtsnorm" zum Ausdruck – eine These, die für den strukturellen Ansatz der Rechtslehre Kelsens von zentraler Bedeutung ist. Aus der Darstellung dieser Charakteristika der Ermächtigungsnorm Kelsens besteht der Schwerpunkt von Abschnitt V.

In einem kurzen Schluss komme ich auf die Objektivierungsprogramme beider Denker zurück.

IV. Kelsens Kampf gegen das Subjektive im Recht

Herkömmlicherweise wird der Rechtspositivismus anhand der *Faktizitätsthese* charakterisiert: Das Recht wird demnach letztlich unter Rekurs auf soziale Sachverhalte expliziert. Dabei mag es sich um die Macht, den Willen des Souveräns, oder die allgemeine Akzeptanz der Rechtsordnung und ihrer Normen durch die Rechtsgenossen handeln. Überträgt man die Faktizitätsthese in semantische Kategorien, kann man sagen, der Rechtstheoretiker positivistischer Prägung führe „eliminierende Definitionen" ein, vermöge derer er die normativen Begriffe des Rechts durch deskriptive Gegenstücke ersetzt.[115] Die Idee, dass darin das Vorgehen der Rechtswissenschaft

---

114 Vgl. z.B. H.L.A. Hart, *The Concept of Law*, Oxford 1961, S. 35f.

115 Diese ersten drei Sätze des Absatzes habe ich übernommen aus meinem Aufsatz: „Konstruktivismus, Methodendualismus und Zurechnung im Frühwerk Hans Kelsens" (Anm. 20), S. 631f.

bestehe, lässt sich als die „reduktive semantische These" bezeichnen.[116] Kelsens Überzeugung, die reduktive semantische These sei
grundfalsch, hat seine Rechtslehre bestimmt. Das gilt insbesondere für
seine erste, vorklassische Phase.[117] An Stelle der uns aus dem herkömmlichen Rechtspositivismus bekannten Faktizitätsthese hat Kelsen
von Anfang an eine *Normativitätsthese* – also eine *nicht*reduktive
semantische These – vertreten.

Nun gibt es in der Literatur über Kelsen verschiedene Interpretationen dieser nichtreduktiven semantischen These oder Normativitätsthese. Während schon eine schwache Normativitätsthese –
etwa Rechtsnormen als in einer nach Rickert zu verstehenden „dritten
Sphäre" befindliche objektive Sinngehalte[118] – hinreichend ist, um die

---

116   Vgl. Joseph Raz, „The Purity of the Pure Theory", in: *Normativity and Norms*
      (Anm. 25), S. 237-252 (239).

117   Vgl. die Periodisierung der Entwicklungsphasen Kelsens in Anm. 12.

118   In seinem Werk *Der Gegenstand der Erkenntnis* (Anm. 36) erarbeitet Rickert eine
      dreiteilige Lehre von dem Akt und dessen Sinngehalt, ebd., S. 153-165. Anhand
      einer „Prozess/Produkt-Unterscheidung" kann man den Akt als psychologisches
      Verfahren von dessen Sinn unterscheiden. „[E]s ist die ‚rein' *psychologische
      Daseinsfeststellung* von der *logischen Sinndeutung* des Urteilsaktes aufs strengste
      zu scheiden." So weit gibt es nichts Überraschendes. Doch die zweite
      Unterscheidung Rickerts geht wesentlich weiter. „Wir müssen [...] *zwei Arten des
      Sinnes* scheiden [...], und wir wollen den einen (als Sinn des Aktes) den
      ‚subjektiven', den andern (als Sinn des geleisteten Objekts) den ‚objektiven' Sinn
      nennen." Das Gebilde, welches man bei dem objektiven Sinn im Auge habe, sei
      das, was man auch die „Wahrheit des Urteils" nennen könne, der für sich
      bestehende Urteilsgehalt. Dies müsse von dem dem Subjekt immanenten Sinn
      losgelöst gedacht werden, da „wir alle gemeinsam [...] *denselben* meinen und
      verstehen, wo wir überhaupt urteilen oder etwas als wahr aussagen." Ebd., S.
      161 (Hervorhebung im Original). Zusammenfassend: es gebe eine Verbindung
      zwischen „*drei* Gebilden". Der unwirkliche – also geltende – objektive Gehalt
      werde „*von* den wirklichen Akten gemeint oder verstanden, und damit kommen
      wir von neuem auf den *immanenten oder subjektiven* Urteilssinn zurück." Ebd.,
      S. 163 (Hervorhebung im Original). Diese Lehre Rickerts war von ihm schon für
      die 1915 erschienene 3. Auflage seines Werkes *Der Gegenstand der Erkenntnis*
      ausgearbeitet worden.
          Wenden wir uns jetzt Kelsen zu. „Den spezifisch juristischen Sinn, seine eigen-
      tümliche rechtliche Bedeutung erhält der fragliche Sachverhalt [oder Akt] durch
      eine Norm, die sich mit ihrem Inhalt auf ihn bezieht, die ihm die rechtliche
      Bedeutung verleiht [...]." *RR* 1 (Anm. 8), §4 (S. 5). Wenn man dem Schema
      Rickerts folgt, kann man bei Kelsen den Akt und dessen objektiven Sinn erkennen.
      Zusätzlich gibt es den subjektiven Sinn. Es sei notwendig, schreibt Kelsen,
      „zwischen dem subjektiven und dem objektiven Sinn eines Aktes zu unter-
      scheiden. Der subjektive Sinn kann, muß aber nicht mit dem objektiven Sinn
      zusammenfallen, der diesem Akt im System aller Rechtsakte, d.h. im Rechts-
      system zukommt. Das, was der berühmte Hauptmann von Köpenick tat, war ein

Faktizitätsthese auszuschließen, ist eine stärkere These hinsichtlich der Normativität erforderlich – zumindest dann, wenn man die Pflicht des Rechtssubjekts als Kern des Kelsenschen Normativismus hervorheben will. Der Einfachheit halber könnte man die stärkere These als *starke Normativitätsthese* bezeichnen. An dieser Stelle geht es allein um diese These. Was ist eigentlich darunter zu verstehen? Es scheint, als gäbe Kelsen selbst eine Antwort darauf. Eine zweite Antwort stammt aus Arbeiten von Joseph Raz.

Kelsens eigene Antwort. Auf den ersten Blick sieht es so aus, als äußerte sich Kelsen klar und deutlich zur starken Normativitätsthese. Man denkt beispielsweise an eine vorzügliche Passage, die sowohl in der 1. als auch in der 2. Auflage der *Reinen Rechtslehre* vorkommt. Was passiert, fragt sich Kelsen, wenn „das Normative" von Rechtsnormen abstrahiert würde, so dass „Normen" paradoxerweise keinen normativen Sinn mehr hätten?

Spricht man der „Norm" oder dem „Sollen" jeden Sinn ab, dann hat es keinen Sinn zu behaupten: dies sei rechtlich erlaubt, jenes rechtlich verboten, dies gehört mir, jenes dir, X sei dazu berechtigt, Y dazu verpflichtet usw. Kurz, all die Tausende von Aussagen, in denen das Rechtsleben sich täglich äußert, haben ihre Bedeutung verloren. Denn es ist etwas ganz anderes, wenn ich sage: A ist rechtlich verpflichtet, dem B 1000 [Taler] zu leisten, als wenn ich sage: es besteht eine gewisse Chance, daß A dem B 1000 [Taler] leisten werde.[119]

Wie gesagt, sieht es so aus, als stellten diese Zeilen Kelsens eigene Formulierung der starken Normativitätsthese dar. Augenfällig ist dabei die Rolle des Rechtssubjekts. An der zitierten Stelle ist Kelsens Sprache entschieden an das Rechtssubjekt gerichtet – dies gehört mir, jenes dir usw. Das kommt auch nicht von ungefähr. Denn der Normativismus spricht die Rechte und Pflichten von *Subjekten* an – und es kann nicht anders sein, es sei denn, man ist bereit, auf die Verlockung des Normativismus als *normativer*, auf das Subjekt bezogener Rechtslehre zu verzichten.

Akt, der seinem subjektiven Sinn nach ein Verwaltungsbefehl sein wollte. Objektiv war er dies aber nicht, sondern ein Delikt." Ebd., §3 (S. 4).

119 Kelsen, *RR* 1 (Anm. 8), § 16 (S. 35); Hans Kelsen, *Reine Rechtslehre*, 2. Aufl., Wien 1960 (im folgenden: *RR* 2), §26 (S. 110).

Diese angebliche Antwort Kelsens auf die Frage, was unter der Normativitätsthese zu verstehen ist, wird wieder aufzunehmen sein. Zunächst möchte ich mich aber einer zweiten Antwort auf diese Frage zuwenden.

Die Antwort von Joseph Raz. Die weitgehendste Antwort aller Interpreten auf die Frage, was unter der Kelsenschen Normativitätsthese zu verstehen ist, gibt Joseph Raz.[120] In der von H.L.A. Hart vertretenen Lehre von der „sozialen Normativität" verhalten sich laut Raz die Begriffe „der Normativität des Rechts und der Pflicht, ihm zu gehorchen" nur kontingent zueinander. Demgegenüber seien diese beiden Begriffe in Kelsens Lehre von der „gerechtfertigten Normativität" analytisch verbunden.[121] Die Bedeutung und Tragweite dieser analytisch zu verstehenden Verbindung veranschaulicht Raz anhand einer Reihe von Zitaten aus Arbeiten Kelsens. Nur ein paar dieser Zitate kann ich hier wiedergeben.

Aus einem Aufsatz Kelsens aus dem Jahre 1957 zitiert Raz: „Unter ‚Geltung' wird die verbindliche Kraft des Rechts – die Idee, dass es von denjenigen, deren Verhalten es regelt, befolgt werden soll – verstanden."[122] Aus der 2. Auflage der *Reinen Rechtslehre* zitiert er: „Daß eine sich auf das Verhalten eines Menschen beziehende Norm ‚gilt', bedeutet, daß sie verbindlich ist, daß sich der Mensch in der von der Norm bestimmten Weise verhalten soll."[123]

Wie legt nun Raz diese Zitate aus, um an ihrem Beispiel zu demonstrieren, dass Kelsen eine analytische Beziehung zwischen Normativität und Rechtspflicht sieht? Der Schlüsselbegriff ist derjenige der Rechtspflicht. Dieser Begriff stehe dem Begriff der Verbindlichkeit korrelativ gegenüber, und die Normativität des Rechts wird unter Berufung auf seine Verbindlichkeit expliziert. Vielleicht ist diese Lehre – zumindest für denjenigen, der bereit ist, Raz an dieser Stelle zu folgen – schon implizit im ersten der oben wiedergegebenen Zitate enthalten. Die „verbindliche Kraft des Rechts", also dessen Verbindlichkeit, bedeutet, dass das Rechtssubjekt die sein Verhalten regelnde

120 Vgl. Raz, „The Purity of the Pure Theory" (Anm. 116); Joseph Raz, „Kelsen's Theory of the Basic Norm", in: *Normativity and Norms* (Anm. 25), S. 47-67.

121 Vgl. ebd., S. 57-60 et passim.

122 Hans Kelsen, „Why Should the Law be Obeyed?", in: ders., *What is Justice?*, Berkeley 1957, S. 257-265 (257), zitiert bei Raz, „Kelsen's Theory of the Basic Norm" (Anm. 120), S. 60.

123 Kelsen, *RR* 2 (Anm. 119), §34(a) (S. 196), zitiert bei Raz, „Kelsen's Theory of the Basic Norm" (Anm. 120), S. 60.

Norm befolgen soll, dass das Subjekt m.a.W. dazu verpflichtet ist, ihr zu folgen. In einem anderen Zitat kann man die in Betracht kommende Korrelation ausgedrückt finden: „Eine Aussage, derzufolge eine Norm oder eine Pflicht ein Individuum ‚bindet', bedeutet, dass sich dieses Individuum so verhalten soll, wie die Norm vorschreibt."[124] Die Idee, dass der eine Begriff, nämlich der der Rechtspflicht, dem zweiten Begriff, dem der Verbindlichkeit des Rechts, korrelativ gegenüberstehe, entspricht dem, was Raz „gerechtfertigte Normativität" nennt und was ich als „starke Normativitätsthese" bezeichnet habe.

In diesen von Raz eingeführten Zitaten spielt das Rechtssubjekt eine hervorgehobene Rolle. Und gerade diese Fokussierung auf das Rechtssubjekt ist die Achillesferse der Razschen Interpretation. Denn von Anfang an und in so gut wie allen Teilen seiner Rechtslehre war Kelsen darauf fixiert, subjektive Elemente im Recht – nicht zuletzt das Rechtssubjekt selbst – zugunsten ihrer objektiven Gegenstücke zu eliminieren. Das lässt sich sowohl programmatisch als auch analytisch veranschaulichen.

Kelsens programmatischer Ansatz. Bei der Beschäftigung mit Kelsen begegnet man unvermeidlich textlichen Belegen dafür, dass er sich viel Mühe gegeben hat, diejenigen Begriffe, die das Recht in einem subjektiven Sinne widerspiegeln, durch begriffliche Gegenstücke zu ersetzen, die das Recht in dessen objektivem Sinne ausdrücken. Um die Aufmerksamkeit auf den radikalen Charakter dieses Programms zu lenken, lohnt es sich, Kelsen selbst zu Wort kommen zu lassen. Beispielsweise spricht er in der 1. Auflage der *Reinen Rechtslehre* den Begriff des subjektiven Rechts an. Die Ausgangsthese lautet, dass das subjektive Recht etwas von dem objektiven Recht „völlig Verschiedenes, damit unter keinen gemeinsamen Oberbegriff zu Subsumierendes" sei.[125] Er setzt die Argumentation folgendermaßen fort:

Im engsten Zusammenhang mit dem Begriff des subjektiven Rechts, ja, im Grunde genommen nur eine andere Wendung desselben Begriffes ist der des Rechtssubjekts oder der „Person" als des Trägers des subjektiven Rechts, im wesentlichen zugeschnitten auf den Eigentümer. Auch hier ist die Vorstellung eines

---

124 Hans Kelsen, „A 'Dynamic' Theory of Natural Law", in: *Louisiana Law Review*, 16 (1955/56), S. 597-620 (613), nachgedruckt in: ders., *What is Justice?* (Anm. 122), S. 174-197, 388 (190f.).

125 Kelsen, *RR* 1 (Anm. 8), §19 (S. 40).

von der Rechtsordnung unabhängigen Rechtswesens bestimmend,
einer Rechtssubjektivität, die das subjektive Recht, sei es im
Individuum, sei es in gewissen Kollektiven, sozusagen vorfindet,
die es nur anzuerkennen hat und notwendigerweise anerkennen
muß, wenn es seinen Charakter als „Recht" nicht verlieren will. Die
Gegensätzlichkeit zwischen Recht (im objektiven Sinn) und
Rechtssubjektivität, die *ein logischer Widerspruch* der Theorie ist,
sofern diese beide zugleich als existent behauptet, drückt sich am
augenfälligsten darin aus, daß der Sinn des objektiven Rechts als
einer heteronomen Norm die Bindung, nämlich die Freiheit im
Sinne der Selbstbestimmung oder Autonomie erklärt wird.[126]

Dieses Objektivierungsprogramm Kelsens deutet an, dass die
starke Normativitätsthese nicht sein letztes Wort sein kann. Lässt sich
aber dieses Programm mit dem obigen Zitat, in dem Kelsen danach
fragt, was geschähe, wenn „das Normative" von Rechtsnormen
abstrahiert würde,[127] in Einklang bringen? Die Frage ist zu bejahen.
Beim obigen Zitat sieht es auf den ersten Blick vielleicht so aus, als
bezöge sich Kelsen auf die starke Normativitätsthese als
grundlegenden Bestandteil seiner Rechtslehre, doch er zieht sie bloß
dazu heran, um Gegenbeispiele anzuführen, die als Teil seiner
Erwiderung auf die aus dem Rechtsrealismus stammende
Voraussagedefinition des Rechts anzusehen sind.[128] Dies wird anhand
der auf das obige Zitat unmittelbar folgenden Zeilen klar.

Und es ist etwas völlig anderes, wenn ich sage: Dieses Verhalten
ist – im Sinne des Gesetzes – ein Delikt und – gemäß dem Gesetz
– zu bestrafen, als wenn ich sage: Wer dies getan hat, wird aller
Wahrscheinlichkeit nach bestraft werden. Der immanente Sinn, in
dem sich der Gesetzgeber an das gesetzanwendende Organ,
dieses Organ – im richterlichen Urteil und Verwaltungsakt – an den
Untertan, der Untertan – im Rechtsgeschäft – an den anderen Untertan richtet, ist mit der Aussage über den wahrscheinlichen
Verlauf eines künftigen Verhaltens nicht erfaßt.[129]

---

126 Ebd., §20 (S. 41f.) (Hervorhebung von mir).

127 Vgl. das Zitat bei Anm. 119.

128 Vgl. dazu Robert Alexy, *Begriff und Geltung des Rechts*, 2. Aufl., Freiburg i. B.-
      München, 1994, S. 33.

129 Kelsen, *RR* 1 (Anm. 8), §16 (S. 35).

Dies, wie gesagt, ist Kelsens Erwiderung auf die Voraussagedefinition des Rechts seitens des Rechtsrealisten. Wenn es sich jedoch
um seine eigene Rechtslehre handelt, dann weichen diese z.t. eng mit
der rechtlichen Subjektivität verknüpften Begriffe (also „dies sei
rechtlich erlaubt, jenes rechtlich verboten" usw.[130]) deren objektiven
Gegenstücken. Diese sind die Elemente der von Kelsen verfochtenen
„objektiven Wende". Statt der starken Normativitätsthese findet man
in den vielen Werken Kelsens vor allem seine hypothetisch formulierte
Rechtsnorm. Sie ist ja nicht an das Rechtssubjekt gerichtet, sondern
an das Rechtsorgan. Kelsens analytischer Ansatz, dem ich mich jetzt
zuwende, stellt eine präzise Darstellung dieser Idee dar. Einer
Interpretation, nach welcher die starke Normativitätsthese den
Schwerpunkt der Rechtslehre Kelsens bildet, entspricht dieser
analytische Ansatz nicht.

Kelsens analytischer Ansatz. Bei dem Razschen Ansatz geht es
nicht zuletzt um den Begriff der Rechtspflicht. Kelsen expliziert diesen
Begriff jedoch nicht innerhalb des Rahmens dessen, was Raz „ge-
rechtfertigte Normativität" nennt und was ich als „starke Norma-
tivitätsthese" bezeichnet habe. Stattdessen wendet Kelsen sich dem
Rechtsorgan zu. An einer Stelle, wo seine Zurückführung des
Pflichtbegriffes auf die Ermächtigung des Rechtsorgans mehr oder
weniger klar ausgearbeitet ist, betrifft die Zurückführung drei in
Aussagen eingebettete Begriffe, und zwar: (1) eine Pflicht seitens des
Rechtssubjekts, eine Handlung *h* auszuführen, (2) das entsprechende
Gebot, dass das Rechtssubjekt *h* ausführe, und (3) die Sanktion, die
möglicherweise verhängt wird, falls das Subjekt *h* nicht ausführt.
Kelsen behauptet – um seine Argumentation an dieser Stelle vorweg-
zunehmen –, dass (1) „identisch" mit (2) sei und (2) sich wiederum
unter Berufung auf (3) explizieren lasse. Wenn ich Kelsen an dieser
Stelle richtig verstehe, lassen sich seine Zurückführungen mit der
zweiteiligen Behauptung gleichsetzen, dass sowohl aus Aussage (1)
als auch aus Aussage (2) sich Aussage (3) ableiten lasse und dass die
Aussage (3) gegenüber den beiden anderen zu bevorzugen sei. Dieser
zweite Teil seiner Behauptung ist natürlich eine Widerspiegelung
seines programmatischen Ansatzes, der die Richtung seiner Analyse
bestimmt.

Kelsens erste Zurückführung ist, wie gesagt, die Behauptung,
Aussage (1) sei „identisch" mit Aussage (2). Er schreibt: „Die Aussage:

---

130 Vgl. das Zitat bei Anm. 119.

Ein Individuum ist rechtlich zu einem bestimmten Verhalten verpflichtet, ist identisch mit der Aussage: Eine Rechtsnorm gebietet das
bestimmte Verhalten eines Individuums [...].“[131] An einer anderen
Stelle in demselben Werk verweist Kelsen noch einmal auf die
Aussagen (1) und (2), indem er behauptet, (1) bedeute „nichts
anderes" als (2).[132] An einer weiteren Stelle bezieht er sich auf die
maßgeblichen „Ausdrücke" in (1) und (2), und zwar „das Gebotensein"
und „das Verpflichtetsein", um zu behaupten, sie seien „synonym".[133]
In Kelsens Worten: „Daß ein Verhalten geboten ist und daß ein
Individuum zu einem Verhalten verpflichtet ist, daß sich so zu
verhalten seine Pflicht ist, sind synonyme Ausdrücke.“[134]

Dann wendet er sich der zweiten Zurückführung zu. Sie besteht
darin, die Aussage (2) anhand der Aussage (3) zu explizieren: „[E]ine
Rechtsordnung gebietet ein bestimmtes Verhalten, indem sie an das
gegenteilige Verhalten einen Zwangsakt als Sanktion knüpft."[135]
Allerdings präsentiert Kelsen seine Deutung der Verbindung zwischen
(2) und (3) – im Gegensatz zu seiner Deutung der Verbindung zwischen (1) und (2) – an dieser Stelle nicht als rein semantische Interpretation. Daraus, dass ein Zwangsakt als Sanktion etwa an die Unterlassung einer Handlung *h* geknüpft wird, lässt sich nicht entnehmen,
dass die Bedeutung des Gebotes, *h* auszuführen, sich in der Sanktionsverhängung erschöpft. Die Frage bleibt offen. Kelsen macht jedoch an anderer Stelle unmissverständlich klar, dass sich die Bedeutung des Pflichtbegriffs (1) unter Berufung auf (3), den Sank-
tionsbegriff, semantisch explizieren lasse. In einem Aufsatz aus dem
Jahre 1928 fragt Kelsen sich, wie es mit der sog. sekundären, an das
Subjekt gerichteten Rechtsnorm steht, und antwortet in einer recht
zugespitzten Formulierung:

> [...] ich soll, ich bin verpflichtet, nicht zu stehlen, oder: ich soll,
> ich bin verpflichtet, ein empfangenes Darlehen zurückzuerstatten,
> bedeutet *positiv* rechtlich *nichts anderes* als: wenn ich stehle, soll

---

131   Kelsen, *RR* 2 (Anm. 119), §28(a) (S. 121).
132   Ebd., §28(b) (S. 123).
133   Ebd., §28(a) (S. 121).
134   Ebd., §28(a) (S. 120).
135   Ebd., §28(a) (S. 121).

ich bestraft werden, wenn ich ein empfangenes Darlehen nicht zurückerstatte, soll gegen mich Exekution geführt werden [...].[136]

Da die Beziehung der Aussagen (1), (2) und (3) transitiv zu verstehen ist, lässt sich (1) unmittelbar in (3) überleiten. Diese zugespitzte Formulierung lässt sich als Beweis für die Kelsensche Sanktionslehre in der elaborierten Version, die man in der 2. Auflage der *Reinen Rechtslehre* findet, ansehen.

Es ist leicht zu sehen, dass der analytische Ansatz Kelsens sich kaum mit der starken Normativitätsthese vereinbaren lässt. Der letzteren wird der Todesstoß versetzt, wenn man hinzufügt, dass die den analytischen Ansatz zum Ausdruck bringenden Textstellen und nicht diejenigen, auf die Raz im Namen der „gerechtfertigten Normativität" verweist, repräsentativ sind.[137] Letztere könnte man als die *analysanda* betrachten, welche Kelsen zugunsten deren *analysantia* eliminiert. Am wichtigsten an dieser Stelle ist aber die Tatsache, dass die Sanktionslehre den Kern der Rechtslehre Kelsens besser als die starke Normativitätsthese erfasst, weil die Sanktionslehre – in scharfem Gegensatz zur „gerechtfertigten Normativität" bzw. „starken Normativitätsthese" – sich nicht nur mit dem Programm in Einklang bringen lässt, das Subjektive im Recht zu objektivieren, sondern dieses Programm befördert.

Doch viele Fragen sind unbeantwortet. Vor allem wird die Frage aufgeworfen, wie der strukturelle Bestandteil der Kelsenschen Rechtslehre aussieht – der Bestandteil nämlich, kraft dessen das Objektivierungsprogramm durchzuführen ist. Meine These ist die, dass es sich dabei letzten Endes um die Ermächtigungsnorm handelt. Das Streben nach der Objektivität, die Überwindung des Subjektiven im

---

136 Hans Kelsen, „Die Idee des Naturrechtes", in: *Zeitschrift für öffentliches Recht,* 7 (1927/28), S. 221-250 (226), nachgedruckt in: WS I (Anm. 21), S. 245-280 (251) (Hervorhebung im Original, obschon sie in dem Nachdruck nicht wiedergegeben ist).

137 Kelsens beide recht umfassende Betrachtungsweisen, die statische und die dynamische, sind auf sein Programm der Objektivierung, das ich im folgenden Abschnitt entwickle, bezogen. In der statischen spiegelt sich seine Ermächtigungsnorm zur Sanktionsverhängung wider, in der dynamischen seine Ermächtigungsnorm zur Normsetzung. Vgl. Kelsen, *Allgemeine Staatslehre* (Anm. 35), §§18-31(f) (S. 93-225), 32(a)-50 (S. 227-371); Hans Kelsen, *General Theory of Law and State*, Cambridge, Massachusetts 1945, S. 3-109, 110-162; Kelsen, *RR* 2 (Anm. 119), §§27(a)-33(g) (S. 114-195), 34(a)-35(k) (S. 196-282). Vgl. auch Ulises Schmill, „The Dynamic Order of Norms, Empowerment and Related Concepts", in: *Law and Philosophy*, 19 (2000), S. 283-310.

Recht zugunsten seines objektiven Gegenstücks, kommt in der Ermächtigungsmodalität zum Tragen. Aspekte dieser Struktur zu skizzieren, ist die Aufgabe, die ich in Abschnitt V aufnehmen werde, der in vier Teile untergliedert ist. Im Teil 1 wende ich mich dem Versuch Kelsens zu, die „*ideale* Sprachform" der Rechtsnorm zu erarbeiten – ein Versuch, der mit einem konditionalen Gebot an das Rechtsorgan anfängt, doch – wie im Teil 2 zu zeigen sein wird – sich in eine Ermächtigung zur Sanktionsverhängung umwandelt. Dann werfe ich im Teil 3 einen Blick auf die Architektonik des Merklschen Stufenbaus sowie auf Kelsens Übernahme dieses Instrumentariums, aus dem die Ermächtigung zur Normsetzung entnommen wird. Im Teil 4 stelle ich die Frage, wie sich die Ermächtigung zur Sanktionsverhängung und die zur Normsetzung zueinander verhalten, und antworte darauf, indem ich die sog. „vollständige Rechtsnorm" einführe, bei der mehrere Perspektiven vorhanden sind: eine *ex ante*-Perspektive und eine *ex post*-Perspektive, jene im Hinblick auf die rechtserzeugende Funktion, diese mit Blick auf die Frage der Rechtsgeltung.

Zunächst werfe ich einen Blick auf die Anfänge des Versuches Kelsens, die „*ideale* Sprachform" der Rechtsnorm zu konstruieren. In seinen *Hauptproblemen der Staatsrechtslehre* versteht er diese Untersuchung als konstruktivistische Aufgabe. Es ist deswegen aufschlussreich, mit dem rechtlichen Konstruktivismus zu beginnen.

V. Kelsens Programm der Objektivierung durch Ermächtigungsnormen

1. Konstruktivismus und die Frage der „idealen *Sprachform*" der Rechtsnorm

In der herkömmlichen, überwiegend von der Pandektistik geprägten deutschsprachigen Rechtswissenschaft steht der Begriff der „Konstruktion" für den Prozess bzw. das Produkt der juristischen Begriffsbildung.[138] Das ist auch in den ersten Arbeiten Kelsens – am

---

138 Vgl. allgemein zum rechtlichen Konstruktivismus im 19. Jahrhundert Michael Stolleis, *Geschichte des öffentlichen Rechts in Deutschland*, 3 Bde., München 1988-99, Bd. II (1992), S. 330-338 et passim; Walter Pauly, *Der Methodenwandel im deutschen Spätkonstitutionalismus*, Tübingen 1993, S. 92-167 et passim; Christoph Schönberger, *Das Parlament im Anstaltsstaat*, Frankfurt a. M. 1997, S. 21-182; Paulson, „Konstruktivismus, Methodendualismus und Zurechnung im Frühwerk Hans Kelsens" (Anm. 20).

auffälligsten in seinen *Hauptproblemen* – deutlich zu erkennen.[139] Dort bezeichnet Kelsen ausdrücklich seine folgenreiche, gegen die Willenstheorie gerichtete Lehre von der zentralen Zurechnung als eine juristische „Konstruktion".[140] Ein „konstruierter' Begriff", durch den die verkehrte „psychische" Vorstellung des Willens durch eine normative Betrachtungsweise substituiert werde, sei freilich keine bloße Fiktion, sondern ein begriffliches Hilfsmittel.[141] Kelsen, der sich in seinen *Hauptproblemen* u.a. mit dem Begriff des Staatswillens befasst hat,[142] stellte im Namen einer solchen Konstruktion die herrschende Meinung auf den Kopf. Denn der Begriff des Staatswillens hat seines Erachtens „mit keiner psychologischen Willenstatsache etwas zu tun"; vielmehr sei er „ausschließlich als Produkt der juristischen Konstruktion zu betrachten, und zwar einer zum Zwecke der Zurechnung vollzogenen Konstruktion."[143]

Auch die „ideale Sprachform" der Rechtsnorm sei ein Problem der Konstruktion. In der Tat ist Kelsens Versuch, die „ideale Sprachform" der Rechtsnorm zu konstruieren – also seine Suche nach der „idealen Norm-Formulierung" –, ein Leitmotiv der „Hauptprobleme", die, wie der Untertitel sagt, „aus der Lehre vom Rechtssatze entwickelt" werden.

Die Frage, ob der Rechtssatz als Imperativ oder als hypothetisches Urteil aufzufassen sei, ist die Frage nach der *idealen* Sprachform des Rechtssatzes oder auch nach dem Wesen des objektiven Rechts. Der praktische Wortlaut, dessen sich die konkreten Rechtsordnungen bedienen, ist für die Entscheidung des Problems irrelevant. Der Rechtssatz muß aus dem Inhalt der Gesetze herauskonstruiert werden und die Bestandteile, die zu seiner Konstruktion nötig sind, finden sich häufig nicht einmal in demselben

---

139 Vgl. Kelsen, *Hauptprobleme* (Anm. 9), S. 142, 145, 181-184, 226, 237, 249, 253, 335, 341, 343, 497f., et passim; Kelsen, *Über Grenzen zwischen juristischer und soziologischer Methode*, Tübingen 1911, S. 5, nachgedruckt in: *WS I* (Anm. 20), S. 3-36, bes. S. 5.

140 Vgl. Kelsen, *Hauptprobleme* (Anm. 9), S. 121-162.

141 Ebd., S. 181.

142 Vgl. ebd., S. 162-188.

143 Ebd., S. 184.

Gesetze, sondern müssen aus mehreren zusammengestellt werden.[144]

Diese programmatische Darlegung belegt Kelsens Interesse an der Form oder Struktur der Rechtsnorm. Es war Rudolf von Jhering, der in seiner ersten Periode den konstruktivistischen Ansatz am pointiertesten dargelegt hat. Das Recht erscheine in zweierlei Formen, nämlich als *Rechtsinstitut,* *Rechtsbegriff* auf der einen und Rechts*sätze,* Rechts*principien* auf der anderen Seite." Der Stoff werde durch die *„höhere Jurisprudenz"* neu gebildet, d.h. eine neue Substanz lasse sich konstruieren, die kein bloßes Aggregat einzelner Rechtssätze darstelle, sondern *„juristische oder Rechts-Körper"* mit ihren „eigenthümlichen Kräfte[n] und Eigenschaften". Resultat dieses konstruktivistischen Programms ist ein „auf seine *logische Form* reduzierte[s] Recht".[145]

Doch was ist unter „logischer Form" zu verstehen? Auch wenn oft behauptet wird, Kelsen mache die „logische Form" an und für sich zu seinem Hauptanliegen, ist diese Ansicht trotz ihrer Beliebtheit falsch.[146] Kelsen war nicht der Meinung, dass die „ideale Sprachform"

---

144 Ebd., S. 237 (Hervorhebung im Original). Im Zitat deutet Kelsen auch das Problem der Norm-Individuation (im Gegensatz zur Norm-Individualisierung) an, ohne aber näher darauf einzugehen. Vgl. allgemein zur Norm-Individuation Joseph Raz, *The Concept of a Legal System*, 2. Aufl., Oxford 1980, der sich vor allem auf Jeremy Bentham beruft, vgl. dessen *An Introduction to the Principles of Morals and Legislation*, hg. v. J.H. Burns und H.L.A. Hart, London 1970, S. 301. Zu Kelsens Auffassung vom „hypothetischen Urteil" in den *Hauptproblemen* vgl. Stanley L. Paulson, „Arriving at a Defensible Periodization of Hans Kelsen's Legal Theory", in: *Oxford Journal of Legal Studies*, 19 (1999), S. 351-364, bes. S. 355-360.

145 Rudolf von Jhering, *Geist des römischen Rechts*, 3 Bde. (Bd. II in zwei Teilen), 4. Aufl., Leipzig 1878-88, Bd. II.2, §41 (S. 358-360), Bd. I.1, §3 (S. 41) (Hervorhebung in der letzten Zeile von mir, die übrigen im Original).

146 Zu den Kritikern Kelsens, die in diesem Genre schrieben, zählt Hermann Heller, der Kelsen mit Hohn über dessen „radikale Ausscheidung aller substantiellen Elemente" des Rechts anhand einer „die Rechtswissenschaft zur reinen Normwissenschaft" machenden „Normlogik" überschüttete. Heller, „Die Krisis der Staatslehre", in: *Archiv für Sozialwissenschaft und Sozialpolitik*, 55 (1926), S. 289-316 (301), nachgedruckt in: ders., *Gesammelte Schriften*, 3 Bde., 2. Aufl., hg. v. Christoph Müller, Tübingen 1992, Bd. II, S. 3-30 (16). Nach Gerhard Leibholz, einem zweiten Weimarer Kritiker Kelsens, sei dieser dabei, „die Rechtswissenschaft zu einer Mathematik der Geisteswissenschaften zu machen", Leibholz, „Zur Begriffsbildung im öffentlichen Recht", in: *Blätter für Deutsche Philosophie*, 5 (1931), S. 175-189 (176), nachgedruckt in: ders., *Strukturprobleme der modernen Demokratie*, Karlsruhe 1958, S. 262-276 (263). Zu den weit überzogenen Behauptungen über die Rolle der „Logik" im Recht, die Kelsen

der Rechtsnorm nach irgendwelchen, als „logisch" oder „apriorisch" zu betrachtenden Grundsätzen zu bilden ist. Vielmehr sind die Kriterien, nach denen die Konstruktion der „idealen Sprachform" der Rechtsnorm aufzubauen ist, dem Ziel des Unterfangens zu entnehmen. Kelsen glaubte – nicht anders als Jeremy Bentham und John Austin ein Jahrhundert zuvor –, dass der Begriffssumpf, in den die Rechtswissenschaft geraten sei, die Trennlinie zwischen dem Recht und der Moral völlig verdunkle. Demgemäß betrachtete er es als seine Aufgabe, die Rechts- von der Moralnorm begrifflich zu unterscheiden.[147] *„Doppelte Wirkungsmöglichkeit".* Diese Prämisse macht verständlich, weshalb Kelsen davon ausgehen konnte, dass der Imperativ, der die charakteristische Sprachform der Moralnorm darstelle, als „ideale Sprachform" für die Rechtsnorm bzw. den Rechtssatz gerade *nicht* in Betracht komme.

Indem die [einfache] Imperativtheorie kein Kriterium für eine rechtliche Differenzierung zwischen Staatsorgan und Untertan auf Grund des Rechtssatzes liefert, muß sie auf die für das Recht überaus wichtige Unterscheidung zwischen der spezifischen „Anwendung" und der „Befolgung" eines Rechtssatzes verzichten.[148]

Schon in diesen Zeilen kommt ein sich häufig wiederholendes Leitmotiv bezüglich der begrifflichen Struktur der Rechtsnorm klar zum Ausdruck. Die Rechtsnorm habe eine „doppelte Wirkungsmöglichkeit",[149] indem sie entweder „befolgt" oder „angewendet" werden könne. Im ersten Fall sei die Norm an das Rechtssubjekt adressiert, im

---

zugeschrieben werden, zählt auch die Interpretation Michael Hartneys: „In den früheren Werken Kelsens bildet die Logik die Normen zu einem konsequentem System identisch strukturierter Normen", Hartney, „Introduction", in: Kelsen, *General Theory of Norms,* übers. v. Michael Hartney, Oxford 1991, S. LIII.

147   Vgl. Jeremy Bentham, *Of Laws in General,* hg. v. H.L.A. Hart, London 1970, Kap. 1, §2 (bes. S. 2, Anm.), Kap. 2, §7 (bes. S. 23-25, Anm.), Kap. 19, §8 (S. 243-245), et passim; John Austin, *Lectures on Jurisprudence,* 2 Bde., 5. Aufl., hg. v. Robert Campbell, London 1885, Bd. I, S. 31-39, 79-88, Bd. II, S. 1071-1091. Vgl. auch Kelsen, *Hauptprobleme* (Anm. 9), S. 3-57.

148   Ebd., S. 235.

149   Ebd., S. 36, und vgl. S. 40, 42, 43, 49f., 53, 70, 210-212, 236, et passim. Vgl. auch Kelsen, *General Theory of Law and State* (Anm. 137), S. 30, 39, 47; Kelsen, *RR* 2 (Anm. 119), §4(c) (bes. S. 10f.).

zweiten – und zwar als hypothetisch formulierte Sanktionsnorm – an
das Rechtsorgan.

Ein Rechtssatz, der niemals „befolgt" wird, würde darum nicht
aufhören, Rechtssatz zu sein. Die Rechtsnorm führt materiell noch
ein anderes Leben als im Befolgtwerden. Sie wird „angewendet",
und zwar gerade in jenen Fällen, in denen sie *nicht* befolgt wird.[150]

So weit, so gut. Das Leitmotiv von „doppelter Wirkungsmöglichkeit"
oder der „doppelten Institutionalisierung"[151] klingt noch in Harts Auffassung nach, wonach der Schnittpunkt der primären und sekundären
Regeln das für die Identifizierung eines Rechtssystems maßgebliche
Kriterium sei.[152]

Doch werden auch diejenigen, die diesem rechtstheoretischen Ansatz positiv gegenüberstehen, ein Problem der Kelsenschen Darstellung nicht übersehen können. Wenn er – wie im letzten Satz des
obigen Zitats – schreibt, dass die Norm „angewendet" statt „befolgt"
werde, worauf bezieht sich Kelsen dann? Gibt es *eine* Norm mit zwei
Funktionen? Stellt sich gegebenenfalls ihre Funktion von dem Befolgen
seitens des Subjekts auf das Anwenden seitens des Organs um? Oder
gibt es eigentlich *zwei* Normen, wobei die eine das an das Subjekt
gerichtete Gebot, die andere die hypothetisch formulierte, an das
Organ gerichtete Sanktionsnorm darstellt? Tendiert nicht die erste
dieser Normen dazu, das Ziel zu untergraben, das Kelsens Untersuchung zuerst den Antrieb gegeben hat, und zwar das Anliegen, kraft
der Sprachform der Norm selbst eine scharfe Abgrenzung zwischen
Recht und Moral zu ziehen? Oder kann man die erste Norm mit der
zweiten doch verbinden? Oder zählt vielleicht gar die hypothetisch
formulierte Sanktionsnorm *allein*?

Wie wir anhand der Argumente gegen die starke Normativitätsthese schon gesehen haben, zeigt Kelsen eine auffällige Vorliebe für
diese letztgenannte Möglichkeit. Sie wird schon in seinen *Hauptproblemen* deutlich zum Ausdruck gebracht:

---

150 Kelsen, *Hauptprobleme* (Anm. 9), S. 49f. (Hervorhebung im Original).
151 Paul Bohannan, „The Differing Realms of the Law", in: *Law and Warfare*, hg. v.
     dems., Garden City, New York 1967, S. 43-56 (47).
152 Hart, *The Concept of Law* (Anm. 114), S. 96.

Neben diesen an die Staatsorgane gerichteten [Normen] stehen nun die an die Untertanen gerichteten [Imperative]. Diese letzteren sind genaugenommen vollkommen überflüssig, denn sie sagen dem Untertanen nichts anderes, als die ersteren [...].[153]

Kelsens Neigung, alles Subjektive auf die an die Staatsorgane gerichteten Normen zu übertragen, spiegelt sich fünfzig Jahre später in seiner Darlegung in der 2. Auflage der *Reinen Rechtslehre* wider.

Es hat sich also gezeigt, dass Kelsen geneigt ist, die Spannung zwischen dem Imperativ und der hypothetischen Sanktionsnorm immer zugunsten der letzteren aufzulösen. Doch in Kelsens frühen Arbeiten ist nicht klar, wie der normative Operator bei der hypothetisch formulierten Sanktionsnorm zu verstehen ist. Ist es dem Rechtsorgan geboten, die Sanktion unter den angegebenen Bedingungen zu verhängen? Oder ist das Rechtsorgan bloß dazu ermächtigt? Erst in einer Studie über die Völkerrechtslehre Georges Scelles[154] entscheidet sich Kelsen für die zweite Möglichkeit.[155] Das Rechtsorgan sei also bloß ermächtigt, die Sanktion zu verhängen.

2. Kelsens Einführung der Ermächtigung zur Sanktionsverhängung

In der Studie über die Völkerrechtslehre Georges Scelles definiert Kelsen die Ermächtigung als „die Fähigkeit, durch ein bestimmtes Verhalten gewisse Rechtswirkungen zu erzielen."[156] Er verweist auf ihren weiten Anwendungsbereich, der das öffentliche Recht, das Zivilrecht und das Völkerrecht umspanne, und stellt das Verpflichtetsein dem Ermächtigtsein gegenüber. Gleichfalls deutet er dessen

---

153 Kelsen, *Hauptprobleme* (Anm. 9), S. 234.

154 Hans Kelsen, „Recht und Kompetenz: Kritische Bemerkungen zur Völkerrechtstheorie Georges Scelles" (im folgenden: „Recht und Kompetenz"), in: ders., *Auseinandersetzungen zur Reinen Rechtslehre*, hg. v. Kurt Ringhofer und Robert Walter, Wien 1987, S. 1-108 (diese Studie Kelsens lässt sich auf ein spät in den dreißiger Jahren geschriebenes Manuskript zurückführen).

155 Die Bejahung der zweiten Möglichkeit bedeutet nicht, dass der Jurist die Sprache eines an das Rechtsorgan gerichteten Gebots nicht verwenden dürfte bzw. könnte. Natürlich kann er das. Vielmehr liegt die Abweichung von der herrschenden Meinung bei der Bildung des Begriffs für ein solches Gebot. Es lasse sich auf die Sanktionskompetenz eines zweiten, höher gestellten Rechtsorgans zurückführen, mit dem Resultat, dass dieses Organ unter der angegebenen Bedingung – abweichendem Verhalten seitens des ersten Organs – ermächtigt ist, gegen das erste Organ eine Sanktion zu verhängen.

156 Kelsen, „Recht und Kompetenz" (Anm. 154), S. 72.

korrespondierende Modalität, nämlich die Immunität an, derzufolge
etwa die Meinungsfreiheit des Individuums dem Unvermögen des
Gesetzgebers sie einzuschränken, entspricht.

Am interessantesten an der Studie über Scelle ist aber Kelsens
Versuch, Rechtspflichten als bloße Reflexe von Unrechtsfolgen, die
sich aus der Ausübung von Ermächtigungen zur Sanktionsverhängung
ergeben, zu charakterisieren.

Es gäbe allerdings eine Möglichkeit, den Begriff der Rechtspflicht
– wenn schon nicht aufzulösen –, so doch auf den der Kompetenz
zu basieren, jenen auf diesen zurückzuführen. Wenn man nämlich
die Rechtspflicht eines Individuums zu einem bestimmten
Verhalten immer nur dann als gegeben anerkennt, wenn im Fall
des gegenteiligen Verhaltens ein anderes Individuum von der
Rechtsordnung ermächtigt ist, gegen das erste eine Sanktion zu
setzen; und wenn man die Ermächtigung zur Setzung der Sanktion
als „Kompetenz" gelten läßt; dann beruhte die Rechtspflicht des
einen auf der Sanktions-Kompetenz des anderen.[157]

Genau wie oben bezüglich des konditionalen, an das Rechtsorgan
gerichteten Gebots wird man auch an dieser Stelle fragen wollen, ob
es sich bei Kelsens Einführung eines „Kompetenz"-Begriffs nicht
eigentlich um zwei Normen handelt, d.h. eine sekundäre Rechtsnorm,
die die Rechtspflicht auferlegt, sowie eine primäre, die das Rechtsorgan ermächtigt, eine Sanktion zu verhängen. Oder gibt es eine
einzige Norm, wenn auch mit zwei unterscheidbaren Funktionen? Oder
geht es letztlich um die primäre Rechtsnorm – also die „Kompetenz"-
Norm – allein? Diese Fragen lässt Kelsen in seiner Studie über Scelle
offen. Erst in späteren Schriften entscheidet er sich für die primäre
Rechtsnorm allein, die dann konsequent als Kompetenz-Norm, als
Ermächtigungsnorm, verstanden wird.

Das erste Hauptwerk, in dem man einen Beleg für diese Entwicklung findet, ist die *General Theory of Law and State* (1945).
Noch einmal begegnet man der Behauptung, dass die primäre Rechtsnorm „die einzige echte Rechtsnorm ist".[158] Wenn man auch um der
„Darstellung des Rechts" willen eine sekundäre Rechtsnorm einführe,
sei es dennoch wichtig zu erkennen, dass diese sekundäre Norm „in

---

157 Ebd., S. 75.
158 Kelsen, *General Theory of Law and State* (Anm. 137), S. 61, vgl. auch S. 62f.

einer präzisen Darstellung des Rechts sicherlich überflüssig ist."[159] So weit ist uns Kelsens Position bekannt: Die primäre Rechtsnorm wird zur „einzig echten Rechtsnorm" erhoben, während die sekundäre als im Grunde genommen überflüssig ausgegeben wird.

Das, was sich in *General Theory* verändert hat, ist Kelsens Lesart des „Sollens" in der primären Rechtsnorm. Wie er jetzt argumentiert, müsse sich das „Sollen" mit dem Begriff der Rechtspflicht nicht decken. Vielmehr sei das „Sollen" in der primären Rechtsnorm bloß als Platzhalter zu betrachten.[160] Das „Sollen" werde daran manifest, dass eine Sanktion unter bestimmten Bedingungen verhängt werden mag, dass das Rechtsorgan also bloß ermächtigt ist, eine Sanktion zu verhängen. Wenn darüberhinaus gesagt wird, dass ein Rechtsorgan, etwa *a*, tatsächlich verpflichtet sei, die Sanktion zu verhängen, besagt dies bloß, dass ein höheres Rechtsorgan ermächtigt ist, eine Sanktion über *a* zu verhängen, falls *a* es versäumt, die in Betracht kommende Sanktion über das Rechtssubjekt zu verhängen. Kelsen konstruiert also die uns als deontischer Begriff bekannte Rechtspflicht aus einer zweistufigen Konstruktion von Ermächtigungsnormen; einen von der Ermächtigung unabhängigen Pflichtbegriff kennt er – nach seiner strukturellen Wende – nicht.[161]

Daran anschließend weist Kelsen seine ältere Lehre von der hypothetisch formulierten Sanktionsnorm als konditionalem Gebot mit Entschiedenheit zurück. Er argumentiert, dass die Kette hypothetisch formulierter Sanktionsnormen „nicht unendlich ausgedehnt werden kann", so dass man zu einer abschließenden Norm kommen muss, und deren Operator – mangels einer noch höheren Ermächtigung, ohne die die zweistufige Konstruktion nicht in Frage kommen kann – kann nur der

---

159 Ebd., S. 61.

160 Für Kelsens spätere, ausdrückliche Aussagen dazu, nämlich dass das „Sollen" als Variable zu betrachten sei und dass es, so verstanden, sich über die verschiedenen Modalverben („müssen", „dürfen", „können") erstrecke, vgl. Kelsen, *RR 2* (Anm. 119), §§ 4(b) (bes. S. 4f.), 18 (bes. S. 81), 28(b) (bes. S. 124); Hans Kelsen, *Allgemeine Theorie der Normen*, hg. v. Kurt Ringhofer und Robert Walter, Wien 1979, Kap. 25, § ii (S. 77). Vgl. auch H.L.A. Hart, „Kelsen's Doctrine of the Unity of Law", in: *Normativity and Norms* (Anm. 25), S. 553-581, bes. S. 569f.; Joseph Raz, *The Concept of a Legal System* (Anm. 144), S. 47.

161 Vgl. allgemein dazu Stanley L. Paulson, „An Empowerment Theory of Legal Norms", in: *Ratio Juris*, 1 (1988), S. 58-72, bes. S. 67-70.

einer Ermächtigung sein.[162] Es muss nicht hinzugefügt werden, dass dies von der starken Normativitätsthese weit entfernt ist.

Allerdings ist die Terminologie der Ermächtigung in Kelsens *General Theory* noch nicht augenfällig. Erst in der 2. Auflage der *Reinen Rechtslehre* wird Kelsen deutlicher. In diesem Werk verteidigt er – ausdrücklich in der Terminologie der Ermächtigung – genau die Lehre, die er in der Studie über Scelle eingeführt und in *General Theory* weiterentwickelt hat. Jetzt schreibt er:

> Wenn die Rechtswissenschaft die Geltung der Rechtsordnung, das heißt den spezifischen Sinn zum Ausdruck zu bringen hat, in dem sich die Rechtsordnung an die ihr unterworfenen Individuen wendet, kann sie nur aussagen, daß gemäß einer bestimmten Rechtsordnung unter der Bedingung, daß ein von der Rechtsordnung bestimmtes Unrecht begangen wird, eine von der Rechtsordnung bestimmte Unrechtsfolge eintreten soll; wobei mit diesem „soll" sowohl der Fall, daß die Vollziehung der Unrechtsfolge *nur ermächtigt* [...], als auch der Fall, daß sie *geboten* ist, gedeckt ist.[163]

Wann beruft man sich auf die Ermächtigung? Und wann wendet man sich dem konditionalen Gebot zu?

> Die Vollstreckung der Sanktion ist geboten, ist Inhalt einer Rechtspflicht, wenn ihre Unterlassung zur Bedingung einer Sanktion gemacht ist. *Ist dies nicht der Fall, kann sie nur als ermächtigt, nicht auch als geboten gelten.*[164]

Wenn die Unterlassung des Rechtsorgans, sein Versäumnis, eine Sanktion zu verhängen, als die Bedingung einer Sanktion verstanden wird, dann bezeichnet die „Bedingung" eine hypothetisch formulierte Norm, die das höhere Rechtsorgan ermächtigt, eine Sanktion über das niedrigere zu verhängen.

---

162 Kelsen, *General Theory of Law and State* (Anm. 137), S. 60. Vgl. auch Kelsen, *RR* 2 (Anm. 119), §§5(a) (bes. S. 26), 28(b) (bes. S. 124f., Anm.), wo Kelsen auf Alf Ross erwidert. Dieser hatte Kelsen vorgeworfen, dessen Bestimmung des Begriffs der Rechtspflicht führe zu einem endlosen Regress, vgl. Alf Ross, *Towards a Realistic Jurisprudence*, Kopenhagen 1946, S. 75.

163 Kelsen, *RR* 2 (Anm. 119), §18 (S. 82f.) (Hervorhebung von mir).

164 Ebd., §5(a) (S. 26) (Hervorhebung von mir).

Ich darf meine bisherigen Überlegungen zusammenfassen. In den *Hauptproblemen der Staatsrechtslehre* hat Kelsen sich dem Problem der „idealen Sprachform" der Rechtsnorm zugewandt. Nach langem Hin und Her gelangt er zur Auffassung, dass die „ideale Sprachform" der Rechtsnorm im Sinn der Ermächtigung zu betrachten sei. Das Rechtsorgan sei ermächtigt, unter bestimmten Bedingungen eine Sanktion zu verhängen. Freilich bleibt Kelsens Stellung zu dieser Frage bis zum Ende seines Lebens ambivalent. Beispielsweise spielt er in der 2. Auflage der *Reinen Rechtslehre* und in seiner *Allgemeinen Theorie der Normen* noch mit dem Gedanken, dass das früher in seinen Arbeiten unter der Bezeichnung „sekundäre Rechtsnorm" verstandene Gebot an das Rechtssubjekt entweder als „abhängige Norm" oder als „normative Funktion" zu verstehen sei.[165] Doch geht Kelsen letzten Endes von der Ermächtigung als primärer Norm aus und baut die sogenannte abhängige Norm in ihre Antezedensbedingungen ein – wie im 4. und 5. Kapitel der *Reinen Rechtslehre* deutlich zum Ausdruck kommt.[166]

Eine zweite Art von Ermächtigung, nämlich diejenige zur Normsetzung, wird in der Stufenbaulehre entwickelt.

3. Die Rolle der Stufenbaulehre

Nachdem Kelsen sich in seinem *Problem der Souveränität* (1920)[167] zur Stufenbaulehre Adolf Julius Merkls[168] bekannt hatte, hat er diese

---

165   In seinen späteren Werken beschreibt Kelsen erlaubende, gebietende und ermächtigende Normen als sog. abhängige Normen oder als normative Funktionen. Vgl. Kelsen, *RR* 2 (Anm. 119), §§4(d) (bes. S. 15f.), 6(e) (S. 55-59), 30(a) (bes. S. 152), et passim; Kelsen, *Allgemeine Theorie der Normen* (Anm. 160), Kap. 25-27 (S. 76-92) et passim.

166   Vgl. Kelsen, *RR* 2 (Anm. 119), §§5(a) (bes. S. 26), 6(d)(e) (bes. S. 51f.), 18 (bes. S. 82f.), 28(b) (bes. S. 123f.), 29(f) (bes. S. 144), 41(b) (bes. S. 304f.), et passim.

167   Vgl. Hans Kelsen, *Das Problem der Souveränität*, Tübingen 1920, §29 (bes. S. 119, Anm.).

168   Adolf Julius Merkl, „Prolegomena einer Theorie des rechtlichen Stufenbaues", in: *Gesellschaft, Staat und Recht. Untersuchungen zur Reinen Rechtslehre*, hg. v. Alfred Verdross, Wien 1931, S. 252-294, nachgedruckt in: *WS* I (Anm. 21), S. 1311-1361. Eine frühe Darstellung ist Merkl, *Das Recht im Lichte seiner Anwendung*, Hannover 1917, nachgedruckt in: *WS* I (Anm. 21), S. 1167-1201; eine wesentlich umfangreichere Version dieses Werkes, deren erste beide Teile unter dem Titel „Das Recht im Spiegel seiner Auslegung" erschienen sind, findet sich in: *Deutsche Richterzeitung*, 8 (1916), S. 584-592, ebd., Bd. 9 (1917), S. 162-176, 394-398, 443-450, ebd., Bd. 11 (1919), S. 290-298, nachgedruckt

dann in den darauf folgenden Jahren vollständig übernommen.[169] Die erste mehr oder weniger umfassende Darlegung Kelsens erschien in dem Aufsatz „Die Lehre von den drei Gewalten oder Funktionen des Staates" (1923), wo er der Stufenbaulehre ca. 30 Seiten widmete.[170] Diese Darstellung wird dann zwei Jahre später in der *Allgemeinen Staatslehre* wörtlich übernommen.[171] In der 1. Auflage der *Reinen Rechtslehre* findet man eine recht schlüssige Exposition, in der das Völkerrecht einbezogen und die Stufenbaulehre schließlich. für eine Polemik gegen die herkömmliche Auslegungslehre fruchtbar gemacht wird.[172]

Augenfällig sind schon in Kelsens erster Darlegung der Stufenbaulehre die mit der Ermächtigung zur Normsetzung verknüpften Begriffe wie „Ermächtigung", „Befugnis" und das rechtliche „Können". Er schreibt:

> Wenn auch nach den Bestimmungen der Verfassung grundsätzlich nur ein einziges Organ zur Setzung genereller Normen berufen und als solches der „Gesetzgeber" im formellen Sinne ist, so wird es doch meist zugleich ermächtigt, die Befugnis, generelle Normen zu erlassen, innerhalb gewisser Schranken auf andere Organe zu übertragen. So können in allen modernen Staaten Behörden, die nicht als „gesetzgebende" Organe angesehen werden, auf Grund der Gesetze „Verordnungen" erlassen [...].[173]

Während Kelsen in den *Hauptproblemen* versucht hat, allein mit dem breit angelegten Begriff der zentralen Zurechnung auszukommen, passt er sich jetzt der Merklschen Lehre an. Die zentrale Zurechnung entfällt und an ihre Stelle tritt ein begrifflicher Komplex, der zum einen

---

in: Merkl, *Gesammelte Schriften*, hg. v. Dorothea Mayer-Maly, Herbert Schambeck und Wolf-Dietrich Grussmann, Bd. I. 1 (1993), S. 84-146.

169 Vgl. Kelsens eigene Darstellung dieser Entwicklung in: *Hauptprobleme* (Anm. 9), Vorrede zur 2. Aufl., §V (S. XII-XVI).

170 Hans Kelsen, „Die Lehre von den drei Gewalten oder Funktionen des Staates", in: *Archiv für Rechts- und Wirtschaftsphilosophie*, 17 (1923/24), S. 374-408, nachgedruckt in: *WS* II (Anm. 21), S. 1625-1660.

171 Vgl. Kelsen, *Allgemeine Staatslehre* (Anm. 35), §§32-36(e) (S. 229-255).

172 Vgl. Kelsen, *RR* 1 (Anm. 8), §§27-31(h) (S. 62-89).

173 Kelsen, „Die Lehre von den drei Gewalten oder Funktionen des Staates" (Anm. 170), S. 384, nachgedruckt in: *WS* II (Anm. 21), S. 1636 (Anführungszeichen im Original, obschon sie in dem Nachdruck unerklärlich durch Kursivschrift ersetzt sind).

aus der „peripheren Zurechnung" und zum anderen aus dem Begriff der Ermächtigung besteht. Der „*rechtstheoretische* Begriff" der peripheren Zurechnung, der von dem „speziell auf das *Strafrecht* abgestellten Zurechnungsprinzip" scharf zu unterscheiden ist,[174] stellt „eine Beziehung zwischen dem bedingenden Tatbestand – der zugerechnet wird – und der bedingten Folge", dar.[175] Um diesen neuen, die zentrale Zurechnung ersetzenden Komplex zu konzeptualisieren, kann man sich eines zweidimensionalen Schemas bedienen. Die periphere Zurechnung ist auf der horizontalen Achse einzutragen, die Ermächtigung auf der vertikalen.

Doch das Ganze lässt sich leichter erläutern, indem man die Stufen des Merklschen Stufenbaus betrachtet. Die Stufenbaulehre geht davon aus, dass das Recht seine eigene Erzeugung regelt. Vor allem regelt eine Rechtsnorm das Verfahren, aufgrund dessen eine andere Rechtsnorm erzeugt wird.[176] Daraus folgt, dass die Ermächtigung zur Normsetzung der Geltungsgrund der erzeugten Norm ist. Das sich daraus ergebende Schema lautet: „Die Beziehung zwischen der die Erzeugung einer anderen Norm bestimmenden und der bestimmungsgemäß erzeugten Norm kann in dem räumlichen Bild der Über- und Unterordnung dargestellt werden."[177]

Dieses Schema lässt sich dann mehrfach für jedes so miteinander verknüpfte Paar von Rechtsnormen entwickeln, wobei die höherstufige Norm, etwa *B*, die bedingende gegenüber der niederstufigen Norm, *C*, darstellt, die also gegenüber *B* die bedingte Norm ist. Wenn es sich bei *B* um eine niederstufige Norm im Verhältnis zu einer Norm einer höheren Stufe, etwa Norm *A*, handeln sollte, dann stellt *B* die bedingte und *A* die bedingende Norm dar. Die Sprache der Bedingtheit

---

174 Kelsen, *Allgemeine Staatslehre* (Anm. 35), §10(c) (S. 49) (Hervorhebung im Original).

175 Ebd., §10(c) (S. 50), und vgl. §13(d) (S. 65); Kelsen, *RR* 1 (Anm. 8), §11(b) (S. 21). Im Grunde genommen handelt es sich bei der peripheren Zurechnung allein um den bedingenden Tatbestand – also eine Handlung – und deren rechtliche Folge. Dass die Beziehung der peripheren Zurechnung entsteht, besagt, dass die in Betracht kommende Handlung sich als haftungsbegründend erwiesen hat. Wenn man dagegen im Namen der peripheren Zurechnung weiter geht, indem etwa die Frage der Schuld des Rechtssubjekts angesprochen wird, kommt dies einer Verwechslung der peripheren Zurechnung mit dem strafrechtlichen Zurechnungsprinzip – genau die Verwechslung, vor der Kelsen warnt – gleich.

176 Vgl. Kelsen, *Allgemeine Staatslehre* (Anm. 35), §33(g) (bes. S. 324); Kelsen, *RR* 1 (Anm. 8), §31(a) (bes. S. 74).

177 Ebd.

unterstreicht die grundlegende Idee der Stufenbaulehre: die Rechtsnormen des Stufenbaus sind Ermächtigungsnormen. In der Tat gilt
dieses janusköpfige Verhältnis von Rechtsnormen für den ganzen
Stufenbau. Nach Kelsen gibt es nur zwei Ausnahmen: die an der
Spitze stehende, vorausgesetzte Grundnorm einerseits und den
Zwangsakt als Unrechtsfolge andererseits.[178] Jene sei allein bedin-
gend, dieser allein bedingt.

Wie die Sanktions-Kompetenz aus der Spannung zwischen
imperativ und Sanktionsnorm hervorgegangen ist, ergibt sich nun die
Ermächtigung zur Normerzeugung aus der Einbeziehung der Stufenbaulehre in die Kelsensche Rechtslehre. Nunmehr stellt sich allerdings
die Frage, wie sich die beiden Arten von Ermächtigungsnormen
zueinander verhalten. Die Antwort liegt im Begriff der sogenannten
„vollständigen Rechtsnorm".

4. Die „vollständige Rechtsnorm"

In einer weiteren Rezeption der Merklschen Rechtslehre führt Kelsen
in *General Theory of Law and State* zum Teil neu definierte
„dynamische" und „statische" Betrachtungsweisen ein. Während sein
traditioneller Rechtsbegriff fest mit dem Zwangselement verbunden ist
– wir haben seinen Versuch, die „ideale Sprachform" der Rechtsnorm
anhand der hypothetisch formulierten Sanktionsnorm zu erklären,
bereits erörtert –, ist er jetzt dazu bereit, eine ganz andere Möglichkeit
in Erwägung zu ziehen.

> Wenn man sich das Rechtssystem von der dynamischen
> Betrachtungsweise aus ansieht, [...] scheint es möglich zu sein,
> den Rechtsbegriff auf eine Art und Weise zu definieren, die sich
> sehr von der unterscheidet, in der wir bisher versucht haben, ihn
> zu definieren. [Insbesondere scheint es] möglich zu sein, den
> Rechtsbegriff zu definieren, ohne auf das Zwangselement zurück-
> greifen zu müssen.[179]

In diesem Sinne setzt Kelsen folgendermaßen fort:

> [...] das Recht [ist] das, was nach dem in der Verfassung vorge-
> schriebenen Verfahren für die Rechtserzeugung zustandege-

---

178 Vgl. ebd., §31(e) (bes. S. 82).
179 Kelsen, *General Theory of Law and State* (Anm. 137), S. 122.

kommen ist [...]. Beispielsweise ist eine wichtige Stufe im gesamten Rechtserzeugungsprozeß das Verfahren, nach dem allgemeine Normen – sprich: Gesetze [im formellen Sinne] – verabschiedet werden.[180]

Im Namen eines „dynamischen" Gesichtspunkts lenkt Kelsen die Aufmerksamkeit auf eine *ex ante*-Perspektive. Er betont m.a.W. auf diese Art und Weise den Prozess der Rechtserzeugung. Um das Bild zu vervollständigen, nimmt er auch einen „statischen" Gesichtspunkt auf, bei dem es um eine *ex post*-Perspektive geht.

Das, was von einer dynamischen Betrachtungsweise her als höherrangige Norm anzusehen ist, insbesondere eine verfassungsrechtliche Ermächtigungsnorm zur Erlassung allgemeiner Normen, wird von einer statischen Betrachtungsweise her zur Bedingung der schon erlassenen allgemeinen Normen [...]. [Insbesondere] werden in einer statischen Darstellung des Rechts die höherrangigen Normen der Verfassung in die niederrangigen Normen als deren Teile hineinprojiziert.[181]

Zur Erklärung der internen Abstufung der Rechtsnorm lassen sich zwei Strategien wählen: Erstens kann man auf die Zugehörigkeit als Kriterium der Rechtsgeltung abstellen, zweitens auf die *ex ante*- und *ex post*-Perspektiven bezüglich des Erlasses der fraglichen Rechtsnorm. Von der *ex ante*-Perspektive her nimmt man die höherrangigen Normen als Ermächtigungsnormen zur Normsetzung in den Blick. Von der *ex post*-Perspektive her sind jedoch diese höherrangigen Normen in jede der erlassenen Normen hineinzulesen, und zwar als deren „Teile", präziser gesagt, als deren Geltungsbedingungen. Beide Strategien lassen sich kombinieren: Die in Frage kommende Rechtsnorm gilt nur dann, wenn sie zur Rechtsordnung gehört, und diese Zugehörigkeit lässt sich unter Berufung auf die *ex post*-Perspektive als Geltungsbedingung feststellen.

Ich fasse zusammen: Die Struktur der vollständigen Rechtsnorm spiegelt beide Arten der Ermächtigungsnorm wider.[182] Der Ausgangs-

---

180 Ebd., S. 122, 123.
181 Ebd., S. 144.
182 Zu beiden Arten von Ermächtigungsnormen gibt es noch erheblichen Forschungsbedarf. Z.B. behauptet Ota Weinberger, Kelsen behandle „das Ermächtigen [als] eine besondere Art von deontischen Operatoren" neben den anderen deontischen

punkt ist die Ermächtigung zur Sanktionsverhängung. Die in ihren Antezedensbedingungen ausgedrückten Geltungsbedingungen entspringen einer *ex post*-Betrachtung der Ermächtigung zur Normsetzung. Bei all dem spielt der Pflichtbegriff der starken Normativitätsthese gar keine Rolle mehr.

Man könnte diese Entwicklungen auch in den späteren Werken Kelsens verfolgen, nämlich in der 2. Auflage der *Reinen Rechtslehre* sowie in der *Allgemeinen Theorie der Normen*. Doch die späteren Darstellungen bestätigen das, was Kelsen schon entwickelt hat: komplementär zueinander stehende Ermächtigungsnormen, die unter dem Begriff der vollständigen Rechtsnorm kombiniert werden. Diese stellt das der Rechtsordnung zugrundeliegende strukturelle Element dar, denn die deontischen Modalitäten im engeren Sinne – diejenigen der erlaubenden, gebietenden und verbietenden Rechtsnormen – ergeben sich aus jener als Konstruktionen, also als sog. abhängige Rechtsnormen bzw. normative Funktionen.[183]

VI. Schlussbemerkung

Alles, was nicht zur Struktur, sondern zum Materialen gehöre, sei letzten Endes subjektiv. So lautet der Ausgangspunkt Carnaps. Die Entwicklung seiner Konzeption von Strukturaussagen, die nur logische Zeichen enthielten,[184] spiegelt seinen Versuch wider, ein allumfassendes Objektivierungsprogramm durchzuführen. Dieses Programm ist ein Unterfangen von kaum fassbaren, geradezu gewaltigen Ausmaßen.

Operatoren, Weinberger, „Die Struktur der rechtlichen Normenordnung", in: *Rechtstheorie und Rechtsinformatik*, hg. v. Günther Winkler, Wien 1975, S. 110-132 (120). Diese Bemerkung trifft zu, wenn sie bloß als Hinweis auf Kelsens abhängige Normen oder normative Funktionen (vgl. Anm. 165) anzusehen ist. Doch Kelsens abhängige Rechtsnormen sind nichts als Konstruktionen aus vollständigen Rechtsnormen, die wiederum aus den beiden Arten von Ermächtigungsnormen konstruiert werden. In anderen Arbeiten – füge ich gleich hinzu – hat Weinberger allerdings einen interessanten Ansatz zum Begriff des Ermächtigens entwickelt. Vgl. z.B. Weinberger, *Norm und Institution*, Wien 1988, S. 91-93 et passim; vgl. auch Peter Koller, *Theorie des Rechts*, 2. Aufl., Wien 1997, S. 87-89. Die umfassendste Arbeit auf diesem Gebiet ist jedoch die von Dick W.P. Ruiter, *Institutionelle Rechtstatsachen. Rechtliche Ermächtigungen und ihre Wirkungen*, übers. v. Oliver Remme, Baden-Baden 1995.

183   Vgl. die Hinweise in Anm. 165.

184   Vgl. Carnap, *Aufbau* (Anm. 2), §153 (S. 205).

Alles, was „subjektiv" sei, gehöre nicht zum Recht, denn dieses könne seinem Wesen nach nur objektiv sein. So lautet der Ausgangspunkt Kelsens. Sein Objektivierungsprogramm, wenn auch nicht von der Größenordnung des Carnapschen, ist doch auf seinem Feld, dem des positiven Rechts, in Umfang und Ehrgeiz fast beispiellos. Nur die Theorie Jeremy Benthams, dessen Werke auf dem Gebiet der Rechtsphilosophie erst in den letzten dreißig Jahren veröffentlicht worden sind, ist vergleichbar.[185]

Beide Objektivierungsprogramme, das Carnapsche und das Kelsensche, müssen als gescheitert angesehen werden. Carnap selbst äußerte sich im Vorwort zur 2. Auflage des *Aufbaus* dazu, er sei bei der Konstitution der physischen Welt tatsächlich schon über die Grenze der expliziten Definition hinausgegangen.[186] Die Zuordnung von Farben zu den Raum-Zeit-Punkten – also die Darstellung des Wechsels von der subjektiven Perspektive des Eigenpsychischen zu der des Physischen – führe zu keiner expliziten Definition, es sei denn, die Zuordnung lasse sich doch zu Ende bringen.[187] Dieser gut bekannte Einwand ist schon 1951 von Quine erhoben worden: Die Zuordnung von Farben zu Raum-Zeit-Punkten sei

> eine gute schematische Darstellung (sicherlich bewußt vereinfacht) dessen, was in der Wissenschaft tatsächlich geschieht; doch gibt sie nicht einmal den leisesten Hinweis darauf, wie eine Aussage [über eine solche Zuordnung] in Carnaps anfängliche Sprache der Sinnesdaten und der Logik übersetzt werden könnte.[188]

Der *Aufbau* scheitert also an dem Versuch, den Wechsel von der subjektiven Perspektive des Eigenpsychischen zu der des Physischen zu vollziehen.

Kelsens Objektivierungsprogramm scheint an einem schwerwiegenden semantischen Problem zu scheitern. Von Anfang an hat er gegen so gut wie alle auf Fakten beruhenden Rechtslehren gekämpft, er hat m.a.W. alle „reduktionistischen" Lehren schärfstens zurück-

---

185 Vgl. vor allem Bentham, *Of Laws in General* (Anm. 147).

186 Carnap, *Aufbau* (Anm. 2), Vorwort zur 2. Aufl., S. XII, und vgl. §§127f. (S. 168-170).

187 Friedman, *Logical Positivism* (Anm. 14), S. 118 und S. 118, Anm. 9, und vgl. S. 160-162; Carnap, *Aufbau* (Anm. 2), §135 (S. 179f.).

188 Quine, „Zwei Dogmen des Empirismus" (Anm. 67), S. 45.

gewiesen. Was ist nun das Anliegen Kelsens, das ihn zu dieser – wie
es sich erwiesen hat – recht heftigen Kritik veranlasst hat? Er glaubte,
nicht ohne gute Gründe, die „faktische Wende" der herkömmlichen
Rechtslehre führe dazu, dass die Bedeutung des Sollens – also des
Normativen im Recht – völlig untergraben würde. Angesichts dieses
Hintergrunds ist das, was aus Kelsens eigenem Objektivierungsprogramm resultiert, mehr als ein bisschen ironisch. Denn nichts von
dem, was unter dem Sollen, also den deontischen Modalitäten im
engeren Sinne, verstanden wird, lässt sich mit Hilfe der mit der
Ermächtigung verknüpften Modalitäten – der Kompetenz bzw. der
fehlenden Kompetenz des Rechtsorgans, der Unterworfenheit bzw.
der Immunität des Rechtssubjekts – wiedergeben. Der „Normativismus" wird zu etwas Unverständlichem.[189]

Wie gesagt, mehr als ein bisschen ironisch ist dieses Resultat
schon. Es ist aber gut möglich – füge ich gleich hinzu –, dass wir den
Kelsenschen Normativismus noch nicht voll erfasst haben. Die starke
Normativitätsthese gibt das Sollen – Kelsens Sollen? – wieder, während eine Version der schwächeren Normativitätsthese in Rechtsnormen qua objektiven Sinngehalten[190] besteht. Welche ist am ehe-
sten vertretbar? Wir sind weit davon entfernt, sagen zu können, dass
das letzte Wort schon gesprochen ist. Allerdings dürfte kaum in Frage
zu stellen sein, dass zwischen der starken Normativitätsthese und dem
Objektivierungsprogramm ein Spannungsverhältnis besteht – und zwar
ein ziemlich großes.

---

189 Diese Konsequenz der sog. schwachen Normativitätsthese zählt natürlich als
     Argument zugunsten der starken Normativitätsthese, vgl. Abschnitt IV oben.

190 Vgl. Hinweis 118.

OTTO PFERSMANN

DIE WIENER SCHULEN UND DER MORALISCHE REALISMUS.
EINE PROBLEMSKIZZE

Als „Nonkognitivismus" bezeichnet man die These, daß „Werte" und/ oder „Normen" nicht erkannt werden können. Auf „absolute" oder „an sich bestehende" Normen und Werte ausgerichtet, spielt er eine strategische Rolle in der Gegenstandskonstruktion der Wiener Rechtstheoretischen Schule. Können absolute Normen und Werte nicht erkannt werden, können auch jene nicht recht haben, die behaupten, bestimmte Normen und Werte seien in jeder „Rechtsordnung" gültig oder sie könnten umgekehrt in keiner solchen Ordnung Geltung erlangen. Der Nonkognitivismus ist zugleich mit dem Aufbau einer „wissenschaftlichen Weltauffassung" verbunden und schien lange Zeit konstitutiv für Positivismus und analytische Philosophie zu sein. Was geschieht, wenn innerhalb der analytischen Philosophie, in deren weiteren Kreis auch die Wiener Rechtstheoretische Schule trotz ihren neukantianischen Anfänge gerechnet werden soll, eines oder mehrere Elemente der Unerkennbarkeitsthese aufgegeben wird? Nach einer Rekonstruktion des Nonkognitivismus in Wiener Rechtstheoretischer Schule und Wiener Kreis soll dieser Frage schematisch nachgegangen werden.

Wie der Wiener Kreis interessiert sich die Wiener Rechtstheoretische Schule für den Status der Moral. Die Gründe sich allerdings völlig verschieden und die Funktion dieser Theorieelemente innerhalb der beiden Schulen – wenn wir Schulen hier einfach als spezifische Theorienmengen einführen – sind es auch. Der Wiener Kreis versteht sich als eine allgemeine Theorie der Wissenschaftssprachen, die von der Verallgemeinerung der Analyse der Sprache der Physik ausgeht. Die Wiener Rechtstheoretische Schule versteht sich als eine Theorie der Rechtswissenschaft als spezifischer Fachwissenschaft. Was der Wiener Kreis abgrenzt und rekonstruiert, nimmt die Wiener Rechtstheoretische Schule als gegeben und nicht als Untersuchungsgegenstand: die paradigmatische Wissenschaftlichkeit der Naturwissenschaften. Diese haben eine Entwicklungsstufe erlangt, die ihnen bestimmte Eigenschaften verleiht: Ausgang von „objektiven" Tatsachen, einen Begriffs- und Argumentationsapparat, der es erlaubt, auch die Beschreibung dieser Tatsachen und Sachverhalte sowie die Beschreibung der Relationen zwischen ihnen in einer überprüfbaren Weise darzustellen und einen insgesamt ständig wachsenden Erfolg in der Erklärung dieser Sachverhalte. Diese Eigenschaften einer bereits entwickelten und sich stets weiter entwickelnden Wissenschaft sind es, die die Wiener

Rechtstheoretische Schule auch in die Rechtswissenschaften einzuführen bestrebt ist. Das Problem besteht dabei nicht darin, von einer
allgemeinen Theorie der Wissenschaftssprache zur Theorie einer bestimmten Fachwissenschaft zu gelangen, es besteht darin, sich die
Eigenschaften einer gegebenen erfolgreichen Erkenntnisstrategie zum
Vorbild zu nehmen und sie in einem Bereich zu entwickeln, der einen
von den so erfolgreichen Wissenschaften gänzlich verschiedenen
Gegenstand hat. Auch die Vorgangsweise wird daher eine andere
sein.

Nachdem der Wiener Kreis seinen logischen Empirismus konstruiert
hat, stößt er auf das Problem des Status moralischer Normen und moralischer Aussagen und verweigert moralischen Sätzen die Sinnfähig-
keit. Daraus folgt, daß es zu bestimmen gilt, welche Funktion solche
Sätze spielen und in welcher Weise eine Theorie solcher Sätze konstruiert werden soll. Oft stößt man auf Erstaunen, daß die Wiener
Rechtstheoretische Schule sich nicht oder kaum für den Wiener Kreis
interessiert hat, der doch einen allgemeineren philosophischen Anspruch verfolgte, man muß aber ebenso feststellen, daß sich der Wiener Kreis nicht oder nur völlig marginal für den Gegenstand Recht und
den Status von Rechtsnormen oder rechtswissenschaftlichen Aussagen interessiert hat. Wenn er es tat, mußte er konsequent einen
naturalistischen Reduktionismus vertreten, wenn Rechtstheoretiker
sich auf ihn berufen haben,[1] haben sie Rechtswissenschaft als Tatsachenwissenschaft zu rekonstruieren versucht und in beiden Fällen die
Positionen der Wiener Rechtstheoretischen Schule einer mehr oder
minder scharfen Kritik unterzogen.[2]

Die Wiener Rechtstheoretische Schule interessiert sich zu allererst
für den Gegenstand, den sie als „positives Recht" bezeichnet, das
heißt, sie interessiert sich dafür, eine Theorie zu entwickeln, die es
erlaubt, diesen Gegenstand exakt zu bestimmen sowie Begriffe und
Subtheorien, mit denen sie ihn „besser", das heißt „objektiver", „exakter" und mit weitergehender „Struktureinsicht" als andere Theorien,
darstellen kann, wie auch immer diese Prädikate nun im einzelnen
bestimmt werden mögen. Das Problem besteht nicht darin zu sehen,
was aus einer allgemeinen Theorie der Sinnhaftigkeit für diesen Gegenstand folgt. Daß Rechtsnormen ausdrückende Rechtssätze sinn-

---

1   Alf Ross, *Directives and Norms*, London 1968.

2   Cf. etwa Richard von Mises, *Kleines Lehrbuch des Positivismus. Einführung in die
     empiristische Wissenschaftsauffassung*, Den Haag 1939, Frankfurt am Main
     Suhrkamp 1990, p. 457ff.

fähig sind, gilt als Ausgangspunkt. Die Frage ist, wie dieser Sinn „objektiv", „überprüfbar" und „präzise" dargestellt werden kann. Ein gemeinsamer Zugang wäre freilich möglich und sinnvoll gewesen. Hätten Kelsen oder Merkl zunächst Ingenieurwissenschaften und Mathematik studiert, statt sich mit Kant und Schopenhauer zu beschäftigen, wären die Dinge vielleicht anders verlaufen, aber das ist eine müßige Hypothese.

Für die Wiener Rechtstheoretische Schule ergibt sich damit folgendes Problem: Die Bestimmung des Gegenstandes „Recht" als objektiv Gegebenes geht einher mit der präzisen Abgrenzung von jenen Gegenständen, die fälschlich mit ihm identifiziert werden. Fälschlich mit Recht werden Gegenstände identifiziert, die nicht dieselben konstitutiven Eigenschaften aufweisen: das heißt, die nicht Normenordnungen sind, die in objektiv überprüfbarer Weise „gegeben" (d.h. auf einen „Willensakt" zurückführbar), im großen und ganzen „wirksam" und „zwangsbewehrt" sind. Daraus folgt etwa, daß das, was als „Naturrecht" bezeichnet wird, nicht in den angezielten Gegenstandsbereich fällt. Es ist nicht auf nachweisbar gegebene Willensakte zurückführbar, ist nicht als solches im großen und ganzen wirksam, ist nicht als solches zwangsbewehrt. Ebenso sind freilich andere Gegenstände ausgeschlossen, wie etwa feststellbare Regelmäßigkeiten des Verhaltens menschlicher Gruppen, oder Anordnungssysteme, die zwar auf Willensakte zurückführbar sind aber nicht zwangsbewehrt oder nicht im großen und ganzen wirksam oder beides.[3] Dabei stößt die Wiener Rechtstheoretische Schule auf die Behauptung anderer Theorien, wonach „Recht" eben nichts anderes ist als die Umsetzung in zwangsbewehrte Normen von Grundsätzen, die in den Dingen selbst liegen, oder die intrinsisch als Handlungsanleitungen vernünftig sind oder eine andere Eigenschaft aufweisen, die sie als solche verbindlich macht, oder die auf einen Willensakt zurückgehen, der zwar nicht empirisch nachweisbar ist, aber geglaubt werden muß.

---

3   Eine Klassifikation von Normensystemen, die der von der Wiener Schule intuitiv eingeführten entspricht, kann modalttheoretisch begründet werden, cf. dazu Otto Pfersmann, „Pour une typologie modale de classes de validité normative", in: Jean-Luc Petit (Hg.), *La querelle des normes – Hommage à Georg Henrik von Wright*, Cahiers de philosophie politique et juridique de l'Université de Caen, no. 27 (1995), p. 69-113.

Die Verwerfung solcher Positionen erfolgt durch Rückgriff auf die
Sein-Sollen Dichotomie.[4] Naturrecht ist der Seinswelt zugehörig und
kann daher niemals als Recht qualifiziert werden.

Nun könnte aber ein Verteidiger dieser Theorien eine Ausweich-
these einbringen. Als „Recht" seien nur solche Normenordnungen zu
bestimmen, die zusätzlich zu den von der Wiener Rechtstheoretische
Schule geforderten Eigenschaften noch jene besitzen, nicht im Widerspruch zu bestimmten Normen der Moral zu stehen. Die Wiener
Rechtstheoretische Schule kann nicht dagegen einwenden, hier handle
es sich um einen Verstoß gegen die Sein-Sollen-Dichotomie, da ja von
Normen und nicht von Seinstatsachen die Rede ist.[5]

Die Abwehr der Wiener Rechtstheoretische Schule kann nur folgende Mittel zum Einsatz bringen. Sie kann entweder zu zeigen versuchen, daß das, was als „Moralnormenordnung" vorgestellt wird keine
Normenordnung im strengen Sinn darstellt, da alle Normen, um die es
dabei geht, letztlich doch, zumindest implizit, aus Seinstatsachen abgeleitet werden. Die Schwierigkeit wäre also bloß verschoben worden.

Der Verteidiger der Moral muß also weiter behaupten, die Normen
seien tatsächlich gesetzt und sie hätten unter anderem zum Gegenstand, wie andere Normen aussehen sollten, sofern diese letzteren im
Verletzungsfall organisierten Zwang anordnen. In diesem Fall wird die
Wiener Rechtstheoretische Schule replizieren, daß diese Normen,
selbst wenn es sie geben sollte, nicht Elemente des Systems sind, das
hier analysiert werden soll. Die Begründung müßte lauten, daß dieser
Setzungsakt, selbst wenn er stattgefunden haben sollte, nicht von
einer Norm des Systems als Normsetzungsakt des Systems ermächtigt
wurde.

---

4   Die Unableitbarkeit des Sollens aus dem Sein und umgekehrt wird in der Wiener
     Rechtstheoretischen Schule verwendet, aber weder als solche begründet noch
     analysiert, was zu einigen Mißverständnissen führen konnte. Insbesondere der
     unmerkliche Übergang von einer eher ontologischen zu einer logischen Deutung
     der Dichotomie bereitete Schwierigkeiten. Da es hier nicht um exegetische
     Probleme geht, wird hier einfach darunter verstanden, daß aus einer Prämissen-
     menge, die ausschließlich deskriptive Sätze enthält, keine strikt präskriptive
     Konklusio abgeleitet werden kann. Zu diesem Problemkreis cf. vor allem Gerhard
     Schurz, *The Is-Ought Problem: An Investigation in Philosophical Logic* (Trends in
     Logic, V. 1), Kluwer Dordrecht 1997 und den Beitrag von Morscher in diesem
     Band.

5   Die etwa von Alexy vertretene gemäßigte Verbindungsthese (*Begriff und Geltung
     des Rechts*, Verlag Alber Freiburg 1992) könnte etwa als Beispiel dieser Position
     interpretiert werden.

Der verbissene Moraltheoretiker kann dann nur noch versetzen, daß die Konstruktion der letzten Ermächtigung durchaus auch anders erfolgen könne, denn dies sei ja nach Wiener Rechtstheoretische Schule eine Frage der Zweckmäßigkeit und es sei durchaus „zweckmäßig" den Gegenstand „Recht" so zu konstruieren, daß er eben Einschränkungsregeln für die Rechtsqualität des Sinnes bestimmter Willensakte habe, die bestimmte Erfordernisse der „Moral" nicht erfülle. In diesem Sinne wird man etwa Versuche von Aulis Aarnio[6] oder Ralf Dreier[7] interpretieren können, eine alternative Konstruktion der Grundnorm vorzunehmen.

Thesen dieser Art werden folgende Argumente entgegegehalten:
– erstens, daß Normen wie die eben angesprochenen nicht bereits in die Konstruktion des Gegenstandes Eingang finden dürfen, da die normativen Elemente der Grundannahme nicht die Funktion haben, einen tatsächlich gegebenen Gegenstand unter bestimmte Anordnungen zu stellen, sondern eben nur den Sinn gegebener Willensakte als Normenordnung zu deuten;
– zweitens, die Behauptung, daß bestimmte Moralnormen in jedem solchen Normensystem unabhängig von anderen Elementen der Gegenstandswahl gültig seien kann deshalb nicht gelten, weil solche Normen, wenn es sie gebe, in einer bloß subjektiven Normsetzung ihren Ursprung finden, die jedoch aus eben diesem Grunde keine objektive Geltung als Rechtsnorm in Anspruch nehmen könne, wobei einerseits „Objektivität" dann gegeben ist, wenn eine andere Norm angeführt werden kann, der die Eigenschaft der Geltung im System bereits zuerkannt ist und es sich dabei nur um Normen handeln kann, die einer im großen und ganzen wirksamen Ordnung zugehören und andererseits die Geltung auch dieser Normen letztlich vorausgesetzt oder postuliert wird.

Die Rückzugsposition der Wiener Rechtstheoretischen Schule wird also zuletzt darin bestehen, nur solche Normen als rechtliche zuzulassen, die nicht den Anspruch erheben, über den Rahmen einer spezifischen Ermächtigung hinaus, also schlechthin gültig zu sein. Daraus folgt nun wiederum eine Unterscheidung, die in der Wiener Rechtstheoretischen Schule nicht immer klar durchgeführt wird.

---

6 Aulis Aarnio, *The Rational as Reasonable. A Traetise on Legal Justification*, Dordrecht Reidel 1987, p. 33ff.

7 Ralf Dreier, *Recht – Moral – Ideologie. Studien zur Rechtstheorie*, Frankfurt am Main Suhrkamp 1981, p. 197ff., 222ff.

1. Was immer es für Normensysteme gibt, die nicht rechtlicher Natur sind, sind sie jedenfalls immer positive Systeme, das heißt Ergebnisse von Setzungen, die als System nicht die konstitutiven Eigenschaften der Rechtsordnungen erfüllen. Es gibt daher, wenn überhaupt, nur positive Moralordnungen, die nur in einem schwachen Sinn, das heißt nicht durch organisierten Zwang sanktioniert sind. Als allgemeine Normentheorie und nicht bloß Rechtstheorie ist dies eine Erweiterung der Position der Wiener Schule im engeren Sinn, die Recht bloß von anderen nicht normativen Gegenständen sowie von normativen nicht rechtlichen Gegenständen ohne positive Spezifizierung global abgrenzt. Die in dieser Phase angeführten Beispiele von Moral verweisen auf Systeme, die in bestimmten tatsächlich bestehenden Gruppen in Geltung stehen und sich von Rechtssystemen durch ihre schwächere, weil nicht organisierte Sanktionierung unterscheiden. Nicht ganz klar ist dabei, ob und in welchem Ausmaß diese Systeme auch im großen und ganzen wirksam sind, ob also diese Eigenschaft aus „Positivität" folgt oder nicht. Nach der Textlage scheint eher das erstere anzunehmen zu sein, die christliche Moral etwa wird als eine solche angesehen, die tatsächlich in bestimmten Gesellschaften wirksam ist. Es ist aber die Frage, ob das unbedingt so sein muß, denn wann man die Eigenschaft der organisierten Sanktionierung abschwächen kann, müßte man auch jene der globalen Wirksamkeit abschwächen können, was es erlauben würde, nicht bloß durch Religionsgründungen eingeführte und von größeren Gruppen angenommene nicht-rechtliche Normensysteme als „Moral" zu identifizieren, sondern auch solche, die in inhaltlichen Moraltheorien als gesetzt betrachtet werden können, wie etwa die Kantsche Regelethik oder den Utilitarismus. Für solche Systeme schlage ich hier die Bezeichnung „individuelle Moral" – im Gegensatz zur gesellschaftlich wirksamen „Sozialmoral" vor.[8]

2. „Naturrecht" ist dann jedoch nicht positive Moral im Sinne der Wiener Rechtstheoretischen Schule. Naturrecht kann auch nicht individuelle Moral sein, da individuelle Moral ja nicht *als solche* Recht oder Teil einer Rechtsordnung sein kann. Naturrecht sind Normensysteme, deren Geltungsbegründung auf Seinstatsachen zurückgeführt, also insofern erschlichen wird, als stünden sie ohne nachweisbaren Setzungsakt in Geltung; und dies stellt eine Verletzung der Dichotomie dar. Nun kann man entweder sagen, daß diese Systeme individuelle Moralordnungen darstellen, weil die Erschleichungsstrategie als lar-

---

8   Dazu Otto Pfersmann, op. cit.

vierter Setzungsakt interpretiert werden muß, oder daß sie einfach Mengen sinnloser Sätze darstellen, weil sie Gegenständen einer realen Welt Eigenschaften zuordnen, die solchen Gegenständen nicht zukommen können. Beides ist in Wirklichkeit kompatibel, denn die erste Deutung identifiziert die präskriptive Bedeutung von Sätzen, die in deskriptiver Form getarnt sind, die zweite scheidet sie aus der Sphäre sinnvoller deskriptiver Sätze aus. In den Schriften der Wiener Rechtstheoretischen Schule werden Naturrechtstheorien oft als „Moral" qualifiziert, was aber nicht konsistent mit der These ist, daß es Moral nur als positive Moral gibt.

Damit ergibt sich allerdings das Bedürfnis einer Differenzierung von „individueller Moral" und Naturrecht, sofern Naturrecht als getarnte Moral bestimmt wird. Wenn es sich um Normen handelt, die von einzelnen Personen, den Naturrechtslehrern, getarnt gesetzt werden, die damit ihre eigenen Vorstellungen als das darzustellen versuchen, was die Wirklichkeit sei (das heißt sein soll), dann ist das von jenen Normen zu unterscheiden, die explizit in der Absicht gesetzt werden, nichtrechtliche Handlungsanleitungen einzuführen. Man kann solche Phänomene auch als „Ideologie" bezeichnen – wie dies die Wiener Rechtstheoretische Schule auch hin und wieder tut – bloß handelt es sich dabei um präskriptive Ideologien. Über den Unterschied in der Konnotation hinaus erscheint es plausibel, für solche Theorien, einen präskriptiv-ideologischen von einem individuell-moralischen Aspekt zu unterscheiden, je nachdem der Blick auf die Tarnung subjektiver Präferenzen oder auf den normativen Inhalt fällt.

Insofern und bis jetzt präsentiert sich die Wiener Rechtstheoretische Schule als Verbindung einer ontologischen mit einer epistemologischen These. Danach gibt es Normen und Normensysteme, die auf explizite oder larvierte, aber aufdeckbare Willensakte zurückführbar sind und es sind auch diese Normen und Normensysteme, die mittels spezifischer Methoden erkennbar und beschreibbar sind. In diesem spezifischen Sinne ist die Wiener Rechtstheoretische Schule der Annahme nach kognitivistisch. Daraus ergibt sich unmittelbar der epistemologische Folgesatz, das andere Normen und Normensysteme weder erkannt, noch dargestellt werden können. Es läßt sich aber nicht unmittelbar daraus schließen, daß die Existenz solcher Normen und Normensysteme ausgeschlossen ist. Es läßt sich allerdings aus der Norm-Defintion der Wiener Schule schließen: Eine Norm ist der Sinn eines Willensaktes, der darauf gerichtet ist, daß ein bestimmtes menschliches Verhalten vorgenommen werden soll. Daraus folgt, das es ohne Willensakt auch keine Norm gibt. Insofern ist es irreführend, der Wiener Rechtstheoretischen Schule eine nonkognitivistische metaethische Position zuzuschreiben, denn genau genommen ist es eine strikt kognitivistische Theorie, insofern alles, was unter den Begriff der Norm fällt, zumindest im Prinzip erkennbar und beschreibbar ist, nämlich wenn es möglich ist, die konstitutive Rückführbarkeit auf einen Willensakt, tatsächlich durchzuführen.

Dennoch ist oft vom Nonkognitivismus der Wiener Rechtstheoretischen Schule die Rede. Dies könnte höchsten insofern sinnvoll sein, als die ontologische These etwa zu einer Stipulation abgeschwächt wird. Es müßte dann heißen, nicht „nur solche Dinge vermögen ein auf menschliches Verhalten gerichtetes Sollen auszudrücken, die auf tatsächliche Willensakte zurückführbar sind", sondern „als ‚Norm' im Sinne der Wiener Rechtstheoretischen Schule wird das eingeführt, was den Sinn eines auf menschliches Verhalten ausgerichteten Willensakt ausdrückt". Es handelt sich dann um die Einführung eines spezifischen Normbegriffs, es wird aber nichts darüber ausgesagt, ob es auch andere Normen geben kann und welche konstitutiven Merkmale sie aufweisen könnten. Die Frage wird offen gelassen. Dies ist etwa der Fall, wenn gesagt wird, die Erkenntnis absoluter Werte sei nicht möglich. Es wird nichts darüber gesagt, ob es solche Werte gibt oder ob es auch nur sinnvoll ist, solche Werte anzunehmen oder Wege der Feststellung ihrer Existenz zu prüfen, wenn auch die Erkenntnis ihres Inhalts ausgeschlossen ist.

Die insofern schwache These der Wiener Schule lautet demnach, es gibt zumindest solche Normen, die Sinn von Willensakten sind, und es sind auch ausschließlich solche Dinge als Normen erkennbar, während über die Existenz von Normen, die diese Eigenschaft nicht besitzen, nichts gesagt werden kann, außer freilich, daß selbst wenn sie existieren sollten, sie jedenfalls weder erkennbar, noch beschreibbar wären. In diesem und nur in diesem abgeschwächten Sinn kann die Wiener Rechtstheoretische Schule als nonkognitivistische Theorie bezeichnet werden.

Auch die Position des Wiener Kreises ist nicht strikt nonkognitivistisch, sie ist allerdings uneinheitlich. Folgt man seiner emotivistischen Variante,[9] ist es entweder sinnlos mit diesen Kategorien zu arbeiten, weil moralische Aussagen keine Referenz haben, oder aber es geht um

---

9   Diese Position wurde klassisch von Alfred J. Ayer in: *Language, Truth, and Logic*, London 1936, formuliert und von Charles L. Stevenson in: *Ethics and Language*, New Haven, Yale University Press 1944 ausgebaut. Ayers Text ist das Ergebnis seines Studienaufenthalts in Wien.

das, was diese Aussagen tatsächlich zum Ausdruck bringen, nämlich emotionale Haltungen, dann sind sie im Prinzip sowohl einer sprachanalytischen als auch einer empirischen Erkenntnis zugänglich. Folgt man der Schlickschen Variante,[10] dann handelt es sich einfach um eine bestimmte Kategorie deskriptiver Sätze, die voraussetzungsgemäß einen kognitiven Gehalt aufweisen.

Was die Wiener Rechtstheoretische Schule anlangt, ist es in ihrer historischen Gestalt nicht exakt möglich zu bestimmen, ob sie im Sinne einer stark kognitivistischen, ontologisch abgegrenzten, oder nonkognitivistisch, ontologisch offenen Position zu interpretieren ist. Die Systematik spricht eher für die erste Variante, die Entwicklung der Theorie eher für die zweite. Die erste müßte allerdings durch einen strikten Beweis der ontologischen Abschlußthese untermauert werden, während die zweite zu dieser schwierigen Frage einfach keine Stellung bezieht. Als pragmatische Theorie ist dies auch nicht erforderlich, sofern sie nur zu zeigen vermag, daß sie jene Erkenntnisleistung erbringt, die sie unter den angegebenen Voraussetzungen verspricht.

Als Rechtstheorie scheint eine umfassendere Theorieleistung auch nicht erforderlich. Aber insoweit eine solche in Angriff genommen wird, zeigt sie einige Schwächen. Die Wiener Rechtstheoretische Schule untersucht nicht nur Rechtssysteme, sondern auch die politischen Theorien, als deren Umsetzung diese Rechtssysteme konzipiert wurden. Wendet sie ihr methodologisches Paradigma auf diese Theorien an, so bestehen zwei Möglichkeiten. Sie kann zeigen, wie bestimmte politisch-moralische Normsätze strukturiert sind und wird dann etwa analysieren, um den Preis welcher Widersprüche und Abschwächungen, das ursprüngliche normative Postulat der Demokratie unter den sozialen Lebensbedingungen moderner Gesellschaften in die Rechtfertigung des Parteienstaates und des Parlamentarismus einmündet[11] oder wie die staatsfeindlichen moralischen Theorien von Marx, Engels und Lenin zur totalitären Konstruktion des Sowjetstaates führen[12] oder wie der Austromarxismus der Zwischenkriegszeit zu

---

10 Moritz Schlick, *Fragen der Ethik*, Wien 1930, neu hg. von Rainer Hegselmann, Frankfurt am Main 1984.

11 Hans Kelsen, *Vom Wesen und Wert der Demokratie*, Neudruck der zweiten, umgearbeiteten Auflage Tübingen 1929, Aalen 1963.

12 Hans Kelsen, *Sozialismus und Staat. Eine Untersuchung der politischen Theorie des Marxismus*, Leipzig 1920 (zweite Auflage Leipzig 1923).

einer ambivalenten Akzeptanz der parlamentarischen Demokratie gelangt.[13]

Schwieriger wird es bereits, aus dem Theoriegebäude der Wiener
Rechtstheoretischen Schule das Postulat der Verrechtlichung abzuleiten, das Clemens Jabloner in mehreren Beiträgen dargestellt hat.[14]
Man kann sich noch damit behelfen, daß man von einem nicht weiter
begründeten moralischen Postulat der Friedenssicherung ausgeht und
sich dann die rechtstechnologische Frage stellt, welche rechtliche
Umsetzung ihm am besten gerecht wird (schwache Verrechtlichung
durch Rechtsprechungsorgane sind dann zunächst der starken Verrechtlichung durch zentralisierte generelle Normsetzung vorzuziehen).
Dies betrifft aber nicht das Ausgangspostulat.

Noch schwieriger wird es, innerhalb des Rahmens der Wiener
Rechtstheoretischen Schule, den Übergang vom institutionellen Relativismus des demokratischen Systems zur Rechtfertigung eines inhaltlichen Toleranzpostulats vorzunehmen.[15]

Völlig unvereinbar mit der Ausgangsposition schließlich scheint es,
innerhalb dieses Rahmens inhaltliche moralische Argumentationen als
solche zu führen. Hier scheint die historische Position der Wiener
Rechtstheoretische Schule, wenn man sie um diese Theorieelemente
erweitert, sogar widersprüchlich, wenn man etwa die Aussagen Kelsens in *Was ist Gerechtigkeit?* einem Text wie dem folgenden gegen-
überstellt:

But have we men of a Christian civilization [im Gegensatz zu den
Inkas, die Menschenopfer vornahmen, O.P.] really the right to
relax morally? ... There are truths which are so self-evident that
they must be proclaimed again and again in order not to be doom-
ed to oblivion. Such a truth is: that war is mass murder, the greatest disgrace of our culture, and that to secure world peace is our

---

13   Hans Kelsen, „Otto Bauers politische Theorien", *Der Kampf*, Bd. 17 (1924). Zu
      diesem Themenkomplex cf. *Reine Rechtslehre und marxisitische Rechtstheorie*,
      Schriftenreihe des Hans-Kelsen-Instituts, Band 3, Wien 1978; *Rechtstheorie*
      Beiheft 4 (1982); Otto Pfersmann, „Der Konsens und die Möglichkeit der Demo-
      kratie", in: *Austriaca*, no. 28 (Juin 1989), p. 59-68.

14   z.B. Clemens Jabloner, „Menschenbild und Friedenssicherung" in: *Hans Kelsens
      Wege sozialphilosophischer Forschung*, Manz Wien 1997; cf. auch Otto
      Pfersmann, „De la justice constitutionnelle à la justice internationale. Hans Kelsen
      et la seconde guerre mondiale", in: *Revue Française de Droit Constitutionnel*, no.
      16 (1993), p. 761-790.

15   Kelsen, *Vom Wesen und Wert der Demokratie*, op. cit., *in fine*.

foremost political task, a task much more important than the decision between democracy and autocracy, or capitalism and socialism; for there is no essential social progress possible as long as no international organization is established by which war between the nations of this earth is effectively prevented.[16]

An solchen Stellen zeigt sich wieder ein Naheverhältnis zwischen Wiener Kreis und Wiener Rechtstheoretischer Schule, denn die metaethische Theorie des einen wie der anderen entwickeln zwar die Möglichkeit einer Sprach- oder Ideologiekritik des moralischen oder pseudo-moralischen Diskurses, geben aber keinerlei Raum für eine Theorie rationaler moralischer Argumentation, so daß dennoch eingeführte moralische Behauptungen unvermittelt bleiben. Aber zunächst treffen sich beide auch darin, daß sie, außer in Ansätzen, keine Typologie der nicht im unmittelbaren Gegenstandsbereich liegenden Normensysteme ausarbeiten.

Gemeinsam ist und bleibt insofern dem Wiener Kreis wie der Wiener Rechtstheoretischen Schule weiters, aus zum Teil verschiedenen Perspektiven, die These, daß Wert- und Normaussagen zwar Gegenstand rationaler Untersuchung, daß jedoch Normen und Werte als solche nicht Gegenstand begründeter rationaler Einsicht sein können. Wiener Kreis wie Wiener Rechtstheoretische Schule waren vom Bild moderner empirischer Wissenschaften ausgegangen und hatten die wissenschaftliche Tragfähigkeit normativer Aussagen und normativer Systeme daran gemessen. Diese Haltung wird der analytischen Moraltheorie lange eigen bleiben. Die Untersuchungen von Hare,[17] Mackie,[18] Harman[19] oder Williams[20] zielen auf eine Rationalisierung des moralischen Diskurses, nicht aber direkt auf die Rechtfertigung moralischer Normen. Man kann insofern sogar eine Verrechtlichung der

---

16 Hans Kelsen, *Peace through Law*, Chapel Hill, University of North Carolina Press 1944, p. vii.

17 Richard Hare, cf. vor allem *The Language of Morals*, Oxford University Press 1952; dann aber auch: *Freedom and Reason*, Oxford University Press 1963; *Moral Thinking*, Oxford University Press 1981; *Essays in Moral Theory*, Oxford University Press 1989.

18 J.L. Mackie, vor allem *Ethics: Inventing Right and Wrong*, New York Penguin 1977.

19 Gilbert Harman, vor allem: *The Nature of Morality*, Oxford University Press 1977.

20 Bernard Williams, vor allem *Ethics and the Limits of Philosophy*, Cambridge, Massachusetts, Harvard University Press 1985.

meta-ethischen Anforderungen an Moralsysteme erkennen, wenn man sich erinnert, wie etwa Hare versucht, die Hierarchisierung dieser Systeme als Rationalitätsbedingung einzuführen.[21]

Seit mehreren Jahren gehen nun einige analytische Philosophen einen entgegengesetzten Weg, indem sie den sprachanalytischen Ansatz gegen die traditionelle These des Nonkognitivismus einsetzen. Sie nehmen „moralische Tatsachen" als gegeben an und fragen, wie deren Status zu bestimmen und welche Formen der Erkenntnis und des Diskurses damit vereinbar sind. Man bezeichnet diese im übrigen an Varianten sehr reichhaltige Richtung als „moralischen Realismus". Fördern diese Theorien Einsichten zutage, die die Gegenstandsbestimmung der Wiener Rechtstheoretischen Schule in Frage stellen könnte? Dieses Problem verdiente eine ausführliche Abhandlung und kann hier bloß kursorisch skizziert werden.[22]

Der moralische Realismus ist zunächst einmal eine ontologische These, der es darum geht, die Sprache der Moral ernst zu nehmen und einen Mittelweg zwischen einem reduktionistischen Naturalismus, für den alle moralischen auf nicht moralische Fragen zurückführbar sind, und dem Dualismus, für den die moralische Welt eine von der übrigen gänzlich getrennte darstellt, auszuloten.

Von der ontologischen strikt zu unterscheiden ist die epistemologische These, daß über diese Tatsachen auch relevante Aussagen gemacht werden können. Die erste Stoßrichtung des Realismus besteht denn auch darin, zumindest die Möglichkeit moralischer Tatsachen plausibel zu machen, auch wenn man zu dem Ergebnis gelangen sollte, daß diese Tatsachen der Erkenntnis völlig oder doch weitgehend unzugänglich sind.

Die ontologische These des moralischen Realismus behauptet also die Möglichkeiten von Entitäten, die zugleich objektiv und präskriptiv sind. Genau diese Möglichkeit wird in der ersten sprachanalytischen Tradition als unverständlich geleugnet. Die Strategie der Realisten besteht daher darin, einerseits die sprachanalytischen Unterscheidungen

21 *The Language of Morals, op. cit.*

22 Cf. Robert Arrington, *Rationalism, Realism, Relativism*, Ithaca und London, Cornell University Press 1989; Geoffrey Sayre-McCord (Hg.) *Essays on Moral Realism*, Ithaca und London 1988; Simon Blackburn, *Essays in Quasi-Realism* Oxford University Press 1993; Ruwen Ogien, *Les causes et les raisons*, Paris 1996; ders., (Hg.) *Le réalisme moral*, Paris Presses Universitaires de France 1998; Christine Tappolet, *Les valeurs et leur épistémologie* , Thèse, Universität Genf 1996, John McDowell, *Mind, Value, and Reality*, Harvard University Press 1998; David Wiggins, *Needs, Values, Truth*, Oxford University Press 1998[3].

zwischen deskriptiven und präskriptiven Aspekten einer Aussage oder eines Begriffes in Frage zu stellen, andererseits den Realitätsbegriff ihrer Gegner selbst zu verwerfen.

Der erste Weg wurde vor allem von Philippa Foot[23] und Mark Platts[24] beschritten und besteht in der Analyse der Formulierung moralischer Urteile, die eine strikte Trennung des moralischen vom nichtmoralischen Aspekt nicht zulassen. Auch Hilary Putnam hat die semantische Deutung der Dichotomie, wonach es nicht möglich ist, moralische Eigenschaften mit Hilfe nicht-moralischer Begriffe zu definieren, schweren Angriffen ausgesetzt.[25] Er wendet ein, daß zwar in der Tat „gut" und „zum größten Glück der größten Zahl beitragen" verschiedene Begriffe seien, daß aber daraus, daß zwei Ausdrücke verschiedene Bedeutungen haben, nicht geschlossen werden könne, daß sie verschiedene Referenten haben. So bedeuten „Wärme" und „mittlere kinetische Molekularenergie" verschiedenes, denotieren aber dasselbe. Wenn auch an der logischen Unableitbarkeit festgehalten werden müsse, so schließe dies bloß aus, daß es zwischen (bloß) deskriptiven und präskriptiven Sätzen logische Folgerungsbeziehungen gebe, nicht aber, daß es zwischen Sein und Sollen keine nicht-logischen Beziehungen gebe.

Die zweite Strategie wurde vor allem von John McDowell entwickelt, der dabei auf die Unterscheidung zwischen primären und sekundären Qualitäten zurückgreift,[26] solchen also die unabhängig von der Konstitution des erkennenden Subjekts und solchen, die davon abhängig sind. Der Realitätsbegriff sei ausschließlich am Modell primärer Qualitäten ausgerichtet und es erscheint absurd, etwa der Dreieckigkeit eines Gegenstandes die Fähigkeit zuzugestehen, handlungsmotivierend zu wirken. Moralische Tatsachen haben insofern auch keine starke, sondern eine bloß schwache Objektivität Aber auch sekundäre Qualitäten sind real, indem sie reaktionsabhängig sind. Das Ergebnis ist überraschend, denn wenn McDowells These stimmen sollte, wenn also moralische Tatsachen eine Art perzeptiver Qualitäten wären, dann folgt daraus, daß die Ethik nicht dem Muster einer deduktiven Reflexion folgen könnte, daß es vielmehr nur un-

---

23 Philippa Foot, „Moral Arguments", in: *Mind* 67 (1958), p. 502-513; „Moral Beliefs", in: *Proceedings of the Aristotelian Society* 59 (1958–59), p. 83-104.

24 Mark Platts, *Ways of Meaning*, London, Routledge and Kegan Paul 1979.

25 Cf. dazu vor allem *Reason, Truth and History*, Cambridge University Press 1981.

26 Cf. „Values and Secondary Qualities", in: op.cit.

mittelbare Einsichten in das in der jeweiligen Situation gebotene geben könnte.

Eine in der Struktur nicht unähnliche Strategie hat Charles Larmore vorgeschlagen:[27] gehen wir vom Modellfall wissenschaftlicher Erkenntnis, der naturwissenschaftlichen aus. Das orthodoxe philosophische Bild, das davon gezeichnet wird, ist strikt naturalistisch. Aus ihm wird die Ablehnung normativer Tatsachen gefolgert. Wenn wir es aber ernst nehmen, folgt daraus auch, daß wir keinen hinreichenden Grund hätten, einer Theorie eher als einer anderen zu glauben. Das naturalistische Bild naturwissenschaftlicher Erkenntnis verdecke also einfach die nicht-eliminierbare Funktion normativer Wahrheiten, die uns anleiten, diese eher als jene Überzeugung zu wählen. Auch andere Autoren weisen darauf hin, daß in den naturwissenschaftlichen Erklärungen nicht bloß von beobachtbaren Daten, sondern von einer Menge nicht beobachtbarer Annahmen ausgegangen wird, so daß, wenn man die Kriterien der wissenschaftlichen Erklärung auf die Naturwissenschaft selbst anwenden wollte, diese schlicht unmöglich würde.

Es kann nicht Wunder nehmen, daß auch Versuche unternommen werden, die Sein-Sollen Dichotomie selbst in Frage zu stellen, zumindest zu verharmlosen. Ein Argument von Hare[28] wird oft verwendet, um eine andere Annäherung, die asymmetrische Abhängigkeit, darzustellen. Der logische Empirist geht davon aus, daß man hinsichtlich aller faktischen Aspekte eines Sachverhalts dieselbe Auffassung teilen und dennoch eine unterschiedlich Bewertung vornehmen kann. Nehmen wir jedoch an, wir hätten es mit zwei strikt identischen Bildern X und Y in einer Ausstellung zu tun und nehmen wir an, wir erkennen dem einen das Prädikat „schön" zu. Dann können wir es dem anderen nicht verweigern. Wir können nicht ohne Widerspruch sagen, beide Gegenstände hätten strikt dieselbe Eigenschaften mit der einzigen Ausnahme, daß das eine schön, das andere aber nicht schön sei. Nehmen wir an, wir behaupten, H. K. war ein guter Mensch, so könnten wir nicht sagen, daß Y, der in allen Eigenschaften und Handlungen

---

27   In: Ruwen Ogien, *Le réalisme moral*, op. cit.

28   Richard Hare, *Language of Morals*, op. cit. und „Supervenience" in : *Essays in Moral Theory*, op. cit. Jaegwom Kim, *Supervenience and Mind*, Cambridge University Press 1993, und David Papineau, *Philosophical Naturalism*, Cambridge University Press 1993, haben diese Theorie näher ausgeführt und in anderen Bereichen angewendet. Cf. auch, für eine Kritik, Simon Blackburn, „Supervenience Revisited", in: op. cit., p. 130-148.

genauso ist wie H. K., sich ausschließlich darin von ihm unterscheidet, daß er schlecht ist. Hare schließt daraus, daß das Gute zwar nicht auf empirische Tatsachen reduzierbar ist, aber von anderen abhängt und mit ihnen variiert. Man sagt, daß eine Eigenschaft E von den Eigenschaften N1, ..., Nn emergiert oder zu ihnen hinzukommt, wenn E mit keinem N identisch ist, noch eine Wahrheitsfunktion davon darstellt und wenn es logisch unmöglich ist, daß etwas zu E wird oder aufhört, E zu sein, ohne daß eine der Eigenschaften Ni eine Änderung erfährt.

Ein anderes Beispiel hat Mark Platts in der Folge Wittgensteins der Gestaltpsychologie entnommen.[29] Wenn eine bestimmte Anordnung von Punkten uns als Gesicht oder die Zeichnung eines Hasen unter bestimmter Betrachtung als (Zeichnung einer) Ente erscheint, so bedeutet das, daß eine Änderung der Punkte oder der Zeichnung mit einer Änderung des Eindrucks einher geht.

In allen diesen Fällen impliziert eine Änderung der unterliegenden Eigenschaften eine Änderung der höheren Eigenschaften, obwohl die höheren Eigenschaften nicht identisch mit den niederen Eigenschaften sind. Es handelt sich in solchen Fällen um eine asymmetrische Abhängigkeit, die weder logischer noch kausaler Natur ist. Der moralische Realist wird sich darauf stützen, um zu behaupten, daß die moralischen Eigenschaften in den nicht-moralischen enthalten sind, ohne daß die ersteren auf letztere reduzierbar wären.

Ein weitere Strategie besteht auf epistemologischer Ebene darin zu zeigen, daß für manche Handlungen, eine moralische die beste Erklärung liefert (Sie hat dies oder jenes getan, weil sie mutig, großzügig, zuvorkommend etc. ist).

Auch die Mathematik wird herangezogen (David Wiggins) um zu zeigen, daß es Wahrheiten gibt, die gleichzeitig entdeckt und erfunden werden. Die Möglichkeit derartiger Zuordnungen erlaube es auch, meint Wiggins, die Phänomenologie des moralischen Lebens besser zu beschreiben.[30] Inwiefern könnten diese und ähnliche Strategien das Modell der Wiener Rechtstheoretische Schule erschüttern?

Man kann, glaube ich, zugeben, daß eine nähere und differenziertere Bestimmung der Ontologie der Moral nicht Gegenstand der Aufmerksamkeit der Wiener Rechtstheoretischen Schule ist, daß sie vielmehr eine globale Abgrenzung gegenüber anderen normativen sowie pseudonormativen Bereichen vornimmt, ohne deren positive Eigen-

---

29 Mark Platts, op. cit., p. 244.

30 op. cit., cf. darin vor allem „Truth, Invention and the Meaning of Life", p. 87-138.

schaften auszuarbeiten. Insofern sind für den philosophisch an der
Theorie normativer Systeme in ihrer Vielfalt Interessierten, diese neueren Forschungen gerade deshalb interessant und anregend, weil sie
mit analytischen Methoden originelle Annäherungen an die großen
Probleme der praktischen Philosophie im allgemeinen entwickeln. Das
Verdienst dieser Theorien scheint mir hauptsächlich in einer Anregung
zur besseren Differenzierung der Begriffe, der Gegenstandsbereiche
und der Argumentationstypen zu liegen.

Dies sagt aber noch nichts darüber, ob einerseits den Realisten der
Beweis einer ihrer Thesen gelungen ist und andererseits damit konkrete Thesen der Wiener Rechtstheoretischen Schule widerlegt sind. Es
stellt sich aber weiters die Frage, ob die Wiener Schule überhaupt auf
ihre nonkognitivistische Strategie angewiesen ist und nicht dasselbe
Ergebnis mit schwächeren Mitteln erzielen könnte.

1. Zunächst können wir auf einige interne Schwierigkeiten des Moralischen Realismus hinweisen.

a) Der Moralische Realismus ist ein Realismus nur um den Preis einer
starken Abschwächung des Realitätsbegriffs. Wenn das dispositionell-
perzeptive Modell stimmte, wäre damit bloß gesagt, daß bestimmte
Eigenschaften gemäß der Disposition des Subjekts wahrgenommen
werden. Daraus folgt noch keineswegs, daß alle Individuen der Gat-
tung G dieselbe moralische Qualität in derselben Weise wahrnehmen.
Eine triviale Betrachtung ergibt jedenfalls bereits, daß im Gegensatz
zu Farben, deren empirisches Substrat im übrigen exakt bestimmbar
ist, moralische Qualitäten, sollten sie ähnlicher Natur sein, jedenfalls
nicht zu ähnlicher dispositioneller Urteilskonvergenz Anlass geben (Far-
benblinde freilich ausgenommen). Wenn es aber lediglich darum geht
zu zeigen, daß Individuen „moralische Empfindungen" haben und daß
es dafür einen realen Grund geben muß, so folgt daraus noch nichts,
was nicht auch ältere Theorien anerkannt hätten.

b) Der Zusammenhang zwischen Ontologie und Epistemologie des
Moralischen Realismus bleibt zunächst noch zuwenig ausgearbeitet.
Selbst bei Annahme einer moralischen Realität lässt sich nicht zeigen,
ob und wie sie zu erkennen wäre.

Umgekehrt sind manche Argumente, die von der epistemologischen Ebene ihren Ausgang nehmen, indem sie auf die Existenz normativer Sätze in diesem oder jenem Bereich hinweisen, noch keine
Beweise dafür, daß diese insofern wahr sind, als sie explizit oder implizit eine „moralische Realität" postulieren.

c) Allgemeiner formuliert kann die Objektivitätskonstruktion des Moralischen Realismus als Deutung der Objektivität subjektiver Erlebnisse gedeutet werden.

2. Die mit dem MR einsetzende Wendung argumentationstheoretischer Ansätze zu ontologischen Betrachtungen erscheint keineswegs erforderlich, um Probleme der Moraltheorie besser zu lösen. Bisher erlaubt selbst die Annahme moralischer Tatsachen nicht, solche Fortschritte zu erzielen.

3. Die Emergenztheorie ist eine subtile, interessante und in vielfältigen Bereichen anwendbare Theorie nicht reduktionistischer Abhängigkeit. Aber auch sie erlaubt es nicht, Probleme der Moraltheorie besser zu lösen als zuvor. Im Falle des Hareschen Beispiels handelt es sich um einen immanenten Sachzwang zu diskursiver Kohärenz, aber nicht etwa dazu, daß der Sprecher jedenfalls hätte zur Auffassung gelangen müssen, das Bild sei schön. Kommen wir auf die Definition der Emergenz ("*supervenience*") zurück, so besteht eine solche Relation dann, wenn die Voraussetzung zutrifft, daß es logisch unmöglich ist, daß eine Variation in einem Bereich ohne eine solche im anderen Bereich eintrifft. Die Beweislast liegt also genau darin zu zeigen, daß es sich um einen konkreten Fall einer solchen logischen Unmöglichkeit handelt. In den angeführten Beispielen handelt es sich keineswegs um eine *logische* Unmöglichkeit. Daß sie allgemein zwischen moralischen und nicht-moralischen Tatsachen bestünde ist also bloß postuliert und erfordert im übrigen den ontologischen Beweis der Existenz einer „moralischen" Realität.

4. Nehmen wir nun den für den Nonkognitivismus schlimmsten Fall an. Danach wäre es möglich zu zeigen, daß es moralische Tatsachen gibt. Erstens ist damit noch immer sehr wenig über deren exakte Konfiguration gesagt. Bedeutet das, daß die regula aurea oder der kategorische Imperativ eine Realität ist, daß Werturteile oder Normen nunmehr wahr sind?

Nehmen wir an, wir könnten selbst das beweisen. Wir könnten etwa zeigen, daß Normen nicht bloß hier oder dort in diesem oder jenem System durch diesen oder jenen Sprach-oder Willensakt gesetzt, sondern daß etwa die Norm N „Sklaverei ist verboten" wahr ist, sofern es überhaupt Sinn macht, so etwas anzunehmen.

Sind deshalb Rechtsnormen ungültig, das heißt ihrer Rechtsnormativität beraubt, weil sie Sklaverei im System S erlauben? Es steht leider zu befürchten, daß dies nicht der Fall ist.

HANS-JOACHIM DAHMS

DIE PHILOSOPHEN UND DIE DEMOKRATIE IN DEN 20ER JAHREN DES 20. JAHRHUNDERTS: HANS KELSEN, LEONARD NELSON UND KARL POPPER

Anders als in den Staaten des Westens (wie England, Frankreich und die USA) wurde die Volkssouveränität in Deutschland und Österreich erst im 20. Jahrhundert eingeführt. Die Zeitumstände, unter denen dies geschah, waren einer allgemeinen Akzeptanz in der Bevölkerung nicht sehr günstig. Der Philosoph Eduard Baumgarten, der als erster im deutschsprachigen Raum eine Monographie über die typisch amerikanische Philosophie, den Pragmatismus, veröffentlichte, hat versucht, die unterschiedlichen politischen Großwetterlagen, in denen die amerikanische und englische Demokratie einerseits gediehen war, und in der diese Staatsform dann andererseits in Deutschland eingeführt wurde, auf den Punkt zu bringen. Das liest sich hinsichtlich der Einführung der Demokratie in Deutschland zunächst einmal so:

> Der Name der Demokratie lebt bei uns Deutschen fort als Wortbegriff für ein politisches System, das am Ende eines verlorenen Krieges im Zustand tiefster nationaler Erschöpfung und Mißhandlung von außen zur Herrschaft kam. Dieses Odium der Schwäche haftet der „Demokratie" bei uns an.[1]

In England und zumal in den USA sehe das ganz anders aus:

> Der Begriff in England und in Amerika ist dagegen verknüpft mit den glorreichsten nationalen Erinnerungen. So ist er dort ein Begriff des Aufstiegs, der Kraft, des Enthusiasmus. Vor allem in Amerika: 1776, 1787, 1864, 1917 (Unabhängigkeitsjahr, Verfassungsjahr, Jahr der Wiederherstellung der Union durch Lincoln, Jahr des Eintritts in den Weltkrieg) sind für Amerika Jubiläen der Nation sowohl wie ihres Begriffs der Demokratie.[2]

Das publizierte Baumgarten im Herbst 1938, als ihm die Demokratie in Deutschland nur noch eine Erinnerung an etwas längst Untergegangenes gewesen zu sein scheint: die Hitler-Diktatur hatte sich in

---

1   Baumgarten (1938), XIf.

2   ebenda, XII.

Deutschland durchgesetzt und auf Österreich ausgedehnt. Aber philosophische Betrachtungen über das Wesen und den Wert der Demokratie in Deutschland hat es nicht nur gegeben, als diese schon zu Grabe getragen war. Vielmehr hatte ziemlich genau 20 Jahre vorher, also unmittelbar nach den Novemberrevolutionen von 1918, sowohl in Deutschland als auch in Österreich ein heftiger Streit um die Einführung der Demokratie eingesetzt. Und es ist eigentlich kein Wunder, dass solche Debatten sich auch bis in die Philosophie hinein fortsetzten.[3]

Mit den folgenden Bemerkungen werde ich einen Ausschnitt dieser philosophischen Kontroversen um die Demokratie präsentieren, der gleichzeitig einen Höhepunkt der Debatte markiert. Es handelt sich um eine der Problematik der Demokratie gewidmete Vortrags-Sektion und anschließende große Diskussionsrunde beim 5. Deutschen Soziologentag, der vom 26. bis 29. September 1926 in Wien stattfand.[4] An dieser Konferenz nahmen außer Soziologen (einer damals an den Universitäten noch recht jungen Disziplin) auch eine Reihe von Staatstheoretikern und Philosophen teil. Darunter befanden sich Hans Kelsen als einer der Hauptreferenten[5] und Leonard Nelson als Debattenredner. Wie ich zeigen werde, hat die Auseinandersetzung schon damals Karl Popper zu Reflexionen angeregt, die sich dann allerdings erst 20 Jahre später in seinem publizierten Werk niedergeschlagen haben.

Es ist historisch gesehen nun mehr oder minder reiner Zufall, dass der zu schildernde und zu kommentierende Ausschnitt aus der Debatte um die Demokratie geradezu einen dialektischen Dreischritt zeigt: zuerst als Thesis die Konzeption eines überzeugten Demokraten (Kelsen), sodann als Antithesis die Ansicht eines vehementen Kritikers der Demokratie (und gleichzeitig Verfechters einer platonischen autoritären Herrschaftskonzeption: Nelson), und schließlich als Synthesis die Überzeugung eines Vertreters der Demokratie, der sich desungeachtet

---

3   Wohlgemerkt: die Einführung der Demokratie war nicht das einzige Thema, an dem sich damals aktuelle philosophische Diskussionen entzündeten. Denn es gab auch auf anderen Gebieten in dieser Zeit heftige philosophische Kontroversen, die sich alsbald auch mit politischen und manchmal auch zeittypischen rassistischen Konnotationen aufluden. Man denke nur an die Polemiken um die revolutionären physikalischen Relativitätstheorien oder an die heftigen Streitigkeiten um die moderne Kunst, Architektur und Musik. Aber der Streit um die Demokratie spaltete die philosophische Szene ungleich heftiger, weil die Konfrontation hier schon von vornherein die Politik tangierte.

4   siehe dazu: *Verhandlungen ...* (1927), 12ff.

5   Der andere war Ferdinand Tönnies.

bemüht hat, einem wichtigen Teil der erstgenannten, also der demoka-
tiekritischen Position, gerecht zu werden (Popper). Auf Kelsen und
Nelson beziehe ich mich nicht nur, weil sie ihre Thesen jeweils vehement und prononciert theoretisch vertreten und begründet haben,
sondern auch, weil sie sich praktisch-politisch mehr eingesetzt haben
als die meisten zeitgenössischen Philosophen und Staatstheoretiker:
Kelsen ist bekanntlich u.a. als Verfasser eines halben Dutzends von
Entwürfen zur republikanischen Verfassung der Österreichischen 1.
Republik hervorgetreten, Nelson als Gründer einer jener vielen linken
Splitterparteien, die die politische Landschaft der Weimarer Republik
geprägt haben, nämlich des internationalen Sozialistischen Kampfbundes (ISK), einer strikt antidemokratischen sozialistischen Partei.[6]
   Im Aufbau sind die folgenden Bemerkungen, so hoffe ich wenigstens, relativ leicht zu verfolgen. Ich beginne mit Kelsens Begründung
der Demokratie. Daran schließt sich die Auseinandersetzung mit Nelsons antidemokratischer und gleichzeitig proplatonistischer Position
an. Schließlich schildere und bewerte ich Poppers in gewisser Weise
vermittelnde Position.

1. Hans Kelsen: Verfechter der Demokratie

1.0 Vorbemerkung zum zeitgeschichtlichen Kontext

Auf Kelsens theoretische und vor allem praktische Verdienste um die
Einführung der Demokratie in Österreich ist schon hingewiesen worden. Sie wurden in der einschlägigen Literatur – vor allem in Deutschland – nicht immer hinreichend gewürdigt. Manchmal hat man sogar
versucht, seinem „Rechtspositivismus" eine Wegbereiterrolle für den
Nationalsozialismus zuzuschreiben. Dass diese ganz absurden Vorwürfe nicht zu halten sind, ist in jüngster Vergangenheit aber vermehrt
hervorgehoben worden.
   Hier werde ich nicht versuchen, zu dieser Diskussion direkt bei-
zutragen, sondern Kelsens Argumente zugunsten der Demokratie und
seine Auseinandersetzung mit seinem Kritiker Nelson auf dem Wiener
Soziologentag von 1926 zu referieren und zu bewerten.[7] Indirekt hat

---

6   siehe dazu Link (1964), Klär (1982) und Lemke-Müller (1996).

7   In Franke (1991), 208ff. findet sich meines Wissens der bisher einzige Hinweis
     auf diese Auseinandersetzung in Wien, die dort allerdings in ihren Hintergründen
     nicht genug ausgeleuchtet wird.

Kelsens Referat natürlich einen Bezug zu dieser Auseinandersetzung: sie trägt zur Destruktion der Legende von der politisch schädlichen Rolle des Kelsenschen „Rechtspositivismus" bei.

Der österreichische Bundeskanzler Karl Renner, der sich selbst als Debattenredner an der Tagung beteiligte, bescheinigte der soziologischen Gesellschaft ein großes Verdienst. Denn es sei hier „das erste Mal, daß sich eine Versammlung deutscher Gelehrter wissenschaftlich mit diesem Thema beschäftigt".[8]

In der Tat muss man zugunsten der Organisatoren der Tagung sagen, dass sie offenbar als erster akademischer Berufsverband überhaupt das Thema aufgegriffen haben und an der Diskussion auch Rechtswissenschaftler und Philosophen beteiligten. Allerdings hatte Renner auch Grund, das Verdienst der Wissenschaftler doch wieder ein wenig einzuschränken: hätte man abwarten wollen, bis sie sich über das Wesen der Demokratie und ihren Wert einigermaßen verständigt hätten, „so gäbe es heute noch keine Demokratie". So fand die Debatte auf der Tagung zu einer Zeit statt, als der politische Kontext nicht mehr Diskussionen über die *Einführung und Ausgestaltung* der Demokratie in Mitteleuropa auf die Tagesordnung setzte, sondern bereits über ihren – bereits gefährdeten – *Fortbestand*. Denn nicht zuletzt durch die Machtübernahme faschistischer Regimes im europäischen Süden, insbesondere durch Mussolini in Italien und Primo de Rivera in Spanien, hatte sich schon das Schlagwort einer „Krise der Demokratie" verbreitet. Und auf dem Soziologentag selbst äußerte Robert Michels in der Diskussion über die Hauptreferate sogar Sympathie für die Vorgänge in Italien.

Immerhin: 1926 bei den *Soziologen* war es noch nicht „zu spät". Als dann die *Philosophen* das Thema „Krise der Demokratie" erstmals auf einem Kongress verhandelten, war dagegen „schon alles vorbei": das war im September 1934 beim Internationalen Philosophenkongress in Prag, als die Demokratie in Mitteleuropa durch die Machtübernahme der Nationalsozialisten in Deutschland und den Austrofaschismus in Österreich schon wieder beseitigt war.

1.1 Kelsens Referat

Wie hat Kelsen nun 1926 die Demokratie verteidigt? Zunächst fällt auf, dass er in seinem Vortrag relativ defensiv verfährt, also zunächst einmal nur „versucht zu beschreiben und das Wesen dessen zu erfas-

---

8   Renner (1927), 88

sen, was wir Demokratie nennen".[9] Dabei, so stellt er in der Diskussion noch einmal ausdrücklich klar, habe er sich „weder für noch gegen sie ausgesprochen" und sie schon gar nicht „gepriesen", wie sein Kritiker Nelson ihm unterstellt hatte.

Ganz in diesem Sinne hat Kelsen mehrmals die Ideologie und die Realität der Demokratie miteinander konfrontiert und sich vehement gegen erstere und nur für die letztere ausgesprochen. Was die meisten Verteidiger der Demokratie für ihr Wesen halten, stellt sich ihm nur als etwas Sozialtechnisches dar. Zu diesen sozialtechnischen Notwendigkeiten gehören insbesondere das Mehrheitsprinzip und das Repräsentationssystem, wie er schon in seinen Eingangsthesen betont.[10] Zur Ideologie der Demokratie gehöre es nun im allgemeinen, eine Fassade von Freiheit und Herrschaftslosigkeit aufrechtzuerhalten.[11] Aber sowohl das Majoritätsprinzip als dann insbesondere auch das Repräsentationssystem, etwa manifestiert durch ein Parlament, verkörpere nicht etwa dieses Freiheitsideal, sondern schränke es gravierend ein. So handle es sich beim Parlament um „eine Fiktion zur Aufrechterhaltung der demokratischen Freiheitsideologie", bei der „die Distanz zwischen Ideologie und Realität, ja sogar schon zwischen Ideologie und dem Maximum ihrer Realisierungsmöglichkeit außerordentlich ist".[12] Entsprechendes gelte auch für das Majoritätsprinzip. Die reale Demokratie sei „im Widerspruch zu ihrer Ideologie – nicht eine führerlose Gemeinschaft." Wenn sie sich überhaupt durch irgend etwas von der realen Autokratie unterscheide, sei es nicht die Abwesenheit von Führern, sondern eher ihre Fülle. Kelsen geht so weit, die Fiktion der Demokratie frei nach Freud eine „totemistische Maske" zu nennen.[13] Alle diese Passagen würden, wenn man sie isoliert lesen würde, den Eindruck erwecken, Kelsen sei ein Gegner der Demokratie oder habe zumindest von ihr ein sehr negatives Bild.

Aber dabei bleibt er nicht stehen. Denn er hebt an ihr auch einige Seiten hervor, die positiv zu Buche schlagen. Gewiss beinhalte die Volkssouveränität das Mehrheitsprinzip. Aber wegen der komplizierten Prozesse der Austarierung von Regierung und Opposition tendiere

---

9   Kelsen (1927b), 114.
10 Kelsen (1927a), 37.
11 siehe ebenda, etwa 43, 45, 55.
12 ebenda, 43.
13 siehe auch die Erläuterungen dazu in Kelsen (1927b), 114.

dieses Mehrheitsprinzip doch stets in Richtung eines Mehrheits-Min-
derheitsprinzips, will sagen zur Aushandlung eines Kompromisses:

> Darin liegt die eigentliche Bedeutung des Majoritätsprinzipes in der
> realen Demokratie, das man darum besser als das Majoritäts-Mino-
> ritätsprinzip bezeichnet: indem es die Gesamtheit der Normunter-
> worfenen wesentlich nur in zwei Gruppen, Majorität und Minorität,
> gliedert, schafft es die Möglichkeit des Kompromisses bei der
> Bildung des Gesamtwillens ...[14]

In dieser Hinsicht funktioniere die Demokratie nun ganz anders als das
Autoritätsprinzip, bei dem nur ein „geringes Maß der Möglichkeit eines
Ausgleiches" und mithin bei starker Unzufriedenheit der unterdrückten
Opposition eine „verstärkte Disposition zur Revolution" zu beobachten
sei.

Als weitere Vorteile der Demokratie sieht Kelsen einen rascheren
Führerwechsel und dies bei relativ weniger Vorkommen von Gewalt
und Umsturz bei einem solchen. Was die Kreation solcher Führer
selbst beträfe, so stünde in einer Demokratie wegen der „Fülle der
Führer" eine größere Basis für die Führerauslese[15] zur Verfügung und
sei ein „stetes Aufströmen" von potentiellen Führern von der Basis der
Gesellschaft nach oben in Führungspositionen möglich. Dagegen sei
in einer Autokratie die Frage der Führerkreation gänzlich ungeklärt und
werde dieses „wichtigste Problem der Politik" hinter einem „mystisch-
religiösen Schleier" verborgen, „der die Geburt des göttlichen Helden
dem profanen Volk verhüllt".[16] Meist handle es sich nur um eine „Usurpation der Führerstellung",[17] bei dem der „Zufall der Gewalt" die entscheidende Rolle spiele.

Schließlich sei die Herrschaftsausübung in der realen Demokratie
durch einige Momente ausgezeichnet, die der Autokratie ermangelten.
Das sei zum einen die Publizität der Herrschaftsakte und vor allem die
Verantwortlichkeit der Führer, die für ihre Entscheidungen vor dem
Parlament und dem Volk einstehen müssten.[18]

---

14   Kelsen (1927a), 63f.
15   ebenda, 57.
16   ebenda, 61.
17   ebenda, 59.
18   ebenda, 60.

Damit sind sicherlich nicht alle Gründe aufgezählt, aus denen Kelsen sich – entgegen seiner angeblichen eigentlichen Absicht, lediglich das Wesen der Demokratie beschreiben zu wollen und die Frage ihrer Wünschbarkeit außen vor zu lassen – deutlich für die Demokratie ausspricht, zumindest *relativ* zu jeder Form der Autokratie. Dabei hat er offensichtlich zunächst einmal eine Abgrenzung gegenüber den gerade zu jener Zeit aufkommenden faschistischen Herrschaftsformen im Sinn gehabt. In seinem Vortrag nimmt gegen Ende aber auch die Abgrenzung gegenüber Vorstellungen von proletarischer Demokratie eine wichtige Rolle ein, wie sie in Kreisen des Austromarxismus gepflegt wurden.[19]

1.2 Bewertung

Kelsens Position kann insgesamt als Versuch gedeutet werden, in die Debatte um das Wesen und den Wert der Demokratie Realismus einkehren zu lassen. Dazu gehört es einerseits, ihr den ideologischen Heiligenschein zu entziehen, der sie gerade für Kritiker angreifbar erscheinen ließ. Dazu gehört es andererseits, ihr jenen relativen Vorteil zu belassen, der sie gegenüber alternativen Herrschaftsformen wie denen der Autokratie auszeichnet.

Es fragt sich aber, ob Kelsen dabei die wirklichen Vorteile der Demokratie herausgestellt hat. Nehmen wir etwa ihre Tendenz zum Kompromiss. Es mag ja sein, dass man in der Tat in der Ethik und Politik nicht immer die relativen Vorteile gegensätzlicher Positionen exakt gegeneinander abwägen kann. Dann in der Tat macht Interessenausgleich Sinn. Oft aber ist die rationale Überlegenheit des einen Standpunkts gegenüber dem anderen geradezu mit Händen zu fassen. Dann kann die Neigung zum Kompromiss zu unteroptimalen Entscheidungen führen. Man denke etwa aus aktuellem Anlass an etwaige Kompromisse zwischen Verbraucher- und Erzeugerinteressen in der Frage der Sicherheit von Agrarprodukten, wie sie durch die BSE-Problematik auf die Tagesordnung gesetzt werden. Hier wäre jeder Kompromiss in der Sache fehl am Platze und steht allenfalls die Frage der sozialen Abfederung von Einkommensverlusten der Erzeuger zur Debatte.

In Fällen dagegen, wo ein Kompromiss durchaus sinnvoll wäre, ist häufig genug die Frage, ob er tatsächlich erzielbar und durchsetzbar wäre. Dafür bildet die Debatte um die Reform des Rentenwesens ein

---

19   siehe dazu insbesondere den Debattenbeitrag Max Adlers auf dem Soziologentag.

gutes Beispiel, wie sie überall in Westeuropa gegenwärtig geführt wird. Hier zeigt sich überall die Tendenz, Kompromisse zugunsten der gegenwärtigen Pensionisten zu schließen und die Interessen der zukünftigen Rentner und erst recht zukünftiger Generationen zu vernachlässigen.

Kelsens relative Verteidigung der Demokratie zeichnet sich ferner dadurch aus, dass er 1) die größere Häufigkeit von Führerwechseln, und 2) die Vermeidung von Gewalt bei solchen Übergängen als Positivum gegenüber autokratischen Herrschaftsformen herausstreicht. Wir werden sehen, dass diese Gesichtspunkte in der politischen Philosophie Karl Poppers besonders betont werden, und kommen dort auf diese Punkte zurück.

2. Leonard Nelson: Kritiker der Demokratie

2.0 Vorbemerkung

Leonard Nelson hatte sein philosophisches Wirken in der theoretischen Philosophie, vor allem als Erkenntnistheoretiker begonnen. Auch in der mathematischen Logik hatte er sich einen Namen gemacht.[20] Im Laufe des Ersten Weltkriegs waren seine philosophischen Interessen aber zunehmend auf die praktische Philosophie übergegangen. So hatte er sich der Grundlegung der Ethik gewidmet und schließlich als 3. Band seiner *Vorlesungen über die Grundlagen der Ethik* 1924 auch ein „System der philosophischen Rechtslehre und Politik" vorgelegt.[21] Das mag ihm die Einladung zur Diskussion auf dem Wiener Soziologentag eingebracht haben. Im Spektrum der zahlreichen Debattenredner dort präsentierte er sich in einer – gleich in zweierlei Hinsicht – exotischen Position. Denn zum einen verkörperte er prototypisch die radikale Kritik an der Demokratie (wie sie vielleicht sonst noch bekanntere Staatstheoretiker und Soziologen wie Carl Schmitt oder Hans Freyer vertreten hätten, die man aber offenbar nach Wien nicht eingeladen hatte). Und zum anderen (und das unterscheidet Nelson natürlich von diesen Verächtern der Demokratie) kritisierte Nelson die Demokratie von einem dezidiert linken Standpunkt.

Das Werk Kelsens, das er in der Diskussion angriff, war ihm anscheinend bekannt, wie umgekehrt Kelsen Nelsons einschlägige Werke

---

20   siehe dazu Peckhaus (1990).
21   Nelson (1924).

studiert hatte.[22] Aber dass sie sich über Themen von besonderem
Interesse auch brieflich ausgetauscht hatten, wurde aus der Wiener
Diskussion nicht ersichtlich. Während Nelson nämlich z.b. bei Gele-
genheit der Übersendung einer Schrift über den Völkerbund bemerkte,
„daß sich gerade auf dem Gebiet des Völkerrechts unsere Arbeiten –
trotz aller Verschiedenheit in der Begründung – in der Endabsicht sehr
nahe stehen",[23] war in Wien eine solche Nähe nicht zu bemerken. Dort
ging es allerdings um ein Thema, in dem nicht nur Verschiedenheit in
der Begründung, sondern auch in der Endabsicht konstatiert werden
muss, die Demokratie.

2.1 Nelson: Kritik der Demokratie

Was die Thematik der Demokratie betrifft, konnte man schon aus
seinem 1924 erschienenen und soeben erwähnten Werk zweierlei
entnehmen:
1) den Versuch einer grundsätzlichen, weil geradezu logischen, Widerlegung der Demokratie und
2) die Präsentation eines Auswegs aus dem Dilemma von Demokratie
und Tyrannei, nämlich einer Neuauflage der platonischen „Herrschaft
des Weisesten".
Nelsons Ziel ist es also zunächst, im tragenden Prinzip der Demokratie
selbst einen logischen Fehler, genauer gesagt: eine Paradoxie nachzuweisen.
  Der Beweis ist in der Tat ganz formal, denn nicht einmal irgendetwas Inhaltliches über die Willensbildung in der Demokratie (oder
auch der Autokratie) wird vorausgesetzt, sondern nur ein, wie auch
immer beschaffenes Prinzip legitimen Handelns der folgenden Form:
„A: N ist berechtigt, zu verfügen."[24] Dabei wird zunächst völlig offen
gelassen, worum es sich bei „N" handelt, ob etwa um einen autokratischen Herrscher oder um einen in Wahlen ermittelten demokratischen
Mehrheitswillen. Nelson stellt sich nun vor, man wende, was das
Prinzip ausspricht, auch auf sich selbst an. Danach wäre der Verfü-
gungsberechtigte „N" auch berechtigt, das Prinzip zu verwerfen und
etwa an seine Stelle ein anderes zu setzen. So zum Beispiel könnte ein
autoritärer Herrscher (wenn er denn der in „A" gemeinte „N" wäre), auf
die Idee kommen, die autoritäre Herrschaft aufzugeben und die Souve-

---

22   Das geht aus Kelsen (1927b) hervor.
23   Franke (1991), 210, Anm. 1235.
24   Nelson (1924), 227.

ränität an das Volk zu übergeben. Oder umgekehrt könnte, und das ist
für unseren Fall natürlich viel wichtiger, das souveräne Volk durch
Anwendung des Prinzips der Volkssouveränität selbst die Volkssouveränität abschaffen. Ein Demokrat, so denkt Nelson offenbar, wäre
dann in einer ausweglosen Situation: als Anhänger der Volkssouveränität müsste er weiterhin auf demokratische Entscheidungen pochen,
als einer, der ja dieses Prinzip mittels Selbstanwendung abgeschafft
und beispielsweise die Souveränität an einen Tyrannen abgegeben
hätte, müsste er sich dessen Willen beugen.

Nelsons Beweis ist ganz ersichtlich den Antinomien nachgebaut,
mit denen er sich bei den Grundlagenfragen der Mathematik und Logik
herumgeschlagen hatte: wie dort – etwa bei der Russellschen Antinomie wie auch bei der Grelling-Nelsonschen Antinomie des Begriffs
„heterologisch" – bedarf es bei der Konstruktion der Paradoxie der
Demokratie dreier Ingredienzien:

1) eines universalen (ohne Einschränkung geltenden) Prinzips,
2) einer Selbstanwendung dieses Prinzips, und zwar
3) unter Einschluß einer „Negation".

Nehmen wir etwa den parallelen Fall der Russellschen Antinomie der
Menge aller Mengen, die sich nicht selbst enthält. Dort haben wir
ebenfalls

– Universalität (Menge *aller* Mengen)
– Selbstanwendung (sich *selbst* enthalten)
– Negation (sich *nicht* selbst enthalten).

Und es ist ebenso leicht zu sehen, dass ohne eines dieser Merkmale
keine Antinomie zu Stande kommt, wie, dass dies mit all diesen drei
Merkmalen der Fall ist. Insofern hat Nelson sich wohl gedacht, dass
seine Paradoxie der Demokratie genauso folgerichtig ist wie die Rus-
sellsche Antinomie.

Aber ist sie das wirklich? Bei der Paradoxie der Demokratie tritt auf
jeden Fall ein Element in den Beweisgang ein, das im Fall der Russellschen Antinomie fehlt. Das ist nämlich die Frage, was aus den Demokraten geworden ist, wenn sie diese ihre letzte demokratische Entscheidung gefällt haben. Die Paradoxie verlangt sozusagen, dass sie
weiterhin als Demokraten angesehen werden können müssen oder
sollen. Sonst würden sie nicht in die oben erwähnten unlösbaren
Loyalitätskonflikte verstrickt.

Aber einmal intuitiv betrachtet: sind die Demokraten nach der
negativen Selbstanwendung des Souveränitätsprinzips überhaupt noch
als Demokraten anzusprechen? Haben sie durch ihre Entscheidung
nicht *eo ipso* kundgetan, dass sie nicht weiter Demokraten sein wol-

len, sondern fortan brave Untertanen eines Tyrannen? Ich vertrete also die These, dass im Falle der Demokratie nach erfolgter negativer Selbstanwendung des Souveränitätsprinzips die vormaligen Demokraten einen Statuswechsel vollzogen haben. Und wenn man die Lage so interpretiert, gibt es auch keine Paradoxie: Nichtdemokraten müssen es sich eben gefallen lassen, von Tyrannen regiert zu werden. Für diese Auflösung der Paradoxie ist es allerdings erforderlich, den Begriff des „Demokraten" enger zu definieren, als es Nelson getan hat (und sein Verdienst ist es immerhin, indirekt darauf hingewiesen zu haben, dass dies erforderlich ist). Ein wahrer Demokrat ist demnach nicht einer, der einer grenzenlosen Anwendung der Mehrheitsregel das Wort redet, sondern einer, der zum Beispiel ihre Selbstanwendung verbietet. Die Lage ist hier wiederum der bei der Russellschen Antinomie durchaus analog: Es ist dort eben auch eine Modifikation des mengenbildenden Axioms erforderlich, wenn man Antinomien hinfort vermeiden will.

Auch wenn Nelson diesen Ausweg aus der (scheinbaren) Paradoxie zugeben würde, könnte er immer noch argumentieren, dass die Demokratie eine instabile und insofern nicht wünschenswerte Staatsform sei, eben weil sie ihre eigene Abschaffung zuließe. Aber die Frage ist natürlich, ob man nicht einerseits dieses – offensichtlich *nicht* auf die Demokratie beschränkte – Risiko der Selbstabschaffung einigermaßen eingrenzen kann,[25] und ob andererseits eine befriedigende Alternative existiert, die dieses Risiko vermeidet und in allen anderen Hinsichten mindestens so gut ist wie die Demokratie.

2.2 Nelsons Alternative: Herrschaft des Weisesten

Nelson selbst hat als Alternative zur Demokratie allen Ernstes einer Wiederbelebung platonischer Ideen das Wort geredet: „Auf die Frage ..., wer der Regent im Staate sein soll, ist die einzig bündige Antwort die alte PLATONische: Der Weiseste".[26] Dem Weisesten kann nicht passieren, was dem Demokraten oder auch dem autoritär Herrschenden sehr wohl passieren kann: nämlich durch negative Selbstanwendung seiner Legitimationsgrundlage die Regierungsgewalt an jemand anderen übergehen zu lassen. Und zwar kann dies nicht passieren, weil der Weiseste sonst nicht mehr der Weiseste wäre. Seine Weisheit schließt das Wissen darum ein, dass es keine bessere Regierung ge-

---

25 etwa dadurch, dass man gewisse ihrer Prinzipien ganz von möglicher Veränderung ausnimmt oder dafür erhöhte Quoren festlegt.

26 ebenda, 274.

ben kann als die von ihm selbst angeführte. Insofern „reduziert" sich
für Nelson die Problematik legitimer Herrschaft auf zwei Probleme:
1) dem Weisesten zur Herrschaft zu verhelfen, und
2) seine Sukzession zu sichern.
Die Lösung des ersten Problems stellt sich Nelson so vor, dass der
Weiseste seine Fähigkeit erkennt und schlichtweg sozusagen „die
Macht ergreift". Es muss ihm zufolge „wohl oder übel dem Weisesten
selbst überlassen bleiben, seinen Beruf zu erkennen und ihn aus eigener Einsicht in seine Berufung zu ergreifen."[27]
    Dazu bedarf es entsprechender organisatorischer Vorkehrungen
wie etwa der Gründung einer Partei, die diese Sachverhalte so weitgehend klarmacht, dass der Machtübernahme des Weisesten nichts
mehr im Wege steht. Das zweite Problem ist ein pädagogisches, nämlich das der geeigneten Führerauslese zum Zwecke einer rationalen
Sukzessionssicherung. Nelson hat versucht, diese beiden Probleme
auch durchaus ganz praktisch anzugehen. Durch die Gründung des
„Internationalen Sozialistischen Kampfbundes" das erste, durch die
Gründung des Erziehungsheims „Walkemühle" das andere. Wie diese
Projekte verlaufen sind, braucht uns aber hier nicht weiter zu inter-
essieren.
    Denn es scheint klar, dass Nelsons „Alternative" in Wirklichkeit nur
eine verbale ist. So hat Kelsen den Standpunkt Nelsons auch 1926 in
Wien kritisiert. Er habe aus Nelsons zahlreichen Schriften

> nichts anderes ... herauslesen können als die billige Weisheit, daß
> der Beste herrschen solle. Wenn man nichts anderes als dieses
> Prinzip der Demokratie entgegenzusetzen weiß, so muß festge-
> stellt werden, daß dies nur eine inhaltslose Tautologie ist, die
> nichts anderes sagt, als daß geschehen soll, was geschehen soll.
> Ich weiß wohl, daß Nelson ein bestimmtes Mittel im Auge hat, das
> seiner Ansicht nach geeignet ist, den Besten zur Herrschaft zu
> bringen: die Erziehung zum Führer. Aber das heißt in Wirklichkeit
> nur, das Problem hinausschieben, aber nicht es lösen ... Dem
> Streit um die richtige Herrschaft wird der Streit um die richtige
> Erziehung zur richtigen Herrschaft vorangeschickt und es ist im
> Grunde genommen derselbe Streit.[28]

---

27   ebenda.
28   so Kelsen (1927b), 114 unten.

Dem muss man aus Sicht der Ereignisse nach 1933 wohl noch hinzufügen, dass Nelson die Möglichkeit zu leicht genommen hat, dass ein eingebildeter Weisester „seine Berufung ergreift"[29] und dann vielleicht ein viel größeres Unglück über die von ihm Regierten bringt, als es jede andere Regierung je vermocht hätte, ohne dass man ihn wieder loswerden kann.

Es ist kein Wunder, dass die Nelsonianer nicht erst nach 1945 die Führerideologie verworfen und sich dem Gedanken der Demokratie angeschlossen haben. Ehemalige Nelsonianer haben eine wichtige Rolle etwa bei der Erarbeitung des Godesberger Programms der deutschen Sozialdemokratie gespielt.[30]

3. Karl Popper: Versuch einer Synthese

3.0 Vorbemerkung

Kelsen und Nelson als Kontrahenten der Wiener Debatte hatten damals schon umfangreiche staatstheoretische Schriften verfasst, auf die sie in der Diskussion zurückgreifen konnten.[31] Anders verhält es sich mit Karl Popper, der – er war gerade erst 24 Jahre alt – noch keines seiner späteren bekannten Werke zur politischen Theorie wie *Die Offene Gesellschaft und ihre Feinde* publiziert, sondern gerade eben erst seine Studien der Psychologie und Philosophie begonnen hatte. Wenngleich das wegen des Tagungsorts vielleicht nahe gelegen hätte, hatte Popper an dem Soziologentag auch nicht als Zuhörer teilgenommen. So erzählte er mir wenigstens in einem Interview, und zwar sei er ferngeblieben, weil er die Soziologen sämtlich in dem Verdacht hatte, „Schwindler zu sein", allerdings, wie er sich dann beeilte hinzuzufügen: „unbewusste Schwindler natürlich".[32] Aber wesentliche Teile von Poppers Theorie der Demokratie sind – trotz dieser Nichtteilnahme – schon damals, in der Mitte der 20er Jahre, ausgearbeitet worden und verdanken sich auch seinem Nachdenken über die genannte Konfrontation. Es ist also nicht etwa, das möchte ich hier betonen, erst die Erfahrung von Nationalsozialismus und Stalinismus gewesen, die Popper angeregt hat, über Themen der politischen Phi-

---

29   Er diskutiert diese Möglichkeit kurz in Nelson (1924), 275.

30   Franke (1991), 207.

31   Ich meine Kelsen (1920) und (1926) und Nelson (1924).

32   Nichtpubliziertes Interview mit Karl Popper, geführt im April und September 1990.

losophie überhaupt erst *nachzudenken*. Vielmehr hat dieser Erfahrungshintergrund dann dazu geführt, diese Reflexionen nach dem „Anschluss" Österreichs durch Hitlerdeutschland *in Buchform niederzulegen*.[33]

Ob Popper Hans Kelsen persönlich gekannt hat, weiß ich nicht. Sein Werk hat er jedenfalls in Teilen verfolgt, und zwar gerade auch in jenen Teilen, die sonst vielleicht weniger beachtet werden, nämlich zum Beispiel hinsichtlich der Kelsenschen Überlegungen zur Psychoanalyse. Es liegt nahe zu glauben, dass Popper dann erst recht seine Schriften zu Recht und Politik gelesen haben wird, also zu jenen Materien, denen Kelsens Hauptaugenmerk galt und für die sich Popper schon früh interessiert hat. Aber davon ist merkwürdigerweise in Poppers intellektueller Autobiographie nicht die Rede.[34]

Ganz anders liegen die Dinge mit Poppers Verhältnis zu Leonard Nelson. Schon in seiner Autobiographie stellt er den Nelson-Schüler Julius Kraft als frühesten Einfluss auf die Ausbildung seiner eigenen Philosophie neben Heinrich Gomperz hin, wenn er schreibt:

> Previously (i.e.: noch vor Gomperz, Dahms) I had met Julius Kraft (of Hanover, a distant relation of mine, and a pupil of Leonard Nelson), who later became a teacher of philosophy and sociology at Frankfurt; my friendship with him lasted until his death in 1960.[35]

Allerdings erwähnt Popper in seiner Autobiographie nur seine eigene Marxkritik und einige erkenntnistheoretische Überlegungen, darunter Nelsons Theorem von der „Unmöglichkeit der Erkenntnistheorie", als die beiden Hälften der Unterredungen mit Kraft. Umso überraschter war ich, als er mir in einem Interview mitteilte, es habe in jenen ausführlichen Diskussionen, die er mit Kraft Mitte der 20er Jahre führte, sozusagen noch eine dritte Hälfte (oder vielleicht sogar mehr als das) gegeben: hauptsächlich sei es damals nämlich um das Problem der Demokratie und das Führerprinzip gegangen, Materien, über die Popper dann erst 20 Jahre später zum ersten Mal einen längeren Text

---

33   Popper (1992), Bd I, S. IX.

34   siehe Popper (1974) und den Index zu Schilpp (1974).

35   Popper (1974), 58; Kraft ist meines Wissens auch der einzige gewesen, dem Popper jemals einen Nachruf gewidmet hat: Popper (1962).

veröffentlicht hat.[36] Und zwar habe er damals einen ganz konkreten Grund gehabt, um sich über das Wesen und die Legitimität der Demokratie schlüssig zu werden, und das sei Krafts Versuch gewesen, ihn, Popper, als Mitglied für die kleine elitäre Linkspartei zu gewinnen, die Nelson im Jahre 1925 gegründet hatte. Die Nelsonianer waren damals wie ihr charismatischer Anführer vehemente Kritiker der Demokratie und Anhänger eines Führerprinzips gewesen. Und just über die Beurteilung der Demokratie hatten sich Popper und die Nelsonianer zerstritten.[37]

3.1 Poppers Nelsonkritik

Wie geht Popper nun in seiner Auseinandersetzung mit Nelson vor? Zunächst gibt er überraschenderweise den paradoxen Charakter des Prinzips der Volkssouveränität zu. Dies formuliert er allerdings in einer Weise, die von Nelsons formaler Exposition in seinem Lehrbuch leicht abweicht.[38] Setzt Nelson nämlich direkt am Souveränitätsprinzip (im Fall der Demokratie: am Mehrheitsprinzip) an, so gehen Poppers Überlegungen von den *Folgen* aus, die eine Befolgung des Mehrheitsprinzip haben müßte. Deren Betrachtung liefere neben empirischen Befunden und persönlichen Meinungen geradezu ein logisches Argument gegen die Demokratie:

Eine besondere Form dieses logischen Argumentes richtet sich gegen eine zu naive Fassung des Liberalismus, der Demokratie und des Prinzips der Herrschaft der Majorität. Und es hat eine gewisse Ähnlichkeit mit dem wohlbekannten „Paradoxon der Freiheit", das Platon als erster und mit Erfolg verwendet hat. Anläßlich seiner Kritik der Demokratie und in seiner Darstellung des Aufstiegs des Tyrannen stellt Platon implizit die folgende Frage: Was tun wir, wenn es der Wille des Volkes ist, nicht selbst zu regieren, sondern statt dessen einen Tyrannen regieren zu lassen? Platon legt die Möglichkeit nahe, daß der freie Mensch, seine Freiheit gebrau-

---

36   Ich meine natürlich Popper (1945) und insbesondere das 7. Kapitel des 1. Bandes.

37   siehe für die Schilderung der Diskussion aus Sicht des ISK Franke (1991), 164.

38   Allerdings hat Nelson schon in der Diskussion auf dem Wiener Soziologenkongress eine ähnliche Umformulierung vorgenommen. Dort hat er ausgeführt: „Wer die Demokratie selbst will, muß als Demokrat zulassen, daß über ihr Bestehen oder Nicht-Bestehen abgestimmt wird. Wobei dann unter Umständen ... der Bonapartismus herauskommt: die Majorität entscheidet, die Majoritätsentscheidung abzuschaffen. Was sagt der Demokrat dazu?", siehe Nelson (1927), 85.

chend, zuerst den Gesetzen Widerstand leistet, schließlich die
Freiheit selbst mißachtet und einen Tyrannen verlangt. Diese Möglichkeit ist nicht an den Haaren herbeigezogen; Fälle dieser Art
sind oft genug eingetreten. Und immer, wenn sie sich ereigneten,
kamen alle jene Demokraten in eine hoffnungslose intellektuelle
Situation, die das Prinzip der Herrschaft der Mehrheit oder eine
ähnliche Form des Prinzips der Souveränität als die Grundlage ihres
politischen Glaubensbekenntnisses akzeptieren. Einerseits verlangt
das von ihnen akzeptierte Prinzip, sich jeder Herrschaft zu wider-
setzen außer der Herrschaft der Majorität, also auch der Herrschaft des neuen Tyrannen; andererseits fordert dasselbe Prinzip
von ihnen die Anerkennung jeder Entscheidung der Majorität und
damit auch die Anerkennung der Herrschaft des neuen Tyrannen.
Es ist natürlich, daß der Widerspruch in ihrer Theorie ihre Handlungen lähmen muß.[39]

Die braven Demokraten seien also in einen heillosen Pflichtenkonflikt
verstrickt. Einerseits hätten sie sich als Demokraten dem Mehrheitsprinzip unterworfen und seien insofern auch gefordert, jeder Diktatur
Widerstand entgegenzusetzen. Andererseits hätten sie sich ja ganz

---

39   Popper (1992) I, 148f. In einer langen Anmerkung dazu hat er immerhin auch die
      historischen Ursprünge dieses Arguments angedeutet. Nachdem er zunächst die
      Paradoxie der Freiheit angeführt hat, fährt er nämlich fort:
      „Ein weiteres, weniger bekanntes Paradoxon ist das Paradoxon der Demokratie,
      genauer, der Herrschaft der Mehrheit, d.h. die Möglichkeit, daß sich die Mehrheit
      zur Herrschaft eines Tyrannen entschließen kann. Daß sich die Kritik Platons an
      der Demokratie in der hier gegebenen Weise deuten läßt und daß das Prinzip der
      Herrschaft der Majorität zu einem Selbstwiderspruch führen kann, wurde meines
      Wissens nach zuerst von Leonard Nelson ... bemerkt. Ich glaube jedoch nicht, daß
      Nelson, der trotz seiner leidenschaftlich humanitären Gesinnung und trotz seines
      glühenden Kampfes für die Freiheit vieles aus den politischen Theorien Platons
      übernommen hat (vor allem übernahm er das platonische Prinzip des Führertums),
      den Umstand bemerkte, daß sich genau analoge Einwände gegen alle besondere
      Formen der Theorie der Souveränität oder Führertums erheben lassen." (Ebenda,
      333f.).
      Diese Anmerkung finde ich irritierend. Denn an keiner der von Popper angeführten
      Platonstellen ist auch nur ein Hauch der Paradoxie der Demokratie zu entdecken.
      Dort geht es vielmehr immer nur um den Umschlag der Demokratie in die
      Tyrannis, ohne dass dafür eine Abstimmung über das Mehrheitsprinzip selbst die
      Ursache wäre. Andererseits hat natürlich Nelson den von Popper genannten
      Umstand bemerkt. Sonst hätte er die Paradoxien der Souveränität, unter denen
      außer der der Demokratie auch die der Autokratie fällt, nicht in der völlig formalen
      Weise einführen können, die ich oben geschildert habe.

demokratisch für die Einführung der Tyrannis entschieden und müssten sich deshalb gerade qua Demokraten nun der Diktatur beugen.

Worin besteht nun Poppers *Kritik* an Nelsons Alternative? Zunächst einmal wirft er Nelson – ohne ihn freilich beim Namen zu nennen – vor, dass sein Prinzip der Herrschaft des Weisesten *genau den gleichen* Paradoxien unterworfen ist wie die anderen Paradoxien der Souveränität. So schreibt er etwa, dass sich das logische Argument gegen das Mehrheitsprinzip, das zum Paradox der Demokratie führt, „in verschiedenen, jedoch analogen Formen gegen die Theorien anführen (läßt), daß der Weiseste regieren solle, daß der Beste regieren solle..." usw., und behauptet dann:

> *Alle Theorien der Souveränität sind paradox.* Nehmen wir zum Beispiel an, daß wir den „Weisesten" oder den „Besten" zum Herrscher wählten. Der „Weiseste" kann nun in seiner Weisheit finden, daß nicht er, sondern der „Beste" zum Regieren berufen sei, und der „Beste" wird vielleicht in seiner Tugendhaftigkeit entscheiden, daß „die Mehrheit" die Herrschaft antreten solle.[40]

Allerdings bleibt er für diese These den Nachweis schuldig. Er kann, wie ich oben dargelegt habe, wohl kaum erbracht werden, da ja der Weiseste – jedenfalls in der politischen Philosophie Nelsons – ja geradezu *so definiert* ist, dass ihm ein Abgehen von seiner legitimen Herrschaft nicht unterlaufen kann. Sonst wäre er eben nicht mehr der Weiseste.

Poppers Lösung für die Paradoxie der Demokratie muss natürlich eine andere sein als die autoritäre Nelsons. Sie besteht vor allem in einer Ermäßigung der Erwartungen, die man der Demokratie entgegenbringen soll. Es soll in Zukunft nicht mehr darum gehen, eine Antwort auf die Frage zu finden, wer legitimerweise herrschen soll. Denn das kann von keinem einzigen erwartet werden. Der Weiseste ist ebenso eine Chimäre wie ein aufgeklärter Volkswille. Vielmehr soll man sich fragen, ob eine gegebene Herrschaftsform Mechanismen vorsieht, mit denen man einen Wechsel der Herrschaft ohne Gewalt herbeiführen und dauerhaft einen Rückfall in die Tyrannis vermeiden kann. Und *nur in dieser Hinsicht* ist die Demokratie jeder anderen Staatsform vorzuziehen. Das reicht nach Popper aber auch hin. Denn:

---

40 ebenda, 148; Hervorhebung von Popper.

So betrachtet, beruht die Theorie der Demokratie nicht auf dem Prinzip der Herrschaft der Majorität; die verschiedenen Methoden einer demokratischen Kontrolle – die allgemeinen Wahlen, die parlamentarische Regierungsform – sind nicht mehr als wohlversuchte und, angesichts eines weitverbreiteten traditionellen Mißtrauens der Diktatur gegenüber, ziemlich wirksame institutionelle Sicherungen gegen eine Tyrannei, Sicherungen, die stets der Verbesserung offenstehen und die sogar Methoden für ihre eigene Verbesserung vorsehen.[41]

Wenn man hier für „allgemeine Wahlen" das Majoritätsprinzip einsetzt und für „parlamentarische Regierungsform" das Repräsentationssystem, erhält man übrigens sofort Kelsens Charakterisierung der „realen Demokratie".

3.2 Bewertung

Reicht nun Poppers Verteidigung der Demokratie tatsächlich aus? Poppers Theorie der Demokratie ist seiner (allerdings nur rudimentär entwickelten) Ethik verwandt. In dieser Konzeption gibt es bekanntlich ein Prinzip, demzufolge es nicht auf das größte Glück der größten Zahl oder ähnliche utilitaristische Prinzipien ankommt, sondern auf die Vermeidung und Eindämmung von Unglück und Leid, also eine Art von negativem Utilitarismus. Dagegen gibt es den schon fast trivial zu nennenden Einwand, dass die einfachste und nachhaltigste Vermeidung von Unglück darin bestünde, die Menschheit als Ganzes abzuschaffen. Poppers *Ethik* ist insofern zu negativistisch. Ein ähnlicher Einwand lässt sich aber auch gegen seine politische Philosophie, insbesondere gegen seine Begründung der Demokratie vorbringen: wenn es nur darum ginge, die möglichst reibungslose Abschaffung bestehender Regierungen zu befördern, so könnte das durch eine radikale Begrenzung der Wahlperioden und zusätzlich vielleicht noch ein Verbot der Wiederwahl geschehen. Und das „Wahlverfahren" könnte, wenn es wirklich nur um Elitenrotation ginge und nicht auch um inhaltliche Legitimation für Programme und Personen, etwa durch eine Verlosung ersetzt werden. Aber bei Wahlen geht es eben nicht nur um die Chance der Ablösung bestehender Regierungen und die möglichst nachhal-

---

41   ebenda, 150.

tige Vermeidung von Tyrannei, sondern auch um die Legitimation des zukünftigen Regierungshandelns für einen übersehbaren Zeitraum.[42]

Poppers Begründung der Demokratie scheint insofern durch jenen Nachteil charakterisiert, an dem seine Philosophie im Ganzen leidet: eine zu starke Betonung des Negativen. Genauso, wie seine Wissenschaftstheorie an einer Überbetonung der Falsifizierbarkeit leidet und seine Ethik an der Überbetonung der Vermeidung von Unglück, so ist die Achillesferse seiner politischen Philosophie die Verabsolutierung der Frage, wie man eine Regierung wieder loswerden und die Entstehung einer Tyrannis vermeiden kann. Poppers Philosophie, der einige Kritiker in den 60er Jahren Positivismus vorgeworfen haben, sollte besser mit dem Vorwurf des Negativismus konfrontiert werden.

4. Schluss

Von einer Krise der Demokratie, wie sie in den 20er Jahren in Europa gegeben war und wie sie dann 1926 zur geschilderten Diskussion auf dem Wiener Soziologentag geführt hat, kann heute nicht mehr in der Form die Rede sein: eine Machtübernahme faschistischer oder kommunistischer Regimes ist gegenwärtig nirgendwo zu erwarten. Vielmehr gibt es hoffungsvolle Anzeichen dafür, dass sich auch in den Ländern der zerfallenen Sowjetunion und Ex-Jugoslawiens die Demokratie zu etablieren beginnt.

Trotzdem ist sie nicht ungefährdet: von den Rändern des politischen Spektrums (vor allem vom ausländerfeindlichen Extremismus der Rechten, und dies fast überall in Europa) her, von den depolitisierenden Strategien und Folgen der Massenmedien her, und nicht zuletzt durch ein Verhalten gewisser Politiker selbst, die sich immer öfter der Befolgung demokratischer Spielregeln enthoben glauben.

Demgegenüber bleibt die Bewahrung der Demokratie eine aktuelle Aufgabe, und sie bleibt es auch für die politische Philosophie. Dabei scheinen mir die drängendsten Aufgaben zwar gegenwärtig bei den Themen der sozialen Gerechtigkeit zu liegen (Lastenverteilung bei Steuern und Abgaben, Leistungsverteilung bei Krankheit, Alter etc., also bei all dem, was man im angelsächsischen Bereich neuerdings griffig „local justice" nennt). Aber ohne eine gelegentliche grundsätzliche Besinnung auf die Grundlagen der Demokratie bleibt die Diskus-

---

42   siehe in diesem Sinne schon Pickel (1991), 217ff.

sion solcher drängender aktueller Themen seltsam in der Luft hängen:
Man muss sich von Zeit zu Zeit darüber Klarheit verschaffen, was man
eigentlich bewahren und ausgestalten will, wenn man die Demokratie
gegen ihre Feinde verteidigen soll.

Literatur

Baumgarten, Eduard (1938) *Der Pragmatismus: R. W. Emerson, W.
    James, J. Dewey*, Frankfurt am Main (= Die geistigen Grundlagen
    des amerikanischen Gemeinwesens, Band II)
Franke, Holger (1991) *Leonard Nelson. Ein biographischer Beitrag
    unter besonderer Berücksichtigung seiner rechts- und staatsphi-
    losophischen Arbeiten*, Ammersbek bei Hamburg
Kelsen, Hans (1920) *Vom Wesen und Wert der Demokratie.*
ders. (1925) *Allgemeine Staatslehre.*
ders. (1927a) „Demokratie", in: *Verhandlungen ...* (1927) 37-68
ders. (1927b) „Schlußwort", in: *Verhandlungen ...* (1927) 113-118
Klär (1982) „Zwei Nelson-Bünde: Internationaler Jugendbund (IJB) und
    Internationaler Sozialistischer Kampfbund (ISK) im Lichte neuer
    Quellen", in: *Internationale wissenschaftliche Korrespondenz zur
    Geschichte der deutschen Arbeiterbewegung (IWK)* 18 (1982)
    310-361.
Julius Kraft (1924) Rezension von: Nelson (1924), in: von Wieser,
    Friedrich / Wenger, Leopold / Klein, Peter (Hrsg.) *Kant-Festschrift.
    Zu Kants 200. Geburtstag am 22. April 1924*, Berlin, 288-294.
Lemke-Müller, Sabine (1996) *Ethik des Widerstands. Der Kampf des
    Internationalen Sozialistischen Kampfbundes (ISK) gegen den Na-
    tionalsozialismus*, Bonn.
Link, Werner (1964) *Die Geschichte des internationalen Jugendbundes
    (IJB) und des Internationalen Sozialistischen Kampfbundes (ISK)
    Ein Beitrag zur Geschichte der Arbeiterbewegung in der Weimarer
    Republik und im Dritten Reich*, Meisenheim am Glan.
Nelson, Leonhard (1919) *Die Rechtswissenschaft ohne Recht. Kriti-
    sche Betrachtungen über die Grundlagen des Staats- und Völker-
    rechts, insbesondere über die Lehre von der Souveränität*, Leipzig
    (2. Auflage Hamburg 1949).
ders. (1924) *Vorlesungen über die Grundlagen der Ethik. Dritter Band:
    System der philosophischen Rechtslehre und Politik*, Leipzig
ders. (1927) „Diskussion über Demokratie", in: *Verhandlungen ...*
    (1927) 83-87.

Peckhaus, Volker (1990) *Hilbertprogramm und Kritische Philosophie,* Göttingen.

Pickel, Andreas (1991) „Fallibilismus und die Grundprobleme der Politischen Theorie. Zu Poppers Kritik der Souveränitätstheorie und seinem Neuansatz für die politische Theorie", in: Salamun (1991) 225-254.

Popper, Karl (1945) *The Open Society and its Enemies* (2. vols.), London (5th edition 1966).

ders. (1957) *Die offene Gesellschaft und ihre Feinde* (2 Bände), Bern (7. Auflage Tübingen 1992).

ders. (1962) „Julius Kraft 1898–1960", in: *Ratio* 4 (1962) 2-15.

ders. (1974) „Intellectual Autobiography", in: Schilpp (1974), vol I., 3-181.

Renner, Karl (1927) „Diskussion über Demokratie", in: *Verhandlungen* ... (1927) 87-91.

Salamun, Kurt (1991) *Moral und Politik aus der Sicht des Kritischen Rationalismus,* Amsterdam/ Atlanta (= Schriftenreihe zur Philosophie Karl Poppers und des Kritischen Rationalismus, Band 1).

Schilpp, Paul A. (ed.) (1974) *The Philosophy of Karl Popper* (2 vols.), La Salle (Illinois).

Tönnies, Ferdinand (1927) „Demokratie", in: *Verhandlungen* ... (1927) 12-36.

Verhandlungen des Fünften Deutschen Soziologentages vom 26. bis 29. September 1926 in Wien (1927), Tübingen.

MATTHIAS BAAZ

LOGIK DES JURIDISCHEN SCHLIESSENS

> The common law is tolerant of much illogicality, especially
> on the surface, but no system of law can be workable if it
> has not got logic at the root of it.
>
> Lord Devlin in
> *Hedley Byrne and Co. Ltd. v. Heller and Partners Ltd.*
> *[1964]*

Zusammenfassung

Dieser Aufsatz dient der Darstellung der Logik des juridischen Schließens vom Blickpunkt der mathematischen Logik. Es wird zwischen der
lokalen und globalen logischen Struktur juridischer Schlüsse unterschieden, dabei steht bei der lokalen Struktur die Wahl der zugrunde-
liegenden formalen Logik im Mittelpunkt, bei der globalen Struktur die
geeignete Formulierung des Analogieschlusses. Der Unterschied zwischen mathematischen und juridischen Analogieschlüssen wird in
einem Anhang präzisiert.

1. Einleitung

Ich möchte in dieser kurzen Darstellung auf die Eigenheiten des juridischen Schließens aus Sicht der mathematischen Logik eingehen.
Rechtliche Vorgänge sind neben naturwissenschaftlichen Ausführungen die einzige Quelle geschriebener Fassungen von Entscheidungen
bzw. Beweisen. Es ist daher für mich von besonderem Interesse, die
Zusammenhänge und Unterschiede zur üblichen mathematischen
Logik herauszuarbeiten.

2. Rechtsnormen und Rechtssätze

Als erstes ist festzustellen, was überhaupt als Anwendungsgebiet von
Logik im juridischen Kontext aufzufassen ist. Die Rechtsnormen haben

keinen logischen Charakter, da sie ja gültig oder ungültig,[1] nicht aber wahr oder falsch sind. Logische Untersuchungen beziehen sich also immer auf die die Rechtsnormen beschreibenden Rechtssätze. Logische Schlüsse sind der Rahmen, in dem Rechtssätze aus anderen Rechtssätzen gefolgert werden können ohne dass zusätzliche Informationen verwendet werden. Diese oft wesentliche *Korrektheit des juridischen Schließens* stellt die eine Quelle der juridischen Logik dar. Die andere gegensätzliche Quelle ist die Notwendigkeit, bei juridischen Vorgängen zu einem Abschluss zu gelangen. Das könnte als der *Entscheidungszwang juridischer Institutionen* bezeichnet werden, der durch höherwertige Rechtsnormen gegeben ist. Die erste Quelle bestimmt die *lokale* logische Struktur juridischer Vorgänge, die bei jedem Einzelfall ohne Berücksichtigung anderer Fälle betrachtet wird. Die zweite Quelle bestimmt hingegen die *globale* logische Struktur, die die logischen Beziehung der verschiedenen Entscheidungen zueinander regelt.

3. Die lokale logische Struktur

Bezüglich der lokalen logischen Struktur stellen sich folgende zwei Hauptfragen. Erstens, welche Logik ist anzuwenden. Zweitens, wie soll diese Logik dargestellt werden.

Beantworten wir zunächst die zweite Frage: Die wesentliche Bedingung ist, dass das Vorliegen eines logischen Schlusses unmittelbar und objektiv nachprüfbar ist.[2] Dazu ist es notwendig, sich bewusst zu machen, dass der vorliegende Schluss zumindestens theoretisch in einer formalen Sprache dargestellt werden kann. Die Logik ist dann durch ein endliches System von Axiomen und Regeln gegeben, das auf die formalen Ausdrücke angewendet werden kann.

Die erste Frage besitzt im Gegensatz dazu keine eindeutige Antwort. Ich möchte im folgenden drei Kandidaten für die lokale logische Struktur diskutieren, ohne dass damit irgend ein Anspruch auf Vollständigkeit erhoben wird.

---

1   Rechtsnormen entsprechen sozusagen den Elephanten in der Verhaltensforschung und Rechtssätze den Aussagen der Biologen über diese.

2   Im Sinne der mathematischen Logik heißt das, dass die logisch gültigen Sätze zumindest rekursiv aufzählbar sind.

(i)   Klassische Logik
(ii) Intuitionistische Logik
(iii) Łukasiewicz Logik

Ad (i) Die *Klassische Logik* [Tak80] ist die Erweiterung der Aristotelischen Syllogismen durch Boole und Frege auf die ausdrucksstärkere Sprache beliebigstelliger Relationen. Die zu Grunde gelegte Sprache besteht aus *Konstanten, Variablen* und *logischen Operatoren*. Unter Konstanten hat man sich etwa Ausdrücke zur konzisen Beschreibung von Dingen (,Sokrates') oder auch Relationen, wie etwa „... ist sterblich', vorzustellen. Variable erlauben das Denotieren von beliebigen ,Leerstellen' ... in Aussagen. Die logischen Operatoren ($\neg$, $\wedge$, $\vee$, $\supset$, $\exists$ und $\forall$) erlauben das Verknüpfen von elementaren Aussagen zu komplexen Strukturen.

Beispiel 1. Die Aussage ,Sokrates ist ein Mensch, und da alle Menschen sterblich sind, ist auch Sokrates sterblich' könnte wie folgt formal ausgedrückt werden: Wir führen zunächst die folgenden Abkürzungen für die auftretenden Relationen ein. (Nur eine Variable wird benötigt, diese wird mit x bezeichnet.)

... ist Sokrates	Sokrates (x)
... ist sterblich	Sterblich (x)
... ist ein Mensch	Mensch (x)

Die Aussage würde wie folgt ausgedrückt:

$$\{\forall x Sokrates(x) \supset Mensch(x) \wedge \forall x Mensch(x) \supset Sterblich(x)\} \supset$$
$$\{\forall x Sokrates(x) \supset Sterblich(x)\}$$

Die klassische Logik ist zweiwertig: Alle Operatoren und Quantoren ($\exists$, $\forall$) werden als Abbildungen in **wahr, falsch** interpretiert. Die Gültigkeit von Ausdrücken, die keine Quantoren enthalten, lässt sich einfach mit Hilfe von Wahrheitstafeln überprüfen, bei denen alle Belegungen der Atome mit **wahr** und **falsch** durchprobiert werden. Für die Gesamtheit der logisch gültigen Sätze gibt es zwar kein Entscheidungsverfahren, aber einen Kalkül, in dem alle gültigen Sätze formal ableitbar sind. (Das folgt aus dem Vollständigkeitssatz von Gödel [Göd30].)
    Der Vorteil der klassischen Logik für das juridische Schließen liegt in der Klarheit ihrer Semantik und in der Einfachheit ihrer Schlussregeln. Der offensichtliche Nachteil liegt unter anderem im nicht-

konstruktiven Charakter der Existenzaussagen. Betrachten wir
folgendes Beispiel.

Beispiel 2.

*Jeder Richtersenat enthält einen Richter, sodass alle Richter des
Senates voreingenommen sind, wenn dieser eine Richter voreingenommen ist.*

Dieser Satz ist logisch wahr, da der Satz folgende logische Form hat

$$\exists x \forall y (P(x) \supset P(y))$$

Es ist natürlich völlig sinnlos, einen Befangenheitsantrag zu stellen, da
man ja nicht weiß, *wer* dieser Richter ist. Dieses Beispiel zeigt, dass
die klassische Logik gültige Aussagen und Schlüsse zulässt, deren
rechtliche Bedeutung unbestimmt oder fragwürdig ist.

Ad (ii) Die *Intuitionistische Logik* [Fel86, Dal86] verwendet dieselbe
formale Sprache wie die klassische Logik. Ihre gültigen Sätze entsprechen Dialogauseinandersetzungen zwischen einem Proponenten und
einem Opponenten, die vom Proponenten gewonnen werden, da dieser über eine Gewinnstrategie verfügt. Die aussagenlogischen Operatoren etwa entsprechen folgenden Dialogfiguren:

$\wedge$ Behauptung: X $w_1 \wedge w_2$
    Kritik: Y $\wedge_i$ d.h. Y wählt $i = 1$, oder $i = 2$
    Antwort X w_i

$\vee$ Behauptung: X $w_1 \vee w_2$
    Kritik: Y $\vee$
    Antwort X w_i d.h. X wählt $i = 1$, oder $i = 2$

$\supset$ Behauptung: X $w_1 \supset w_2$
    Kritik: Y w_1
    Antwort X w_2

$\neg$ Behauptung: X $\neg w$
    Kritik: Y w
    Antwort   . X $-$ nun ist keine Antwort mehr
                                     möglich

Die intuitionistische Logik gibt also in viel besserer Weise als die klassische Logik das Wechselspiel der Argumentationsform wieder, die in juridischen Vorgängen auftreten. Sie hat auch nicht den vorhin erwähnten Mangel des Vorkommens nicht-konstruktiver Existenzaussagen. Ihr Nachteil liegt in der außerordentlichen Schwierigkeit des Nachprüfens sogar der einfachsten Schlüsse. Weiters erlaubt weder die klassische noch die intuitionistische Logik, über die Sicherheit von Aussagen bzw. deren Grad von Wahrheit zu sprechen.

Ad (iii) Die *Łukasiewiecz Logik*[3] [Háj98] erlaubt es, verschiedene Grade von Wahrheit darzustellen. Die aussagenlogischen Operatoren werden durch Abbildungen in das Intervall [0, 1] interpretiert.

$$x \wedge y \quad \text{wird zu} \quad \min(x, y)$$

$$x \vee y \quad \text{wird zu} \quad \max(x, y)$$

$$x \supset y \quad \begin{cases} 1 & x \leq y \\ 1 - (x - y) & \text{sonst} \end{cases}$$

Der Vorteil der Łukasiewiecz Logik liegt in ihrer größeren Ausdruckskraft und in ihrer Einfachheit der Bestimmung der aussagenlogisch wahren Sätze. (Diese sind im Gegensatz zur intuitionistischen Logik nicht schwieriger auszuwerten als die wahren Sätze der klassischen Aussagenlogik.) Die Prädikatenlogik der Łukasiewiecz Logik mit der natürlichen Interpretation von $\forall$ als *infimum*, $\exists$ als *supremum* ist aber nicht axiomatisierbar; d.h. juridisches Schließen müsste in Folge dessen auf nicht rein aussagenlogische Argumente verzichten, wenn jeder wahre Schluss zulässig sein soll.

Die Vor- und Nachteile der erwähnten Logiken und damit die relative Beliebigkeit ihrer Auswahl legen folgende Frage nahe.

Frage an die Rechtswissenschaft:
Hat die Festlegung auf eine bestimmte Logik den Charakter einer Rechtsnorm?

Diese Frage steht im Zusammenhang mit der Möglichkeit, auf der Basis der einen Logik die Schlussfolgerungen innerhalb der jeweils

---

3   Die Lukasiewicz Logik ist auch die wichtigste formale Repräsentation der Fuzzy Logik.

anderen Logik anzugreifen.

4. Die globale logische Struktur

Eine wesentliche Eigenschaft juridischer Vorgehensweisen ist es, dass sie in einer vorgegebenen Weise zu einem Abschluss geführt werden müssen. (Das ist in jedem Rechtssystem durch höherstehende Rechtsnormen geregelt.) Hier liegt der wichtigste Unterschied zur mathematischen Erkenntnisfindung. Es ist vollkommen klar, dass man bei einem mathematischen Problem nicht von vorneherein die Notwendigkeit, das Problem zu lösen und den Aufwand der Lösung festlegt. Viele mathematische Probleme bleiben selbstverständlich offen.

Um des Abschlusses juridischer Vorgänge willen muss im juridischen Bereich gelegentlich auf Information (Annahmen, Werturteile, etc.) zurückgegriffen werden, die nicht logisch aus den den Rechtsnormen entsprechenden Rechtssätzen folgen. Der Umgang mit diesen Zusatzbestandteilen der Rechtsfindung erzeugt die globale logische Struktur des juridischen Schließens. Grundlage dazu ist eine Abduktion: Wer eine Entscheidung unter Zuhilfenahme unbegründeter Voraussetzungen aufrecht erhält, muss auch die (in einem noch festzulegenden Sinn) schwächsten Voraussetzungen dieser Entscheidung behaupten. Das bedeutet natürlich nicht, dass diese schwächsten Voraussetzungen tatsächlich in der Entscheidung auftreten, es können auch logisch viel stärkere Sätze sein. Im englischen Fallrecht wird dieser Unterschied sehr betont, die schwächsten Voraussetzungen werden als *ratio decidendi* und die Zusatzinformationen als *obiter dictum* bezeichnet. Es gibt sogar einen eigenen Test, um den Statuts *ratio decidendi* festzustellen (Wambaugh's Test). Umgangssprachlich wird dieser Test in einem traditionellen englischen Text wie folgt beschrieben.

First frame carefully the supposed proposition of law. Let him then insert in the proposition a word reversing its meaning. Let him then inquire whether, if the court had conceived this new proposition to be good, and had had it in mind, the decision could have been the same. If the answer be affirmative, then, however excellent the original proposition may be, the case is not a precedent for that proposition but if the answer be negative the case is a precedent for the original proposition and possibly for other propositions also. In short, when a case turns only on one point the proposition or doctrine of the case, the reason for the decision, the *ratio decidendi*, must be a general rule without which the case must have been decided otherwise.[4]

Die globale logische Struktur ergibt sich jetzt aus dem jeweiligen Umgang mit diesen schwächsten Voraussetzungen. Nämlich, inwieweit man diese bei neuen Fragestellungen verwenden muss; verwenden darf; nicht verwenden darf; nicht verwenden muss. Die Verwendung derartiger Sätze ist eine Form des *analogen Schließens* von Entscheidungen auf Entscheidungen. Beispielsweise gibt es in vielen kontinentalen Rechtssystemen für das Strafrecht bestimmte Analogieverbote. Andererseits muss man im englischen Fallrecht diese schwächsten Voraussetzungen berücksichtigen *(stare decis)*. Die globale logische Struktur wird also nicht so sehr durch allgemeine (logische) Überlegungen, sondern durch den Stufenbau der Rechtsordnung bestimmt. Die jeweilige rechtlich angenommene Variante stellt somit immer einen Kompromiss zwischen Flexibilität des Rechts und Rechtssicherheit dar.[5]

5. Vollständigkeit und Widerspruchsfreiheit im Recht

Die globale logische Struktur erlaubt es also, Rechtssysteme als logisch vollständig zu betrachten. Das führt aber nach dem Unvollständigkeitssatz von Gödel [Göd31], der auch hier in einer entsprechenden Variante formuliert werden kann, zu Widersprüchen. Natürlich ist das nicht die einzige Quelle von Widersprüchen, da Rechtsnormen, die widersprüchliche Rechtssätze erzeugen, auch anderwertig gesetzt werden können. Bei Kelsen [Kel92] sind deshalb Verfahren der Derogation von Rechtsnormen integrativer Bestandteil des Stufenbaus der Rechtsordnung.

---

4   *Study of Cases.* pp. 17-18, vgl. auch [CH91].

5   In [BQ92] findet sich ein einfaches formales Modell, das es erlaubt, Analogieschlüsse im obigen Sinn zu modellieren.

6. Spezifisch juridische Schlussformen in der Literatur zur Rechtslogik

In der Literatur[6] treten insbesondere folgende als spezifisch juridisch
bezeichnete Schlussweisen auf.

(i)   Der Analogieschluss *argumentum a simile*
(ii) Der Umkehrschluss *argumentum e contrario*
(iii) Das Größenargument *argumentum a fortiori (argumentum a
      maiore ad minus, argumentum a minore ad maius)*
(iv) Das Unsinnigkeitsargument *argumentum ad absurdum*

Nach meiner Auffassung ist der Analogieschluss (wie in Abschnitt 4
erläutert) nicht wie in der Literatur dargestellt ein Schluss von Sätzen
auf Sätze, sondern von Entscheidungen (Begründungen, Beweisen)
auf Entscheidungen (Begründungen, Beweisen). Ich werde darlegen,
warum die anderen Schlussformen Sonderfälle dieser Art von Analogieschlüssen sind. Damit erübrigt sich insbesondere der Konflikt zwischen Analogieschluss und Umkehrschluss.

Ad (ii) Der Umkehrschluss wird normalerweise durch folgendes Schema dargestellt.

Prämisse: Wenn ein Sachverhalt die gesetzlichen Voraussetzungen
$V_1, ..., V_m$ erfüllt, so treten für ihn die Rechtsolgen $R_1, ..., R_n$ ein.
Konklusion: Treten die gesetzlichen Voraussetzungen $V_1, ..., V_m$
nicht ein, so treten auch die Rechtsfolgen $R_1, ..., R_n$ nicht ein.

Dieser Schluss wird oft in Konflikt mit dem Analogieschluss gesehen
und dort betont, wo ein so genanntes Analogieverbot gegeben ist.
Das beruht auf folgender Fehleinschätzung: Das „Analogieverbot" bedeutet nämlich nicht, dass überhaupt nicht analog geschlossen werden darf (sonst könnte manchmal überhaupt nicht geschlossen werden), sondern wenn analoges Schließen angewendet wird, dann darf
nur in eine Richtung geschlossen werden.

Ad (iii) Der Größenschluss wird normalerweise durch folgendes Schema dargestellt:

---

6   Vgl. [Klu82].

Wenn die stärkere Rechtsnorm gilt, muss erst recht die schwächere Rechtsnorm gelten.

Zu Beginn wurde diskutiert, dass Rechtsnormen keine logische Beziehung untereinander haben (und haben können), also erst recht keine Größenbeziehung. Nur die zugehörigen Rechtssätze können einer solchen Beziehung unterliegen. Diese Beziehung folgt dann entweder aus der lokalen logischen Struktur oder durch einen Analogieschluss, sofern es sich bei den Rechtsätzen um die schwächsten Voraussetzungen im Sinn des Abschnitts 4 handelt.

Ad (iv) Im Gegensatz zum mathematischen Schluss auf den Widerspruch *reductio ad adsurdum*[7] wird das Unsinnigkeitsargument in folgender Weise gebraucht.

Eine Schlussfolgerungen ist die einzig mögliche, wenn jede andere Schlussfolgerung unsinnig ist.

Der Unsinnigkeitsschluss steht also in direktem Zusammenhang mit dem Entscheidungszwang (Warum sollte sonst überhaupt etwas geschlossen werden?). Er ist nach Voraussetzung die einzige sinnhafte Möglichkeit eines Analogieschlusses in der gegebenen Situation, da alle anderen denkbaren Analogieschlüsse mit unsinnigem Ergebnis auch unsinnige (schwächste) Voraussetzungen haben müssen (Aus den schwächsten Voraussetzungen und begründeten Rechtssätzen folgen ja die Ergebnisse ohne Zusatzinformation.).

7. Interpretation und Analogie

Es ist möglich, dass in einem Rechtssystem (z.B. dem kontinentalen) mehr die Unbestimmtheit des rechtsanwendenden Aktes und demzufolge die (authentische) Interpretation betont wird, und dass in einem anderen (z.B. dem englischen) die Betonung auf der Bestimmtheit rechtsanwendender Akte und demzufolge dem analogen Schließen liegt. Von einem logischen Standpunkt aus verhalten sich Interpretation und Analogie sozusagen dual zueinander.

---

7   „Wenn aus ¬A ein Widerspruch folgt, so folgere A", formal: (¬A ⊃ B ∧ ¬B) ⊃ A.

8. Automatisierbarkeit

Die logischen Betrachtungen dieses Artikels gewinnen insbesonders an Bedeutung, wenn juridische Schlusssysteme durch Computerprogramme repräsentiert werden. Das größte juridische Problem stellt dabei die Frage dar, inwieweit die Implementierung das implementierte Rechtssystem authentisch wiedergibt.[8] Die Mehrdeutigkeit liegt dabei (wie oben dargestellt) auch am Umgang mit der Logik. Hierdurch entsteht die

Frage an die Rechtswissenschaft:
Hat die Feststellung der Anwendbarkeit einer bestimmten Implementierung eines juridischen Schlusssystems den Charakter einer Rechtsnorm?

Anhang: Analoges Schließen in der Mathematik

Im folgenden soll einer der bekanntesten Analogieschlüsse der Mathematik dargestellt werden, um den Unterschied zwischen mathematischem und juridischem Analogieschluss hervorzuheben. Jakob Bernoulli (1654–1705) machte das Problem berühmt, die Summe der reziproken Werte der Quadratzahlen zu bestimmen.

$$1 + \frac{1}{4} + \frac{1}{9} + \tag{1}$$

Leonhard Euler (1707–1783) fand verschiedene Ausdrücke für die gesuchte Summe (bestimmte Integrale, andere Reihen), von denen aber keiner ihn befriedigte. Er benützte einen dieser Ausdrücke, um die gesuchte Summe numerisch bis auf sieben Stellen genau zu berechnen (1,644934). Das war nur ein Näherungswert, und Euler war bestrebt, den exakten Wert zu finden. Er entdeckte ihn schließlich mit Hilfe analogen Schließens.

Wir beginnen mit einem Überblick über ein paar elementare algebraische Beziehungen, die für Eulers Entdeckung wesentlich sind. Wenn die Gleichung n-ten Grades

---

8   Vgl. auch [FK64].

$$a_0 + a_1x + a_2x^2 + \ldots + a_nx^n = 0$$

n verschiedene Wurzeln α_1, α_2, ..., α_n hat, so lässt sich das links stehende Polynom als Produkt von n Linearfaktoren darstellen.

$$a_0 + a_1x + a_2x^2 + \ldots + a_nx^n = a_n(x-\alpha_1)(x-\alpha_2)\cdot(x-\alpha_n)$$

Durch Vergleich der Glieder mit gleichen Potenzen von x auf beiden Seiten der Identität leiten wir die altbekannten Beziehungen zwischen den Wurzeln und den Koeffizienten einer Gleichung ab, deren einfachste

$$a_{n-1} = -a_n(\alpha_1 + \alpha_2 + \ldots + \alpha_n)$$

ist; wir finden diese Beziehung durch Vergleich der Glieder x^{n-1}. Es gibt noch eine Art, die Zerlegung in Linearfaktoren darzustellen. Ist keine der Wurzeln α_1, α_2, ..., α_n gleich 0, oder was auf dasselbe hinausläuft, gilt $a_0 \neq 0$, dann haben wir

$$a_0 + a_1x + a_2x^2 + \ldots + a_nx^n =$$

$$= a_0(1 - \frac{x}{\alpha_1})(1 - \frac{x}{\alpha_2}) \cdots (1 - \frac{x}{\alpha_n})$$

und

$$a_1 = -a_0(\frac{1}{\alpha_1} + \frac{1}{\alpha_2} + \cdots + \frac{1}{\alpha_n})$$

Weiters, sei die Gleichung vom Grad $2n$, und habe die Form

$$b_0 - b_1x^2 + b_2x^4 - \ldots + (-1)^n b_n x^{2n} = 0$$

mit den $2n$ verschiedenen Wurzeln β_1, $-\beta_1$, β_2, ..., $-\beta_n$. Dann ist

$$b_0 - b_1x^2 + b_2x^4 - \cdots + (-1)^n b_n x^{2n} =$$

$$= b_0(1 - \frac{x^2}{\beta_1^2})(1 - \frac{x^2}{\beta_2^2}) \cdots (1 - \frac{x^2}{\beta_n^2})$$

und

$$b_1 = b_0\left(\frac{1}{\beta_1^2} + \frac{1}{\beta_2^2} + \cdots + \frac{1}{\beta_n^2}\right)$$

Euler betrachtete die Gleichung $\sin x = 0$ oder

$$\frac{x}{1} - \frac{x^3}{1\cdot 2\cdot 3} + \frac{x^5}{1\cdot 2\cdot 3\cdot 4\cdot 5} - \cdots = 0$$

Die linke Seite hat unendlich viele Glieder (sie ist sozusagen vom Grad „unendlich"). *Euler schließt analog vom Endlichen auf das Unendliche, indem er postuliert, dass es unendlich viele Wurzeln, sprich* 0, π, $-\pi$, 2π, -2π, 3π, -3π, ... *gibt.* Euler schaltet die Wurzel 0 aus, indem er die linke Seite durch x, den der Wurzel 0 entsprechenden Linearfaktor, dividiert.

$$1 - \frac{x^2}{2\cdot 3} + \frac{x^4}{2\cdot 3\cdot 4\cdot 5} - \cdots = 0$$

Euler führt den analogen Schluss weiter.

$$\frac{\sin x}{x} = 1 - \frac{x^2}{2\cdot 3} + \frac{x^4}{2\cdot 3\cdot 4\cdot 5} - \cdots$$

$$= \left(1 - \frac{x^2}{\pi^2}\right)\left(1 - \frac{x^2}{4\pi^2}\right) \cdots$$

Er folgert also

$$\frac{1}{1\cdot 2\cdot 3} = \frac{1}{\pi^2} + \frac{1}{4\pi^2} + \frac{1}{9\pi^2} + \cdots$$

$$1 + \frac{1}{4} + \frac{1}{9} + \frac{1}{16} + \cdots = \frac{\pi^2}{6}$$

und erhält somit eine geschlossene Auswertung der Reihensumme, die Jakob Bernoullis Bemühungen widerstanden hatte und der Näherungsrechnung entspricht. Wir sehen also den Unterschied zum juridischen Schließen: Analoges Schließen in der Mathematik dient der *Entdeckung*, nicht der Begründung von Lösungswegen. Um das Ergebnis mathematisch anerkennen zu können, müssen die schwächsten Voraussetzungen dieses Schlusses mathematisch verziert werden.[9]

Literatur

[BQ92]   M. Baaz and G. Quirchmayr, "Logic-based models of analogical reasoning", in: *Expert Systems with Applications*, Band 4, Pergamon Press 1992, S. 369-378.

[CH91]   R. Cross and J.W. Harris, *Precedent in English Law*. Clarendon Law Series 1991.

[Dal86]   D. Van Dalen, "Intuitionistic Logic", in: D. Gabbay / F. Günther (Hrsg.), *Handbook of Philosophical Logic*, Band III: *Alternatives to Classical Logic*. Dordrecht: Synthese Library 1986, S. 225-341.

[Fel86]   W. Felscher, "Dialogues as a Foundation for Intuitionistic Logic", Ebd., S. 341-373.

[FK64]   H. Fiedler und U. Klug, „Die Berücksichtigung der automatisierten Gesetzesausführung in der Gesetzgebung", in: *Deutsche Rentenversicherung*, 1964, S. 269.

[Göd30]   K. Gödel, „Die Vollständigkeit der Axiome des logischen Funktionenkalküls", in: *Monatshefte für Mathematik und Physik*, 37, 1930, S. 349-360.

[Göd31]   K. Gödel, „Über formal unentscheidbare Sätze der Principia mathematica und verwandter Systeme I", in: *Monatshefte für Mathematik und Physik* 38, 1931, S. 173-198.

[Háj98]   Petr Hájek, *Metamathematics of Fuzzy Logic*. Kluwer Academic Publishers 1998.

[Kel92]   H. Kelsen, *Reine Rechtslehre*. Österreichische Staatsdruckerei 1992.

[Klu82]   U. Klug, *Juristische Logik*. Springer Verlag, 2. Auflage, 1982.

[Tak80]   Gaisi Takeuti, *Proof Theory*. 2nd edition, Amsterdam: North-Holland 1980.

---

9   Vgl. dazu L. Euler, *Opera Omnia*, Ser. 1. Bd. 14. S. 73-86, 138-155, 177-186.

ECKEHART KÖHLER

WIE GÖDEL KELSENS RECHTSPOSITIVISMUS WIDERLEGEN WÜRDE

0. Einleitung. Mathematik und Rechtswissenschaft besitzen gleichartige Grundlagenmethoden. Platonismus

Sowohl Mathematik als auch Rechtswissenschaft sind normative Theorien, die man innerhalb eines größeren Verbandes von normativen Theorien als *miteinander zusammengehörig* betrachten kann. Grundlagenforscher der Mathematik und Rechtswissenschafter können voneinander lernen.

Meine Hauptthese in diesem Vortrag ist, dass Normen (sowohl mathematische Axiome und Regeln, als auch Rechtsnormen) prinzipiell sehr wohl begründet werden können, und dass ihre Begründung durch rationale Einsicht geschieht, also durch Intuition. Diese Intuition wird zunächst einmal von Praktikern der jeweiligen Normengebiete verwendet und verfeinert, kann und muss aber weiters insbesondere von den Wissenschaftern und Methodologen dieser Normengebiete studiert und weiter verfeinert werden. Im Gebiete der Mathematik heißt dieser Standpunkt Platonismus – im aktuellen Fachjargon etwas weniger exaltiert: „Realismus". Platonismus geht auf Pythagoras zurück, der die alte persische Lehre des Dualismus zwischen dem Guten und dem Bösen in Verbindung mit dem Schönen der Musik und der Zahlenlehre brachte.

Der wichtigste gegenwärtige Platonist im Gebiete der Mathematik war zweifellos Kurt Gödel. Gödel war interessanterweise Mitglied des Wiener Kreises. Letzterer war nämlich für seine schroffe *Ablehnung* der Metaphysik berühmt. Er lehnte erst recht das Paradebeispiel der Metaphysik, den *Platonismus*, als dunklen Mystizismus – schlimmer noch, als theologisierende Pseudowissenschaft – ab und vertrat im Gegensatz dazu den *Logischen Empirismus*. Der Wiener Kreis – oder besser der Schlick-Zirkel, denn den „Wiener Kreis" gab es erst ab 1929 – *tolerierte* aber derartige Auffassungsunterschiede (sowie er auch den Phänomenologen Felix Kaufmann tolerierte), weil alle Mitglieder die *eigentliche Hauptsache* leidenschaftlich unterstützten, nämlich das hohe Ideal der *exakten Wissenschaften*, der Mathematik und Physik.

Kurt Gödel hat den Logischen Empirismus des Wiener Kreises *abgelehnt* schon während der Zeit in den 20er Jahren, als er an den Treffen des Schlick-Zirkels teilzunehmen anfing. Im Laufe der Zeit, in den 40er und 50er Jahren, enthüllte der scheue, ängstliche, aber auch strenge und entschlossene Mann allmählich mehr und mehr von seinen

Ansichten.[1] Erst jedoch mit der Veröffentlichung seiner zunächst zurückgehaltenen Schriften im dritten Band seiner gesammelten Werke 1995 gab es wirklichen Aufschluss über seine Position. Man kann diese Position kursorisch beschreiben als einen klassischen Platonismus, sehr nahe dem des Newton, und vor allem dem des Leibniz. Der zentrale Kern dieses Platonismus ist die Annahme der Beobachtungsfakultät einer logisch-mathematischen Intuition *für Menschen*, welche Einblick in die objektive Beschaffenheit eines nicht-empirischen Wissensbereiches der Mathematik gibt.

Gödel hat diesen Standpunkt leider ungenügend abgestützt: er selber musste zugeben,[2] dass er keinen überzeugenden Unterschied zwischen Mathematik und Naturwissenschaft angeben konnte. Dies zu tun ist entscheidend, weil damit die *Andersartigkeit* der Mathematik im Gegensatz zu den Naturwissenschaften belegt und erleuchtet wird und die dualistische These des Platonismus der *zwei Welten* (der *realen* Sinneswelt und der *idealen* Welt der Vernunft) begründet wird. Es ist aber im Nachhinein leicht zu sehen, dass Gödels Problem daran lag, dass ihm keine adäquate, tieferlegende Charakterisierung der *mathematischen Intuition* einfiel. Nachdem man sich aber auch schon annäherungsweise zur Deutung der Intuition als ein *ästhetisches Werturteil* durchringt, gelingt die Unterscheidung zwischen Mathematik und Naturwissenschaft meiner Meinung nach *ganz im Sinne Gödels.*[3] Vor allen Dingen lässt sich Gödels bekannte *Analogie*[4] zwischen der mathematischen Intuition und der naturwissenschaftlichen Beobachtung ausgezeichnet *bestätigen.* Das ist ein Hauptergebnis meiner Forschungen über Gödels Platonismus, die ich bisher erarbeitet habe. Ich werde auf diese Analogie auch in Zusammenhang der Kelsenschen Rechtslehre zurückkommen.

---

1   Am wichtigsten Gödel (1944), (1947).

2   Laut Wang (1996, S. 174) sagt Gödel „My Carnap paper proved that mathematics is not syntax of language. But it failed to prove the positive statement of what mathematics is."

3   In meinem Köhler (2001) bemühe ich mich um eine Begründung dieser These.

4   Gödel (1944, S. 137): „It seems to me that the assumption of such objects is quite as legitimate as the assumption of physical bodies and there is quite as much reason to believe in their existence. They are in the same sense necessary to obtain a satisfactory system of mathematics as physical bodies are necessary for a satisfactory theory of our sense perceptions, and in both cases it is impossible to interpret the propositions one wants to assert about these entities as propositions about the 'data', i.e., in the latter case the actually occurring sense perceptions."

1. Gegensatz zwischen Kognitivismus und Antikognitivismus

Der Gegensatz zwischen Gödels Platonismus und dem Logischen Empirismus des Wiener Kreises tritt am stärksten in seinem (zu Lebzeiten unveröffentlichten) Aufsatz gegen Rudolf Carnaps Programm der logischen Syntax hervor.[5] (Dieser Aufsatz war der schwierigste in Gödels ganzem Leben: er arbeitete in den 50er Jahren etwa sechs Jahre daran, produzierte nach eigener Aufzählung sechs Fassungen, und behielt schließlich *alle* von Paul Arthur Schilpp, des Herausgebers des Carnap gewidmeten, im Jahre 1963 erschienenen „Schilpp-Bandes", *zurück*.) In diesem Aufsatz geht es Gödel hauptsächlich um den Nachweis, dass man keine mathematische Theorie aufstellen kann ohne die Annahme, dass die Mathematik einen *Wissensinhalt*, d.h. einen *eigenen Gegenstand* besitzt.

Diese einfache, geradezu selbstverständliche Behauptung schafft für den Logischen Empirismus ungeheuere, letztlich unüberwindliche Schwierigkeiten, denn der Logische Empirismus müsste damit zugeben, dass es dann ein *nicht-empirisches* Wissensgebiet gibt. Allerdings waren die *Empiristen* des Wiener Kreises andrerseits *alle* mit Hans Hahn der Meinung, dass die Mathematik, was immer sie auch ist, *kein* Teilgebiet der Naturwissenschaft sei, wie etwa John Stuart Mill behauptet haben soll (deshalb das Wörtchen „Logisch" im Logischen Empirismus!); und gerade Hans Hahn gab am allerehrlichsten zu, dass diese Frage das Hauptproblem des Logischen Empirismus darstellt.[6] Wenn Mathematik kein Teil der Naturwissenschaft ist, und nur diese

---

5   Gödel (*1953).

6   Hahn (1929): „The fundamental thesis of empiricism is that experience is the only source capable of furnishing us with knowledge of the world, knowledge of facts, knowledge that has content: all such knowledge originates in what is immediately experienced. The place of mathematics has always presented a great difficulty for this position; for experience cannot provide us with *universal* knowledge, but mathematical knowledge seems to be universal; all knowledge originating in experience comes with a coefficient of *uncertainty* affixed to it, but in mathematics we notice no uncertainty. ...
Thus it does in fact look at first sight as if pure empiricism was bound to founder on the existence of mathematics, as if mathematical knowledge was knowledge of the world not originating in experience, as if it were a priori knowledge; and as is well known, this is in fact the opinion of some philosophers with purely rationalist tendencies and especially of philosophers within the Kantian tradition. And the difficulty this presents for empiricism is so striking and so radical that anyone who wants to advocate a consistent empiricism must face up to it. ..."
[Englische Übersetzung in Hahn (1980, S. 39f.).]

dem empiristischen Sinnkriterium nach als Wissenschaften zugelassen werden, kann Mathematik nicht als Wissenschaft anerkannt werden.

Diesen offensichtlich absurden Schluss (die Mathematik galt immer als *die Königin* der Wissenschaften!) zogen Empiristen im Wiener Kreis in Anschluss an Ludwig Wittgenstein. (Dennoch: Trotz der Absurdität gebührt dem Wiener Kreis ein Lob für seine eiserne Konsequenz, weil Absurditäten besonders lehrreich sind – natürlich nur wenn man *ansonsten* der Logik gehorcht.) Im aktuellen philosophischen Fachjargon geht es hier um die logisch-empiristische *Ablehnung des Kognitivismus* für Mathematik: dass es für Mathematik *keinen Wissensinhalt* gibt. Die Annahme, dass die Sätze der Mathematik keinen Inhalt besitzen, läuft aber darauf hinaus, dass diesen Sätzen keine Beobachtungen oder Intuitionen von irgendwie gearteteten *Tatsachen* zugrundliegen. *Antikognitivismus* ist also dasselbe wie die *Ablehnung der Intuition* als gültige Beobachtungsart.

2. Ähnlichkeit zwischen dem Rechtspositivismus und dem Logischen Empirismus

Nun hat *Kelsens Rechtspositivismus* eine verblüffende Ähnlichkeit mit den zwei Hauptpunkten des *Logischen Empirismus*, die ich jetzt kurz belegen will:

i. Antikognitivismus

Einerseits bestreitet Kelsen sehr deutlich, dass das Recht irgendwelche *Wissensinhalte* zum Gegenstand hat. Genauer gesagt, er leugnet, dass die *Intuition der Gültigkeit* von Gesetzesnormen irgendeine kognitive Kraft besitzt, sondern als mehr oder weniger vernachlässigbares Epiphänomen anzusehen ist, das zum Privatleben gehört.[7] Die

---

7   Kelsen (1979, 19. Kap.) lehnte es dezidiert ab, dass das *Gewissen* (das moralische Gefühl, welches ich hier als rationale Intuition betrachte) die Gültigkeit einer Norm begründen kann; z.B. (S. 68): „Vom Standpunkt einer konsequent autonomen Gewissens-Moral aber gibt es keinen Grund anzunehmen, dass das Gewissen aller Menschen – oder doch aller Menschen ein und derselben sozialen Gemeinschaft – in gleicher Weise reagiert. Wenn das aber tatsächlich der Fall ist, wenn die Menschen einer sozialen Gemeinschaft im großen und ganzen in ihrer (moralischen) Beurteilung des menschlichen Verhaltens, und nicht nur des eigenen, sondern auch des Verhaltens anderer, übereinstimmen, kann dies nur daher kommen, dass sie unter einer und derselben Moralordnung leben, und dass diese Moralordnung durch Erziehung und Nachahmung in ihr Fühlen und Denken

Vorstellungen, die in den Köpfen von Richtern, Gesetzgebern oder Rechtsgelehrten in Anbetracht entweder von geltendem Recht oder von Gesetzesnovellen darüber herumschwirren, ob die entsprechenden Paragraphen gerecht, moralisch richtig oder ähnlich sind, stellen für Kelsen einfach keinerlei Berechtigung für oder gegen die *Annehmbarkeit* bzw. die *Annahme der Gültigkeit* dieser Gesetze dar, weil sie zu vielfältig und zu widersprüchlich seien. Stattdessen erschöpft sich die Frage der Rechtsgeltung in der jeweiligen *Befindung eines einschlägigen Rechtsorgans*, welche als *Willensakt* bzw. *Setzung* anzusehen ist. Kelsens Einstellung entspricht genau Carnaps logisch-mathematischem Konventionalismus von dessen *Logischem Syntax der Sprache* von 1934. *Alle* Logischen Empiristen lehnten die Verwendbarkeit von logisch-mathematischen Intuitionen ab, weil sie auch eben vielfältig, unstet und widersprüchlich seien; so insbesondere der Doyen unter ihnen, Hans Hahn.[8] (Meiner Meinung nach stimmt diese verhängnisvol-

---

eingeht, und so als Gewissen reagiert. Wie diese Moralordnung zustandekommt, ob durch Gewohnheit – wie das Gewohnheitsrecht – oder durch die Akte eines Religionsstifters – wie Moses, Jesus oder Mohammed – ist hier gleichgültig. Worauf es ankommt ist, dass die Lehre vom Gewissen als dem moralischen Gesetzgeber die Annahme von Normen, die von außen an den Menschen herantreten, nicht vermeiden kann, dass die Autonomie der Moral im Sinn einer Immanenz der Norm in der psychischen Realität des Menschen – als eine Negation der Transzendenz der Norm und sohin der Negation des Dualismus von Sollen und Sein – unhaltbar ist. Sie ist ja auch von allen jenen Vertretern der Lehre von der Gewissensmoral aufgegeben [worden], die die Stimme des Gewissens als die Stimme Gottes in uns deuten."" [Kelsen zitiert in der Fußnote aus Bertrand Russell (1960): *Religion and Science*, London, S. 224: „One of the ways in which the need of appealing to external rules of conduct has been avoided has been the belief in 'conscience', which has been especially important in Protestant ethics. It has been supposed that God reveals to each human heart what is right and what is wrong, so that, in order to avoid sin, we have only to listen to the inner voice. There are, however, two difficulties in this theory: first, that conscience says different things to different people; secondly, that the study of the unconscious has given us an understanding of the mundane causes of conscientious feelings."]

In einem langen Aufsatz über rationale Intuition, habe ich in Köhler (2002) mich bemüht, alle diese Einwände als unzutreffend nachzuweisen. Um Kelsens zwei möglichen Alternativen zu nehmen, ist es sowohl bei Gewohnheit als auch bei Religionsstiftung der Fall, dass die jeweiligen „Norm-Setzer" eben ihr Gewissen – bzw. ihre rationale Intuition – stillschweigend ausdrücken. Mehr darüber im folgenden.

8 Hahn (1933, S. 56): „Und da die Anschauung sich in so vielen Fragen als trügerisch erwiesen hatte, da es immer wieder vorkam, dass Sätze, die der Anschauung als durchaus gesichert galten, sich bei logischer Analyse als falsch herausstellten, so wurde man in der Mathematik gegenüber der Anschauung

le Annahme aber *weder im Falle der Rechtssprechung noch im Falle der Mathematik*. Darauf komme ich später zurück.)

ii. Dualismus

Andrerseits teilt Kelsen auch die Einstellung der Logischen Empiristen, dass Normen (hier des Rechts, da der Logik und Mathematik) *kein empirisches Wissen* darstellen, sondern als *normativ* anzusehen sind, eben im Sinne von *Konventionen* (bei Kelsen: *Setzungen* von rechtmäßig ermächtigten Gesetzgebern oder Richtern). In einem bestimmten Sinn anerkennt der Logische Empirismus keine Normen, und zwar natürlich eben in dem gerade erklärten Sinn, dass die *Gültigkeit von Normen* nicht verwendet wird. Normen sind daher keine Aussagen über Wahrnehmungsinhalte und daher vom empiristischen Standpunkt *sinnlos*. Doch machen Theoreme und Regeln der Logik und Mathematik – *genau so wie Normen bei Kelsen* – eine besondere modale Kategorie aus, welche dadurch gekennzeichnet ist, dass diese Theoreme und Regeln weder wahr noch falsch sein können. Diese Theoreme und Regeln werden als Konventionen angesehen, welche Willensakte verkörpern, die nicht von Sinnesbeobachtungen von Naturereignissen

---

immer skeptischer; es brach immer mehr die Überzeugung durch, dass es unzulänglich sei, irgendeinen mathematischen Satz der Anschauung zu entnehmen, dass es nicht anginge, irgendeine mathematische Disziplin auf Anschauung zu gründen; es entstand die Forderung nach völliger Eliminierung der Anschauung aus der Mathematik, die Forderung nach völliger *Logisierung der Mathematik:* Jeder neue mathematische Begriff muss durch rein logische Definition eingeführt werden, jeder mathematische Beweis muss mit rein logischen Mitteln geführt werden. Pioniere auf diesem Wege waren (um nur die berühmtesten zu nennen): Augustin de Cauchy (1789-1857), Bernard Bolzano (1781-1848), Carl Weierstrass (1815-1897), Georg Cantor (1845-1918), Richard Dedekind (1831-1916)."

Hahn setzt hier voraus, dass Logik keiner Anschauung bedarf. Das ist der bekannte Standpunkt von Kant, der damit die Logik für *inhaltsleer* hielt. Zumindest für Bolzano gilt das *nicht*, und wohl auch nicht für Cantor und Dedekind, allesamt Platonisten. Hahn nahm hier die Möglichkeit nicht in Betracht, dass die Logik ihrerseits auch auf Intuition fußt, woraus folgt, dass dann, wie so oft, die Intuition zweier Gebiete sich eben widersprechen. Daraus folgt aber, dass man sich bemühen muss, *genau wie im Falle der empirischen Beobachtung* – die ja auch voll von Illusionen steckt –, die fehlerhaften Intuitionen korrigieren und verfeinern soll. (Das war Gödels Standpunkt.) Eher angemessen ist die Feststellung, dass sich Logik und Mathematik zunehmend fusionierten, sodass sich die Anschauungen der bisher getrennt gehaltenen Fächer gegenseitig korrigierten und bereicherten, ähnlich wie bei Descartes sich die geometrische und die algebraische Anschauung in der analytischen Geometrie gegenseitig befruchteten.

gestützt werden. Dadurch erscheint die *Unterscheidung* zwischen Normen und empirischen Sätzen besonders klar und zwingend zu sein. Sogar Gödel gestand dem Konventionalismus des frühen Carnap zu, in diesem Punkt einen Vorteil gegenüber dem Platonismus zu besitzen, da Gödel, wie gesagt – sowie Platonisten vor ihm auch –, nicht überzeugend zwischen der Intuition der Richtigkeit bzw. Rechtmäßigkeit[9] von mathematischen Aussagen einerseits und empirischen Beobachtungssätzen andrerseits unterscheiden konnte, weil beide, wie schon bei Platon und Pythagoras selber, als Arten der Tatsachenwahrnehmung aufgefasst werden.

Wenn allerdings Intuition und Beobachtung weiter nicht auseinandergehalten werden, etwa durch einen Hinweis auf verschiedene Beobachtungsorgane oder eine verschiedenartige Funktionalität; und wenn weiters, wie bei Gödel, sogar eine *Analogie* zwischen den beiden Beobachtungsarten forciert wird, dann nimmt es nicht Wunder, dass eine Unterscheidung von Kritikern des Platonismus wie Otto Neurath als unerlaubte „Verdoppelung" abgetan wird.

3. Bloß Ähnlichkeit oder sogar Identität zwischen Methodologie des Rechtspositivismus und des Logischen Empirismus?

Ich möchte jetzt kurz motivieren, warum es die „verblüffende Ähnlichkeit" zwischen dem Rechtspositivismus und dem logischen Empirismus gibt. Der Grund liegt einfach darin, dass alle Normsysteme erkenntnistheoretisch ähnlich stehen, und Mathematik und Rechtswesen alle beide Normsysteme sind; da ist es möglich, dieselbe oder eng verwandte Begründungsmethodologien für beide Normsysteme vorzuschlagen und zu verteidigen. Dass alle Normensysteme ähnliche Begründungsmethodologien besitzen müssen habe ich an anderem Ort daran belegt, dass sie eigentlich eng miteinander verknüpft sind und sogar auf bestimmte Weise fließend ineinander verschränkt sind.[10]

---

9   Gödel hat mit Vorliebe die Alternation „richtig" bzw. „recht" verwendet, wobei er
     gerne eine genaue Unterscheidung auswich!

10   In Köhler (2002, §11), und vorher in Köhler (1985), habe ich aufgezeigt, wie die
     Normen der Entscheidungs- und Spieltheorie und der Ethik als *Erweiterung* der
     Normen der Logik und Mathematik aufgefasst werden können. Kelsen lehnt es
     leider ab, Theoreme und Regeln der Logik und Mathematik als Normen anzusehen,
     im wesentlichen weil ihre *Geltung* anscheinend nicht *gesetzt* wird wie etwa
     diejenige von Rechtsnormen. Darüberhinaus ist die Geltung von Normen auch
     raumzeitlich bedingt, was anscheinden nicht für Logik (geschweige denn

Dies kann man sehen bei einer Überlegung ausgehend von einer Diskussion zwischen Gödel und Carnap in 1931 betreffend das von Carnap sogenannte „Toleranzprinzip".[11] Dieses Prinzip weist insbeson-

---

Mathematik) der Fall ist. Nur wird aber gerade *das* im Konventionalismus Carnaps für Logik und Mathematik angenommen! Kelsen (1979, 45. Kap., § III auf S. 141ff.) behauptet insbesondere auch, dass Logik sich *nicht* auf Denkakte, sondern auf Denkinhalte bezieht, während Normen sich ausschließlich auf Akte beziehen. Der konventionalistische Ansatz zur Logik fasst diese aber primär sehr wohl als Lehre von *Denk-* bzw. *Handlungsnormen* auf, und zwar als Regeln betreffend das (richtige bzw. gültige bzw. einmal konvenierte) deduktive *Schließen*. (Kelsen verweist auch auf viele Autoren, die Logik so auffassen, will ihnen aber nicht folgen.) Aus diesen einmal anerkannten gültigen Schlussweisen leiten sich natürlich Sätze ab, die in einer naturwissenschaftlichen Theorie wahr sind, egal was für empirische Daten zutreffen, und diese werden logische Wahrheiten bzw. nach Carnap ‚L-Wahrheiten' genannt. Das ergibt sich aus der Auflage, dass die Sätze der jeweiligen Theorie als Prämissen in den vorgegebenen Schlussregeln angenommen werden können. Die Tatsache, dass logisch gültige *Sätze* (nicht Regeln) eine Art minimaler Kern aller empirisch wahren Sätze bilden, schafft hier kein Problem. Kelsen scheint sich zu verfangen in seinen Überlegungen, und wenn er etwa eine formale Semantik verwendet hätte, würden sich die Verwirrungen auflösen. Übrigens hat schon Frege erkannt, dass es eine Art Komplementarität gibt zwischen logischen Schlussregeln einerseits und Axiomen (bzw. Theoremen) andrerseits, sodass Axiome gegen Regeln ausgetauscht werden können und umgekehrt. Heute ist es weit verbreitet, Logik (zumindest die Prädikatenlogik) völlig ohne Axiome und nur mit Regeln zu machen. Will Kelsen behaupten, dass Regeln keine Normen sind?

11 · Carnap (1934, §17): „In der Logik gibt es keine Moral. Jeder mag seine Logik, d.h. seine Sprachform, aufbauen wie er will. Nur muss er, wenn er mit uns diskutieren will, deutlich angeben, wie er es machen will, syntaktische Bestimmungen geben anstatt philosophischer Erörterungen."
Diese berühmte Formulierung Carnaps wurde zunächst von einer Diskussion mit Gödel vom 10.6.1931 beeinflusst. Auf einem Blatt, das sich jetzt. in seinem Nachlass an der Pittsburgh University befindet, notiert Carnap:
„*Finitismus.* Es ist willkürlich, wo man abgrenzen will:
1) nur konkrete Sätze
2) Zahlvariablen; vollständige Induktion
3) Hilbert (in der Metamathematik)
4) Brouwer
5) klassische Mathematik
[...]
Gödel: Es ist vollständig Sache freien Entschlusses (wie auch Menger meint), welche Formeln und Regeln man (in der Mathematik) als erste als „sinnvoll" zulässt, weil man einige Vorstellungen damit verknüpft. Also kann man auch gleich die klassische Mathematik anerkennen. Einen plausiblen Unterschied gibt es nicht; wenn man auch an verschiedenen Stellen eine wohl definierte Grenze ziehen kann."
Wichtig ist Gödels Feststellung, dass man eine Hierarchie von immer stärkeren Systemen hat, die durch Definitionen voneinander wohl unterschieden werden

dere den Dogmatismus des Brouwerschen Intuitionismus zurück; Carnap geht aber darüber hinaus und behauptet äußerst radikal, dass es gar keine „Letztbegründung" von Sätzen der Logik oder Mathematik geben kann, dass die Frage der Richtigkeit sich gar nicht stellt außer die *Widerspruchsfreiheit eines Satzsystems.* Carnaps radikalere Deutung des Toleranzprinzips – von Gödel *nicht* geteilt – ist Äquivalent mit dem *Antikognitivismus*, bzw. mit der Ablehnung der Intuition als verwendbare Beobachtungsart, bzw. mit dem *Konventionalismus*, d.h. dass Sätze der Logik und Mathematik letztendlich *Willenssetzungen* sind.

(In diesem Punkt erscheint der Logische Empirismus zunächst als etwas radikaler als der Rechtspositivismus, da letzterer bei Kelsen immerhin die Kategorie der „Grundnorm" vorsieht, welche die besondere Rolle einer *normativen Letztinstanz* einnimmt. Ferner wird die *höhere Instanz* von Verfassungsgerichten bei der Bestimmung der Gültigeit von Rechtsnormen anerkannt. Der Logische Empirismus anerkennt dagegen *keine* besondere Instanz – weil außer der Logik selbst keine „Erkenntnistheorie" im Sinne der später anerkannten „reinen Pragmatik" explizit betrieben wurde. Allerdings erlaubte es der Logische Empirismus *trotzdem* von *Gültigkeit* zu sprechen: Carnap anerkannte den starken Begriff der *Allgemeingültigkeit* der Sätze der Logik und Mathematik und versuchte ihn zu definieren – leider nicht ganz erfolgreich.[12] Da Carnap aber bis 1963 die Verwendbarkeit von Intuition *nicht* gestattete,[13] gab es keine Möglichkeit, die Allgemeingültigkeit,

---

können, aber dass es willkürlich ist, irgendwo haltzumachen und zu behaupten – wie es etwa Brouwer tat –, dass die Erkenntnis bis hierher reicht und darüber hinaus nicht. Während Carnap aber daraus eine Art Beliebigkeit bzw. Konventionalismus ableitete, meinte andererseits Gödel damit – wie übrigens Hilbert – die Freiheit des Mathematikers, überall zu forschen, aber dass die Entdeckungen die gemacht werden wohl als abgesichertes Wissen gelten können.

12   Carnap (1935). Diese Definition des sogenannten Gültigkeitskriteriums für Sätze der Logik und Mathematik läuft eigentlich auf eine Wahrheitsdefinition im Sinne der Tarskischen Semantik hinaus. In diesem Sinne betrieb Carnap schon 1934 Semantik! Das ist eine gängige Meinung von Forschern dieser Entwicklung, z.B. Coffa (1991, S. 286ff.). Es handelt sich allerdings hier nur um logische Wahrheit, von Carnap gewöhnlich „Analytizität" genannt – dazu siehe Fußnote 10! Leider genügte Carnaps Ansatz doch nicht ganz, weil er sich nicht von allen quasi-konstruktivistischen Auflagen befreien wollte und das erwünschte Prinzip des ausgeschlossenen Dritten (tertium non datur, auch „Vollständigkeit" genannt) allgemein für Logik und Mathematik nicht beweisen konnte. Siehe Köhler (2001a).

13   Carnap (1963, S. 978f.) behauptete erstmals, dass der Gebrauch von Intuition nicht nur erforderlich sondern auch erlaubt ist, um Axiome der induktiven Logik zu begründen. Etwas später dehnte Carnap (1968) diese Behauptung auch auf die

bzw. Gültigkeit überhaupt, selbst zu *begründen*. Fazit: Sowohl Kelsen als auch Carnap entwickeln in verblüffender Ähnlichkeit Lehren über *Gültigkeit von Normen*, schließen aber jede eigentliche Begründung von ihnen aus. (Eigenartigerweise konnten beide Normen als gültig *behauptet* werden, ohne sie aber begründen zu können.)

In der angesprochenen Diskussion mit Carnap wollte Gödel selbstverständlich keineswegs die radikalere Version des Toleranzprinzips unterschreiben, sondern bloß dem Dogmatismus von Brouwer entgegentreten. Gödel weist darauf hin, dass man verschieden starke mathematische Theorien klar voneinander unterscheiden kann – etwa Hilberts finitistische Axiomatik in Gegensatz zu den starken Lehren der klassischen Infinitesimal-Analysis und Mengenlehre. Zwischen diesen beiden ist die klassische Zahlentheorie situiert. Wenn man sich Gödels Gedankengang näher überlegt, erscheinen die verschiedenen Stufen der mathematischen Theorien ineinander verzahnt zu sein. Z.B. betonte Gödel später in Diskussionen mit Hao Wang, dass es offenbar viele Sätze der Zahlentheorie gibt, die erst mit Hilfe der Axiome der stärkeren Theorie der klassischen Analysis entscheidbar werden.[14] Das bedeutet, dass die Sätze einer anscheinend schwächeren Theorie implizit das Wissen einer stärkeren Theorie enthalten oder voraussetzen.

Es ist besonders wichtig hier darauf hinzuweisen, dass Logik und Mathematik durchaus als *normative Lehren* betrachtet werden können, was insbesondere Kelsen ablehnte. Auch Gödel betonte mehrmals, dass Logik eigentlich als Lehre von richtigem Argumentieren verstanden werden soll. D.h., *Logik ist eine Lehre von normativ richtigen*

---

deduktive Logik aus. Vermutlich wäre er danach weiters gewillt, Intuition für alle anderen Normarten anzuerkennen, also für diejenigen der Entscheidungstheorie, der Spieltheorie (Verhandluneg), als auch Ethik. In meinem Köhler (2002, §6.1) gehe ich hierzu ins Detail.

14   Gödel (1947) wies schon darauf hin, dass Prinzipien, die in höheren Bereichen der Mathematik entdeckt wurden, zur Erkenntniserweiterung in niedrigeren Bereichen führen. Gödel (1964, S. 264): „It can be proved that these axioms [die so genannten starken Kardinalitätsaxiome der Mengenlehre, beginnend mit den von P. Mahlo] also have consequences far outside the domain of very great transfinite numbers, which is their immediate subject matter: each of them, under the assumption of its consistency, can be shown to increase the number of decidable propositions even in the field of Diophantine equations." Das letztere Gebiet ist ein elementarer Teil der Zahlentheorie. Man kann diese Einsicht so umkehren, dass, wenn man schon im elementaren Gebiet die entsprechenden Sätze erkannt hätte, dass man dadurch sich implizit Zugang zu den Prinzipien der höheren Theorie verschafft, bzw., dass das „höhere Wissen" im „elementaren Wissen" stillschweigend versteckt liegt.

mentalen Handlungen, welche in der Mathematik als Beweise gelten. Ähnlich ist die *Funktionenlehre der Zahlentheorie eine Lehre von normativ richtigen mentalen Handlungen des Kalkulierens.* Diese Feststellung ist deswegen besonders wichtig, als eine Verbindung der Mathematik mit einer Hierarchie von weitergehenden Normenlehren dadurch motiviert und vorbereitet wird, wie ich in Köhler (1985) argumentiert habe. Um verschiedene Normenklassen miteinander, insbesondere methodologisch, vergleichen zu können, ist es klarerweise geboten, alle zusammen in einem logisch homogenen Satzsystem zusammenzubringen. Eine grobe Einteilung von Normen erhält man, angefangen mit 1. Logik/Mathematik, mit der Hinzufügung 2. des statistischen Schließens, 3. der individuellen Entscheidungstheorie, 4. der interpersonellen (Gruppen-) Rationalitätstheorie (d.h. Spieltheorie), und schließlich 5. der eng mit der Spieltheorie verwandten Ethik.[15] Wesentliche Bestandteile des Rechtswesens gehören in die Sphäre der Ethik, insofern als das Recht die Rechtmäßigkeit widerspiegeln soll. (Man könnte auch darüberhinaus eine allgemeine Schönheitstheorie hinzufügen in Anlehnung an den klassischen Platonismus und Pythagoräismus.) Es lässt sich aber recht bald zeigen, dass die Übergänge zwischen diesen Bereichen jeweils recht beliebig und methodologisch fließend sind,[16] sodass man durchaus von einer engen methodologischen Verknüpftheit sprechen kann.

3.1 Exkurs über Normen und Intuition

Die Unterscheidung zwischen empirischen und normativen (präskriptiven und deskriptiven, idealen und realen) Wissenschaften beruht letztlich darauf, dass empirische Sätze sich auf empirische Beobachtungen stützen, während normative Sätze sich auf Intuitionen stützen, bzw. auf rationale Einsicht. Die normativen Wissenschaften, z.B. die Entscheidungstheorie, empfehlen Normen des rationalen Handelns, z.B. gewinnbringendes Investieren. Kelsen betont die Bedeutung der nor-

---

15   Die enge Verwandschaft der Spieltheorie mit der Ethik kann man im Rahmen der „Vertragstheorie" der Gerechtigkeit ersehen: das Vertragswesen ist das krönende Kapitel der Spieltheorie, wo Verhandlungsrationalität behandelt wird. Der vertragstheoretische Ansatz der Ethik fügt lediglich das Prinzip des Schleiers des Unwissens hinzu, und jede aus einer derart bedingten ausverhandelten Staatsverfassung wird ethisch gerecht sein.

16   In einem bisher unveröffentlichten Vortrag auf dem 3. Kurt-Gödel-Kolloquium in Kirchberg am Wechsel, August 1992, habe ich gezeigt, dass jeder normative Bereich stillschweigend Prinzipien aus dem nächst höheren normativen Niveaus in sich schließt. Ein Beispiel wurde soeben in der vorigen Fußnote gebracht.

mativen Wissenschaften und will Rechtslehre in diese einreihen. Zweifellos muss es eine Rechtslehre geben, welche sich neben oder unter Entscheidungstheorie, Spieltheorie und Ethik gesellt. Doch, insofern als Kelsen und seine Schule der Reinen Rechtslehre die Verwendung von Intuition *verbieten*, können sie *keine normative Wissenschaft des Rechts* vertreten, sondern entweder eine *empirische*, über tatsächlich gesetzte Rechtsnormen, oder eine *logisch-methodologische*, welche hypothetisch gemäß einer Grundnorm gesetzte Normensysteme untersucht und miteinander vergleicht. (Dabei muss die *normative Gültigkeit der Logik und Methodologie* verwendet werden, aber die damit verknüpfte Ungereimtheit wird *ignoriert*.) Dass die Reine Rechtslehre tatsächlich keine eigentliche normative Lehre ist, zeigt sich sehr deutlich in ihrer beharrlichen Weigerung, Rechtsnormen innerhalb der Lehre zu *empfehlen* – weil Normen (zumindest dort) nicht begründet werden. Sie *beschreibt* zwar die Begründung der Gültigkeit von Normen gemäß einer Grundnorm, aber über die Begründung der Grundnorm schweigt sie. Wenn aber eine Rechtslehre sich weigert, Rechtsnormen zu begründen, insbesondere Meinungen und Empfehlungen über Verfassungen abzugeben, erklärt sie den *Selbstbankrott der Rechtslehre*, denn es ist die *zentrale Aufgabe einer normativen Wissenschaft*, genau analog zu der Aufgabe einer empirischen Wissenschaft über das Vorkommen von Tatsachen Meinungen abzugeben, *Empfehlungen über Normen abzugeben*. Ein Logiker empfiehlt Schlussregeln, ein Statistiker empfiehlt Regeln des statistischen Schließens, ein Entscheidungstheoretiker empfiehlt Investitionsgebarung bei Geldanlagen.

Kelsen erlaubte keinen Zusammenhang zwischen Rechtsnormen und Ethik, weil er glaubte, über Geltung von Rechtsnormen eine Lehre aufbauen zu müssen, ohne über deren eigentliche inhaltliche Begründung durch Intuition zu entscheiden. Doch ist die (kategorische!) Geltung von Rechtsnormen unmittelbar oder mittelbar von Intuition abhängig – also schränkte Kelsen seine Lehre absichtlich auf die bloße relative (hypothetische!) Geltung von Normen, abhängig von einer (kategorischen, aber angeblich unbegründbaren) Geltung von Grundnormen. Aber die Ethik kann man genauso behandeln, und es besteht kein Grund, deswegen Recht von Ethik zu trennen. Da aber Ethik viel eher als das Recht *hauptsächlich kategorisch* gemeint wird, erscheint eine Trennung doch geboten. (Diese Problematik ist besonders dort virulent, wo Praktiker eines Normengebietes offenbar nicht an ihre wirkliche Richtigkeit glauben, z.B. viele amerikanische Rechtsanwälte, die mit Hilfe der Gerichtsbarkeit Schindluder mit dem Recht treiben. Doch erachten sowohl führende Vertreter der Rechtstheorie wie auch

Praktiker diesen Zustand als sehr gravierend, denn sie erkennen, dass dadurch die allgemeine Achtung vor dem Gesetz und vor der gesetzlichen Ordnung ausgehöhlt wird und diese an Legitimität verliert, worunter der ganze Beruf leidet – um nicht zu sagen die ganze Gesellschaft. Die berufständischen Kritiker solcher Praktiken lassen sich sehr wohl von ihren eigenen geschulten rechtlichen Intuitionen leiten! Daher müssen obere Vertreter des Berufsstandes an der Übereinstimmung zwischen Recht und dem Rechtmäßigkeitsgefühl sehr wohl interessiert sein. Umsomehr muss die Rechtswissenschaft daher an dieser Beziehung Interesse nehmen und in ihren Umkreis einbeziehen. Deswegen ist die Beschränkung der Reinen Rechtslehre auf das *positive* Recht verhängnisvoll und abwegig.[17])

3.2 Der eigentliche Grund für die Sein-Sollen-Dualität

Der eigentliche, tiefere Grund für die Unterscheidung zwischen empirischen und normativen Sätzen, bzw. zwischen Sein und Sollen, liegt im Wesen des *individuellen Handelns*. Es gibt zwei Theorien des individuellen Handelns, Psychologie und Entscheidungstheorie. Die Psychologie ist empirisch, versucht also tatsächlich vorkommendes Verhalten zu beschreiben und zu erklären. Handeln kann aber nur erklärt werden, wenn man über zwei kausale Grundfaktoren Bescheid weiß: über (äußere) Reize, die Reaktionen auslösen, und über (innere) Triebe, welche die Reaktionen steuern. Die Triebe kann man nun aber wiederum als innere Reize verstehn, als Verstärker (reinforcers). Wenn man Kenntnis dieser zwei getrennten Faktoren nicht hat, kann man Verhal-

---

17   Es ist eine Tragödie der reinen Rechtslehre, dass sie von sich aus nichts gegen die Beugung der von Kelsen mitgestifteten österreichischen Verfassung durch Engelbert Dollfuß in den Jahren 1933–34 vorzubringen hat. Siehe dazu Graf (1993). Ähnlich die Situation der logischen Empiristen: als Carnap 1930 Mitglied der Sozialistischen Partei wurde, meinte er, es gäbe keinerlei rationale Rechtfertigung dafür, er wolle es aber einfach. Diese Haltung wurde zweifellos von Nietzsche beeinflusst, wie ich in Köhler (2002, § 2.2) nachzuweisen versuche. Man kann vermuten, dass Kelsens Standpunkt von Schopenhauer beeinflusst wurde, von dem Nietzsche seinen Voluntarismus bzw. Nihilismus gewann. Bei den Logischen Empiristen führte diese Haltung dazu, dass sie ihre eigene Logik und Methologie nicht begründen konnte (siehe z.B. Fußnote 6)! Um so paradoxer ist es, dass Kelsen in seiner Karriere häufig Stellung zu Recht und Verfassung nahm und immer wieder sehr weise Empfehlungen abgab, insbesondere im Rahmen des Völkerbunds und später der Vereinten Nationen.

ten nicht erklären oder voraussagen.[18] Die Reize entsprechen dem „Sein", die Triebe, bzw. die Verstärker, dem „Sollen". (Es gab zwar eine Schule der Psychologie, die Assoziationisten, die Reize und Verstärker in einen Topf zusammen betrachten wollten, aber auch sie kamen nicht umhin, gewissen Reizen besondere motivierende Kräften zuzuschreiben.) Genauso ist es in der Entscheidungstheorie: man kann keine Empfehlungen über Verhalten abgeben ohne über zwei Faktoren Bescheid zu wissen: über den *Glaubenszustand* des Akteurs, zusammengepackt in seiner Wahrscheinlichkeitsfunktion (seine Auffassung des „Seins") und über den *Wunschzustand* des Akteurs, zusammengepackt in seiner Nutzenfunktion (seine Auffassung des „Sollens").

Der noch tieferliegende Grund für den Sein-Sollen-Dualismus liegt im Wesen aller dynamischen Systeme: Zum Verständnis von jedem sich mit der Zeit verändernden System braucht man Information über 1. dessen Randbedingungen (Sein), 2. dessen Bewegungsgesetze (Sollen). Das ist Physik. Sollen ist nichts anderes als Gerichtetheit auf einen Endpunkt eines Prozesses.[19]

4. Gödels spezifisches Argument gegen Carnaps Konventionalismus ist übertragbar auf den Rechtspositivismus

Jetzt, da eine verblüffende Ähnlichkeit – geradezu eine methodologische Identität – zwischen dem Rechtspositivismus und dem Logischen Positivismus angenommen werden kann, möchte ich fragen, ob sich Gödels Kritik am Logischen Empirismus auch auf den Rechtspositivismus übertragen lässt. Sein Hauptargument gegen Carnaps Konven-

---

18   Henry (1942) enthält Überblicks-Artikel über verschiedene Ansätze zur Lerntheorie, insbesondere von Guthrie, Hull und Gates. Alle weisen auf die zentrale Bedeutung des „law of effect" hin, welches die Aufmerksamkeit auf die motivierende bzw. demotivierende Wirkung von Reizen lenkt.
Jeffrey (1965) bringt eine inzwischen als klassisch angesehene Darstellung der Entscheidungstheorie, welche Kelsen (1979) leider nicht mehr berücksichtigen konnte, wo die zwei Grundfaktoren, Wahrscheinlichkeit und Nutzen, sorgfältig behandelt werden. Jeffreys Ansatz ist auch deswegen gut, weil er die zwei Faktoren als Modalitäten von Sätzen behandelt, genau wie Brentano und Kelsen. Ein Grundproblem dabei war schon immer, wie man die beiden Grundfaktoren beim Messen auseinanderhalten kann, was besonders von Luce & Suppes (1965) behandelt wird.

19   Das ist im wesentlichen der Standpunkt von Whitehead (1929), der sich damit radikal von Brentanos cartesischem Dualismus zwischen Welt und Intentionalität absetzt.

tionalismus der Logischen Syntax der Sprache des Jahres 1934 brachte Gödel im besagten „Carnap-Aufsatz" schon in der ersten Fassung ca. 1953. Diese Widerlegung des Carnapschen Syntax-Programms ist offensichtlich gültig und wurde so beurteilt u.a. vom besten Kenner Gödels, Hao Wang.[20] Das Argument der Widerlegung verwendet allerdings Gödels berühmten zweiten Unvollständigkeitssatz von 1931, und erscheint daher technisch aufwendig.[21]

Gödel weist darauf hin, dass, wenn logisch/mathematische Konventionen festgelegt werden, so muss ihre gegenseitige logische Verträglichkeit durch einen Widerspruchsfreiheitsbeweis abgesichert werden, bevor sie in das Satzkorpus aufgenommen werden dürfen. Diese Vorsichtsmaßnahme wird gewöhnlich nicht ernst genommen, weil man gewöhnlich eigentlich von der inhaltlichen Plausibilität aller in Frage kommenden Konventionen vorab überzeugt ist und sich daher um deren Widerspruchsfreiheit nicht sonderlich kümmert. (Wenn die *Plausibilität* von Konvention nämlich Grund gibt, an deren *Wahrheit* zu glauben, dann ist deren Widerspruchsfreiheit trivialerweise ebenso plausibel.) Aber der strenge Konventionalismus darf keine Plausibilitäts-Annahme verwenden, weil jede Intuition als Begründungsmotivation ausgeschlossen wird. Gerade darum ist aber der Konventionalist erst recht *verpflichtet*, die Widerspruchsfreiheit zu *beweisen* – denn er wäre sonst ein Heuchler.

Und jetzt lässt Gödel die Falle zuschnappen! Er weist darauf hin, dass jeder Widerspruchsfreiheitsbeweis die *inhaltliche* Gültigkeit einer Logik voraussetzen muss, die immer *stärker sein muss* als die Satz-

---

20 Persönliche Mitteilung, August 1988.

21 Eine viel einfachere Widerlegung wurde schon von Quine (1936) gebracht, welche Gödel nicht erwähnte; allerdings leistet Quines Widerlegung nur das Minimalste: sie zeigt nur, dass man eine minimale logische Maschinerie braucht, um überhaupt die Konventionen aufstellen zu können, aus denen die Logik erst hervorgehen soll. (Weswegen niemand behaupten kann, dass Logik auf lauter Konventionen zurückgeführt werden kann.) Quines Widerlegung des Carnapschen Konventionalismus ist aber auch erweiterbar auf Kelsens Konventionalismus, doch nicht so gut wie Gödels Widerlegung. Eigentlich hätte es sich Quine viel leichter machen können: Er hätte bloß darauf hinweisen können, dass Carnap die inhaltliche Gültigkeit einer relativ starken Mengenlehre (die nicht-verzweigte Typentheorie) verwendet.

menge, deren Widerspruchsfreiheit bewiesen werden soll.[22] Das folgt
aus Gödels zweitem Unvollständigkeitsbeweis.

Dieser widerlegte bekanntlich das Hilbertsche Programm, welches
die Widerspruchsfreiheit der sehr starken klassischen Mathematik mit
Hilfe der viel schwächeren Zahlentheorie beweisen wollte. Gödels
zweiter Satz von 1931 zeigte, dass nicht einmal die Widerspruchsfreiheit der Zahlentheorie selbst so bewiesen werden könnte.[23]

Es ist sehr wichtig hier in Erinnerung zu rufen, dass Hilberts Programm nur die in Frage gestellte *klassische Mathematik* „formal", d.h.

---

22   Gödel (*1953, §§29–31) erreicht einen Gipfel in seiner Argumentation mit:
      „On the grounds of these results it can be said that *the scheme of the syntactical
      program to replace mathematical intuition by rules for the use of symbols fails
      because this replacing destroys any reason for expecting consistency, which is
      vital for both pure and applied mathematics, and because for the consistency
      proof one either needs a mathematical intuition of the same power as for
      discerning the truth of the mathematical axioms or a knowledge of empirical facts
      involving an equivalent mathematical content.* [Gödels eigene Hervorhebung.]
      This formulation of the non-feasibility of the syntactical program (which also
      applies to finitary mathematics) is particularly well suited for elucidating the
      question as to whether mathematics is void of content. For, if the prima facie
      content of mathematics were only a wrong appearance, it would be possible to
      build up mathematics satisfactorily without making use of this "pseudo" content.
      More precisely the situation can be described as follows: That mathematics *does*
      have content (in any acceptable sense of the term) appears from the fact that,
      in whatever way it, or any part of it, is built up, one alwys needs certain
      undefined terms and certain axioms (i.e., deductively unprovable assertions)
      about them.[32] *For these axioms there exists no other rational (and not merely
      practical) foundation except either that they (or propositions implying them) can
      directly be perceived to be true (owing to the meaning of the terms or by an
      intuition of the objects falling under them), or that they are assumed (like physical
      hypotheses) on the grounds of inductive arguments, e.g., their success in the
      applications.*[33]
      ... A consistency proof, however, is indispensable because it belongs to the
      concept of a convention that one knows it does not imply any propositions which
      can be falsified by observation (which, in the case of the mathematical
      "conventions", is equivalent with consistency[35] ...). Without a consistency proof
      the "convention" itself, since open to disproof, really is an assumption (or else the
      laws of nature could also be interpreted to be conventions).[36] Brought to its
      shortest form this proof runs as follows: If mathematical intuition is accepted at
      its face value, the existence of a content of mathematics evidently is admitted.
      If it is rejected, mathematical axioms become open to disproof and for that reason
      have content. ...

23   Gegen eine weit verbreitete Meinung wird aber mit Gödel (1931) nicht *jeder*
      Widerspruchsfreiheitsbeweis allgemein ausgeschlossen, sondern nur einer, der
      innerhalb der Theorie selbst unternommen wird. Z.B. hat Gentzen 1936 einen
      solchen für die Zahlentheorie doch erbracht, nur in einer etwas *stärkeren*
      Metatheorie.

inhaltslos, fasste – und zwar spezifisch zum Zwecke eines Widerspruchsfreiheitsbeweises, nicht weil er die klassische Mathematik inhaltlich für leer oder falsch hielt. Die finite Zahlentheorie aber, in welcher der Widerspruchsfreiheitsbeweis geführt werden müsse, wurde selbstverständlich als *inhaltlich gültig* angenommen, denn sonst hätte der Beweis selbst keinerlei Glaubwürdigkeit. Es war gerade diese Eigenschaft des Hilbertschen Programms – der Münchhausen-artige Ansatz, eine *starke* Theorie mit Hilfe einer *schwächeren* abzustützen –, die große Mitstreiter Hilberts wie Johann von Neumann anzog. Die große erkenntnistheoretische Bedeutung des zweiten Unvollständigkeitssatzes Gödels liegt also darin, dass er den Glauben an diesen „Münchhausen-Ansatz" zu Grabe trug. Wenn die Widerspruchsfreiheit einer Theorie bewiesen werden soll, auch wenn diese Theorie rein formal und ohne Inhalt behandelt wird, muss man auf eine noch stärkere Theorie zurückgreifen, die als *inhaltlich gültig* vorausgesetzt werden muss!

Ich behaupte nun, dass Gödels Widerlegung des Hilbertschen Programms und des Carnapschen Syntax-Programms unter Verwendung seines zweiten Unvollständigkeitssatzes auch auf Kelsens Programm einer reinen Rechtslehre ausgedehnt werden kann. Ich nehme dabei an, dass ein Rechtssystem in Konventionen (Willenssetzungen von ermächtigten Akteuren, z.B. richterliche Urteile) so zusammengefasst werden kann, dass sie als Axiome zu einer vorher festgelegten Logik und Mathematik hinzugefügt werden. Da Kelsen die *Rechtmäßigkeit* bzw. *Rechtfertigung der Gültigkeit von Rechtsnormen* aufgrund einer *Rechtsintuition* gemäß des Verbots der Reinen Rechtslehre *ignorieren muss*, darf er die innewohnende Plausibilität von Rechtsnormen *nicht* berücksichtigen und *muss* sich umsomehr um die gegenseitige *logische Verträglichkeit* seiner Rechtsnormen kümmern und dafür geeignete Beweise führen.[24] Aber wegen des zweiten Unvollständigkeits-

---

24   Kelsen (1979, 29. Kap.) weist darauf hin, dass Normen miteinander in Konflikt geraten können, wenn beide gleichzeitig in Geltung gelangen, und dass dies keinen logischen Widerspruch darstellt. Sofort erhebt sich die Frage, ob in der Rechtslehre oder in der Rechtssprechung Widerspruchsfreiheit gefordert werden kann oder muss. (Wenn nicht, erscheint natürlich mein Versuch, Gödels Argument gegen Carnaps Syntax-Programm auf Kelsens Rechtspositivismus anzuwenden, vergebens.) Ich meine doch wohl, und zwar auf zwei Ebenen. Erstens müssen Normenkonflikte zumindest innerhalb eines zur Geltung erlangenden Gesetzeskodexes *vermieden werden*, und die Kontrolle davon verläuft methodisch gleich wie das Beweisen der Widerspruchsfreiheit. Gesetzesreformen kommen unter anderem gerade deswegen zustande, weil so manche Konflikte in bisher geltenden Gesetzen entdeckt worden sind und der Wunsch nach Vereinheitlichung

kommt auf. Dabei bezweckt man absichtlich, Konflikte auszuräumen, genauso wie der Wissenschafter seine Theorie revidiert, nachdem Unvereinbarkeiten mit Beobachtungen oder mit anderweitig angenommenen Theorien entdeckt werden.

Zweitens, auch wenn die Gesetzgebung faul ist, müssen Normenkonflikte spätestens in den Fallbehandlungen von der Rechtssprechung ausgeräumt werden. Wiederum verläuft die Kontrolle gleich wie bei Widerspruchsfreiheitsbeweisen.

Wieso Kelsen *diese* offensichtliche Analogie nicht anerkennt, blieb mir vorerst ein Rätsel. Er will die Lösung von Rechtsnormkonflikten nicht fordern – vermutlich weil das keine empirische Tatsachenannahme ist, sondern eine Geltungsannahme einer Grundnorm, was der Vertreter der reinen Rechtslehre nicht setzen darf. Das ist aber eine Bankrotterklärung der reinen Rechtslehre.

Betreffend Rand (1939) schreibt Kelsen (1979, S.172):

„Die Analogie, die *Rand* voraussetzt, kann nur die Analogie zwischen Wahrheit der Aussage und Geltung der Norm sein. Unmittelbar nachdem sie festgestellt hat, dass, wenn man von zwei sich widersprechenden Normen spricht, das Wort ‚Widerspruch' nicht auf entgegengesetzte Wahrheitswerte verwendet wird, sagt sie: ‚Der Satz vom ausgeschlossenen Dritten in die Forderungslogik übertragen besagt, dass entweder der positive Forderungssatz oder der negative Forderungssatz gilt, dass es nichts Drittes zwischen beiden Möglichkeiten gibt. Es bedeutet aber nicht, dass entweder der positive Forderungssatz oder der negative wahr ist.' Hier zeigt sich, dass die Analogie, die *Rand* im Auge hat, die Analogie zwischen der Geltung einer Norm und der Wahrheit einer Aussage ist. Aber diese Analogie besteht nicht. Denn wenn zwei Normen miteinander in Konflikt stehen, können beide gelten. Dann liegt eben ein Normenkonflikt vor, dessen Möglichkeit nicht geleugnet werden kann. Und wenn diese Analogie nicht besteht, ist eine analoge Anwendung des logischen Prinzips vom ausgeschlossenen Widerspruch auf Normen nicht möglich."[151]

Für Rand ist es eine ausgemachte Sache, dass Rechtssetzung bzw. Rechtssprechung *Konflikte ausräumen sollen*, und dass *in diesem Sinne* das Prinzip des ausgeschlossenen Widerspruchs wohl angewandt werden muss. Kelsen scheint aber bereit zu sein, Normensysteme gelten zu lassen, auch wenn es *interne* Konflikte gibt – solange ein befugter Gesetzgeber sie setzt! Der Rechtspositivist will nicht unterscheiden zwischen der derartig quasi-faktischen Geltung von Normsystemen und einer „ordentlichen" Geltung. Kelsen weigert sich offensichtlich, die Lösung von Normenkonflikten als eine zusätzliche Art Grundnorm zu fordern. Warum? Vermutlich weil er als Rechtspositivist für sich nicht beanspruchen darf, eine derartige Grundnorm zu rechtfertigen.

Walter (1999, S. 31f.) schreibt: „Beim Normenkonflikt muss vor allem klar werden, dass Konflikte zwischen Rechtsvorschriften nicht durch die Logik, sondern nur durch Rechtsregeln (wie z.B. durch die – gänzlich ‚unlogische' – Regel ‚lex posterior derogat legi priori') gelöst werden können." Mir scheint, dass Walter – wie Kelsen vor ihm – eine übertrieben enge, quasi-platonistische Auffassung der Logik hat, denn diachronische Logik-Regeln sind heutzutage ganz gängig in spieltheoretischen und programmiersprachlichen Darstellungen, wo etwa die „lex posterior"-Regel gar nicht „unlogisch" erscheinen würde. Leider ringt sich auch Walter nicht zur Forderung nach der Geltung der allgemeinen Grundnorm durch, dass Normenkonflikte (durch welche Regeln auch immer) gelöst werden *sollen*!

Übrigens ist Rose Rand Mitglied des Wiener Kreises gewesen, und ihr Artikel

satzes Gödels wissen wir, dass wir dazu die *inhaltliche Gültigkeit* eines noch stärkeren Normensystems voraussetzen müssen, um einen solchen Beweis zu führen! Gödels zweiter Unvollständigkeitssatz war zwar gerichtet auf die Bemühungen *Hilberts* um die Grundlagen der Mathematik, doch gilt sie *allgemein* für *alle* ordentlich gebildete Axiomensysteme, egal wovon sie handeln.

Natürlich kann man fragen, ob sich die Rechtssprechung wirklich so um Widerspruchsfreiheit kümmern muss. Denn es kann sein, dass z.B. Gesetzeskodizes Widersprüche enthalten, die aber *keinen Schaden* anrichten. D.h., die Rechtsprechung verwendet vielleicht eine *parakonsistente Logik*, wo „lokale" Widersprüche toleriert werden, ohne „global" Explosionen zu schaffen – wie das nach der klassischen Schlussregel ex falso quodlibet passiert.[25] Ich glaube jedoch, dass, auch wenn lokale Widersprüche als tolerierbar erachtet werden, auch *hier* erst nachgewiesen werden muss, dass sie keine *lokalen* Explosionen verursachen. Man hat damit offenbar wieder ein Problem von derselben Komplexität wie vorhin. Auf jeden Fall müssen Widersprüche in der Rechtssprechung schließlich insofern ernst genommen werden, als dass *einander widersprechende Gerichtsurteile nicht toleriert werden können*.

Man muss sich natürlich auch darüber im klaren sein, genau worüber sich das System der Rechtsnormen erstrecken soll: über *Rechtskodizes* oder über die Menge der *Richtersprüche*. Wie Matthias Baaz vermutet, sind Rechtskodizes praktisch alle unvollständig. (Das erscheint deshalb plausibel, weil sich Rechtssprechung nicht anmaßt, die Lücke zwischen Geboten und Verboten auf die Nullgröße abzuschließen.) Nun impliziert Unvollständigkeit die Widerspruchsfreiheit; hier muss man also keine Widerspruchsfreiheitsbeweise führen. Allerdings setzt schon die bloße *Vermutung der Unvollständigkeit* eigent-

---

war meines Wissens überhaupt der erste über deontische Logik, lange vor von Wright (1952) & (1963), der als Gründer dieses Zweigs der Logik gilt. Gerade weil der Wiener Kreis seine Not mit Normen gehabt hat, verdient Rand Anerkennung – aber auch Kelsen für die seinerzeitige Vermittlung der Veröffentlichung ihres Artikels.

25 Diese berühmte Regel der klassischen Logik (wo Negation wie gewöhnlich gedeutet wird und wo indirektes Beweisen unbeschränkt erlaubt ist) ist dafür verantwortlich, dass sofort nach dem Beweis eines Widerspruches irgendwo im System das ganze System unbrauchbar wird, da in diesem Fall, für jedes mühsam bewiesene Theorem, sofort dessen Verneinung bewiesen werden kann – und *jeder andere Satz auch, einschließlich beliebige Beobachtungssätze*. Damit wird ein Satzsystem insbesondere für wissenschaftliche Prognosen völlig unbrauchbar, und in diesem Sinn redet man von einer „Explosion" des widersprüchlichen Systems.

lich erst die *Widerspruchsfreiheit* des Rechtsnormensystems *voraus*. Also muss Widerspruchsfreiheit bewiesen werden, um Unvollständigkeit überhaupt erst behaupten zu können – erst recht wenn *Intuition* unberücksichtigt bleibt. Also sind wir wieder bei meiner ursprünglichen Annahme angelangt, und Gödels Falle schnappt wieder zu!

Wenn wir aber die Menge der *Urteile* als maßgeblich für das System der Rechtsnormen erachten, wird hier die *Entscheidbarkeit* gefordert in dem Sinne, dass für jeden Fall vom Richter ein Urteil verlangt wird. Entscheidbarkeit ist aber *stärker* als die Vollständigkeit und impliziert sie. Gerade dann stellt die Möglichkeit eines Widerspruchs die höchste Gefahr dar! Falls die Rechtspraxis allerdings widersprüchliche Rechtskodizes überhaupt zulässt, müssen sie daher spätestens bei der richterlichen Abwicklung von Gerichtsfällen miteinander versöhnt werden. Die Richter und sonstige Beteiligten an Gerichtsverfahren müssen daher prinzipiell, um Widersprüche gemäß Gödels zweitem Unvollständigkeitssatz von vornherein vermeiden zu können, die (kategorische!) inhaltliche Gültigkeit von stärkeren Normen annehmen, als in allen denkbaren Gerichtsfällen zur Verwendung kommen können.

Schließlich müssen wir einen letzten Haken behandeln, der als problematisch angesehen werden kann. Die „noch stärkere Theorie" als die Theorie, deren Widerspruchsfreiheit bewiesen werden soll, muss nicht denselben Gegenstandsbereich betreffen, als den, den diese behandelt. Sie muss nur stärker sein im Sinne der *logischen Komplexität*, damit die mathematischen Strukturen der zu prüfenden Theorie darin strukturell *abgebildet* werden können. Damit könnte ein Vertreter der Reinen Rechtslehre zunächst erleichtert aufatmen, denn er wird immerhin nicht gezwungen, die Gültigkeit irgendeines *Rechtsnormsystems* zu rechtfertigen. Er wird aber gleich wieder schwerer atmen, wenn er die Wahl antritt, eine hinreichend starke Theorie *anstelle* des fraglichen Systems zu finden. Wir können hier allerdings schnell Abhilfe liefern, denn es genügt fast sicher, einfach die Gültigkeit der klassischen Mathematik insgesamt anzuerkennen, denn diese übersteigt mit ziemlicher Sicherheit an logischer Stärke diejenige von jedem Rechtsnormsystem, das je erdacht werden würde. Aber wenn der Reine Rechtsgelehrte schon die Gültigkeit der Mathematik als *gerechtfertigt* anerkennt, warum muss er sich plötzlich zieren, wenn es um die Rechtfertigung von Normen in seinem *eigenen* Normenbereich geht?

Wie auch immer Widerspruchsfreiheitsbeweise innerhalb der Rechtswissenschaft verwendet werden können oder müssen, hat meiner Meinung nach die Überlegung Gödels gegen den *Konventionalis-*

mus bzw. gegen den *Antikognitivismus* allgemeine Geltung nicht nur
desjenigen Hilberts und Carnaps betreffend die mathematische Grund-
lagenproblematik, sondern auch betreffend die Rechtswissenschaften
– gerade wegen der hohen Ansprüche Kelsens an Reinheit und logische Exaktheit von Normensystemen.

5. Aber schon die bloße Plausibilität von Gödels Platonismus führt zu einer Widerlegung des Rechtspositivismus

Meiner Meinung nach gibt es jedoch einen besseren Zugang zur Lösung der Frage des Konventionalismus, sowohl in Mathematik wie in
der Rechtslehre. Die im letzten Abschnitt vorgenommene Anwendung
des zweiten Gödelschen Unvollständigkeitssatzes hat den Nachteil,
dass sie unnötig „technisch" erscheint. Insbesondere lässt sie vermutlich diejenigen kalt, die von den Subtilitäten und von der ehernen
Konsequenz der Logik wenig ansprechbar sind. (Inwieweit sich sol-
cherweise Kaltgelassene wirklich Wissenschafter nennen dürfen, steht
auf einem anderen Blatt!) Eine befriedigende Lösung gibt es eigentlich
erst, wenn eine akzeptable Deutung der *Intuition* gefunden werden
kann, weil es die Intuition ist, welche die Gültigkeit einer Norm eigentlich feststellt bzw. „beobachtet", und damit rechtfertigt. Auch dann,
wenn Gödel damit recht hat, dass die Rechtfertigung der *inhaltlichen
Gültigkeit* von Theorien unausweichlich vorausgesetzt werden muss,
so stellt sich umso aufdringlicher die Frage, *worauf die „inhaltliche
Gültigkeit der Theorien" denn überhaupt beruhe*? Meine Antwort auf
diese Frage ist, dass die *inhaltliche Gültigkeit einer Theorie von der
Intuition wahrgenommen wird.*[26]
   Im Bereiche der Mathematik lässt sich diese Intuition als *Schönheitssinn* deuten – wobei aber *Nützlichkeitsüberlegungen* einen we-

---

26   In Köhler (2002) bemühe ich mich um einen detaillierten Beleg für diese
     Behauptung. Ich beschränke mich hier übrigens *nicht* auf „normative Theorien",
     weil *jede* Theorie einen möglichen Sachverhalt, bzw. eine Sachverhaltsbeziehung
     oder -struktur beinhaltet, welche *entweder* für faktisch wahr *oder* normativ gültig
     gehalten werden kann; Es sei denn, der Theorie steht ausdrücklich ein Modal-
     operator voran, der sie auf Faktizität oder auf Normativität einschränkt. In der
     Mehrzahl der wissenschaftlichen Veröffentlichungen werden aber keine
     Modaloperatoren verwendet, sodass mathematische Sätze nicht mit „normativ",
     und physikalische Theorien nicht mit „faktisch" versehen werden. Höchstens
     Ökonomen sind hier ein Bißchen aufmerksam in diesem Punkt – aber auch sie nur
     ausnahmsweise!

sentlichen Faktor ausmachen, da Mathematiker gerade deswegen stolz auf ihre technischen „Wunderspiele" sind, weil sie wissen, dass sie anwendbar sind auf allerwichtigste menschliche Belange: kriegsentscheidende Verschlüsselungstechniken (Turing), börsengewinnende Investitionsanleitungen, usw. usf. Ich habe hier leider nicht die Zeit, detailliert auf diese Deutung einzugehen und kann daher nur skizzenhaft einige Hauptpunkte anführen.

5.1 Gödels Analogie zwischen der empirischen Beobachtung und der Intuition

Das wichtigste ist hier vielleicht, Gödels berühmte Behauptung einer Analogie zwischen der sinnlichen Wahrnehmung (der empirischen Beobachtung) und seinem „sechsten Sinn" (der Intuition) zu belegen.[27] Dass diese berüchtigte Analogie, die immer als erstes von den Gegnern des Platonismus angegriffen wird, tatsächlich belegt werden kann, zeigt sich schnell durch eine einfache Methode. Bevor ich diese Methode anführe, muss ich den eigentlichen Haupteinwand erledigen, nämlich dass Intuition kein menschlicher Sinn sein kann, weil es keine Kausalverbindung mit Platons abstrakter, idealer Welt gibt. Die Lösung geschieht in zwei Schritten.

Wenn man Mathematik auf „kleine", von Menschen überschaubare Gegenstände und Prozesse beschränkt, entsteht dieses Problem nicht, da es sich lediglich um Schönheitsurteile von sehr wohl kausal zugänglichen Dingen handelt.

Wenn man Mathematik auf „größere" Dinge erweitert, dann geht man indirekt heran, a) durch Schönheitsurteile von den Erweiterungsschritten selbst, mit Hilfe deren man über induktives Schließen zu den „größeren" Dingen gelangt; b) etwas abenteuerlicher, aber wohl unvermeidlich, durch Annahme einer „idealen Intuition", die eine Fakultät eines starken, u.U. auch unendlichen Geistes ist – wobei der unendliche Geist in einer „Hyperwelt" kausal mit seinen unendlich großen Beobachtungsgegenständen verbunden ist. Letzterer Schritt ist gewisserweise als „Münchhauseniade" zu verstehen, insofern als die „kleine" menschliche Intuition durch induktive Erweiterung sich zu einer „größeren" Intuition aufbauscht. Es lässt sich vielfach anhand der mathematischen Praxis gerade diesen Vorgang beobachten.

---

27   Siehe das Zitat in Endnote 4. Die untenstehenden Ausführungen werden detaillierter in meinem Köhler (2001) behandelt.

Doch die meisten Einwände, die gegen mathematische Intuition bzw. gegen einen Schönheitssinn vorgebracht werden, können mit einem einzigen, globalen Gegeneinwand fast spielend entkräftet werden, zumindest relativ. Die meisten Einwände besagen nämlich, dass so etwas wie Schönheit oder Güte viel zu vage, schwammig, vielfältig usw. ist, und dass Urteile darüber entsprechend schwankend, ungewiss und unbrauchbar sind.[28] Aber alle solche Einwände können und wurden genauso gut, mit genau derselben Kraft, gegen die *empirische Beobachtung* vorgebracht. Wenn die empirische Beobachtung aber vor solchen Einwänden *gerettet* werden kann – was seit dem Siegeszug der modernen Naturwissenschaft kaum in Frage gestellt wird –, kann man mehr als vermuten, dass es dem Schönheitssinn ebenso ergehen wird. Man bedenke, dass die längste Zeit die Beweislast umgekehrt lag, sodass die *empirische Beobachtung* als erheblich unzuverlässiger gegolten hat als die rationale Intuition. Denn die Mathematik galt ja (und gilt bis heute noch) als die Königin der Wissenschaften, und wenn sie auf einem Schönheitssinn beruht, dann ist ihre Glaubwürdigkeit ein sehr starker Beleg für die Brauchbarkeit dieses Sinnes. Das war ja gerade der Kerngedanke Pythagoras' und Platons.

5.2 Die Fehlerbehaftetheit der Intuition ist ihre größte Stärke

Ich komme auf einen Punkt, der für Gödel überaus wichtig war. Er betont, dass Intuition fehlerbehaftet ist, dass sie nur „teilweise" und „bruchstückhaft" die ideale Welt wiedergibt.[29] Seine Lieblingsbeispiele um dies zu belegen waren die mengentheoretischen Antinomien, insbesondere Russells Antinomie der Menge, die sich selbst nicht angehört. Hier wird Gödel echt genial, als er einen scheinbaren Makel in eine Erztugend umwandelt, denn gerade die Fehlerbehaftetheit der logisch-mathematischen Intuition sei der stärkste Beleg für ihre Objektivität! Das folgt aus der Tatsache, dass ausgebildete Mathematiker ihre Intuition durch neu hinzukommende Erfahrungen ständig korrigie-

---

28 So auch Kelsen. Siehe Zitat in Endnote 7 betreffend das (moralische) Gewissen, welches dasselbe ist wie der Schönheitssinn, bzw. ein zentraler Aspekt davon.

29 In einem Gespräch mit Hao Wang im November 1975 demontiert Gödel die Hybris von Descartes auf geniale Weise. Wang (1996, S. 212) berichtet:
„7.1.6 Nothing remains if one drives to the ultimate intuition or to what is completely evident. But to destroy science altogether serves no positive purpose. Our real intuition is finite, and, in fact, limited to something small. The physical world, the integers and the continuum all have objective existence. *There are degrees of certainty.* The continuum is not seen as clearly [as the physical world and the integrers]." [Hervorhebung von mir. E.K.]

ren lassen, was nicht denkbar wäre, wenn die Eingaben der Intuition
bloß einseitige Setzungen des Mathematikers selbst wären. Die Entdeckung einer Antinomie belegt wie nichts sonst, dass der Willkür des
Subjekts Grenzen gesetzt sind.

Trotz der Möglichkeit von Fehlern der Intuition heißt es aber nach
Gödel durchaus nicht, dass Intuition unbrauchbar wird. Es genügt
nämlich, dass Intuition schon *teilweise* zuverlässig ist, um zu Positionen zu führen, welche die Intuition *weiter verfeinert lassen*. Dass dies
nicht nur möglich ist, sondern tatsächlich passierte – viele Male! –,
zeigt sich deutlich bei einer Lektüre der Mathematikgeschichte. Am
gerade erwähnten Beispiel der Mengenlehre, deren Antinomien die
neueste „Krise der Mathematik" ausgelöst hatten, ist immerhin anzumerken, dass praktisch alle Forscher der mathematischen Grundlagen der Überzeugung sind, dass mehrere bekannte axiomatische Men-
genlehren (z.B. die Zermelo-Fraenkelsche) erfolgreich die bekannten
Antinomien überwinden. (Dass es hierfür keinen strengen Beweis
geben kann, tut dieser Überzeugung keinen Abbruch, denn die Überzeugung dieser Experten, einschließlich Gödels, ist schon sehr stark
geworden.) Ein „klassischer" Beleg für die Verfeinerbarkeit der Intuition
ist die Entwicklung der Infinitesimal-Analyse, die zur allgemeinen
Zufriedenheit die berühmten Paradoxien Zenons überwindet; oder
pointierter: die Bestürzung der Pythagoräer über die Entdeckung der
Inkommensurabilität der Diagonale zur Seite eines Fünfecks (kurz
danach auch eines Vierecks), was die Arithmetik anscheinend mit der
Geometrie unvereinbar machte, gilt schon längst mit der Entwicklung
der reellen Zahlentheorie als überwunden.

Wie Gödel hervorhebt, gilt analogerweise derselbe Sachverhalt bei
der empirischen Wahrnehmung. Diese ist auch vollgepfropft mit Illusionen, Halluzinationen und Schwankungen – die aber mit bekanntem
Erfolg in vielen Fällen hervorragend minimiert werden konnten. Sehr
wichtig bei der Verfeinerung der Sinne ist die sorgfältige Ausarbeitung
und Weiterverfolgung von Setzungen über Beobachtungsnormen von
anerkannten Fachleuten. Dies geschieht durch die Ausschüsse und
Kommissionen, welche Messnormen festlegen. Genau analog geschieht Ähnliches auch in der Mathematiker-Gemeinde, wo etwa die
Korrektheit von Beweisen seitens anerkannter Referenten aus
verschiedensten Spezialbereichen der Mathematik geprüft wird.[30]

---

30   Besonders aufschlussreich dazu ist die Darstellung von Singh (1997, Kap. 7) über
     die systematische Überprüfung des Beweises durch Wiles von der berühmten
     Vermutung von Fermat.

5.3 Konventionen belegen selber die Existenz von Intuitionen

Wohl am überraschendsten ist folgende Entdeckung: Es stellt sich schließlich sogar heraus, dass es nicht einmal einen Gegensatz zwischen einem streng gehüteten Konventionalismus und der Annahme der Verwendbarkeit von Intuitionen, um Konventionen zu begründen, geben kann. Denn das Festhalten an einer Konvention ist, entgegen der gängigen oberflächlichen Meinung, durchaus *vereinbar* mit der Annahme von einer Fakultät der Intuition. Das Festhalten an einer Konvention ist nämlich selbst eine Stütze für die These, dass der oder die Vertreter der Konvention eine entsprechende *Einsicht* besitzen. Die große Frage ist nur, ob diese Intuition *verlässlich* ist und daher als *Beleg* für eine objektive Wirklichkeit gehalten werden kann. Diese Frage hängt mit der intersubjektiven Übereinstimmung und zunehmender Stabilität von den Konventionen zusammen, die von *anerkannten Fachleuten* gemacht werden – deren Meinung wohl am schwersten wiegen soll. Genau diese Methode verfolgt die Nutzenmessung in der Ökonometrie, wo das beobachtete Wahlverhalten eines Konsumenten genommen wird, um induktiv auf die Gestalt seiner Nutzenfunktion zu schließen.[31] Kurzum: fachlich kompetente Konventionssetzungen können durchaus objektive Gültigkeit besitzen und Gewähr geben, dass die Konventionssetzer Einsicht in eine objektive Gültigkeit besitzen. In diesem Sinne ist Konventionalismus gar nicht unverträglich mit dem Kognitivismus!

Die Enthaltsamkeit der Reinen Rechtslehre betreffend die Allgemeingeltung von Rechtsnormen ist insofern unbegründet, denn die (bloß) *vorläufige* Geltung von gegenseitig *konfligierenden* Normsystemen ist kein *endgültiger* Beweis, dass diese Normsysteme nicht auf kurz oder lang aufeinander zu konvergieren werden. Wenn man die Fallibilität der Rechtsintuition anerkennt, ist zu erwarten, dass viele Konflikte auftauchen; aber so war es auch in Logik und Mathematik, wo man bloß deswegen (z.B.) keine pluralistischen Zahlentheorien treibt. Ich bin kein Rechtsgelehrter, aber auch für Laien liegen Belege für derartige Konvergenzen auf der Hand. Am offensichtlichsten ist Konvergenz im *Handelsrecht* festzustellen, angefangen mit der Europäischen Union bis zur Welthandelsorganisation (WTO). Die ganze Welt

---

31 Es handelt sich hier um die Methode der „revealed preference" des Paul Samuelson, die immer noch bekannteste Methode. Eine gründliche Analyse dieser Methode unternahm Wong (1978). Einen detaillierten Nachweis, wieso Konventionen eigentlich verhehlte Intuitionen verkörpern, bringe ich in Köhler (2002, §§5.1–5.3).

wird deutlich stärker demokratisch (Beispiele: Südkorea, Taiwan, Indonesien, ganz Lateinamerika, usw.). Die Allgemeinen Menschenrechte werden immer stärker anerkannt und immer mehr in die Gesetzgebung verschiedener Länder übernommen (Beispiele: die kürzlich ausgesprochene Aufhebung der Immunität Pinochets in Chile; die Einrichtung von Gerichten, die Kriegsverbrechen im Ausland nach dem Vorbild der Nürnberger Prozesse ahnden, usw.). Hinter diesen Entwicklungen steht auch offensichtlich das Bestreben von Rechtspraktikern gerade nach der *Lösung von Normkonflikten*, d.h. diese besondere Grundnorm, mit der sich die Reine Rechtslehre schwer tut, wirkt doch überzeugend auf eine große Zahl von Experten.

6. Schluss. Recht ist doch durch Moral begründet

Mein Schluss ist der, dass mein Ansatz zur Begründung einer objektiven Intuition in Anlehnung an Gödels Platonismus sich praktisch ohne Änderung auf die Rechtsnormen der Kelsenschen Reinen Rechtslehre anwenden lassen, sodass auch hier die Annahme einer Rechtsintuition begründet werden kann. Auch hier kann eine Rechtsintuition, analog zur Mathematik, angenommen werden. Dadurch lassen sich auch unabhängig von der Annahme einer Kelsenschen „Grundnorm" die Rechtmäßigkeit von Rechtsnormen belegen. Diese Rechtmäßigkeit verkörpert einen Aspekt der Moral, welcher allgemein auf Einsicht in Gerechtigkeit und Harmonie aufbaut.

Literaturhinweise

Der Stern in ‚Gödel (*1951)', usw., deutet auf das *Entstehungsdatum* eines nicht zu Lebzeiten gedruckten Vortrags bzw. Aufsatzes.

Paul Benacerraf und Hilary Putnam (1964) (Hsg.): *Philosophy of Mathematics*, Prentice-Hall, Englewood Cliffs, NJ.
Rudolf Carnap (1934): *Logische Syntax der Sprache*, Springer-Verlag, Wien.
– (1935): „Ein Gültigkeitskriterium für die Sätze der klassischen Mathematik", *Monatshefte für Mathematik und Physik* 42, 163–190; ins Englische übersetzt in Carnap (1937, §§34a.–i.).
– (1937): *Logical Syntax of Language*, Routledge & Kegan Paul, London; die englische Übersetzung von Carnap (1934).

– (1963a): „Reasons for Accepting the proposed Axioms", in Schilpp (1963), „Replies and Systematic Expositions", „§26. An Axiom System for Inductive logic", part IV.

– (1968): „Inductive Logic and Inductive Intuition", in Lakatos (Hrsg.): *The Problem of Inductive Logic. Proceedings of the International Colloquium in the Philosophy of Science, London, 1965,* Bd. 2, North-Holland Publ. Co., Amsterdam 1968.

Alberto Coffa (1991): *The Semantic Tradition from Kant to Carnap. To the Vienna Station,* Cambridge University Press, Cambridge.

Kurt Rudolf Fischer und Franz M. Wimmer (Hsg.): *Der geistige An-Schluß. Philosophie und Politik an der Universität Wien 1930–1950,* WUV–Universitätsverlag, Wien.

Gerhard Gentzen (1936): „Die Widerspruchsfreiheit der reinen Zahlentheorie", *Mathematische Annalen* 112, 493–565.

Kurt Gödel (1931): „Über formal unentscheidbare Sätze der *Principia mathematica* und verwandter Systeme I", *Monatshefte für Mathematik und Physik* 38, 173–198.

– (1944): „Russell's Mathematical Logic", in Schilpp (1944); nachgedruckt in Gödel (1990).

– (1947): „What Is Cantor's Continuum Problem?", *American Mathematical Monthly* 54, 515–525; revidiert und erweitert in 1964; nachgedruckt in Gödel (1990).

– (1964): „What Is Cantor's Continuum Problem?", revidierte und erweiterte Version von Gödel (1947), in Benacerraf & Putnam (1964); auch wiedergegeben in Gödel (1990).

– (*1951): „Some Basic Theorems on the Foundations of Mathematics and Their Implications", die 25. Josiah Willard Gibbs Lecture: Vortrag gehalten am 26. Dez. 1951 anläßlich eines Treffens der American Mathematical Society an der Brown University zu Providence, RI; in Gödel (1995).

– (*1953): „Is Mathematics Syntax of Language?", ursprünglich für Schilpp (1963) vorgesehen, aber erst in Gödel (1995) erschienen.

– (1990): *Collected Works* II. *Publications 1938–1974,* hrsg. von Solomon Feferman (Editor-in-chief), John W. Dawson, Jr., Stephen C. Kleene, Gregory H. Moore, Robert M. Solovay und Jean van Heijenoort, Oxford University Press, Oxford.

– (1995): *Collected Works* III. *Unpublished Essays and Lectures,* hrsg. von Solomon Feferman (Editor-in-chief), John W. Dawson, Jr., Warren Goldfarb, Charles Parsons und Robert M. Solovay, Oxford University Press, Oxford.

Georg Graf (1993): „Reine Rechtslehre und schmutzige Verfassungs-
tricks. Rechtstheoretische Überlegungen zu einigen Verordnungen
des Jahres 1933", in Fischer & Wimmer (1993).

Hans Hahn (1929): „Empirismus, Mathematik, Logik", *Forschungen
und Fortschritte* 5; übersetzt ins Englische in Hahn (1980).

– (1980): *Empiricism, Logic, and Mathematics. Philosophical Papers*,
Kluwer, Dordrecht.

Nelson B. Henry (1942) (Hsg.): *The Psychology of Learning. The
Forty-First Yearbook of the National Society for the Study of Edu-
cation*, Part II, University of Chicago Press, Chicago.

Richard C. Jeffrey (1965): *The Logic of Decision*, McGraw-Hill, New
York.

Hans Kelsen (1934): *Reine Rechtslehre. Einleitung in die Rechtswis-
senschaftliche Problematik*, Wien; 2. weitgehend neu bearbeitete
Auflage mit einem Anhang: „Das Problem der Gerechtigkeit" bei
Franz Deuticke, Wien 1962.

– (1979): *Allgemeine Theorie der Normen*, hrsg. aus dem Nachlass
von Kurt Ringhofer und Robert Walter, Manzsche Verlags- und
Universitätsbuchhandlung, Wien.

Eckehart Köhler (1985): „On the Unity of All Normative Sciences as
a Hierarchy of Rationality Principles", in *Philosophie des Geistes.
Philosophie der Psychologie. Akten des 9. Internationalen Wittgenstein Symposiums, 19.–26. Aug. 1984, Kirchberg am Wechsel*,
Verlag Hölder-Pichler-Tempsky, Wien.

– (1991): „Gödel und der Wiener Kreis", in *Jour Fixe der Vernunft. Der
Wiener Kreis und die Folgen*, hrsg. von Paul Kruntorad unter Mit-
wirkung von Rudolf Haller und Willy Hochkeppel, Verlag Hölder-
Pichler-Tempsky, Wien 1991.

– (2001): „Gödels Platonismus", in Köhler u.a. (2001, II).

– (2002): „Gödel on Intuiton, and How Carnap Abandoned Empiricism", im Erscheinen.

–, Bernd Buldt, Michael Stöltzner, Carsten Klein, Peter Weibel und
Werner DePauli-Schimanovich (2001) (Hrsg.): *Kurt Gödel. Wahr-
heit und Beweisbarkeit* I & II, Verlag Hölder-Pichler-Tempsky,
Wien.

R. Duncan Luce and Patrick Suppes (1965): „Preference, Utility, and
Subjective Probability", in R.D. Luce, R.R. Bush & E. Galanter
(Hrsg.): *Handbook of Mathematical Psychology* III, Wiley, New
York.

Willard Van Orman Quine (1936): „Truth by Convention", in O.H. Lee (Hrsg.) *Philosophical Essays for A.N. Whitehead*, Longmans, New York; nachgedruckt u.a. in Benacerraf & Putnam (1964).

Rose Rand (1939): „Die Logik der Forderungssätze", *Internationale Zeitschrift für Theorie des Rechts*, Neue Folge I, 308–322.

Paul Arthur Schilpp (1944) (Hrsg.): *The Philosophy of Bertrand Russell*, The Library of Living Philosophers V, Northwestern University, Evanston, IL; der Band wird gegenwärtig vertrieben vom Open Court Publishing Co., Lasalle IL.

– (1963) (Hrsg.): *The Philosophy of Rudolf Carnap*, The Library of Living Philosophers XI, Open Court Publishing Co., Lasalle IL.

Simon Singh (1997): *Fermat's Last Theorem. The Story of a Riddle That Confounded the World's Greatest Minds for 358 Years*, Fourth Estate, London.

Robert Walter (1999): *Hans Kelsens Rechtslehre*, Nomos Verlag, Baden-Baden.

Hao Wang (1987): *Reflections on Kurt Gödel*, The MIT Press, Cambridge, MA.

– (1996): *A Logical Journey. From Gödel to Philosophy*, The MIT Press, Cambridge, MA.

Stanley Wong (1978): *The Foundations of Paul Samuelson's Revealed Preference Theory*, Routledge & Kegan Paul, London.

Alfred North Whitehead (1929): *Process and Reality. An Essay in Cosmology*, Cambridge University Press, Cambridge.

Georg Henrik von Wright (1952): „Deontic Logic", *Mind* 60, 1–15.

– (1963): *Norm and Action: A Logical Enquiry*, Routledge and Kegan Paul, London; übersetzt als *Norm und Handlung*, Scriptor Verlag, Königstein 1979.

ERHARD OESER

KELSENS IDEOLOGIEKRITIK UND DIE EVOLUTIONSTHEORIE DES RECHTS

Während man den Positivismus der Reinen Rechtslehre Kelsens und den logischen Positivismus des Wiener Kreises nur als analoge Bestrebungen bezeichnen kann, gibt es eine weitere Vergleichsmöglichkeit, in der sich beide Richtungen viel näher gekommen sind, als man gemeinhin annimmt. Es handelt sich um die ideologiekritischen historisch-soziologischen und ethnologischen Untersuchungen der Gerechtigkeitsidee, wie sie Kelsen in seinem zu Unrecht vergessenen Werk *Vergeltung und Kausalität* durchgeführt hat und jene historisch soziologischen Analysen der Ursprünge der neuzeitlichen Wissenschaft, wie sie im Rahmen der Unity of Science-Bewegung nach der Emigration des Wiener Kreises unter anderem auch von Edgar Zilsel durchgeführt worden sind.

Eine Verbindung der ideologiekritischen historisch-soziologischen Untersuchungen Kelsens zur Reinen Rechtslehre kann man durch den Hinweis herstellen, dass ja nach Kelsens Auffassung vom Recht als Zwangsordnung mit beliebigem Inhalt sich die staatliche Rechtsordnung von den Zwangsordnungen einer Räuberbande nur durch das Vorhandensein einer Grundnorm unterscheidet, wie sie in der historisch ersten Verfassung festgelegt ist. Wenn man sich nicht mit Kelsens Legitimation durch eine bloß hypothetisch vorausgesetzte Grundnorm zufrieden gibt, und seine Überlegungen über Vergeltung und Kausalität mit einbezieht, ist damit die systematische Frage in eine genetisch-historische Frage umgewandelt worden und zugleich auch der Abgrund zwischen dem Reich des reinen normativen Sollens und dem Reich des diskriptiv-empirisch erfassbaren Seins überbrückt.

Eine Antwort auf diese genetisch historische Frage geben die Ansätze zu einer evolutionären Entwicklungstheorie des Rechts, die jedoch vor allem in ihren älteren Varianten auch noch heute mit dem Vorwurf des Biologismus und Sozialdarwinismus belastet sind. Es lässt sich jedoch sowohl bei Kelsen als auch bei Zilsel, der die Geschichte der Menschheit im Rahmen der biologischen Evolution sehen will, zeigen, wie sich ein derartiger vorschneller Reduktionismus und irreführende biologistische Analogien vermeiden lassen. Bei Kelsen geschieht dies dadurch, dass er zwar auf kritische und gegenüber Darwin sehr zurückhaltende Weise tierisches und menschliches Verhalten in den frühen und primitiven Gesellschaften vergleicht, aber zugleich auch die von biologisch-animistischen Zwängen sich befreiende Weiterentwicklung der menschlichen Vernunft darstellt. Bei Edgar Zilsel geschieht das dadurch, dass er die Gesetze der biologischen Evolution mit den Gesetzen der Tradition d.h. der Menschheitsgeschichte vergleicht und sowohl Unterschiede als auch Gemeinsamkeiten feststellt.

In beiden Fällen – bei Kelsen wie auch bei Zilsel – handelt es sich um eine evolutionäre Fortschrittstheorie, die man auf Darwin selbst zurückführen kann. Obwohl Darwin bekanntlich in der organisch-genetischen Evolution die Lamarcksche Ansicht einer „fortschreitenden Entwicklung aller Lebensformen"[1] abgelehnt hat, war er von dem Fortschritt in der historischen Entwicklung des Menschengeschlechts überzeugt und für all diejenigen, für die der Gedanke der „Abstammung des Menschen von einer niedriger organisierten Form" in hohem Grad widerwärtig war, hat er auch einen Trost bereitgestellt, in dem er darauf hinweist, dass es eine weit höhere Einschätzung des Menschen bedeutet, wenn man annimmt, dass er sich aus eigener Kraft auf die höchste Stufe der organischen Stufenleiter empor gekämpft hat, als dass er von allen Anfang an auf sie gestellt war.[2]

Damit erweist sich Darwin nicht nur als Kind seiner fortschrittsgläubigen Zeit, sondern er liefert auch als erster eine evolutionäre Begründung für den Fortschritt in der Entwicklung des Menschengeschlechts. So jedenfalls wurde er von seinen Zeitgenossen verstanden. Sir John Lubbock, einer der Begründer der Prähistorie, sieht das „künftige Glück des Menschengeschlechtes" als die „notwendige Folge der Naturgesetze"[3] an, und der Vulgärmaterialist Büchner dreht mit einer großartigen Geste die antike Lehre vom „Goldenen Zeitalter" um: Für ihn liegt dieses Paradies nicht hinter, sondern vor uns und ist nur durch „eigene Kraft und Anstrengung" zu erreichen. Und er zitiert die berühmten Worte Claparedes: „Besser ein veredelter Affe als ein heruntergekommener Adam."[4] Darwins Grundkonzept war, dass die Entwicklung der sozialen Instinkte für den Menschen der Urgeschichte eine Notwendigkeit des Überlebens war. Seine Argumentation ist sehr

---

1   Charles Darwin, *Die Entstehung der Arten durch natürliche Zuchtwahl*. Stuttgart: Schweitzbartsche Verlagshandlung 1876, S. 2.

2   Charles Darwin, *Die Abstammung des Menschen und die geschlechtliche Zuchtwahl*. 2 Bde., übers. von J.V. Carus, Stuttgart: Schweitzbartsche Verlagshandlung 1875, Bd. 2, S. 380.

3   John Lubbock, *Die vorgeschichtliche Zeit*. 2 Bde., übers. von A. Passow, Jena: Costenoble 1874, Bd. 2, S. 299.

4   Ludwig Büchner, *Das goldene Zeitalter oder das Leben vor der Geschichte*. Berlin: Allgemeiner Verein für deutsche Literatur 1891, S. 335.

einfach: „Kein Stamm könnte als solcher existieren, wären Mord, Verrat usw. allgemein – folglich werden solche Verbrechen innerhalb desselben Stammes mit unauslöschlicher Schande gebrandmarkt." Mit dem Fortschreiten der Zivilisation verbinden sich nach Darwin kleine Stämme zu größeren Gemeinschaften, so dass sich die sozialen Tugenden auf die ganze Nation erstrecken. Und er schildert als Endzustand der Menschheit einen Zustand, in dem sich der soziale Instinkt und die Sympathie „auf die Menschen aller Nationen und Rassen ausgebreitet hat".[5]

Wenn daher Friedrich von Hayek die von ihm vertretene soziokulturelle Evolution eine „nicht-darwinistische kulturelle Evolution"[6] nennt, so kann er damit nicht Darwin selbst, sondern nur den Sozialdarwinismus meinen, der wie er mit Recht sagt, der Evolutionstheorie einen schlechten Dienst erwiesen hat, weil er nur das Selektionsprinzip der genetisch-organischen Evolution auf die soziokulturelle Evolution in metaphorischer Weise übertragen hat – eine Vorgangsweise, die Darwin selbst von vornherein abgelehnt hat. Denn für ihn war das Kooperationsprinzip das Grundprinzip dieser zweiten auf der genetisch organischen Evolution aufbauende soziokulturellen Evolution.

Die Idee der soziolkulturellen Evolution war seit jeher eine Parallelerscheinung zur biologischen Evolutionstheorie, die – wenn man will – sich noch vor Darwin und vor Lamarck bis ins 15. Jahrhundert zurückverfolgen lässt. In dieser Zeit der großen Seefahrer und geographisch-ethnologischen Entdeckungen konnten europäische Gelehrte bei den so genannten „Wilden" eine erstaunliche Vielfalt von Sozialstrukturen, Wirtschaftsordnungen und Rechtssystemen feststellen und kamen von dort her auf den Gedanken, verschiedene Entwicklungsstufen der menschlichen Gesellschaft zu unterscheiden.

Bereits 1768 stellte Ferguson in seinem *Essay on the History of Civil Society* die Stufe der „Wildheit" und die der „Barbarei" derjenigen der „Zivilisation" gegenüber. Und noch vor dem Erscheinen von Darwins „Entstehung der Arten" (1859) entwarf Herbert Spencer in seinen Social Statics eine Analogie von Gesellschaft und Organismus, die er dann, bestärkt durch Darwin, in seinen „Principles of Sociology" breit ausarbeitete. Seine Grundidee ist, dass menschliche Gesellschaften mit ihren Strukturen wie Organismen „wachsen". Die bestehenden wil-

---

5   Charles Darwin, *Die Abstammung des Menschen,* Bd. 1, S. 158.

6   Friedrich von Hayek, „Die überschätzte Vernunft", in: Rupert J. Riedl / Franz Kreuzer (Hrsg.), *Evolution und Menschenbild.* Hamburg: Hoffmann und Campe 1983, S. 173.

den oder barbarischen Gesellschaften sind nach seiner Auffassung in ihrem Wachstum behindert worden und werfen somit ein Licht auf die frühen Stufen soziokultureller Evolution.

Noch deutlicher als Spencer hat E.B. Tylor die Idee einer soziokulturellen Evolution formuliert:

> Die sozialen Einrichtungen lösen einander ab wie die Ablagerungsschichten im Gestein, und zwar grundlegend einheitlich auf dem ganzen Erdball, ohne Rücksicht auf die ziemlich oberflächlichen Unterscheidungen von Rasse und Sprache, geformt von der gleichartigen Menschennatur.[7]

Tylors „berühmte Untersuchungen über die primitive Kultur" liefert auch für Kelsen wichtige Belege für den Animismus der primitiven Naturauffassung. Und fast ebenso häufig wie Kelsen zitiert auch Ernst Mach in „Erkenntnis und Irrtum" Tylors Untersuchungen, als Belege für seine evolutionäre Auffassung der Erkenntnistheorie. Auch andere Quellen, wie z.B. Lubbocks „Prehistoric Times" werden von Mach und Kelsen zitiert, so dass ein Vergleich zwischen Mach und Kelsen naheliegend wäre. Aber zwischen Kelsens ideologiekritischen Untersuchungen zum Gerechtigkeitsproblem und Machs evolutionärer Erkenntnistheorie liegen mehr als 40 Jahre. Man kann sie daher, obwohl beide auf dieselben älteren Quellen zurückgreifen nicht zeitlich als Parallelerscheinung ansehen.

Es gab aber auch auf der rechtstheoretischen Seite in Wien eine zeitliche Parallele zur evolutionären Erkenntnistheorie Machs, die man als die Vorgeschichte zu der Gegenüberstellung von Kelsen und Zilsel ansehen kann. Denn zu dieser Zeit als Mach bereits seine evolutionistischen Ideen zur Erkenntnistheorie entwickelte, die er nach eigenen Angaben seit 1866 vertreten hatte, war in den Jahren 1868–71 ein bekannter deutscher Rechtsgelehrter in Wien als ordentlicher Professor tätig, dessen naturalistisch-evolutionistische Deutung der Rechtsentstehung und Rechtsentwicklung als „Pionierleistung"[8] bezeichnet worden ist . Es war Rudolph von Jhering, der in seinem in Wien gehaltenen und auch dort veröffentlichten Vortrag „Der Kampf

---

7 Zit. nach Gordon Childe, *Soziale Evolution*. Frankfurt/Main: Suhrkamp 1975, S. 17.

8 Gschnitzer ÖJZ 1946, S. 508. Zitiert nach Herbert Zemen, *Evolution des Rechts. Eine Vorstudie zu den Evolutionsprinzipien des Rechts auf anthropologischer Grundlage*. Wien 1983.

ums Recht", der schon seinem Titel nach an Darwins Theorie anklingt, eine „Theorie evolutionärer Rechtsvernunft" begründet hat, die im Kern ebenfalls eine Fortschrittstheorie war, und heutzutage eine Renaissance erlebt. Ich verweise in diesem Zusammenhang auf den von Okko Behrends herausgegebenen Sammelband.[9] Auf diese Theorie muss ich zunächst kurz eingehen, weil sie bereits die Verbindung einer vordarwinistischen soziokulturellen Evolutionstheorie des Rechts, die lediglich historische Entwicklungsstufen angenommen hat, mit der biologischen Evolutionstheorie und ihren Gesetzmäßigkeiten herstellt.

Jhering hat sich immer – auch in seiner evolutionistischen Phase – als der wahre Vollender der historischen Schule gesehen. Denn er war der Meinung, dass niemand auf die Geschichte als Mittel der Deutung des Wesens des Rechts verzichten kann. Hier gibt es wieder eine Parallele zur wissenschaftshistorischen Grundhaltung von Ernst Mach, von dem der Satz stammt: „Die Geschichte hat alles gemacht, die Geschichte kann alles verändern". Aber Geschichtsforschung allein reicht nicht aus, weder bei Mach noch bei Jhering. Es geht bei Mach auch um die Entstehung und die Ursprünge der Wissenschaft aus der vorwissenschaftlichen Erkenntnis und historisch gesehen aus der vorgeschichtlichen Zeit, und bei Jhering um die Entstehung des Rechts. Die Grundannahme der historischen Schule von der Entstehung des Rechts im „unbewussten Volksgeist" war für Jhering ebenso unakzeptabel wie das Axiom der Naturrechtslehre, dass die obersten sittlichen Grundsätze am Beginn der Schöpfung „ins Herz der Menschen gelegt worden sind". Das Recht ist für Jhering vielmehr immer ein Produkt der bewussten Tat des Menschen. Es ist nicht einfach von vornherein da und es entsteht und entwickelt sich nicht einfach aus dem unbewussten Volksgeist. Diese Auffassung der historischen Schule ist für ihn, wie er drastisch sagt, das „Faulkissen der Wissenschaft", die jede Frage nach dem Warum eines Rechtssatzes abschneidet.

Die Antwort, die Jhering auf diese Warum-Frage gibt, ist darwinistisch: Der Mensch entwickelt aus dem Bedürfnis der Arterhaltung Rechtssätze, von denen ihn seine Erfahrung lehrt, dass es ohne sie nicht geht. Die Beispiele Jherings für solche Normen, ohne die es nicht geht, klingen wie eine Paraphrase zu Darwins schon zitiertem Satz, wenn er sagt, dass ein Zusammenleben bei Raub, Mord, Betrug und

---

9   Okko Behrends, *Privatrecht heute und Jherings evolutionäres Rechtsdenken*. Köln; Dr. Otto Schmidt 1993.

Diebstahl unmöglich ist. Auf diese Weise entstehen Normen zum Schutz von Personen und Eigentum, ohne die ein Überleben in der menschlichen Gemeinschaft nicht denkbar ist. Erst auf dieser Grundlage zur Sicherung des Bestandes der menschlichen Gemeinschaft entwickeln sich die weiteren gesetzlichen Vorschriften, die im Interesse der menschlichen Gesellschaft durchgesetzt werden. Das heißt, wie Jhering immer wieder betont, das Recht entwickelt sich selbst auf Grund vorhandenen erprobten Rechts und durch die „Kritik des Rechts an sich selbst" in Form einer, wie man heute sagen würde,dem Selbstorganisationsprinzip der Evolution analogen Selbstkonstruktion.[10]

In dem Kampf ums Recht geht es daher nicht nur um die Durchsetzung des bestehenden Rechts, sondern auch um die Fortbildung des Rechts. Denn der Mensch hat zwar von seiner biologischen Natur aus die Fähigkeit der Selbst- und Arterhaltung, aber auch den Verstand, der hilft sich selbst weiterzuentwickeln. Es handelt sich also bei Jhering um eine Fortschrittstheorie des Rechts, die immer auch einen methodologischen Fortschritt voraussetzt und eine offene Entwicklung des Rechts begründet.

In diesem Rahmen einer soziokulturellen Evolutionstheorie, in der die klassischen Vorstellungen von Stadien oder Entwicklungsstufen der menschlichen Gesellschaft mit der Darwinschen biologischen Evolutionstheorie verbunden werden, ist auch Kelsens ideologiekritischer Beitrag zur Entwicklung des Prinzips der Gerechtigkeit zu sehen.

Während die „Reine Rechtslehre" Kelsens Weltruhm als einer der hervorragendsten Juristen, wenn nicht überhaupt als der Jurist des 20. Jahrhunderts begründet hat, gilt sein 1943 in englischer Sprache und 5 Jahre später in deutscher Sprache erschienene Buch *Vergeltung und Kausalität* als ein zu Unrecht vergessenes Werk. Ein Neudruck wurde 1982 in der Reihe „Vergessene Denker – Vergessene Werke" von Ernst Topitsch herausgegeben.[11] Hans Kelsen selbst bezeichnete diese Arbeit als ein in sich geschlossener Teil einer umfangreichen ideologie-kritischen Untersuchung des Gerechtigkeitsproblems. Sein Ziel war zu zeigen, auf welche Weise sich die Idee der Gerechtigkeit als Grundprinzip alles gesellschaftlichen Lebens zu verschiedensten Zeiten und bei den verschiedensten Völkern entwickelt hat.

---

10   Erhard Oeser, *Evolution und Selbstkonstruktion des Rechts. Rechtsphilosophie als Entwicklungstheorie der praktischen Vernunft.* Wien: Böhlau 1990.

11   Hans Kelsen, *Vergeltung und Kausalität.* Wien–Köln–Graz: Böhlau 1982.

Das Ergebnis seiner sozialtheoretischen Deutung des Materials aus dem Bereich mehrerer Disziplinen wie Ethnologie, Religionsgeschichte und Altertumskunde war, dass die weitaus verbreitetste Vorstellung vom Wesen der Gerechtigkeit die Vergeltung ist und dass dieses Prinzip auch die ursprüngliche soziale Deutung der Natur bestimmt hat, aus der erst der Gedanke des Kausalgesetzes entwickelt worden ist.

Kelsen war zwar kein Darwinist und noch weniger ein Vertreter des berüchtigten Sozialdarwinismus, aber er hat den in der evolutionistischen Literatur dargestellten Tier-Menschen-Vergleich benützt, um den Ursprung der Gerechtigkeitsidee als Vergeltung oder Rache auch im vormenschlichen Bereich zu verankern. So weist er auf Darwin hin, der gewisse Verhaltensweisen von Tieren bereits als Racheakte interpretiert hat. Ein bekannter Beispiel ist der von Darwin nach einem Bericht des Zoologen Andrew Smith mitgeteilte Fall eines sich rächenden Affen:

> Am Kap der guten Hoffnung hatte ein Offizier einen Pavian häufig geneckt. Als ihn eines Sonntags das Tier zur Parade gehen sah, goss es Wasser in ein Loch und rührte rasch einen dicken Erdbrei zusammen, mit dem es den vorübergehenden Offizier geschickt bespritzte. Noch lange nachher triumphierte und freute sich der Pavian, wenn er sein Opfer sah.[12]

Nach Kelsen sind aber solche vielfach berichteten Fälle von Tier-Rache nur mit der aller größten Vorsicht zu beurteilen. Die Gefahr, das Verhalten der Tiere nach einer im konkreten Fall nicht begründeten und auch im allgemeinen schwer begründbaren Analogie zum menschlichen Verhalten zu deuten, ist nicht gering. Bei Darwin ist es seiner Meinung nach das Bestreben, die Kontinuität der Entwicklung von Tier zu Mensch zu beweisen, das diesen dazu verleitete, beim Tier gewisse geistige Qualitäten zu vermuten, die sogar der Mensch erst auf einer höheren Stufe zeigt.[13] Noch schärfer kritisiert Kelsen die Evolutionistischen Hypothesen von Spencer, der im IV. Kapitel seiner *Principles of Ethics* so weit geht, dass er von „animal ethics" spricht. Spencer glaubt eine „sub-human justice" annehmen zu dürfen und bei Tieren das Phänomen des Gewissens, bei einem Hund sogar ein starkes Gefühl des „Sollens" zu beobachten. Aber Kelsen selbst hält es für

---

12 *Ebd.* S. 53.
13 *Ebd.* S. 311.

„mehr als problematisch, aus dem äußeren Verhalten der Tiere – das allein der Beobachtung zugänglich ist – auf ihre Bewußtseinsinhalte zu schließen." Und noch weniger als auf diese Ansichten Spencers möchte er auf die Übertreibungen Haeckels eingehen, der die Anfänge der Moral schon bei den Protisten sieht.[14]

Andererseits hat aber bereits Topitsch in der Einleitung zur Neuausgabe von *Vergeltung und Kausalität* (1982) zurecht darauf hingewiesen, dass „seit damals die Verhaltensforschung die entwicklungsgeschichtlichen Hintergründe der menschlichen Weltauffassung bis zu den Wurzeln in der vormenschlichen Natur aufgehellt hat, wobei sich wichtige Ergänzungen und in mancher Hinsicht auch Bestätigungen der Kelsenschen Gedanken ergeben haben." Als eine wichtige Ergänzung, die heutzutage durch das aus der modernen Soziobiologie stammende Prinzip der inclusive fitness zustande gekommen ist und auch mit Hayeks Vorstellung der Gruppenselektion kompatibel ist, kann das empirisch nachweisbare Faktum eines dem Überleben dienenden genetisch bedingten kooperativen Sozialverhaltens höherer Tiere angesehen werden.

Trotz mancher Kritik an biologistischen Übertreibungen, wie sie bei Spencer und Haeckel vorkommen, hält aber auch Kelsen an der Idee einer evolutionär vorgegebenen Grundlage des „Rachetriebes" fest, der ernstlich zumindest bei gesellschaftlich lebenden Tieren in Betracht kommt:

> Es mag wohl sein, daß in dem – nicht erst beim Menschen, sondern vielleicht schon bei dem gesellschaftlich lebenden Tier zu beobachtenden – Rachetrieb noch der elementare Abwehr-Reflex steckt, den ein von außen verursachter Schmerz auslöst. Aber damit dieser Reflex zu einer mehr oder weniger bewußten, auf den „Urheber" gerichteten Aktion wird, wie es die Rache ist, muß der ursprüngliche Instinkt eine – nur durch das gesellschaftliche Zusammenleben mögliche – Modifikation erfahren.[15]

Die schon von Tylor angeführten Beispiele einer Rache an leblosen Gegenständen, die bei wilden und primitiven Völkern vorkommt – der Stein an dem man sich gestoßen hat, wird getreten und der Pfeil, der jemanden verwundet hat, wird zerbrochen – das alles sind Fälle, die

---

14   *Ebd.* S. 366.
15   *Ebd.* S. 54.

bereits über den Urinstinkt der Selbsterhaltung des Individuums hinausgehen. Hier liegt nach Kelsen bereits ein sozial bedingtes Verhalten vor; ebenso bei der Blutrache, die als Erfüllung einer sozialen Verpflichtung anzusehen ist. Auch die von manchen Ethnologen als die ältere und ursprüngliche Form der Rache angesehene „Ersatzrache" an Unschuldigen ist für Kelsen bereits ein sekundäres und kein primäres Phänomen. So verfolgen bei den westaustralischen Eingeborenen die Verwandten den Mörder und töten den ersten besten, wenn sie ihn nicht finden und wenn es ein Kind wäre. Wenn ein Häuptling auf den Philippinen stirbt, werden unschuldige Wanderer getötet und ihre abgeschnittenen Köpfe um die Leiche gelegt. Kelsen weist auch darauf hin, dass schon sehr früh – zur Zeit Darwins – das hochentwickelte Rechtsgefühl der Wilden festgestellt wurde, das in dem durch keinen kritischen Zweifel erschütterbaren Prinzip der Vergeltung besteht, welches keine Verzeihung kennt, sondern, wie der schon zitierte Lubbock schreibt, die Verzeihung als schweren moralischen Fehler ansieht.

Als hervorragendes Beispiel dafür, dass die Vergeltung zum obersten Prinzip des Handelns gemacht wird und mit eiserner Strenge bis in seine äußersten und grässlichsten Konsequenzen durchgeführt wird, wird seit jeher die sittliche Denkweise der nordamerikanischen Indianer angeführt. Vom Standpunkt der christlichen Moral und der Naturrechtslehre zwar als Irrtum beklagt, konnte man ihr „doch eine gewisse Achtung nicht versagen."[16]

Das Vergeltungsprinzip verpflichtet aber nicht nur die Verwandten des Opfers zur Blutrache an den Mörder, sondern sie reicht bis in das Reich der Toten selbst und umfasst nicht nur den Menschen sondern auch die Tiere. Denn die Totenseele des Tieres hat dieselbe Funktion wie die Totenseele des Menschen: Vergeltung. So rächt sich nach Auffassung der Primitiven ein Tier an dem Jäger, der es erlegt hat. Es wäre aber irreführend zu behaupten, dass die Primitiven dem Tier eine das Leben nach dem Tode fortsetzende Seele zuerkennen. Wird in solchen Fällen das Tier oder dessen Totenseele als Vergeltungsinstanz gefürchtet, dann ist es die im Tier reinkarnierte menschliche Totenseele. Denn zu den ältesten Bestandteilen des Totenseelenglaubens gehört die Vorstellung, dass die Toten in Tiergestalt weiterleben. Soweit das Tier als Erscheinungsform einer menschlichen Totenseele angesehen wird, hat der Gegensatz von Tier und Mensch keinen Sinn.

---

16 *Ebd.* S. 65.

Das lebende Tier ist wie der lebende Mensch Subjekt und Objekt der
Vergeltung und dieses Verhältnis gilt in den primitiven Gesellschaften
auch für die Pflanzen, zumindest für diejenigen, die für den Menschen
wichtig sind, insbesondere die Bäume. Der Baum ist in der Vorstellung
der Primitiven nicht nur ein sich rächendes Wesen, sondern es kann
auch am Baum, wenn dieser ein Unrecht tut, Rache geübt werden.
Hat ein Ast einen Menschen erschlagen, so wird der Baum gefällt.
Ebenso wird ein Baum umgehauen, von dem ein Mensch gefallen ist.

Die enge Verknüpfung der Vergeltungsidee mit dem Seelenglauben
der Primitiven, bei dem die Seele immer nur das tätige Subjekt der
Vergeltung ist, setzt sich auch in den hochentwickelten Religionen
fort, allerdings wird in diesen wie z.B. in der christlichen, die ihre
Existenz im Jenseits fortsetzende Seele zum Objekt der Vergeltung.
Denn die Seele wird nach christlicher Lehre im Jenseits nach ihren
guten und bösen Taten gerichtet.

Der Übergang zwischen diesen beiden typischen Etappen der Vergeltungsidee im Seelenglauben sieht Kelsen in der Religion der alten
Griechen. Er verweist vor allem auf Platon, dessen Machttraum er
bereits in einem vorausgegangenen Artikel („Platonic Love") aus dem
Jahre 1942 eingehend analysiert hat und der von Popper in der *Offenen Gesellschaft und ihre Feinde* als hervorragende Darstellung gelobt
wird. Ein geradezu grauenhaftes Beispiel der Vergeltungsidee findet
man übrigens auch bei Aristoteles, auf den Kelsen selbst jedoch nicht
näher eingeht, obwohl dieses Beispiel seine Ansicht von den Zwangsordnungen, die sogar bei Räuberbanden vorkommen, unterstützen
würde. Es sind nämlich die etruskischen Seeräuber, die nach Aristoteles ihre Gefangenen mit ausgemachter Grausamkeit dadurch töten,
dass sie diese bei lebendigem Leib Gesicht an Gesicht mit den Körpern
der Erschlagenen zusammenfesseln und hilflos aussetzen.[17]

Aber noch wichtiger als der Nachweis des Vergeltungsprinzips in
der griechischen Philosophie ist für Kelsen das historische Faktum,
dass aus der religiösen Spekulation der Griechen die Naturphilosophie
hervorgegangen ist, in der sich die Metamorphose der Vergeltungsprinzips zum Kausalitätsprinzip vollzogen hat.

Diese Umwandlung des Vergeltungsprinzips in das Kausalitätsprinzip, auf die ich hier nicht näher eingehen kann, ist am deutlichsten
in der griechischen Terminologie nachweisbar. Denn wenn bei den

---

17   Vgl. Erhard Oeser, *Begriff und Systematik der Abstraktion. Die Aristoteles-
interpretation bei Thomas von Aquin, Hegel und Schelling als Grundlegung der
philosophischen Erkenntnislehre.* Wien und München: Oldenbourg 1969, S. 109.

griechischen Naturphilosophen von der Ursache die Rede ist, so darf
man, wie Kelsen am Ende seiner Darstellung über das Vergeltungsprinzip in der griechischen Religion und Philosophie ausdrücklich sagt,

> nicht vergessen, daß dieses Wort ursprünglich so viel wie „Schuld"
> bedeutet; so wie ja auch noch heute in der deutschen Sprache
> „etwas verschulden" vielfach gleichbedeutend ist mit „etwas ver-
> ursachen". Die Ursache ist „schuld" an der Wirkung. Das ist der
> innere Zusammenhang zwischen den beiden Tatbeständen des
> Kausalgesetzes, der noch aus dem naturwissenschaftlichen Den-
> ken der neuesten Zeit nicht ganz verschwunden ist.[18]

Aus diesen Bemerkungen Kelsens wird erkennbar, dass hier eine Theorie der soziokulturellen Evolution angesprochen ist, die sowohl eine
Verbindung als auch eine Differenzierung von Rechtsentwicklung und
Entwicklung der Naturwissenschaft bedeutet. Im einzelnen lassen sich
nach Kelsen, der damit die Tradition des evolutionären Rechtsdenkens
aufnimmt, folgende Entwicklungsstufen unterscheiden:

1. Im prähistorischen primitiven Denken ist die Natur ein Teil der
   Gesellschaft. Denn die Kauslität in der Natur wird als Vergeltung
   verstanden. Ursache ist die Schuld, und die Wirkung ist die Strafe
   in Form der Rache oder Vergeltung.
2. Im griechischen naturphilosophischen Denken wird die Umwandlung des Vergeltungsprinzips in das Kausalitätsprinzip vollzogen.
3. In den neuzeitlichen Naturwissenschaft wird die Kausalität vom
   Vergeltungsprinzip losgelöst und damit überhaupt die anthropo-
   oder richtiger: soziozentrische Naturbetrachtung überwunden. Es
   bleibt aber eine Parallele bestehen. Denn auch hier wird das Gesetz der Kausalität noch immer als Norm – weil als Ausdruck eines
   Willens, nämlich des göttlichen Willens angesehen. Das war nicht
   nur bei Kepler der Fall, der bei der Entdeckung der Planetengesetze
   glaubte, die Gedanken Gottes bei der Schöpfung der Welt nachzudenken,[19] sondern auch bei Newton und Galilei. Auf solchen
   Spekulationen beruhte und beruht noch heute ein Großteil der
   Naturrechtslehren. Denn die als göttliche Normen aufgefassten

---

18   *Ebd.* S. 256.
19   Erhard Oeser, *Kepler. Die Entstehung der neuzeitlichen Wissenschaft.* Göttingen–
     Zürich–Frankfurt: Musterschmidt.

Naturgesetze sind damit wesensgleich mit den idealen Rechts-
gesetzen, deren richtiger Inhalt sich aus der Ordnung der Natur
ergibt. Dieser Dualismus von Natur und Gesellschaft ist auch ein
Dualismus von Natur-Recht und positiven Recht, das auf diese
Weise immer nur als unvollkommenes Abbild der absolut richtigen
Ordnung angesehen wird.

Für Kelsen ist jedoch

der Dualismus von Natur und Gesellschaft keineswegs das letzte
Wort der Erkenntnis. Auch dieser Dualismus wird überwunden,
und zwar durch die Auflösung des Normbegriffes. Der Anspruch
des Sollens: als ein vom Sein völlig verschiedener Sinn, der Anspruch der Normativität: als eine gegenüber der Kausalität selbständige, von der Gesetzlichkeit der Natur verschiedene Gesetzlichkeit der Gesellschaft zu gelten, wird als eine bloße „Ideologie"
durchschaut, hinter der sich als Realität höchst konkrete Interessen von Individuen und Gruppen verbergen, die, zur Herrschaft
gelangt, ihr Wollen als Sollen und dessen Ausdruck als Norm darstellen. An Stelle des Dualismus von Natur und Gesellschaft tritt
der von Realität und Ideologie. Als Stück der Wirklichkeit erscheint
das gesellschaftliche Geschehen der modernen Soziologie nach
denselben Gesetzen begreifbar wie das natürliche. Die Unmöglichkeit, in den sozialen Vorgängen eben solche Gesetze zu erkennen
wie in der Natur, verschwindet, sobald das Naturgesetz den Anspruch auf absolute Notwendigkeit aufgegeben hat und sich damit
begnügt, eine Aussage über statistische Wahrscheinlichkeit zu
sein. Zu derartigen sozialen Gesetzen zu gelangen, besteht kein
prinzipielles Hindernis. War die Natur zu Beginn der menschlichen
Spekulation ein Stück der Gesellschaft, so ist die Gesellschaft
nunmehr – dank der völligen Emanzipation der Kausalität von der
Vergeltung im modernen Gesetzesbegriff – ein Stück der Natur.[20]

Mit diesen Worten Kelsens, die den Schluss seiner ideologikritischen
Untersuchung über Kausalität und Vergeltung bilden, lässt sich ein
nahtloser Anschluss an die parallelen Bestrebungen von Edgar Zilsel[21]

---

20   *Ebd.* S. 281f.

21   Edgar Zilsel, *Die sozialen Ursprünge der Wissenschaft*. Frankfurt/Main: Suhrkamp
     1976.

herstellen, dessen Ausführungen über die sozialen Ursprünge der neuzeitlichen Wissenschaft wie eine konsequente Fortsetzung der Gedanken Kelsens klingen – nur mit einer noch größeren Betonung der Bedeutung der Darwinschen Evolutionstheorie. Denn nach Zilsel war es Darwins Darstellung über die Abstammung des Menschen vom Jahre 1871, die die traditionelle anthropozentrische Philosophie zerstörte und auf diese Weise entschieden mithalf, die Hindernisse für eine empirische Untersuchung der Menschheit zu beseitigen. Dieser Einfluss ist für ihn in der Anthropologie, Soziologie, Psychologie und Ethik auch dann sichtbar, selbst wenn die tierischen Vorfahren des Menschen und die natürliche Selektion gar nicht diskutiert wurden. Denn im Sinne eines universalen Konzepts der Evolution, das auch die soziokulturelle Evolution mit einschließt, weist Zilsel darauf hin, dass „Darwins Theorie die wissenschaftliche Aufmerksamkeit auf einige charakteristische Merkmale richtete, die sich in jeder Evolution – auch außerhalb des Gebietes der Biologie – finden lassen." Und er beruft sich in diesem Zusammenhang wie schon Ernst Mach vor ihm auf Spencer, der zeigte, dass die „stammbaumähnliche Verästelung in der historischen Entwicklung der Berufe und Wissenschaften und in der intellektuellen Entwicklung des menschlichen Individuums ebenso wie in der phylogenetischen Entwicklung der Organismen" stattfindet.

Aber ähnlich wie Kelsen warnt auch Zilsel vor einer Überbewertung des wissenschaftlichen Wertes des Begriffs der Evolution:

Die bloß deskriptive Feststellung eines irgendwie „evolutionären" Prozesses in der Gesellschaft oder Kultur ist lediglich ein einleitender Schritt, durch den die Lösung eines wissenschaftlichen Problems vorbereitet, aber nicht gegeben ist. Eine endgültige Feststellung von Ursachen und Gesetzen kann nicht durch die Beschreibung irgendeines evolutionären Vorgangs ersetzt werden.[22]

Die Lösung, die Zilsel in einer weiteren Untersuchung über die Beziehung der Geschichte zur phylogenetischen Evolution der Menschheit vorschlägt ist völlig konform mit Kelsens Schlusswort in „Kausalität und Vergeltung", das ganz ausdrücklich in der Feststellung besteht, dass die Gesellschaft „ein Stück der Natur" ist und daher „in den sozialen Vorgängen eben solche Gesetze erkennbar sein müssen wie in der Natur". Hier trifft sich die Ideologiekritik Kelsens mit der Idee der

---

22 *Ebd.* S. 181.

Einheitswissenschaft, wie sie nicht nur von Neurath sondern auch von Zilsel propagiert worden ist. So sagt Zilsel in einer Untersuchung aus dem Jahre 1940:

> Trennende Grenzen zwischen den verschiedenen Wissenschaften haben den wissenschaftlichen Fortschritt so häufig blockiert, daß es sicherlich nützlich und sogar erforderlich ist, die Geschichte vom Gesichtspunkt eines Naturwissenschaftlers zu betrachten.[23]

Damit meint er nicht nur im Sinne des Physikalismus des Wiener Kreises nicht nur den Physiker, sondern auch den Geologen und Biologen, wie folgendes Zitat zeigt:

> Letztlich ist die historische Evolution der Menschheit eingeschlossen in die astrophysikalische Evolution unserer Milchstraße. Wenn wir daher mit dieser Evolution beginnen, können wir aus ihr die Evolution des Sonnensystems herausnehmen, und aus dieser wiederum die Evolution der Erde, wobei jeder Vorgang einer unterschiedliche Größenordnung angehört und daher seine eigenen Forschungsmethoden erfordert. Innerhalb der Entwicklung der Erde sind der Ursprung und die Evolution des Lebens ein Teilvorgang, der wiederum seine eigenen Gesetze hat und unter anderem die Entstehung des Menschen einschließt. So haben wir schließlich den Menschen erreicht, aber die Ereignisse, die mit den Menschen im Zusammenhang stehen, können ausführlich beobachtet und untersucht werden.[24]

Aus diesem Zitat wird auch klar, dass das evolutionäre Konzept der Einheitswissenschaft keineswegs ein Reduktionismus ist, weder ein physikalistischer noch ein biologistischer. Vielmehr werden auch hier im Sinne der in der Biologie selbst, z.B. von Julian Huxley, entwickelten Idee der „emergent evolution" einzelne Stufen des universalen Prozesses der Evolution unterschieden, indem ihnen jeweils eigene Produkte und eigene Entwicklungsgeschwindigkeiten zugeordnet werden So sagt auch Zilsel:

---

23 *Ebd.* S. 212.
24 *Ebd.* S. 213.

Bei der Menschheit überlagern also feinere und sehr charakteristische Prozesse ihre phylogenetischen Variationen. Diese Prozesse sind dadurch gekennzeichnet, daß sie mit sehr viel größerer Geschwindigkeit als biologische Veränderungen auftreten, verschwinden und sich ändern.[25]

Dieser Unterschied der Gesetze der Tradition, in die jedes historische und soziologische Gesetz eingeordnet werden muss, zu den Vererbungsgesetzen der biologischen Evolution kann und muss im Sinn der Einheitswissenschaft naturwissenschaftlich erklärt werden. Denn auch die spontanen Handlungen des Menschen, die nicht wie die angeborenen Instinkte und Reflexe auf den Gesetzen der Erbmasse beruhen, haben eine nur im Sinn der biologischen Evolutionstheorie erklärbare notwendige Voraussetzung, auf die auch Zilsel ausdrücklich hinweist:

Physiologische Reflexe und Instinkte basieren auf einem Nervenprozeß im Rückenmark und in den inneren Teilen des Gehirn, wogegen spontane Handlungen immer mit kortikalen Prozessen zusammenhängen.[26]

Menschliches Verhalten, das auf spontanen Handlungen beruht, kann nicht durch Vererbung, sondern nur durch Tradition d.h. durch Lernen und Erziehung weitergegeben werden. Infolge seiner genetischen Ausstattung mit einem Gehirn, dessen Komplexität alle anderen Lebewesen übertrifft, kann der Mensch nicht nur lernen, sondern er neigt auch dazu. Es ist das naturwissenschaftliche Faktum der Hirnevolution, das im Rahmen der universalen Evolution die soziokulturelle Evolution und somit auch die Evolution des Rechts ermöglicht. Darin besteht auch der Unterschied zu jenen Lebewesen, die wie die Insekten in den phylogenetischen Verzweigungen einen anderen Weg eingeschlagen haben. In diesem Sinne schließt auch Zilsel seine ideologiekritischen Untersuchungen:

Wären die Menschen Ameisen, die nur Instinkte anstelle der Wahlfreiheit haben, oder wären sie wie Maikäfer, die ihre neugeborenen Nachkommen ihrem Schicksal überlassen, oder wie die Maulwürfe,

---

25   *Ebd.* S. 214.
26   *Ebd.* S. 218.

die isoliert leben, so gäbe es keine Tradition, keine Zivilisation und keine Geschichte.[27]

Als eine grundlegende Gemeinsamkeit zwischen Kelsen und dem Wiener Kreis, die weit über die die bloß analogen Bestrebungen einer rationalen, empirischen und metaphysikkritischen Beschreibung der Welt hinausgeht, die man gemeinhin unter dem Ausdruck „Positivismus" zusammenfasst, lässt sich daher feststellen, dass in beiden Fällen Ideologiekritik in konsequenter Weise mit der Entwicklung der Naturwissenschaft verbunden wird. Denn es sind naturwissenschaftlichen Erkenntnisse, in diesem Fall die Evolutionstheorie, welche die Grundlage der Ideologiekritik in den Sozial- und Rechtswissenschaften bilden und zu einem einheitlichen wissenschaftlichen Weltbild und letzten Endes zu einer Aufhebung der alten Gegensätze „Sein und Sollen" führen. Aber auch der Unterschied von „Naturrecht und Positives Recht" beginnt sich aufzulösen. Denn die evolutionäre Betrachtungsweise der Rechtsentstehung und Rechtsentwicklung schließt, wie man sowohl am Beispiel Jherings als auch Kelsens zeigen kann, eine überpositive Begründung des Rechts nicht völlig aus, sondern führt viel eher zur Toleranz gegenüber religiösen Fundierungen des Rechts soweit sie nicht Darwins evolutionärem Humanismus[28] widersprechen, der nicht nur die Menschheit selbst sondern auch alle Lebewesen und die natürliche Umwelt des Menschen in die moralische Verantwortung mit einbezieht.

---

27 *Ebd.* S. 219.

28 Erhard Oeser, „Darwins Evolutionärer Humanismus", in: *Mitteilungen der Österreichischen Gesellschaft für Geschichte der Naturwissenschaften* 3, 4, 1983, S. 98-102.

HORST DREIER

RECHTSDEUTUNG ZWISCHEN NORMATIVIERUNG DER NATUR UND NATURALISIERUNG DES NORMATIVEN AM BEISPIEL VON KELSENS RECHTSBEGRIFF

I. Differenz von Naturgesetz und Rechtsgesetz

Die Differenz zwischen Naturgesetz und Rechtsgesetz, zwischen Sein und Sollen, zwischen Faktizität und Normativität ist für uns heutzutage ebenso selbstverständlich wie für die Natur- und Geisteswissenschaften konstitutiv. Dass aus dem, was ist, nicht folgt, was sein soll, stellt gewissermaßen ein Axiom modernen Denkens dar. Wer dagegen verstößt, begeht einen „naturalistischen Fehlschluss".

Die Verschiedenheit zwischen Naturgesetz und Rechtsgesetz zeigt sich in vielfältiger Weise am Zuschnitt der auf sie bezogenen Wissenschaften. Während Aufgabe der Rechtswissenschaft das Interpretieren, also „Verstehen" von Rechtsnormen (welcher Herkunft oder Rangstufe auch immer) ist, wollen die Naturwissenschaften die Welt, ihre Bewegungs- und Entwicklungsgesetze, „Erklären". So ist denn auch der jeweilige Widerlegungsmodus ein gänzlich anderer. Ein Naturgesetz (oder genauer: eine wissenschaftliche Hypothese über ein solches) muß dann als widerlegt gelten, wenn es methodisch kontrollierter Beobachtung widerspricht, vor allem im Experiment nicht bestätigt werden kann. Ein Rechtsgesetz kann in einem solchen Sinne gar nicht widerlegt werden. Wenn ein Strafgesetz, welches Mord verbietet, verletzt wird, dann tritt es dadurch nicht außer Kraft; vielmehr wird sein eigentlicher Wirkungsmodus gerade in der Weise aktiviert, dass den Täter eine staatlich festgesetzte Sanktion trifft. Nicht der Verstoß setzt das Rechtsgesetz außer Kraft, sondern (abgesehen vom schwierigen Fall des Obsoletwerdens von Normen) entweder seine Ablösung durch ein neues, anderes Gesetz (lex posterior), seine Aufhebung kraft höherrangigen Rechts (lex superior) oder seine revolutionäre Beseitigung: in diesem Fall wird, etwa infolge eines politischen Umsturzes, das alte Rechtssystem beseitigt und in einem Urakt der Rechtsschöpfung ein neues etabliert.

Auch hier wird sogleich wieder eine Differenz augenfällig: Die Natur kennt nur Evolution, während revolutionäre Sprünge eine Eigenart der menschlichen Gesellschaft und ihrer Geschichte sind.

Dieser Bezug zur geschichtlichen Entwicklung konkreter, unterschiedlicher Sozietäten führt, um eine weitere Differenz zu benennen, auch dazu, dass die Naturwissenschaften notwendig international

sind, während die Rechtswissenschaft nach wie vor eine überwiegend
nationale Disziplin ist. Es gibt nicht nur französisches, deutsches,
englisches Recht, sondern auch eine durch spezifische Eigenheiten ge-
prägte französische, deutsche, englische Rechtswissenschaft, ja möglicherweise auch ein entsprechendes – wenngleich schwierig zu be-
stimmendes – jeweiliges Rechtsdenken. Nur auf den höchsten Refle-
xionsstufen, also der Rechtsphilosophie und der Rechtstheorie, kommt
man sich etwas näher. Denn auch die materiale Europäisierung der
nationalen Rechtsordungen steckt noch in den Kinderschuhen, von
einer Internationalisierung ganz zu schweigen.

Schließlich unterscheiden sich die Methoden fundamental: in den
Naturwissenschaften die objektive, methodisch streng abgesicherte
und im Experiment kontrollierte Beobachtung, das Zählen und Messen,
dies alles selbstverständlich unter striktem Ausschluss eigener, persönlicher Wertungen und Überzeugungen. Ganz anders die Situation
in Recht und Rechtswissenschaft. Nicht nur gründen die Rechtsnormen nach unserer heutigen Überzeugung auf Dezision, sind also als
Entscheidungen autorisierter Normsetzungsinstanzen zu begreifen und
von daher natürlich kontingent, also nicht universell und zeitlich unbe-
grenzt gültig. Auch unterliegt der Verstehens-, Interpretations- und
Anwendungsprozess anderen Regeln. Normen sind nicht reine Fakten
der Naturwelt, die man wie deren Daten sammeln, zählen und messen
könnte. Vielmehr sind sie Träger sinnhafter Aussagen, die einem
schwierigen hermeneutischen Verstehens- und Aneignungsprozess
unterliegen. Ohne subjektive Wertungen kommt man letztlich in praxi
nicht aus. Was das für die Frage der Wissenschaftlichkeit des Rechts
bedeutet, wird am Schluss noch einmal kurz zu thematisieren sein.

Insgesamt ist die Dichotomie zwischen Natur und Kultur, zwischen
Faktizität und Normativität, zwischen Naturgesetz und Rechtsgesetz
so tief verwurzelt und elementar, dass kaum oder selten bewusst
thematisiert wird, warum man eigentlich beides, Naturgesetz wie
Rechtsgesetz, als „Gesetz" bezeichnet.

II. Normativierung der Natur

Freilich ist zu betonen, dass solcherart Trennung keineswegs selbstverständlich ist und sich erst in langen historischen Entwicklungsprozessen hat herausbilden müssen. Denn nicht ausgeschlossen ist ja,
dass man Naturwelt und Sozialwelt in gleicher Weise interpretiert,
nämlich mit Hilfe normativer, nicht kausaler Kriterien. „Aitia", der äl-

teste und bekannte Begriff für Ursache, meint auch uns zugleich: Schuld, Vergeltung. Noch die griechische Naturphilosophie wurzelt im mythischen Denken, dessen Überwindung sie einleitet. Ihrer Vorstellung von den „kausalen" Zusammenhängen nach zieht die Ursache die Wirkung in der gleichen Weise herbei, wie die Schuld die Vergeltung zur Folge hat. Der im Kern noch normative Charakter dieses Konnexes wird deutlich im bekannten Ausspruch Heraklits: „Die Sonne wird ihre Maße nicht überschreiten; wenn aber doch, dann werden die Erinnyen, der Dike Helferinnen, sie zu fassen wissen." So tritt das Naturgesetz zu Beginn der Entfaltung eines naturwissenschaftlichen, besser: naturphilosophischen Denkens noch als unverbrüchliche Norm auf. Was wir heute als naturgesetzliche Seinsregel begreifen, hat dort noch den Status einer in ihrer Geltung durch Götter oder Gottheiten verbürgten absoluten Rechtsnorm. Die erste Naturwissenschaft erborgt sich ihr Gesetz gleichsam vom Vergeltungsgedanken.

Deutlich wird der Soziomorphismus der Weltanschauung im Denken archaischer (segmentärer, „primitiver", einfacher, schriftloser) Gesellschaften bzw. Stammesverbände, über die uns die Sozialanthropologie bzw. Ethnologie unterrichtet: die Zande in Afrika, die Papua auf Neuguinea, die Melanesier u.a.m. Naturwelt und Sozialwelt werden hier nicht getrennt und eigenständigen Gesetzmäßigkeitssphären zugewiesen, sondern als Einheit eines großen, freilich – und darauf kommt es entscheidend an – unverfügbaren Normenzusammenhanges begriffen. Die Natur bildet einen integralen Bestandteil der Gesellschaft, oder anders: für das archaische Denken gibt es im Grunde nur Gesellschaft. Naturphänomene werden behandelt wie soziale Ereignisse. Die „Szenerie primitiver Gesellschaften ist nach dem Muster der Sozialwelt aufgebaut" (Dux).

Kelsen hat dieser spezifischen Form der Weltdeutung in seiner „soziologischen Untersuchung" (so der Untertitel) über „Vergeltung und Kausalität" aus den 40er Jahren anhand des ihm verfügbaren Materials eine breite Darstellung gewidmet und, wie der Titel andeutet, dem Phänomen des Vergeltungsdenkens eine Schlüsselrolle beigemessen.

Alle Geschehnisse sieht der Primitive danach, wenn dieser anachronistische Terminus erlaubt ist, durch die juristische Brille von Norm und Sanktion, von Vergehen und Strafe. Für unser modernes Denken „natürliche" Vorgänge wie eine verregnete Ernte, ausbleibende Jagderfolge, Unwetter etc. werden als Strafe für fehlerhaftes, sündhaftes, die Götter beleidigendes Verhalten begriffen, eine gute Ernte und großes Jagdglück als Belohnung. Diese sozio-normative Sichtweise der Natur führt dazu, dass Naturphänomene gedeutet werden wie soziale Ereignisse. Die Kategorie des Zufalls existiert ebensowenig wie ein Geschehen, das nichts mit den Menschen selbst zu tun hat. Alles ist absichtsvoll auf sie bezogen.

Kelsens Buch hat seinerzeit eine scharfe, ja vernichtende Rezension von Talcott Parsons erfahren und gilt seitdem bei manchen als insgesamt wertlose Arbeit eines Dilettanten. Doch einmal ganz abgesehen davon, dass Kelsen sich dem Gebiet nicht als Hobby-Ethnologe gewidmet hat, sondern systematische Interessen verfolgt, muss man seiner Arbeit im Kern Respekt zollen. Sie überbetont vielleicht die soziomorphe gegenüber der technomorphen Seite, d.h.: sie stellt in einseitiger Weise heraus, dass der Primitive sich dem Willen der Götter hilflos ausgeliefert fühlt, er nur über ein mangelhaft ausgeprägtes Ich-Gefühl verfüge, alles allein dem unerforschlichen Willen der Götter bzw. Gottheiten zuzuschreiben sei etc. Dabei ist, vor allem nach neueren Erkenntnissen, zu wenig berücksichtigt, dass die Einheit des Naturalen und des Sozialen auch die Vorstellung stärken und in ein geradezu groteskes Übermaß steigern kann, mit eigenen (richtigen, gottgefälligen) Handlungen Naturabläufe bewirken zu können. Nicht Zeichen unterentwickelten, sondern überentwickelten Selbstbewusstseins ist, wenn ein Stamm glaubt, die Sonne werde nur dadurch am Leben erhalten, weil die Stammesmitglieder regelmäßig brennende Pfeile in den Himmel schießen. Die Beispiele für solch' artifizialistisches Denken ließen sich vermehren.

Aber gleichviel: entscheidend bleibt als Kennzeichnung der archaischen, primitiven Gesellschaften die fehlende Trennung von naturgesetzlich-kausaler und sozial-normativer Sphäre, bleibt ihr Einheitscharakter. Dieser ist von Kelsen treffend und klar herausgearbeitet worden.

Natur und Kultur fallen ineinander. Wie zur Bestätigung schreibt Jürgen Habermas in seiner „Theorie des kommunikativen Handelns", die Ethnologen von Durkheim bis Levi-Strauss hätten „immer wieder auf die eigentümliche Konfusion zwischen Natur und Kultur hingewiesen". Freilich: von Konfusion kann man natürlich nur sprechen, wenn man unsere heutige, moderne Trennung beider Sphären als maßstäblich betrachtet.

Wo liegen nun die angedeuteten „eigentlichen" Interessen Kelsens bei diesem Themenkomplex? Oder direkter gefragt: Was hat das alles mit Recht, Rechtstheorie und Rechtsdeutung zu tun?

Die Antwort lautet: weil die in der Schrift über „Vergeltung und Kausalität" nachgezeichnete Entwicklung der Ausdifferenzierung kausaler und normativer Deutungsmuster, also das Auseinandertreten zweier Sphären im Vergleich zum Einheitsbild des primitiven, archaischen Denkens, im Grunde nichts anderes als die zeitlich-lineare Nachzeichnung der Sein-Sollen-Dichotomie darstellt. Und diese wiederum ist für Kelsens Rechtsanalyse konstitutiv. Anders gesagt: Recht als spezifische Existenzform von Normen wird erst denkbar (und zu einem Objekt von Wissenschaft), wenn der mythische Monismus aufgebrochen ist; erst durch Abgrenzung von der Natur wird die normativ-soziale Sphäre als eigenständige Ordnung greifbar. Erst wenn aus dem einen Gesetz, das ursprünglich nur normative Qualität hatte, das Rechtsgesetz einerseits, das Naturgesetz andererseits geworden ist, wird Recht und Rechtswissenschaft möglich. Nun kann, wie Kelsen sagt, „die Gesellschaft als ein von der Natur geschiedener Gegenstand konstituiert werden". Dass dies ein in der Menschheitsentwicklung langer und schwieriger Prozess war, zeigt er mit seiner soziologischen Untersuchung selbst. Außerdem ist keinem stärker als Kelsen klar, dass damit noch nichts darüber ausgesagt ist, welche Kräfte oder Mächte nun den Bereich der von der Natur geschiedenen Gesellschaft beherrschen, also hier als Normsetzer auftreten. Denn das können natürlich wieder Götter und Gottheiten sein, auch der Gott monotheistischer Religionen, aber möglicherweise auch der Mensch selbst. Das verweist bereits auf Kelsens eigene Position, die das Recht in konsequenter Weise als Menschenwerk, als kontingente Setzung positiver Normen beliebigen Inhalts deutet. Denn wenn das Recht nicht mehr zwingend der Allgewalt eines übermächtigen göttlichen Willens entspringt, dann wird die Vorstellung denkbar, dass es eine von den Menschen selbst geschaffene Ordnung zur Sozialregulierung ist. Dazu sogleich mehr.

Hier bleibt zunächst lediglich festzuhalten, dass sich die Befreiung vom Mythos in Gestalt der Trennung von Naturgesetz und Rechtsgesetz, von Sein und Sollen, Faktizität und Normativität als eine doppelte darstellt. Auf der einen Seite erscheint, wie ansatzweise in der Naturphilosophie der Griechen entwickelt, die Natur nicht länger von göttlichen Mächten bewohnt und beherrscht, sondern unterliegt prinzipiell erforschbaren inneren Zusammenhängen. Und zum anderen kann der Mensch sich nun als schöpferischer Gestalter wie Ordner seiner eigenen, sozialen Welt begreifen, sich seine Regeln selbst er-schaffen. Kelsen sieht zwischen beiden Entwicklungssträngen einen Zusammenhang.

III. Naturalisierung des Normativen

So modern die Trennung von Sein und Sollen, Natur und Kultur, Naturgesetz und Rechtsgesetz nun auch ist (spätestens mit Hume und
Kant kann sie als durchgesetzt gelten): geht es nicht noch „moderner"?

In der Tat kann man ja die Trennung beider Sphären auch zur
anderen Seite hin auflösen: indem man alles nach dem Muster unserer
heutigen, modernen Vorstellung von Naturgesetzen oder evolutionär-
biologischen Entwicklungsgesetzlichkeiten deutet. Hier löst sich nicht
Natur in Kultur, sondern Kultur in naturgesetzlich ablaufende Prozesse
auf. Kelsen hat diese Möglichkeit wohl bedacht, in dem Werk über
„Vergeltung und Kausalität" ausdrücklich thematisiert und als Rechtstheoretiker vehement bekämpft.

Am Ende seiner „soziologischen Untersuchung" weist Kelsen mit
Nachdruck auf eine derartige Möglichkeit, den Dualismus gewissermaßen zur anderen Seite hin aufzulösen, hin. Dort heißt es:

Aber der Dualismus von Natur und Gesellschaft ist keineswegs das
letzte Wort der Erkenntnis. Auch dieser Dualismus wird überwunden, und zwar durch die Auflösung des Normbegriffes. Der Anspruch des Sollens: als ein vom Sein völlig verschiedener Sinn, der
Anspruch der Normativität: als eine gegenüber der Kausalität selbständige, von der Gesetzlichkeit der Natur verschiedene Gesetzlichkeit der Gesellschaft zu gelten, wird als eine blosse „Ideologie"
durchschaut, hinter der sich als Realität höchst konkrete Interessen von Individuen und Gruppen verbergen, die, zur Herrschaft
gelangt, ihr Wollen als Sollen und dessen Ausdruck als Norm darstellen. An Stelle des Dualismus von Natur und Gesellschaft tritt
der von Realität und Ideologie. Als Stück der Wirklichkeit erscheint
das gesellschaftliche Geschehen der modernen Soziologie nach
denselben Gesetzen begreifbar wie das natürliche. Die Unmöglichkeit, in den sozialen Vorgängen ebensolche Gesetze zu erkennen
wie in der Natur, verschwindet, sobald das Naturgesetz den Anspruch auf absolute Notwendigkeit aufgegeben hat und sich damit
begnügt, eine Aussage über statistische Wahrscheinlichkeit zu
sein. Zu derartigen sozialen Gesetzen zu gelangen, besteht kein
prinzipielles Hindernis. War die Natur zu Beginn der menschlichen
Spekulation ein Stück der Gesellschaft, so ist die Gesellschaft
nunmehr - dank der völligen Emanzipation der Kausalität von der
Vergeltung im modernen Gesetzesbegriff - ein Stück der Natur.

Mit diesen Worten endet die Schrift über „Vergeltung und Kausalität". Anders als zu den vorangegangenen Abschnitten des Werkes finden wir keine ansonsten außergewöhnlich ausführlichen „Belege und Exkurse". Gleichwohl ist es nicht sehr schwer, zu erraten, welche Tendenzen und Theorieentwicklungen Kelsen vor Augen standen, als er diese Passagen schrieb. Deren drei seien genannt.

1. Normativer Evolutionismus

Einmal scheint mir hiermit der normative Evolutionismus gemeint zu sein, wie er am prominentesten von Franz v. Liszt vertreten wurde. Dieser schrieb im Jahre 1906 in einer Abhandlung über Strafgesetzgebung:

> Indem wir das Seiende als ein geschichtlich Gewordenes betrachten und danach das Werdende bestimmen, erkennen wir das Seinsollende. Werdendes und Seinsollendes sind insoweit identische Begriffe. Nur die erkannte Entwicklungstendenz gibt uns über das Seinsollende Aufschluß; für unsere menschliche Zwecksetzung bleibt uns nur die Hemmung oder Förderung eines von menschlicher Willkür unabhängigen Entwicklungsganges.

Es liegt auf der Hand, dass das Recht als eine autonome, vom Menschen selbst geschaffene Größe in diesem Konzept keinen Platz mehr hat. Recht ist gewissermaßen nur der – mehr oder minder stark aufzuhaltende – Nachvollzug von Entwicklungsprozessen, deren Kraft und Dynamik sich beliebiger menschlicher Zweck- und Normsetzung entzieht. Die darin liegenden Gefährdungen für eine autonome Jurisprudenz, ja für Recht und Rechtswissenschaft überhaupt erklärt Kelsens vehemente Abwehr gegen derartige Konzepte.

2. Rechtssoziologie in Gestalt von Eugen Ehrlich

Diese Befürchtung erklärt auch die allergische Reaktion gegen Eugen Ehrlich. Denn unabhängig davon, ob er diesem in allen Punkten wirklich gerecht wird und die berühmte Kontroverse nicht auch viel mit dem Kampf um die Etablierung von Wissenschaftspositionen und Deutungsherrschaft zu tun hat, lässt sich wohl nicht bestreiten, dass die letzten Konsequenzen einer ins Extrem getriebenen Soziologisierung des Rechts und der Rechtswissenschaft für die letztgenannte in der Tat desaströs sind. Wenn man alles kausal erklären und deuten kann, dann bleibt für das Recht (und die Rechtswissenschaft) als eigene Größe nichts mehr übrig.

Beispiel: die (stets kontrafaktische) Vorstellung eines freien Willens, für strafrechtliche Zurechnung nach unseren Standards ganz unentbehrlich, müsste entfallen, wenn wir in der Lage wären, alle menschlichen Handlungen als Glieder einer unendlichen Kette von Ursache-Wirkungs-Zusammenhängen zu erklären. Wenn eine (strafbare) Handlung nichts weiter wäre als das Produkt von Sozialisation, genetischer Veranlagung und aktuellen Reiz-Reaktions-Mustern, dann wäre der Massenmord in einem Alpendorf nichts anderes als ein viele Todesopfer forderndes Lawinenunglück dortselbst.

3. Skandinavischer Rechtsrealismus

Schließlich als drittes Beispiel, von dem sich Kelsen vehement absetzt: der skandinavische Rechtsrealismus (Olivecrona, Ross). Hier wird die Dimension eines Sollens als eine eigene überhaupt geleugnet: das Sollen sei nur Relikt mythischen Denkens. Was man als rechtliche Geltung und Wirksamkeit bezeichnet, ist für diese Rechtsrealisten lediglich Produkt einer effektiven Kombination von genereller Unterwerfungsbereitschaft, Gewalt und geschickter Herrschaftspropaganda. Natürlich stieß auch diese Lehre auf den heftigen Protest Kelsens, der an der Kategorie des Sollens als einer unhintergehbaren, unableitbaren, axiomatischen Größe festhält.

IV. Kelsens doppelte Frontstellung

Fassen wir die bisherigen Darlegungen systematisch zusammen, so können wir in Bezug auf die Positionierung Kelsens von einer „doppelten Frontstellung" sprechen. Denn mit seiner – insbesondere in der „Reinen Rechtslehre" gewissermaßen klassische Gestalt gewinnenden – rechtspositivistischen Theorie wehrt er gewissermaßen zwei denkbare und in vielfältiger Weise Gestalt gewinnende Angriffe gegen die Autonomie von Recht und Rechtswissenschaft ab.

1. Frontstellung gegen mythisches Denken und Naturrecht

Die erste Frontstellung bezieht sich auf das, was Kelsen gern pauschalierend „mythisches" Denken nennt. Paradigmatisch dafür steht das Denken der archaischen Stammesverbände. Die Ordnung des Soziallebens wird dort vollständig erfahren und gedeutet als Werk höherer

Mächte. Die Gesellschaft und ihre Regeln sind nicht selbstgemacht, sondern unterliegen der unverfügbaren, im Grunde auch unerforschlichen Setzung durch höhere Instanzen: Götter, Gottheiten, in den monotheistischen Religionen dann später dem einen Gott.

Nun nimmt Kelsen nicht an, dass es in den modernen Gesellschaften des 20. Jahrhunderts zu einem Rückfall in stammesgeschichtliche Frühphasen kommen würde. Doch reicht ihm zufolge das „mythische" Denken weit über die Entwicklungsstufe primitiver gesellschaftlicher Organisation hinaus. Es wirkt für ihn weiter in der Metaphysik namentlich Platons und Aristoteles', vor allem aber bis in die Moderne hinein in Gestalt des Naturrechts. Das Naturrecht erscheint ihm als Restbestand mythischen Denkens, als Akt der Unterwerfung unter einen höheren Willen. In der quasi archaischen Imagination der unter einer unverfügbaren Norm stehenden Welt sieht Kelsen die im Kern unausrottbare Wurzel des Naturrechtsgedankens. Für ihn hat es den Anschein, als flüchte sich der Mensch ins Naturrecht, um sich seiner Verantwortung für die soziale Welt zu entziehen, als scheue er vor der Aufgabe einer bewussten Gestaltung der gesellschaftlichen Ordnung zurück. Und das erinnert nicht von ungefähr an das von Kelsen diagnostizierte (freilich möglicherweise korrekturbedürftige) reduzierte Selbstbewusstsein der Primitiven. Kein Zufall ist auch, dass Kelsen als Grund für die Renaissance des Naturrechts im 20. Jahrhundert die Erschütterung des Selbstbewusstseins der Menschen durch die beiden Weltkriege sowie durch Kommunismus und Nationalsozialismus angibt.

Für Kelsen implizieren die Naturrechtslehren zwangsläufig eine Bezugnahme auf einen außermenschlichen, höchsten Willen, eine absolute Autorität. Und darin manifestiert und reproduziert sich für ihn eine Kernstruktur primitiven Denkens. Der Verblendungszusammenhang mythologischer Sinnbilder und Weltanschauungen reicht ihm zufolge in Gestalt des Naturrechts bis in die Gegenwart fort. Die Naturrechtslehren erscheinen auf diese Weise gewissermaßen, wie Ernst Topitsch einmal formuliert hat, als „rationalisierte Spätformen primitiver Weltauffassung".

Es ist eine lohnenswerte Frage, die zu beantworten hier freilich nicht der Ort ist, ob Kelsen mit dieser Generalthese der Vielfalt und Heterogenität der Naturrechtslehren hinlänglich gerecht wurde. Jedenfalls bezüglich des – nicht zufällig so genannten – „profanen" Naturrechts, etwa in Gestalt des Vernunftnaturrechts der Aufklärung (Hobbes, Rousseau, Kant), wird man hier skeptisch sein müssen.

Doch lassen wir das hier auf sich beruhen und halten den entscheidenden Punkt dieser ersten Frontstellung fest. Die Bedrohung,
die Kelsen hier sieht, liegt darin, dass das Sollen des Rechts gewissermaßen von anderen Sollensordnungen und anderen Normsetzungs-
autoritäten okkupiert wird. Das Problem liegt nicht im möglichen Verlust der Sollenssphäre gegenüber Kausalsphäre, sondern in der Überla-
gerung und Durchdringung der Sollenssphäre des positiven Rechts
durch Sätze der Ethik, der Moral, des Naturrechts. Demgegenüber will
Kelsen festhalten und bewahren, dass das Recht Schöpfung der Menschen selbst ist, „Menschenwerk", wie er wiederholt sagt. Die Rechtsordnung verdankt sich – wie vermittelt und bewusst auch immer – den
Handlungen der Menschen selbst und muß daher von ihnen verant-
wortet werden. Mit dieser ersten Frontstellung intendiert Kelsen also
die Sicherung der Eigenständigkeit des positiven Rechts gegenüber
anderen Sollenssphären, vorzüglich der des Naturrechts.

2. Frontstellung gegen die Kausalwissenschaften

In gewisser Weise dient auch die Abgrenzung gegenüber den Kausal-
wissenschaften dem Ziel der Autonomie der Rechtswissenschaft, dies
freilich in einer noch gründlicheren und fundamentaleren Weise. Das
soll heißen: hier will Kelsen verhindern, dass das Recht (wie möglicherweise alle anderen Sollensordnungen auch) nicht mehr einer eigenen logischen Dimension angehört, sondern wie Daten der sonstigen
Naturwelt zum Gegenstand kausal-explikativer Betrachtung und Deutung gemacht wird. Deswegen wehrt er, wie gesehen, alle Versuche
ab, das Recht als Ergebnis einer quasi-objektiven Entwicklungsgesetz-
lichkeit zu begreifen und bzw. oder die Existenz einer Sollensdimen-
sion ganz zu leugnen. Dieser Kampf gegen die Usurpation durch die
Naturwissenschaften steht ganz im Zentrum seiner Habilitationsschrift
von 1911, während die Absetzung gegen das Naturrecht, welches zu
jener Zeit so gut wie tot war, erst später einsetzte. 1911 waren es
gewichtige Strömungen der Soziologisierung und Psychologisierung
der Rechtswissenschaft, die Kelsen bekämpfte.

Wenn es Kelsen darum geht, den Sollenscharakter des Rechts
sicherzustellen, so heißt das indes nicht, dass er sich eine Betrachtung
und Analyse der „rechtlichen" Vorgänge nach dem kausal-explikativem
Muster nicht vorstellen könnte. Im Gegenteil betont er immer wieder,
dass menschliche, gesellschaftliche Handelns- und Verhaltensweisen
(zu denen natürlich auch die Schaffung, Befolgung und Anwendung
von Recht gehört) auch als nackte Macht- und Gewaltverhältnisse
gedeutet werden könnten. Nur handelt es sich dann eben nicht mehr

um eine spezifische Rechtsbetrachtung, weil ihr die normative Komponente fehlt. Einer Rechtssoziologie etwa nach Art Max Webers („deutendes Verstehen" der Handlungen von Menschen, die sich an den Rechtsnormen orientieren) gegenüber hat Kelsen keine prinzipiellen Einwände. Nur ist das keine rechtswissenschaftliche Betrachtung (was auch Weber keineswegs behaupten würde) noch ersetzt es diese. Die Abwehr gegen Eugen Ehrlich resultiert daraus, dass dieser in Kelsens Augen jene Trennung der Sphären – anders als Weber – nicht gesehen und beachtet hat. Erst als „normative Disziplin" findet die Rechtswissenschaft gewissermaßen zu sich, ihrer Eigenart als einer auf Normen bezogenen, aber selbst nicht normsetzenden Instanz.

V. Der Objektbereich der Rechtswissenschaft

Was folgt nun aus alledem für den Objektbereich der Rechtswissenschaft, also für denjenigen Gegenstand, den die Rechtswissenschaft als ihr Erkenntnisobjekt betrachtet?

Kelsens Antwort ergibt sich weitgehend aus den bisherigen Erläuterungen. Gegenstand der Rechtswissenschaft können nicht die Aussagen von Naturrechtssystemen, nicht moralische Postulate und Gerechtigkeitsmaximen etc. sein, sondern nur das von Menschen gemachte, gesetzte, positive Recht. Dabei darf man nicht dem Irrtum verfallen, positives Recht meine nur das schriftlich fixierte oder gar nur das Gesetzes-Recht. Ohne weiteres gehören vielmehr auch Gewohnheitsrecht und Richterrecht hinzu (sofern die Rechtsordnung dies explizit oder implizit vorsieht).

Aber, und dies ist nun ein entscheidender und für Kelsens Theorieprogramm weitreichender Punkt: der Umstand allein, dass sich das positive Recht in einer Gesellschaft durchsetzt, als wirksam und herrschend erweist, macht es für ihn noch nicht automatisch zum Objekt der Rechtswissenschaft. Die bloße Existenz einer gewöhnlich befolgten und durchsetzungsfähigen Ordnung kann die Geltung des Rechts als Recht für ihn noch nicht begründen. Das wäre schon ein zu großer Tribut an die kausalwissenschaftliche Betrachtung. Es bedarf einer weiteren, erkenntnistheoretisch gesicherten Zuganges. Und den findet Kelsen in der höchst artifiziellen Konstruktion, dass die als Recht „auftretenden" Normen einer im großen und ganzen wirksamen Zwangsordnung behandelt werden, „als ob" ihr subjektiver Geltungsanspruch auch der objektive wäre. Das Recht ist also – nicht mehr, aber auch nicht weniger – ein „Deutungsschema" für reale Vorgänge der Außenwelt, die in der Idee einer Grundnorm ihren letzten, gleichwohl sogleich wieder zu relativierenden Anker finden. Mit der Grundnorm sucht Kelsen zu erklären, warum der subjektive Sinn der Rechtsnormen auch ihr objektiver ist. Doch steht es jedem frei, sich dieser Annahme nicht zu bedienen. Dann bleibt das, was sich als Recht geriert, bloße Machtemanation. Recht soll mehr sein als schiere Faktizität – doch dieses Mehr beruht allein auf der nicht zwingend zu unterstellenden Annahme der normativitätsstiftenden Grundnorm. Insofern ist die Normativität des Rechts eigentlich „künstlich erzeugt" (Norbert Hoerster) und seine Objektivität lediglich erborgt.

Man sieht, wie fragil die Sollenskategorie, an der Kelsen gegen Versuche einer Naturalisierung des Normativen mit aller Kraft festhält, letztlich ist: nicht mehr als ein Glaube, den man haben kann oder auch nicht, eine Fiktion, die man unterstellen mag oder eben auch nicht. Wie ein dünner Schleier legt sich das Deutungsschema Recht über die realen Machtverhältnisse, die effektiven Zwangsordnungen: zieht man ihn weg, dann starrt uns das „Gorgonenhaupt der Macht" entgegen, wie Kelsen selbst einmal unübertrefflich formuliert hat.

VI. Der Wissenschaftscharakter der Rechtswissenschaft

Was bedeutet die Konstruktion Kelsens nun für die Konzeption von Rechtswissenschaft?

Unzweifelhaft ist der Anspruch. Ihn hat Kelsen im Vorwort zur ersten Auflage seiner „Reinen Rechtslehre" deutlich und klar formuliert. In Anlehnung an das als vorbildlich empfundene Exaktheitsideal der Naturwissenschaften und in besagter doppelter Frontstellung ist es sein Anliegen, die Autonomie der Rechtswissenschaft zu bewahren und sie durch Befreiung von allen ihr fremden Elementen „auf die Höhe einer echten Wissenschaft, einer Geistes-Wissenschaft zu heben".

Das meint ein dreifaches. Einmal bedeutet das Etikett der „reinen" Rechtslehre nicht, dass hier eine Lehre des reinen Rechts (im Sinne eines guten, richtigen, wünschbaren Rechts) angestrebt würde. Es geht vielmehr um die reine, d.h. unverfälschte, auf deskriptive Erfassung der zeitlich und örtlich variablen Rechtsordnungen ausgerichtete Rechtswissenschaft. Das Recht soll so dargestellt werden, wie es ist, nicht, wie es sein sollte.

Daraus resultiert zweitens, dass es keine immanenten rechtswissenschaftlichen Grenzen für den Kreis von Normen gibt, die man zu Rechtsnormen machen könnte. Effektive Zwangsordnungen können jeden beliebigen Inhalt – also auch einen unsittlichen, verwerflichen – annehmen. Vom Standpunkt der Rechtswissenschaft aus ist auch die Zwangsordnung der Nationalsozialismus eine Rechtsordnung gewesen, und – so Kelsen in äußerster Zuspitzung und wertasketischer Haltung, die vor seinem biographischen Hintergrund nur umso bemerkenswerter ist – aus Morden hätten kraft rückwirkender Anordnung rechtswirksame Exekutionen gemacht werden können; ja auch die Tötung von KZ-Insassen stünde nicht außerhalb der Rechtsordnung. Das ist nicht resignative Affirmation der (damals herrschenden) Verhältnisse oder blanker Zynismus, sondern allein auf die Spitze getriebene Konsequenz des Theorieprogramms, wissenschaftliche Beschreibung und ethisch-moralische Bewertung des Rechts strikt zu trennen. Denn, und das ist angesichts allfälliger Missverständnisse mehrfach zu unterstreichen: die Bezeichnung oder Auszeichnung, also neutral: die Qualifizierung einer effektiven Zwangsordnung als Rechtsordnung sagt über deren Güte, Dignität oder gar Anerkennungswürdigkeit schlichtweg nichts aus. Noch weniger ist mit ihrer neutralen Deskription ein objektiver Befolgungs- und Gehorsamsanspruch verknüpft. Ob man die Rechtsordnung befolgen oder gegen sie revoltieren soll, überantwortet die Reine Rechtslehre ganz dem souveränen politischen, moralischen, ethischen, religiösen oder sonstwie geprägten Werturteil des Einzelnen.

Schließlich folgt aus alledem zum dritten eine bemerkenswerte Reduktion beim wichtigsten Aspekt der Jurisprudenz, dem der konkreten Rechtsanwendung. Denn hier muß ja nicht nur aus der Fülle unterschiedlicher Normen verschiedener Ebenen, diversen Alters und abweichender Reichweite das fallrelevante Normenmaterial quasi ausgewählt, sondern dies alles auch noch auf den konkreten Fall angewandt und dieser damit in einer bestimmten Weise entschieden werden. Für diesen rechtspraktisch höchst relevanten, alltäglich unzählige Male wiederholten Rechtsfindungs- und Rechtsbegründungsakt bietet die Reine Rechtslehre als Wissenschaft keine Hilfestellung. In der klaren Erkenntnis, dass all jene Vorgänge letztlich wertenden Charakters sind, stellt sich für Kelsen die Rechtsanwendung zugleich als ein Stück Rechtserzeugung und damit unausweichlich als schöpferischer Akt dar. Dieser aber ist von der Rechtswissenschaft nicht determinier- oder steuerbar. Nur soweit, als es sich im Stufenbau der Rechtsordnung bei der Rechtsanwendung um einen Kognitionsakt handelt, kann dieser von der Rechtswissenschaft erklärt bzw. beschrieben werden. Jede Interpretation ist aber teils Erkenntnis-, teils Willensakt, folglich Kognition und Dezision zugleich. Zum Gegenstand rechtswissenschaftlicher Beschreibung können selbstverständlich nur die kognitiven Elemente werden. Nur diese lassen sich von Seiten der Rechtswissenschaft behandeln. Der Rest bleibt freie schöpferische Tat wie die des Gesetz- oder gar Verfassunggebers.

Angesichts dieser Situation sucht Kelsen den wissenschaftlichen Charakter der Reinen Rechtslehre durch die Unterscheidung von „authentischer" und „neutral-objektiver" Interpretation zu bewahren. Die Rechtswissenschaft kann nur die verschiedenen Möglichkeiten der Auslegung einer Rechtsnorm in ihrer Vielfalt gewissermaßen beschreibend auffächern, ohne eine der verschiedenen Auslegungsmöglichkeiten als vorzugswürdig auszuzeichnen. Die konkrete Wahl und definitive Entscheidung zwischen diesen Optionen sei allein Sache der entscheidungsbefugten Rechtsanwendungsorgane.

Stärker oder schärfer als sonst irgendwo zeigt sich hier, dass das Bestreben nach quasi-naturwissenschaftlicher Objektivität und Wertungsfreiheit für den Bereich des Rechts gravierende, vielleicht nur schwer zu ertragende Konsequenzen hat. Denn der Rückzug auf die Auffächerung aller möglichen denkbaren Auslegungen gibt der Rechtspraxis auf den ersten Blick Steine statt Brot. Vielleicht nimmt sie ihr aber auch die Möglichkeit, sich unter bequemer Berufung auf wissenschaftliche Lehren, herrschende Meinungen in der Literatur und ähnliche Rechtfertigungsmuster der eigenen Verantwortung zu entziehen und zwingt sie dazu, die Rechtsentscheidung eines staatlichen Organs im konkreten Fall als das zu kennzeichnen, was diese im Kern immer war und ist: eine Entscheidung mit unweigerlich wertenden Elementen.

Literaturhinweise

Bjarup, Jes: *Skandinavischer Realismus. Hägerström – Lundstedt – Olivecrona – Ross,* Freiburg/Br. 1978.

Dreier, Horst: *Rechtslehre, Staatssoziologie und Demokratietheorie bei Hans Kelsen* (1986), 2. Auflage, Baden-Baden 1990.

Dreier, Horst: „Die Natürlichkeit des Menschen und die Künstlichkeit des Rechts", in: Hans Michael Baumgartner/Winfried Böhm/Martin Landauer (Hrsg.), *Streitsache Mensch – Zur Auseinandersetzung zwischen Natur- und Geisteswissenschaften,* Stuttgart–Düsseldorf–Leipzig 1999, S. 281-303.

Dux, Günter: *Die Logik der Weltbilder. Sinnstrukturen im Wandel der Geschichte,* Frankfurt/M. 1982.

Habermas, Jürgen: *Theorie des kommunikativen Handelns*, 2 Bände, Frankfurt/M. 1981.

Hallpike, Christopher R.: *Grundlagen primitiven Denkens*, Frankfurt/M. 1984.

Hofmann, Hasso: „Rechtsphilosophie", in: Peter Koslowski (Hrsg.), *Orientierung durch Philosophie*, Tübingen 1991, S. 118-145.

Jabloner, Clemens: „Bemerkungen zu Kelsens ‚Vergeltung und Kausalität', besonders zur Naturdeutung der Primitiven", in: Werner Krawietz/Ernst Topitsch/Peter Koller (Hrsg.), *Ideologiekritik und Demokratietheorie bei Hans Kelsen* (= *Rechtstheorie*, Beiheft 4), Berlin 1982, S. 47-62.

Kelsen, Hans: *Hauptprobleme der Staatsrechtslehre, entwickelt aus der Lehre vom Rechtssatze*, Tübingen 1911.

Kelsen, Hans: *Reine Rechtslehre. Einleitung in die rechtswissenschaftliche Problematik*, Leipzig–Wien 1934.

Kelsen, Hans: *Vergeltung und Kausalität. Eine soziologische Untersuchung*, The Hague–Chicago 1941 (ausgeliefert 1946); Neudruck mit einer Einleitung von Ernst Topitsch, Wien–Köln–Graz 1982.

Kelsen, Hans: *Reine Rechtslehre*. Mit einem Anhang: Das Problem der Gerechtigkeit. 2., völlig neu bearbeitete und erweiterte Auflage, Wien 1960.

Liszt, Franz v.: „Das ‚richtige Recht' in der Strafgesetzgebung", in: *Zeitschrift für die gesamte Strafrechtswissenschaft* 26 (1906), S. 553-557.

Oesterdiekhoff, Georg W.: *Kulturelle Bedingungen kognitiver Entwicklung*, Frankfurt/M. 1997.

Pachmann, Semen V.: *Über die gegenwärtige Bewegung in der Rechtswissenschaft*, Berlin 1882.

Rottleuthner, Hubert: *Rechtstheorie und Rechtssoziologie*, Freiburg/ Breisgau–München 1981.

Walter, Robert: *Hans Kelsens Rechtslehre* (= Würzburger Vorträge zur Rechtsphilosophie, Rechtstheorie und Rechtssoziologie, Heft 24), Baden-Baden 1999.

Wesel, Uwe: *Frühformen des Rechts in vorstaatlichen Gesellschaften*, München 1985.

MICHAEL THALER

DAS RECHTSDENKEN IM SPANNUNGSFELD VON ABSOLUTISMUS, RELATIVISMUS UND SKEPTIZISMUS[1]

Der Wertrelativismus der Wiener Schule[2] oder der Nonkognitivismus im Rahmen des Wiener Kreises[3] bieten ein reiches historisches Betätigungsfeld, auf dem sicherlich auch in Zukunft interessante Ergebnisse zu erwarten sind. Ich denke etwa an eine genaue begriffliche Klärung des Wertrelativismus von Kelsen, die der Auffächerung seines Denkens in verschiedene Bereiche und Entwicklungsstufen gerecht wird. Wenn ich mich im folgenden dieser Herausforderung dennoch nicht stellen werde, so geschieht das unter anderem aus der Überlegung heraus, dass nicht nur die Rechtsphilosophie, sondern auch die analytische Metaethik sich von den ursprünglichen Positionen von damals zum Teil sehr weit entfernt hat.

Ich brauche nur auf die Arbeiten von Dworkin über Objektivität im Recht,[4] auf Nagels Buch, *The Last Word*[5] oder auf den moralischen Realismus in der zeitgenössischen analytischen Moralphilosophie[6] zu verweisen.

Diese Entwicklung ist meines Erachtens bei einer Beurteilung der Positionen der Wiener Rechtstheoretischen Schule und des Wiener Kreises[7] mitzudenken und verlangt neben einer historischen Analyse

1   Der den folgenden Ausführungen zugrunde liegende Vortrag vom 30. Oktober 1999 geht auf Forschungen zurück, für deren großzügige Förderung ich dem Jubiläumsfonds der Österreichischen Nationalbank danke. Die Anregung, über Mittelpositionen in der zeitgenössischen philosophischen Debatte nachzudenken, verdanke ich Hilary Putnam.

2   Vgl. z.B. Kelsen, *Reine Rechtslehre*, Wien 1960, 65ff.

3   Vgl. etwa schon bei Carnap, „Überwindung der Metaphysik durch logische Analyse der Sprache", Erkenntnis 2 (1931), 237.

4   Vgl. Dworkin, „Objectivity and Truth: You'd Better Believe It", in: *Philosophy and Public Affairs* 25 (1996), 87. Vgl. dazu auch Stavropoulos, *Objectivity in Law,* Oxford 1996.

5   Vgl. Nagel, *The Last Word,* New York–Oxford 1997.

6   Vgl. etwa Sayre-McCord (Hrsg.), *Essays on Moral Realism,* Ithaca and London 1988 oder Schaber, *Moralischer Realismus,* München 1997 und die dort zitierte Literatur.

7   Zu einer Verbindung dieser beiden Tendenzen vgl. etwa Kelsen, „Value Judgments in the Science of Law", *Journal of Social Philosophy and Jurisprudence* 7 (1942), 312. Der Aufsatz geht auf einen Vortrag zurück, den Kelsen auf dem Sechsten Internationalen Kongress für Einheitswissenschaft in Chicago 1941 gehalten hat. Vgl. dazu Stadler, *Studien zum Wiener Kreis: Ursprung, Entwicklung und Wirkung*

vor allem eine philosophische Antwort. Genau dieser Aufgabe will ich
mich im folgenden zuwenden. Ich will versuchen, in dem durch die
besagte Entwicklung abgesteckten Spannungsfeld eine philosophische
Positionierung zu skizzieren.

Mein Ausgangspunkt ist die Vielfalt der Rechtsmeinungen, ein
Problem, das sich als Pluralismus-Problem mutatis mutandis auch etwa
in der Ethik zeigt. Das Problem wirft eine Reihe von Fragen auf. Ist
das Problem nicht weiter beunruhigend, weil es trotz der Vielzahl der
Kandidaten immer nur eine richtige Meinung gibt oder weist die Vielzahl der Meinungen darauf hin, dass die Richtigkeit nur relativ zu dem
jeweiligen Standpunkt behauptet werden kann? Oder sollte man überhaupt noch weiter gehen und jeder einen Norm- oder Wertbereich
betreffenden Meinung absprechen, richtig oder falsch sein zu können?

Um mein Problem zu veranschaulichen, gehe ich von einem imagi-
nären Dialog zwischen zwei Juristen aus. Der eine gehört der strengen
Schule an, die auf Rechtssicherheit und Überprüfbarkeit bedacht ist,
und die mit einer flexiblen Schule im Streit liegt, die vor allem die
Einzelfallgerechtigkeit im Auge hat, der wiederum der andere Jurist
angehört. Bei diesem Dialog zwischen dem strengen und dem flexiblen Juristen geht es um die Frage, ob eine bestimmte Rechtsregel
extensiv oder restriktiv auszulegen sei. Der strenge Jurist geht von
einer restriktiven Interpretation aus und gelangt damit zu dem Ergebnis, dass ein bestimmter Akt, der sich auf die in Rede stehende
Rechtsregel stützt, rechtswidrig sei. Dem widerspricht der flexible
Jurist, der von einer weiten Auslegung ausgeht, die es ihm ermöglicht,
den besagten Akt als rechtmäßig zu qualifizieren. Die beiden stellen
sich die Frage, wer recht habe, bzw. welche Auslegung die Richtige
sei. Ist es richtig, den Akt als rechtswidrig zu qualifizieren, oder trifft
die Einschätzung als rechtmäßig im Gegenstand zu? Auch bei der
Beantwortung dieser Frage stimmen die beiden Juristen nicht überein.
Der strenge Jurist vertritt die Ansicht, dass es im konkreten Fall nur
eine einzig richtige Auslegung geben könne und fügt in nicht unerwar-
teter Weise hinzu, dass diese einzig richtige Auslegung seine rechtliche Qualifizierung des Aktes darstelle. Dem widerspricht der flexible
Jurist mit der These, dass die Richtigkeit der rechtlichen Qualifizierung
des Aktes davon abhänge, welchen Standpunkt man einnehme. Aus
der Sicht der strengen Schule sei der Akt rechtswidrig, aus jener der
flexiblen Schule aber rechtmäßig. Eine Richtigkeit unabhängig von den

---

des Logischen Empirismus im Kontext, Frankfurt am Main 1997.

beiden oder irgendeinem anderen Standpunkt, der im Gegenstand vorgebracht werden könnte, gebe es nicht. Der strenge Jurist erscheint verblüfft über diese Meinung. Also sei er, der flexible Jurist, nicht der Meinung, dass seine Meinung richtig, die des strengen Juristen aber verfehlt sei? Wenn aber die Meinung des strengen Juristen nicht falsch sei, so müsse sie richtig sein. Der flexible Jurist kann sich dem nicht anschließen. Aus der Tatsache, dass eine Rechtsmeinung aus der Sicht der strengen Schule richtig sei, folge nicht, dass eine gegenteilige Rechtsansicht falsch sein müsse.

Die beiden stimmen also weder auf der Objektebene, hinsichtlich der Frage, ob der Akt rechtmäßig oder rechtswidrig sei, noch auf der Metaebene, hinsichtlich der Frage, ob es eine einzig richtige Auslegung bzw. Qualifizierung des Aktes auf der Objektebene gebe, überein. Der Jurist, der sich auf der Objektebene zur strengen Schule bekennt, ist auf der Metaebene Absolutist. Sein Gesprächspartner, auf der Objektebene ein flexibler Jurist, vertritt auf der Metaebene einen relativistischen Standpunkt. Mein Beispiel ist bewusst so gewählt, dass die hier dargestellten Kombinationen sich nicht mit der Juristentypologie decken, von der man oft, etwa auch in Österreich ausgeht.[8] Der strenge Jurist und Absolutist könnte nun geneigt sein, den flexiblen Juristen und Relativisten auf folgenden Schwachpunkt seiner Position aufmerksam zu machen. Wenn man davon ausgehe, dass die Richtigkeit einer Rechtsansicht vom jeweiligen Standpunkt abhängig sei, so setze man offensichtlich voraus, dass der Relativismus richtig sei und zwar unabhängig vom jeweiligen Standpunkt. Er, der strenge Jurist, gehe als Absolutist ja zum Beispiel von einem anderen Standpunkt aus, der aus der Meinung der Relativisten verfehlt sei. Der Relativist verwickle sich also unweigerlich in einen performativen Widerspruch.[9]

Dasselbe könne von ihm, dem strengen Juristen, nicht gesagt werden. Er sei der Meinung, dass sein Absolutismus unabhängig von bestimmten Standpunkten richtig sei, was durchaus mit dem von ihm vertretenen Absolutismus im Einklang stehe.

---

8 Vgl. als Beispiel die Kritik von Walter/Mayer, *Grundriß des österreichischen Bundesverfassungsrechts*, Wien 1996 an der Judikatur des österreichischen Bundesverfassungsgerichtshofs.

9 Vgl. etwa die vielfältigen Hinweise bei Putnam, etwa in *Reason, Truth and History*, Cambridge 1981, 119ff. Putnam unterzieht aber auch den Absolutismus als „God's-Eye View" einer vernichtenden Kritik (vgl. etwa *Realism with a Human Face*, Cambridge, Mass. 1990, 3ff.).

Er wisse schon, dass er, der Relativist, ihn für engstirnig und intolerant halte, weil er sich im Besitze der wahren Lehre wähne, dem könne er aber entgegenhalten, dass sein Standpunkt konsistent sei, was man vom relativistischen Standpunkt seines Gesprächspartners nicht sagen könne.

Nehmen wir an, dass, wie es unter Juristen häufig vorkommt, sich in dieses Gespräch ein dritter Jurist mit einer weiteren Meinung einmengt. Dieser Jurist habe einige Jahre an der Harvard Law School studiert, wo er sich gewissen Tendenzen der Critical Legal Studies Bewegung[10] nicht habe entziehen können. Dieser Jurist nun sei bemüht, dem bedrängten Relativisten beizuspringen. Er wirft dem Relativisten vor, dass diese Schwierigkeiten sich für ihn nur ergeben, weil er nicht konsequent genug sei. Er setze dem Richtigkeitskriterium des Absolutismus seine These entgegen, dass die Richtigkeit nicht unabhängig von einem Standpunkt sei. Man müsse einen Schritt weitergehen und sich mit dem Ergebnis abfinden, dass für den Bereich des Rechtsdenkens überhaupt kein Richtigkeitskriterium zur Verfügung stehe. Man müsse die interne Sicht des Rechtsdenkens zugunsten einer rein externen Betrachtung des Rechts aufgeben. Aus dieser Sicht stelle sich nicht die Frage, ob ein bestimmter Akt, wenn man ihn unter eine Rechtsregel subsumiert, rechtswidrig ist oder nicht, sondern nur, ob die Mitglieder einer Gesellschaft einen Akt als rechtswidrig bewerten. Das sei keine Rechts-, sondern eine Tatsachenfrage, die nicht anhand einer Regel, sondern nur durch Beobachtung der konkreten Machtverhältnisse in dieser Gesellschaft beantwortet werden könne. Gelangt man aufgrund einer solchen Untersuchung zu dem Ergebnis, dass die Mitglieder einer bestimmten Gesellschaft einen bestimmten Akt als rechtmäßig erachten, so kann diese Behauptung richtig, aber auch falsch sein. Man habe das Richtigkeitskriterium also nur für das Rechtsdenken bzw. die interne Betrachtung den Rechts, nicht aber auch für dessen externe Betrachtung aufgegeben. Nur für diese Betrachtung habe es seine Berechtigung.

Was gegen diesen Rettungsversuch spricht, ist nicht nur, dass auf epistemologischer Ebene die Berechtigung des Rechtsdenkens geleugnet wird, sondern dass sich auch die ontologische Basis dieses Denkens, das Recht, in Machtverhältnisse auflöst. Es fragt sich daher,

---

10   Vgl. etwa Boyle (Hrsg.), *Critical Legal Studies*, New York 1994 oder Hutchinson (Hrsg.), *Critical Legal Studies*, Totowa 1989. Zu einer kritischen Auseinandersetzung mit dieser Bewegung vgl. Altman, *Critical Legal Studies. A Liberal Critique*, Princeton 1990.

ob nicht eine Mittelposition denkbar wäre, die die drei hier skizzierten Extrempositionen – Absolutismus, Relativismus und Skeptizismus – vermeidet, zugleich aber den wahren Kern dieser Positionen bewahrt. Man könnte die Frage auch anders formulieren: Lässt sich die interne Sicht des Rechtsdenkens beibehalten, ohne dass sich entweder ein Jurist als im Besitz der wahren Lehre ansieht, oder sich in performative Widersprüche verwickelt. Der strenge Jurist, der den Akt als rechtswidrig ansieht, betrachtet diese Qualifikation als die einzig richtige, und er geht auch davon aus, dass die These, wonach es nur eine einzig richtige Ansicht gibt, selber die einzig richtige Position ist. Objekt-, Meta- und Metametaebene stützen scheinbar einander und bilden einen konsistenten Standpunkt. Dieser Standpunkt besteht im wesentlichen aus zwei Komponenten: am Festhalten an einer objektiven Richtigkeit und aus dem Anspruch angeben zu können, was inhaltlich gesehen richtig ist. Die bisherige Debatte hat gezeigt, dass ein Abgehen von der objektiven Richtigkeit die Gefahr in sich birgt, sich in Widersprüche zu verwickeln. Dieses Ergebnis darf aber nicht überbewertet werden, in dem Sinne etwa, dass man nun behaupten könne, der Absolutismus wäre damit bewiesen.

Nehmen wir zum Beispiel an, der Relativist vertrete keinen universellen Relativismus, sondern nur einen Relativismus für einen bestimmten Bereich. Er vertritt zum Beispiel auf der Objektebene den Standpunkt, dass der Rechtsakt rechtmäßig sei. Was die Metaebene anlangt, ist er der Meinung, dass es hier keine einheitlichen Richtigkeitskriterien gebe, sondern dass in der Rechtsgemeinschaft, in der man lebe, eben zwei Rechtsschulen mit unterschiedlichen Richtigkeitskriterien koexistieren. Auf der Metametaebene schließlich vertritt er den Standpunkt, dass es in dieser Situation abzulehnen sei, wenn jede Seite sich in dem Besitz der wahren Lehre wähne und die Meinung der anderen Seite damit vom Tisch wische, da damit die Situation nicht zur Kenntnis genommen werde. Man müsse den Dualismus zur Kenntnis nehmen, was auch den Vorteil habe, einen zur Tolerierung des anderen Standpunktes anzuhalten, auch wenn man ihn nicht teilen könne. Aus dieser Sicht der Metametaebene sei die auf der Metaebene formulierte relativistische These richtig. Dieses Zugeständnis an den Absolutismus auf der Metametaebene verwickelt den flexiblen Juristen nicht in performative Widersprüche, da er nicht von einem Relativismus ausgeht, der für alle Ebenen Geltung beansprucht. Er vertritt auf der Metaebene eine relativistische Position nur für einen bestimmten Bereich, nämlich für die Objektebene, und kann daher auf der Metametaebene von der objektiven Richtigkeit der relativistischen

Position auf der Metaebene ausgehen, ohne sich in performative Widersprüche zu verwickeln.

Diese Position ist zwar konsistent, hat aber den Fehler, dass sie von vornherein ausschließt, dass sich der Streit zwischen den beiden juristischen Schulen argumentativ entscheiden lässt. Beide Seiten verharren gleichsam in ihren starren Positionen. Eine Entwicklung und ein Lernprozess im Wege des gemeinsamen Dialogs erscheint ausgeschlossen. Der Dualismus schützt hier in gewisser Weise die Starrheit der beiden Positionen. Der Dialog wird in einem gewissen Stadium eingefroren.

Derselbe Vorwurf gilt mutatis mutandis für die Position des strengen Juristen. Ist der flexible Jurist Dualist, oder im Falle mehrerer Meinungen Pluralist, so ist er, der strenge Jurist, Monist. Für ihn gibt es nur eine richtige Meinung, die er mit seiner eigenen gleichsetzt. Dadurch wird seine Meinung als die einzig richtige inhaltlich zementiert. Die Gegenmeinung wird als verfehlt vom Tisch geschoben. Auf diese Weise wird der Dialog zwischen den beiden Schulen entweder von Anfang an gestoppt, oder, wenn man immerhin bereit zu Gesprächen ist, wird diesen kein Einfluss auf die Entwicklung der eigenen Meinung eingeräumt.

Monismus wie Dualismus oder Pluralismus geben dem Dialog zwischen den beiden keine Chance, auf die eigene Meinung einzuwirken und trennen damit den Dialog von der Rechtsentwicklung. Wenn es zu einer Rechtsentwicklung kommt, dann vielleicht deshalb, weil der Rechtssetzer sich der extensiven oder der restriktiven Lesart anschließt und dies explizit zum Ausdruck bringt. Eine Rechtsentwicklung, bei der der Dialog der Juristen untereinander und der damit verbundene Lernprozess eine Rolle spielt, erscheint aber ausgeschlossen. Das ist der Punkt, wo eine Mittelposition sich abzuzeichnen beginnt. Geht man davon aus, dass der Dialog der Juristen untereinander und der damit verbundene Lernprozess eine Rechtstradition begründet und am Leben erhält, so müssen ihm Auswirkungen auf die Rechtsentwicklung eingeräumt werden. Aus dieser Sicht spricht für den Monismus sein Festhalten an einer objektiven Richtigkeit, da sich ohne dem jeder Dialog erübrigen würde. Was gegen ihn spricht, ist die Zementierung einer bestimmten Ansicht als der einzig richtigen, da dies dazu führt, dass gegenteilige Standpunkte damit als verfehlt vom Tisch gewischt werden und eine Diskussion über ihre allfälligen Meriten erst gar nicht in Gang kommen kann. Für den Dualismus spricht seine Tolerierung des anderen Standpunktes, die eine Voraussetzung jedes Dialogs darstellt. Er würgt die Debatte allerdings durch seinen

Relativismus wieder ab. Die Richtigkeit der anderen Meinung ist abhängig vom jeweils vertretenen Standpunkt. Teilt man den Standpunkt
seines Gegenübers nicht, so erübrigt es sich, weiter über die vorge-
brachte Meinung nachzudenken. Man wendet sich achselzuckend ab.
Damit gelingt es nicht nur, die eigene Meinung vor den Argumenten
des anderen zu schützen und damit zu konservieren, sondern die an-
fängliche Toleranz entpuppt sich auch als Gleichgültigkeit. Beides – die
Immunisierung und Konservierung des eigenen Standpunktes sowie
die Gleichgültigkeit gegenüber den Argumenten des anderen verhin-
dert den Dialog.

Ausgehend von dieser Überlegung lässt sich die Mittelposition als
im wesentlichen aus zwei Elementen bestehend charakterisieren. Man
hält an der objektiven Richtigkeit fest, vermeidet aber, dies für die
Zementierung der eigenen Ansicht zu nützen. Die Zustimmung kann
dadurch erfolgen, dass man das Richtigkeitskonzept inhaltlich mit der
eigenen Ansicht auffüllt bzw. unlöslich verknüpft. Die objektive oder
relative Richtigkeit einer bestimmten Rechtsansicht gibt dem Inhalt
dieser Ansicht eine definitive Form, die jede weitere Entwicklung der
Ansicht ausschließt. Was hier grob als Dialog bezeichnet wurde, ist
vielmehr ein offener Prozess, bei dem man die endgültige Richtigkeit
einer Ansicht nicht erwarten darf. Das hindert nicht, dass man vorläufig von der Richtigkeit der eigenen Ansicht ausgehen kann. Diese
Richtigkeit ist aber nur ein Zwischenergebnis in einem Prozess, der
niemals abgeschlossen ist.

Zu welchen Ergebnissen gelangt man, wenn man sich aus der
Sicht dieser Mittelpositionen in das Gespräch zwischen dem strengen
und dem flexiblen Juristen einschaltet? Der Vertreter der Mittelposition, hier als evolutionistischer Jurist bezeichnet, stimmt etwa dem
flexiblen Juristen zu. Er meint auch, dass die in Rede stehende Regel
extensiv auszulegen und daher der gegenständliche Akt als rechtmäßig zu qualifizieren ist. Obwohl er diese Rechtsansicht auf der Objektebene vertritt, teilt er auf der Metaebene die Meinung des strengen
Juristen und Absolutisten, dass es eine objektiv richtige Meinung gibt.
Er ist bereit, vorläufig davon auszugehen, dass die objektiv richtige
Meinung vom flexiblen Juristen vertreten werde. Diese Modifikation
ist wesentlich. Er erachtet sich nicht in der Lage, ein endgültiges Urteil
abzugeben, muss sich also vorbehalten, im Licht besserer Argumente
seine Meinung zu ändern. Die Qualifizierung einer Meinung als richtig
beendet nicht die Diskussion sondern ist nur ein vorläufiges Zwischenergebnis. Auf der Metametaebene vertritt der Evolutionist den Standpunkt, dass das Festhalten an einer objektiven Richtigkeit bei gleich-

zeitiger Offenhaltung des Prozesses des Rechtsdenkens ihm vorläufig
als richtig erscheint. Jedenfalls habe er bis jetzt keinen Ansatz kennen
gelernt, den er dieser Position vorziehen würde.

Damit dürfte die Mittelposition des evolutionistischen Juristen
jedenfalls skizzenhaft von der absolutistischen des strengen Juristen,
sowie der relativistischen des flexiblen Juristen abgegrenzt sein. Wie
verhält sie sich aber zu der des Skeptikers? Für den Skeptiker gibt es
im Rahmen der internen Betrachtung des Rechts bzw. des Rechtsdenkens keine objektive Richtigkeit. Eine solche objektive Richtigkeit
könne nur einer externen Betrachtung zugesprochen werden. Dieser
Behauptung kann der Evolutionist seine Mittelposition entgegensetzen.
Was zeigt sie dem Skeptiker? Sie zeigt ihm zum einen, dass ein Pluralismus von Meinungen im Rechtsdenken nicht unbedingt zur Aufgabe
des Richtigkeitskonzepts für diesen Bereich führen muss. Beides, der
Pluralismus von Meinungen sowie das Richtigkeitskonzept sind die
Voraussetzungen dafür, dass ein Dialog zwischen den Juristen zustande kommt und im Gang bleibt. Das Vorhandensein dieser beiden Elemente im Rechtsdenken spricht nicht, wie der Skeptiker meint, gegen,
sondern vielmehr für die Möglichkeit eines Rechtsdenkens.

Genauso wenig wie der Pluralismus von Rechtsmeinungen zur
Aufgabe des Richtigkeitskonzepts im Bereich des Rechtsdenkens führen muss, folgt aus einem Festhalten am Richtigkeitskonzept im
Rechtsdenken, dass damit bestimmte Rechtsinhalte als ein für allemal
vorgegeben und damit als für jedermann erkennbar angesehen werden
müssten. Auch wenn ich an der objektiven Richtigkeit im Rechtsdenken festhalte, muss das nicht zur Konsequenz haben, dass die als richtig ausgezeichneten Rechtsansichten oder Werturteile zu einer starren
Rechtsrealität verabsolutiert werden. Dem Skeptizismus wird damit
der Boden entzogen, auf dem er seine These von der externen Betrachtung als der einzig möglichen Betrachtungsweise, die mit einem
Richtigkeitskonzept kompatibel ist, aufbaut.

In diesem Zusammenhang ist noch ein kleiner Exkurs vonnöten.
Wenn der Skeptiker davon ausgeht, dass es im Rahmen einer internen
Betrachtung des Rechts bzw. des Rechtsdenkens keine objektive
Richtigkeit geben könne, da eine solche nur einer externen Betrach-
tung des Rechts zugesprochen werden könne, so geht er von der
Richtigkeit seines Standpunktes aus. Verallgemeinert man aber die
skeptische Position auf sämtliche Norm- und Wertbereiche, d.h. for-
dert man eine rein externe Betrachtungsweise für sämtliche Norm- und
Wertbereiche, so kann man auf die Frage, wieso man eine solche rein
externe Betrachtung als die einzig richtige erachte, nicht argumentativ

eingehen, sondern bloß die externe Stellungnahme abgeben, dass man eben diese Meinung vertrete. Man kann ergänzend Ursachen, nicht aber Gründe dafür angeben, weil man das Richtigkeitskonzept im Grunde aufgegeben hat. Das weist darauf hin, dass eine externe Betrachtung niemals zur Gänze eine interne Betrachtung verdrängen kann. Ähnliches zeigt sich zum Beispiel auch beim Wertfreiheitsproblem.[11] Es spricht nichts dagegen, dass auf der Objektebene geäußerte Werturteile auf der Metaebene wertfrei betrachtet werden. Das setzt aber auf der Metaebene ein Bekenntnis zur wertfreien Betrachtung der Objektebene mithin ein Werturteil voraus. Weitet man diese Position zu einem Bekenntnis zur wertfreien Betrachtung sämtlicher Norm- und Wertbereiche aus, verwickelt man sich damit in einen performativen Widerspruch.

Dem radikalen Skeptiker ergeht es so gesehen nicht besser als dem Relativisten. Der gemäßigte Skeptiker wiederum begeht den Fehler, dass er zu schnell verzagt und die interne Betrachtung zugunsten einer ausschließlich externen Betrachtung etwa des Rechtsbereiches aufgibt. Er sieht sich vor die Alternative gestellt, entweder die objektive Richtigkeit im Rahmen einer internen Betrachtung zu akzeptieren, oder aber die Richtigkeit im Interesse der Beibehaltung der internen Betrachtung zu relativieren. Die erste Möglichkeit lehnt er ab, weil sie seiner Meinung nach dazu führt, dass Rechtsansichten zu einer Rechtsrealität verabsolutiert werden. Er lehnt die dahinterstehende Tendenz als dogmatisch und unwissenschaftlich ab. Der zweiten Möglichkeit kann er zwar keinen Dogmatismus, wohl aber performative Widersprüche vorwerfen. Von daher gelangt er zu dem Schluss: Bekenne man sich zu einer undogmatischen, konsistenten Betrachtungsweise, so komme nur eine externe Betrachtung für diesen Bereich in Frage.

Bei genauerer Betrachtung zeichnet sich eine andere Mittellösung ab, die einerseits am Richtigkeitskonzept festhält, andererseits auf eine interne Betrachtung nicht verzichten will. Der Absolutismus wurde hier auch als Monismus, der Relativismus als Dualismus oder als Pluralismus bezeichnet. Grenzt man die Mittelpositionen ab, so könnte man den Evolutionismus als einen offenen oder dynamischen Monismus bezeichnen. Er vermeidet eine endgültige Verquickung der objek-

---

11 Vgl. z.B. Albert/Topitsch (Hrsg.), *Werturteilsstreit*, Darmstadt 1979. Wie wichtig es ist, bei der Wertfreiheitsfrage zwischen den unterschiedlichen Ebenen der Betrachtung zu unterscheiden vgl. Albert, *Traktat über kritische Vernunft*, Tübingen 1969, 62ff.

tiven Richtigkeit mit bestimmten Inhalten, sondern sieht das, was er als richtige Meinung betrachtet, bloß als Zwischenergebnis in einem offenen Prozess an. Der offene oder dynamische Charakter dieses Monismus unterscheidet sich insofern von den beiden anderen Positionen, als diese im wesentlichen statisch sind. Der Absolutist zementiert eine bestimmte inhaltliche Position, indem er sie zu einer Realität verabsolutiert und auch der Relativist vertritt im wesentlichen einen statischen Ansatz, weil er von bestimmten starren Positionen nicht abweichen will und daher in einen Relativismus flüchtet.

Fasst man zusammen und überträgt man mutatis mutandis das bisherige Ergebnis auch auf den Bereich der Ethik, so gelangt man zu folgendem Ergebnis: Beides – Absolutismus wie Relativismus – sind im Grunde untaugliche Versuche, mit der Vielfalt der Meinungen in Norm- und Wertbereichen zurechtzukommen. Es ist falsch, die Meinungsvielfalt im Rahmen eines starren Monismus vom Tisch zu wischen, aber auch falsch, den aus der Vielfalt resultierenden Pluralismus im Rahmen des Relativismus zu zementieren, statt die Vielfalt für einen offenen Lernprozess zu nützen, der darauf abzielt, richtigen Ergebnissen näher zu kommen. Beide Haltungen sind vielleicht verfehlt, aber menschlich verständlich. Hinter beiden Haltungen steht, wie so oft bei philosophischen Positionen, der Wunsch nach Absicherung. Der offene oder dynamische Monismus bzw. die hier vorgestellte evolutionistische Position ist der Versuch, aus der Not eine Tugend zu machen, d.h. statt den Verlust an Sicherheit zu beklagen, sich dem offenen Lernprozess zu stellen, in dem Bemühen, einem richtigen Ergebnis näher zu kommen. Dieses Unterfangen ist zwar mit der Gefahr von Rückschlägen behaftet, die aber im Interesse einer Verfeinerung nicht nur des Rechtsdenkens, sondern auch der Ethik in Kauf genommen werden sollten. Die Verfeinerung auf diesen Reflexionsebenen kann wiederum auf das gesellschaftliche Leben zurückwirken und sich in zivilisatorischen Fortschritten niederschlagen. Damit soll angedeutet werden, dass es sich hier nicht um eine Frage bloß theoretischer Positionierung, sondern um ein Problem mit weitreichenden existenziellen Konsequenzen handelt.[12]

---

12   Man kann in diesem Zusammenhang etwa auf die Diskussion um die ethische Einschätzung der Menschenrechte sowie die universelle oder bloß lokale Geltung dieser Bewertung verweisen. Der Absolutist etwa in Gestalt eines Vertreters der Aufklärung ist Universalist, der davon ausgeht, dass die Menschenrechte und die Einsicht in diese dem Menschen angeboren seien. Der Relativist vertritt einen lokalistischen Standpunkt und kann in Gestalt etwa eines Vertreters einer

eigenständigen asiatischen Entwicklung oder eines westlichen Relativisten auftreten. Beide betrachten den Universalismus als einen westlichen Hegemonialanspruch, den es abzulehnen gelte. Aus der Sicht einer jeweils anderen Gesellschaft ergebe sich ein jeweils anderer Standpunkt zu den Menschenrechten. Ein westlicher Skeptiker würde dem zustimmen und hinzufügen, dass es im Gegenstand nur um einen vorgeschobenen ethischen Standpunkt gehe, hinter dem sich die Durchsetzung machtpolitischer Interessen des Westens verberge. Dem könnte aus der Sicht des hier vertretenen vermittelnden Standpunktes entgegengehalten werden, dass die Einsicht in die Bedeutung der Menschenrechte eine zivilisatorische Errungenschaft sei, die auf einen langen Lernprozess zurückgehe, an dem verschiedene Kulturen beteiligt gewesen seien. Verschiedene Kulturen lernten voneinander und da im konkreten Fall der Lernprozess im Westen möglicher Weise am weitesten fortgeschritten sei, dürfe man sich gegen die Übernahme dieser zivilisatorischen Errungenschaft nicht dadurch immunisieren, dass man sie als „westlich" und damit für andere Gesellschaften nicht geeignet abstemple. Der zivilisatorische Prozess sei in gewisser Weise Gemeingut aller Menschen, der daher auch allen Gesellschaften prinzipiell zur Teilnahme offen stehe. Geht man von dieser Offenheit aus, so befruchten sich unterschiedliche Gesellschaften untereinander im Interesse gemeinsamer zivilisatorischer Fortschritte.

HEINZ MAYER

RECHTSTHEORIE UND RECHTSPRAXIS

Einleitung

Wie jede Theorie musste und muss sich auch die Reine Rechtslehre
der Frage nach ihrem praktischen Nutzen stellen, m.a.W.: Was kann
der an der Theorie der Reinen Rechtslehre geschulte Praktiker „besser"
als einer, an dem diese Theorie keine Spuren hinterlassen hat? Was
nützt es dem vom Wirken des Praktikers – der Einfachheit halber stellen wir uns den Richter vor – Betroffenen, wenn er eine Entscheidung
erhält, die von den Ideen der Reinen Rechtslehre geprägt ist?

Hans Kelsen selbst liefert mit den ersten Zeilen der *Reinen Rechtslehre* die ebenso grundlegende wie einfache Antwort: die „Reine
Rechtslehre" sei, so heißt es dort, „eine Theorie des positiven Rechts
... eine Theorie der Interpretation"; als „rein" werde sie deshalb bezeichnet, „weil sie nur eine auf das Recht gerichtete Erkenntnis sicher-
stellen und ... aus dieser Erkenntnis alles ausscheiden möchte, was
nicht zu dem exakt als Recht bestimmten Gegenstande gehört".[1] *Kelsen* sieht also seine Theorie als Erkenntnistheorie, die ihren Gegenstand exakt zu bestimmen habe. Er greift damit freilich nur eine Einsicht auf, die ein anderer bedeutender Rechtslehrer der Wiener Schule
schon im Jahre 1916 formuliert hat. *Adolf Julius Merkl* schrieb damals
in seiner Abhandlung „Zum Interpretationsproblem":[2]

Die Auslegung selbst aber ist ... nichts als Sache der Rechtswissenschaft – und umgekehrt ist diese wieder nichts als Rechtsauslegung.

Man könnte nun – kehrt man zu den eingangs gestellten Fragen
zurück – glauben, die Antworten auf sie gefunden zu haben; die Reine
Rechtslehre nützt dem Praktiker und damit letztlich auch der Gesellschaft, als sie dazu beiträgt, dass die Rechtsregeln möglichst exakt
umgesetzt werden. Wären da freilich nicht kritische Stimmen in der
Literatur, die in einem merkwürdigen Gegensatz zu der von *Kelsen*

---

1   Hans Kelsen, *Reine Rechtslehre*, 1. Auflage (1934), 1; wörtlich gleichlautend
     in der 2. Auflage, 1.

2   Merkl, „Zum Interpretationsproblem", *GrünhZ* 1916, 535ff.; neu abgedruckt in:
     Klecatsky/Marcic/Schambeck (Hrsg.), *Die Wiener Rechtstheoretische Schule* I
     (1968), 1059, hier: 1063.

selbst vorgenommenen Qualifikation seiner Theorie als „Theorie der
Interpretation" stehen. So schreibt etwa *Michael Thaler*, „daß die
Reine Rechtslehre überhaupt die Möglichkeit ,rechtswissenschaftlicher'
Interpretation leugnet", relativiert diese Aussage aber wenige Zeilen
später wenn er unter Bezugnahme auf andere Stellen von *Kelsen*
schreibt, dass eine rechtswissenschaftliche Interpretation „scheinbar
... doch für möglich gehalten" wird.[3] Schärfer formuliert *Robert Walter*, wenn er zur Reinen Rechtslehre und einem weiteren einschlägigen
Aufsatz von *Kelsen*[4] schreibt, dass von einer „Theorie der Interpretation oder von einer Behandlung von Interpretationsmethoden keine
Rede sein" könne.[5]

Was nun hier als diametral gegensätzlich erscheint, ist freilich kein
Widerspruch in der Sache, sondern bloß das Ergebnis unterschiedlicher Begriffsverwendung; wenn *Kelsen* und *Merkl* Rechtswissenschaft
und Interpretation gleichsetzen, dann verwenden sie den Begriff „Interpretation" in einer anderen – viel weiteren – Bedeutung als die moderne Rechtswissenschaft, von deren Verständnis *Walter* und *Thaler*
ausgehen. Hier wird mit „Interpretation" im wesentlichen der Teil der
allgemeinen Rechtslehre umschrieben, der die so genannten Ausle-
gungsmethoden und ihr Verhältnis zueinander behandelt. Die moderne
Rechtslehre siedelt dabei den Vorgang, den sie als „Interpretation"
bezeichnet, in der Nähe der Rechtsanwendung an. Sie erfasst die
juristische Tätigkeit, die die Vollziehung – im weitesten Sinn verstanden – begleitet.

Der Gegenstand der Rechtswissenschaft

Diese unterschiedliche Begriffsverwendung wäre als solche nicht weiter von Bedeutung; eine nähere Betrachtung zeigt aber, dass die Iden-
tifikation von Rechtswissenschaft und Interpretation, wie sie besonders bei *Merkl* deutlich wird, ein zentrales Anliegen der Reinen Rechtslehre deutlich zu machen versucht: Das ist die scharfe Betonung der
Beschränkung der Rechtswissenschaft auf ihren Gegenstand, das

---

3   Thaler, *Mehrdeutigkeit und juristische Auslegung* (1982), 18, Anm. 39; vgl.
    auch Anm. 38.

4   Kelsen, „Zur Theorie der Interpretation", *Internationale Zeitschrift für die
    Theorie des Rechts* VIII, 1934, 9.

5   Walter, „Das Auslegungsproblem im Lichte der Reinen Rechtslehre", *FS Klug*
    (1983), 189.

positive Recht. Alles, was nicht Bestandteil des positiven Rechts ist, ist aus der Rechtswissenschaft zu entfernen, hat *Kelsen* als „methodisches Grundprinzip" bezeichnet und nur eine solche Rechtslehre als „rein" qualifiziert.[6] Man könnte nun geneigt sein, solche Bemühungen als trivial anzusehen; was sonst als das Recht soll eine Rechtswissenschaft untersuchen? Ist *Merkls* mit Nachdruck betonte Aussage, die Rechtswissenschaft sei „nichts als Rechtsauslegung", nicht bloß eine Selbstverständlichkeit?

Man muss bedauerlicherweise eingestehen, dass dem nicht so ist. Wenn *Kelsen* vor Jahrzehnten beklagte, dass die traditionelle Rechtswissenschaft völlig kritiklos den ihr aufgegebenen Gegenstand transzendiere und sich mit „Psychologie und Soziologie, mit Ethik und politischer Theorie" vermenge,[7] so muss man – betrachtet man die moderne Rechtswissenschaft – feststellen, dass sich daran bis heute nicht viel geändert hat. Im Grunde genommen hat sich die Rechtswissenschaft zwar immer mit dem positiven Recht beschäftigt und tut dies auch heute. Es fiel und fällt ihr aber stets schwer, sich auf diesen Gegenstand zu beschränken. Die Versuchung, in die Erkenntnis des Rechts eigenes politisches Wollen einfließen zu lassen und das als wissenschaftliche Erkenntnis auszugeben, was den eigenen Wertungen entspricht, und so anstatt das Recht zu erkennen, dieses zu gestalten war, und ist groß.[8] Die Rechtswissenschaft war und ist stets von der Gefahr bedroht, dass sie statt Erkenntnissen gefällige Theorien zu liefern bestrebt ist; dabei ist gleichgültig, wem diese Theorie gefällig wird. Ob es die eigenen subjektiven Werthaltungen, die der „schon in der Herrschaft Sitzenden" oder die der erst „zur Herrschaft Drängenden"[9] sind, ist einerlei. Ich denke mit großem Unbehagen an die möglichen Antworten, die ich von manchen Vertretern der heutigen Rechtswissenschaft auf die Frage nach dem Gegenstand ihrer Wissenschaft zu hören bekäme; oft wäre die Reaktion wohl auch völlige Verständnislosigkeit.

Die leidenschaftlichen Kontroversen um die Reine Rechtslehre nehmen – bringt man sie auf den Punkt – auch hier ihren Ausgang. Da das positive Recht Interessen und Macht ordnet, ist jede Rechtser-

---

6   Kelsen, *Reine Rechtslehre*[2] (1960), 1.

7   Kelsen, *Reine Rechtslehre*[2] (1960), 1.

8   Vgl. dazu mit näheren Beispielen aus dem Bereich der Verfassungsrechtswissenschaft Mayer, „Verfassungsrecht und Verfassungsrechtswissenschaft", in: Noll (Hrsg.), *Die Verfassung der Republik* (1997), 63.

9   Kelsen, *Reine Rechtslehre* (1934), Vorwort.

kenntnis stets auch eine Antwort auf individuelle oder gesellschaftliche Machtfragen. Eine Rechtstheorie, die fordert, sich auf Erkenntnis
des positiven Rechts zu beschränken und auf einen Gestaltungsan-
spruch zu verzichten, löst – nicht unverständlicherweise – Abwehr und
Widerstand aus. Gleichwohl ist daran unverbrüchlich festzuhalten.
Dass die Rechtswissenschaft ihren Gegenstand exakt zu bestimmen
und sich auf diesen zu beschränken hat, ist eines der zentralen Elemente der Reinen Rechtslehre. Wer diese These nicht teilt, steht zur
Reinen Rechtslehre in einem unüberbrückbaren Gegensatz.

Damit stellt sich freilich die Frage, was denn der Gegenstand der
Rechtswissenschaft ist? Auch damit ist ein Punkt angesprochen, der
zu tiefgreifenden Auffassungsunterschieden Anlass gibt. Geht es doch
dabei um die fundamentale Frage: Was ist Recht?

Es gibt wohl nur wenige Fragen, die den Menschen inniger berüh-
ren als diese; und wenige, die Anlass für leidenschaftlichere Kontroversen sind. Verbindet der Mensch „das Recht" doch stets auch mit
„Gerechtigkeit". Auf der Suche nach „Gerechtigkeit" durchwandeln
Menschen und Staaten nicht selten Katastrophen.

Da die Reine Rechtslehre die Erkennbarkeit absoluter Werte leugnet und einen wertrelativistischen Standpunkt einnimmt,[10, 11] hat sie –
im Gegensatz zu wertabsolutistischen Naturrechtslehren – keinen ihr
vorgegebenen Gegenstand, sondern muss einen solchen festlegen.
Diese Festlegung überschreitet die Grenzen der Rechtswissenschaft,[12]
ist selbst keine wissenschaftliche Erkenntnis und daher auch nicht an
den Kriterien wissenschaftlicher Erkenntnis zu messen. Die Wahl des
Erkenntnisgegenstandes muss zweckmäßig sein; seine Erforschung
muss einem sozialen Bedürfnis entsprechen.

Wenn die Reine Rechtslehre als Gegenstand der Rechtswissenschaft das positive Recht bestimmt und diese Bestimmung nicht an
inhaltliche moralische Voraussetzungen irgendeiner Art knüpft, so
muss sie konsequenterweise auch solche Regelungen als „Recht"
betrachten, die vom Standpunkt einer bestimmten, möglicherweise
auch der herrschenden, Moral als höchst ungerecht gelten. Gleichwohl
wird ein solcher Rechtsbegriff den Anforderungen der Zweckmäßigkeit

---

10 Diese wertrelativistische Position macht eine spezifische Geltungsbegründung
    des Rechts erforderlich; sie wird mit der Grundnorm bewältigt; dazu Walter,
    „Entstehung und Entwicklung des Gedankens der Grundnorm", in: Walter
    (Hrsg.), *Schwerpunkte der Reinen Rechtslehre* (1992), 47.

11 Z.B. Kelsen, *Reine Rechtslehre*[2] (1960), 65.

12 Merkl, „Zum Interpretationsproblem", 1059f.

in hohem Maße gerecht. Auch wer in einem verbrecherischen System lebt, hat ein elementares Interesse daran, die Anordnungen der sozialen Autorität zu kennen und sei es nur zu dem Zweck, um fliehen zu können.

Es war wohl vor allem diese Position, die einerseits der Rechtswissenschaft eine erkenntnistheoretisch wichtige Basis lieferte und sie aus dem trüben Gemenge von Psychologie, Ethik, Religion und politischer Theorie befreite, die aber andererseits einen geradezu beispiellosen Widerstand in Kreisen der traditionellen Rechtswissenschaft auslöste.[13] War dieser mit der Forderung nach exakter Bestimmung des Gegenstandes der Rechtswissenschaft und damit verbunden dem Ziel objektiver und präziser Erkenntnis doch die Möglichkeit wesentlich erschwert, weltanschauliche Postulate und subjektive Wertungen in die Erkenntnisse des Rechts einfließen zu lassen. Dass sich eine so konzipierte Rechtswissenschaft geradezu notwendigerweise zu einer ideologiekritischen Instanz verdichtet und sich gerade damit zusätzliche Gegner schafft, ist nahe liegend.[14] Auch ein Blick auf die moderne Rechtswissenschaft zeigt, dass oft dumpfe Vorstellungen von Gerechtigkeit, Werthaftigkeit, Billigkeit usw. gegen die Forderung rationaler und präziser Erkenntnis dominieren.[15]

Damit sollen die Überlegungen zum Gegenstand der Rechtswissenschaft und damit zum Gegenstand der Auslegung zunächst abgeschlossen werden. Vor allem *Kelsen* und *Merkl* haben die Forderung nach Reinheit in ihrer Auseinandersetzung mit der traditionellen Rechtswissenschaft gelegentlich mit einer Schärfe betont, die ihrerseits wieder zu weiteren Differenzen geführt hat.

Jedenfalls in diesem Punkt sehe ich eine gewisse Verbindung zur Philosophie des Wiener Kreises: Es ist dies die scharfe Betonung des Erfordernisses, den Gegenstand wissenschaftlicher Erkenntnis exakt zu definieren. So gesehen entspricht die Forderung nach Reinheit der Rechtswissenschaft einem Postulat dieser Philosophie. Man darf sich diese Einsicht auch nicht dadurch verstellen lassen, dass eine positivi-

---

13 Vgl. dazu Mayer, „Republikanische Verfassungskultur gegen Reine Rechtslehre?", *JRP* 1998, 350.

14 Vgl. zu diesem Aspekt insb. Jabloner, „Ideologiekritik bei Kelsen", in: Walter (Hrsg.), *Schwerpunkte* 97; Jabloner, „Verrechtlichung und Rechtsdynamik", *ZÖR* 54, 1999, 261ff., der die „permanente Ideologiekritik" als Hauptaufgabe einer positivistischen Rechtswissenschaft bezeichnet (277).

15 Vgl. etwa Korinek, „Zur Interpretation von Verfassungsrecht", *FS Walter* (1991) 363, der sich für seine Auffassung zutreffend auf Winkler beruft.

stische Rechtswissenschaft, wie sie *Hans Kelsen* konzipiert hat, in der
Theorie des Logischen Empirismus keinen Platz finden kann. Ob es
aber neben der empirisch fassbaren Welt auch einen erkennbaren
Bereich des Normativen geben kann, ist letztlich bloß eine Konstruk-
tionsfrage.

Die Möglichkeiten einer rechtspositivistischen Interpretationslehre

Die Betonung der Notwendigkeit einer präzisen Bestimmung des Gegenstandes der Rechtswissenschaft war und ist eines der wichtigsten
Elemente der positivistischen Rechtswissenschaft; sie führte zur weiteren Einsicht, dass die einmal getroffene Wahl des Erkenntnisgegenstandes fortan die unübersteigbare Schranke jeglicher Auslegung ist.[16]
Plastisch formulierte es *Merkl* im Jahre 1916:[17]

> Es handelt sich bei der eigentlichen Rechtswissenschaft stets nur
> um eine Zerlegung, Zerdehnung des Gesetzestextes und das um-
> fangreichste Werk über positives Recht enthält um kein Jota mehr
> an Rechtsinhalt als sein Objekt ...

Und wenige Zeilen später heißt es weiter:

> Beruf der Rechtswissenschaft ist bloß, Dinge, die alle ausnahmslos
> irgendwie schon im Rechtstenor ... gesagt sind mit anderen Wor-
> ten zu wiederholen; es werden die Falten des konzisen Gesetzes-
> textes gewissermaßen entfaltet, auseinandergelegt – kurz, es wird
> ausgelegt.

Neben der Betonung der Beschränkung der Auslegung auf den
Gegenstand der Rechtswissenschaft wird von *Merkl* schon damals ein
weiteres wichtiges Element positivistischer Auslegungstheorie zumindest im Ansatz angesprochen: die Dynamik des Rechts. Wenn
Merkl den Rechtsanwender erwähnt, der bei der Auslegung „an einen
Punkt gelangt, wo sich mehrere Lösungsmöglichkeiten als logisch
gleich gut möglich darstellen", zeigt er ein Phänomen auf, dessen

---

16   Vgl. zum folgenden Mayer, „Die Interpretationstheorie der Reinen Rechtslehre",
      in: Walter (Hrsg.), *Schwerpunkte*, 63ff.
17   Merkl, „Zum Interpretationsproblem", 1063f.

theoretische Durchdringung er in späteren Jahren vornimmt; es ist dies die Theorie vom Stufenbau des Rechts. Aus der Einsicht, dass der Prozess der Rechtserzeugung von der höchsten bis zur niedersten Stufe nicht bloß ein geistiges Verfahren – also nicht bloß Erkenntnisfunktion – ist, sondern als Willensfunktion von dieser bloß begleitet wird, folgt die Notwendigkeit, Interpretation und Rechtsanwendung zu unterscheiden. Diese Einsicht ist eine der wichtigsten der positivistischen Interpretationstheorie; wenn Rechtsanwendung nicht nur Erkenntnis, sondern auch – in mehr oder weniger ausgeprägtem Maße – Willensfunktion ist, so bedeutet dies, dass die Rechtsanwendung politische Macht hat, damit aber auch Verantwortung trägt. Damit ist die These *Montesquieus,* nach der der Richter bloß der „Mund des Gesetzes" sein soll, widerlegt.[18] *Hans Kelsen* zeigt in seiner Auseinandersetzung mit *Carl Schmitt,* wie leicht diese so genannte „Automatentheorie" politischen Zielsetzungen dienstbar gemacht werden konnte.[19]

Es liegt auf der Hand, dass in diesem Zusammenhang die Frage der Abgrenzung von Erkenntnis- und Willensfunktion von größter Bedeutung ist. Auch damit ist ein Punkt angesprochen, der in der Rechtswissenschaft nach wie vor kontrovers diskutiert wird. Ursachen dieser Kontroversen sind freilich einige zweifelhafte Formulierungen der positivistischen Positionen durch *Kelsen.* Im Prinzip geht es dabei um die Frage, ob die Interpretation stets nur einen Rahmen aufzeigen kann, innerhalb dessen es mehrere gleichwertige Auslegungsmöglichkeiten gibt oder ob dies zwar ein mögliches, aber keineswegs notwendiges Ergebnis interpretatorischer Bemühungen ist.

Der These, wonach positivistische Auslegung stets nur einen Rahmen aufzeigen könne, wurde von *Adomeit* als „methodologischer Nihilismus" qualifiziert.[20] Andere sehen darin schlicht den Beweis der Unbrauchbarkeit positivistischer Theorie.[21] Man kann nicht leugnen, dass eine Interpretationstheorie, der es – von ihrem eigenen Anspruch her – nie gelingen kann, eindeutige Rechtserkenntnisse zu erzielen, die Frage nach ihrem praktischen Nutzen in aller Schärfe aufwirft.

---

18 Vgl. Mayer, *Funktion und Grenzen der Gerichtsbarkeit im Rechtsstaat* (1991), 9f.

19 Kelsen, „Wer soll Hüter der Verfassung sein?" in: Klecatsky/Marcic/Schambeck (Hrsg.), *Die Wiener Rechtstheoretische Schule* II (1968), 1888.

20 Adomeit, *Rechtstheorie für Studenten*[2] (1981), 77.

21 Bydlinski, *Juristische Methodenlehre und Rechtsbegriff*[2] (1991), 227; Larenz, *Methodenlehre der Rechtswissenschaft*[6] (1991), 69ff.

Diejenigen, die die Interpretationstheorie der Reinen Rechtslehre in diesem Sinne deuten, stützen sich als Beleg für ihre Auffassung stets auf eine Formulierung von *Kelsen,* die da lautet:[22]

Versteht man unter „Interpretation" die erkenntnismäßige Feststellung des Sinnes des zu interpretierenden Objektes, so kann das Ergebnis einer Rechtsinterpretation nur die Feststellung des Rahmens sein, den das zu interpretierende Recht darstellt, und damit die Erkenntnis mehrerer Möglichkeiten, die innerhalb dieses Rahmens gegeben sind.

Während also der erste Satz sagt, dass Interpretation stets nur einen Rahmen erkennen lässt, sagt der zweite, dass Interpretation nicht notwendig zu einer einzigen richtigen Entscheidung führen muss.[23] Man muss einräumen, dass *Kelsens* Ausführungen in diesem Punkt nicht präzise sind und durchaus zu Missverständnissen führen können. Diese mangelnde Präzision ist – wie sich aus den übrigen Ausführungen deutlich ergibt – Folge einer überspitzt formulierten Kritik an der traditionellen Rechtswissenschaft. Diese hat nämlich durch ihre These, Rechtsanwendung sei bloße wissenschaftliche Erkenntnis, nicht nur die Willensfunktion der Rechtsanwendung verschleiert sondern hat auch gemeint, es könne stets ein bestimmtes Ergebnis als das einzig richtige erkannt werden.[24]

Kelsen hat seine Kritik an diesem Konzept nicht differenziert vorgebracht; er hat – erkennbar vom ideologiekritischem Furor geleitet – die Verheißung der stets erkennbaren einzig richtigen Lösung nicht nur in dieser Allgemeinheit für unzutreffend, sondern für schlechterdings unmöglich erklärt.

Damit ist ein wichtiger Gesichtspunkt angesprochen. *Kelsens* Interpretationstheorie ist maßgeblich von der Einsicht in den Stufenbau der Rechtsordnung geprägt.[25] Er hat stets betont, dass jeder Rechtsakt höherer Stufe einen Rechtsakt niederer Stufe determiniert, dass diese Determinierung aber niemals vollständig sein kann. Dies ist zutreffend, muss aber streng von der Frage getrennt werden, ob eine Norm einen

---

22   Kelsen, *Reine Rechtslehre*[2] (1960), 349.

23   Vgl. in diesem Sinne schon Merkl, „Zum Interpretationsproblem", 1067.

24   Vgl. Kelsen, *Reine Rechtslehre*[2] (1960), 349.

25   Vgl. Kelsen, „Zur Theorie der Interpretation", in: Klecatsky/Marcic/Schambeck (Hrsg.), *Die Wiener Rechtstheoretische Schule* II (1968), 1363. Vgl. dazu auch Mayer, „Interpretationstheorie", 66.

bestimmten Sachverhalt eindeutig erfasst. Aus der Einsicht, dass zwischen einer höherrangigen Norm und einer Norm niederer Stufe eine Relation der Unbestimmtheit besteht, folgt nicht, dass die höherrangige Norm auch unter dem Aspekt eines konkret zu entscheidenden Falles stets mehrere Lösungen ermöglicht. Derartige Schlussfolgerungen sind nicht möglich; auch erheblich unbestimmte Normen können in Relation zu einem konkreten Sachverhalt eindeutige Lösungen ermöglichen.

Auch wer auf dem Boden der Reinen Rechtslehre interpretiert, kann daher im Prozess der Rechtsanwendung zu einem eindeutigen Interpretationsergebnis kommen. Er wird aber wissen, dass dies nicht stets so sein muss; dass es also Fälle geben kann, deren Lösung durch das Gesetz nicht eindeutig vorgezeichnet ist. In solchen Fällen muss die Wissenschaft eben die möglichen vertretbaren Lösungen aufzeigen und im übrigen schweigen. Ein kritischer Rechtspositivist wird daher stets zu einer zurückhaltenden Auslegung neigen und behauptete „eindeutige" Ergebnisse zwar nicht von vornherein ablehnen aber doch mit Skepsis betrachten.

Was aber – so könnte man hier einwenden – soll in einem solchen Fall die Rechtsanwendung tun? Wenn sie von der Wissenschaft hört, der von ihr zu entscheidende Fall könne so oder so gelöst werden? Um ein praktisches Beispiel zu erwähnen: Ist der Raub mit einer ungeladenen Pistole ein bewaffneter Raub, weil auch die ungeladene Pistole eine Waffe ist? Bejaht man diese Frage, beträgt die Höchststrafe 15 Jahre, verneint man sie weil man eine ungeladene Pistole nicht als „Waffe" qualifiziert, beträgt die Höchststrafe 10 Jahre Freiheitsstrafe.[26] Der Unterschied bedeutet also im Ernstfall 5 Jahre Freiheitsstrafe.

Das Beispiel ist simpel gewählt; es soll deutlich zeigen, dass in diesem Punkt eine ganz besondere Schwierigkeit liegt. Die Rechtswissenschaft läuft in solchen Situationen immer wieder Gefahr, in zweifacher Weise unter Druck zu geraten: Einmal von außen, insbesondere von den politischen Machthabern; dies vor allem in Fragen des Verfassungsrechts, die ja meist Machtfragen sind. Zum anderen sieht sich der Rechtswissenschafter aber auch mit dem eigenen Wollen und dem eigenen Wertsystem konfrontiert. Da Rechtsfragen stets werthafte Fragen und damit auch emotional besetzt sind, besteht

---

26 §§142f. StGB; der OGH betrachtet auch ungeladene Schusswaffen als Waffen, vgl. z.B. Foregger/Kodek, *Strafgesetzbuch*[6] (1997), 371 mwN.

stets die Versuchung, eigene Werte als die vom Gesetz gewollten auszugeben. Auch der Reiz, politische Entscheidungen mitzugestalten, darf nicht außer Acht gelassen werden.

Recht und Moral: die Ebene der Verantwortung

Dies führt uns in ein in neuerer Zeit wieder verstärkt diskutiertes Thema, nämlich dem des Verhältnisses von wissenschaftlicher Erkenntnis und Verantwortung. Das Recht, seine Auslegung und seine Anwendung, greifen stets beschränkend in die Verfolgung von Interessen ein und stoßen damit leicht auf Ablehnung.

Lassen Sie mich das Gemeinte an einem Beispiel demonstrieren: Nach dem Ende der nationalsozialistischen Herrschaft stand begreiflicherweise die Frage nach Ursachen und Schuld im Mittelpunkt der politischen und gesellschaftlichen Neuordnung. Begreiflich, dass das Recht und die Tätigkeit der Juristen im Nationalsozialismus besondere Beachtung fanden.[27] Auf der Suche nach einem Schuldigen für den totalitären Gewaltstaat waren schnell die Rechtspositivisten und mit diesen auch die Reine Rechtslehre gefunden. Rechtspositivistisch geschulte Juristen seien zu blindem Gesetzesgehorsam erzogen und so zum Widerstand selbst gegen Terrorsysteme unfähig. Die Befolgung des staatlichen Rechts ohne Rücksicht auf dessen Inhalt sei nicht nur Berufsausübung, sondern – so konnte man immer wieder lesen und hören – als Konsequenz der Reinen Rechtslehre auch gleichzeitig moralische Entlastung und Rechtfertigung.

Ich möchte diese Thematik hier nicht weiter vertiefen; nur soviel: *Horst Dreier* hat – wie vor und nach ihm auch andere – gezeigt, dass das nationalsozialistische Rechtsverständnis kein positivistisches sondern ein naturrechtliches war und dass die handelnden Juristen sich für diese politischen Zielsetzungen instrumentalisieren ließen.[28] *Dreier* bezeichnet daher die Behauptung, der Nationalsozialismus habe die Reine Rechtslehre „beim Wort genommen", zutreffend als haltlos und spricht von einer „Positivismus-Legende".[29]

---

27 Dazu z.B. Rüthers, *Die unbegrenzte Auslegung*[3] (1988).

28 Dreier, „Die Radbruchsche Formel – Erkenntnis oder Bekenntnis?" *FS Walter* (1991), 117. Vgl. auch Jabloner, „Wie zeitgemäß ist die Reine Rechtslehre?" *Rechtstheorie* 29 (1998), 1f.; Hoerster, *Verteidigung des Rechtspositivismus* (1989).

29 Dreier, *FS Walter* (1991), 120, 134.

Kommen wir zum Kern: Das angeführte Beispiel wirft die Frage nach dem Verhältnis von Moral und Recht auf; viele Diskussionen um die Reine Rechtslehre betreffen letztlich dieses Problem. In welcher Situation steht der Richter, steht der Verwaltungsbeamte, der auf dem Boden der Reinen Rechtslehre steht und der Regelungen anzuwenden hat, die seinem eigenen Wertsystem diametral und in wesentlichen Punkten widersprechen? Oder die – wie er meint – der Moral aller Anständigen im Lande widersprechen?[30] Ist die Anordnung der sozialen Autorität unmoralisch – ja vielleicht sogar verbrecherisch – ist sie gleichwohl positives Recht, wenn sie ordnungsgemäß erzeugt wurde. Dass daher auch das nationalsozialistische Recht vom Standpunkt der Reinen Rechtslehre Recht war, hat *Kelsen* selbst im Jahre 1963 deutlich festgehalten: „Wir können es verabscheuen, so wie wir eine Giftschlange verabscheuen, wir können aber nicht leugnen, daß es existiert. Das heißt, daß es gilt."[31]

Wer auf dem Boden der Reinen Rechtslehre steht, kann eine solche Regelung auch nicht uminterpretieren; er muss sie vielmehr in ihrer ganzen Abscheulichkeit als geltend erkennen. Was bedeutet es aber, wenn er diese Regelung als geltendes positives Recht erkennt? Heißt das auch, dass eine solche Regelung moralische Geltung hat?

Erinnern wir uns an unsere Überlegungen zum Gegenstand der Rechtswissenschaft und damit auch daran, dass die Reine Rechtslehre die Geltung absoluter Werte verneint. Das bedeutet nicht, dass es keine Werte gibt, sondern nur, dass es bloß relative Werte gibt.[32] Eine relative Moral kann aber keinen objektiven Maßstab für die Beurteilung einer positiven Rechtsordnung bieten. Sie kann weder deren objektive Geltung, noch deren absolute Moralität begründen. Eine positivrechtliche Regel setzt einen relativen Wert, ohne damit ausschließen zu können, dass sie vom Standpunkt irgendeiner Moral als gerecht oder ungerecht qualifiziert wird. *Adolf Julius Merkl* hat das Dilemma der Moral plastisch formuliert, wenn er schreibt:[33]

So verschieden kann die Bewertung derselben Tat und desselben Mannes durch das Naturrecht sein, daß ihm je nach Standpunkt

---

30   Vgl. dazu z.B. Mayer, „Über die Grenzen rechtlicher Pflicht", *JRP* 1998, 26.

31   Kelsen, „Diskussionsbemerkung", in: Schmölz (Hrsg.), *Das Naturrecht in der politischen Theorie* (1963), 148.

32   Kelsen, *Reine Rechtslehre*[2] (1960), 69.

33   Merkl, „Einheit oder Vielheit des Naturrechts?" in: Klecatsky/Marcic/Schambeck (Hrsg.), *Die Wiener Rechtstheoretische Schule* II (1968), 547 (594).

des Betrachters die Kugel des Standgerichtes oder die Heldenverehrung gebührt.

Wer also auf dem Boden der Reinen Rechtslehre steht, kann zwar unter Voraussetzung der Grundnorm eine Norm des positiven Rechts als geltend erkennen. Er muss aber eingestehen, dass diese Geltung unabhängig davon ist, ob diese Regelung irgendeinem Moralsystem entspricht. Mit der Erkenntnis, dass eine positivrechtliche Norm gilt, wird über ihre Moralität keine Aussage getroffen; sie wird weder gebilligt noch missbilligt. Das bedeutet, dass der, der eine positivrechtliche Regelung anwendet, **allein deshalb** weder moralisch noch unmoralisch handelt und daher auch nicht moralisch entlastet ist.[34] Eine Rechtsordnung zu befolgen oder nicht zu befolgen ist eine Entscheidung, die jeder Betroffene selbst moralisch zu verantworten hat.[35] Man habe bloß dem Gesetz gehorcht, bzw. seine Pflicht getan, mag vom Standpunkt des positiven Rechts zutreffen. Völlig losgelöst davon ist jedoch die Frage zu beantworten, wie dieses Handeln moralisch zu qualifizieren ist. In moralischer Hinsicht kann für die strikte Beachtung des positiven Rechts – um mit *Merkl* zu sprechen – die Kugel oder die Heldenverehrung gebühren; jede der beiden Folgen kann nur relativ, keine absolut gerechtfertigt werden.

Schluss

Ich komme zum Schluss. Eine der wichtigsten Konsequenzen der positivistischen Interpretationstheorie ist die Einsicht, dass die Rechtsanwendung kein einheitlicher Vorgang ist. Zur Erkenntnis des Rechts tritt der rechtsschöpferische Wille des Anwenders, für den ein verschieden großer Spielraum bestehen kann.

Interpretation, verstanden als ein auf die Erkenntnis des Rechts gerichteter Vorgang ist ein geistiges Verfahren, das auf Wahrheit zielt. In diesem Verfahren geht es um die Erfassung des Gegenstandes Recht und nur darum; der Erkenntnisakt hat den Gegenstand Recht darzustellen und hat jeden Anspruch, das Recht zu gestalten zu unterlassen. Rechtsgestaltung unter dem Deckmantel der Erkenntnis ist

---

34   Wie manche unbefangene Autoren glauben machen wollen; vgl. Somek, „Morsche Planken im Schiff der Republik", *JRP* 1998, 347; dazu Mayer, *JRP* 1998, 351.

35   Merkl, „Zum Interpretationsproblem" 1066.

Verfälschung. Ist der Gegenstand Recht unbestimmt, kann Rechtserkenntnis nicht mehr leisten, als diese Unbestimmtheit aufzuzeigen.

Mit der Rechtserkenntnis ist der erste Schritt der Rechtsanwendung gesetzt; der zweite ist ein rechtsschöpferischer Willensakt. Soweit die Rechtserkenntnis Spielräume zeigt, innerhalb derer mehrere Entscheidungen möglich sind, ist es Sache des Rechtsanwenders, seinen Willen zur Geltung zu bringen. Es ist dies freilich **sein** Wille und nicht der des Gesetzgebers; und es ist daher ausschließlich seine moralische und politische Verantwortung, die damit aktualisiert wird.

DIE AUTOREN

Matthias Baaz
Geb. 1959 in Wien, Promotion 1984 an der Universität Wien, Habilitation 1992 an der Technischen Universität Wien. Leiter mehrerer nationaler und internationaler Forschungsprojekte sowie österreichischer Vertreter im Management Committee von COST'5 (EU). Forschungsschwerpunkte: Beweistheorie, Automatisches Beweisen, nichtklassische Logik (u.a. Fuzzy Logic), juridisches Schließen.

Hans-Joachim Dahms
Geb. 1946, Studium der Philosophie, allgemeinen und vergleichenden Sprachwissenschaft und Soziologie, M.A. Göttingen, Promotion Bremen, z.Zt wissenschaftlicher Mitarbeiter im DFG-Projekt „Sozialgeschichte der deutschsprachigen Philosophie im 20. Jahrhundert" an der Universität München. Veröffentlichungen: *Positivismusstreit*, Frankfurt am Main 1994; Hrsg.
und Mitautor von *Philosophie, Wissenschaft, Aufklärung. Beiträge zur Geschichte und Wirkung des Wiener Kreises*, Berlin–New York 1985 und von: *Die Universität Göttingen unter dem Nationalsozialismus*, München etc. 1987 (2. erw. Auflage 1998); ca. 50 Aufsätze zur Wissenschaftstheorie, Philosophie-, Wissenschafts- und Universitätsgeschichte des 20. Jahrhunderts.

Horst Dreier
Ordinarius für Rechtsphilosophie, Staats- und Verwaltungsrecht an der Universität Würzburg: geboren 1954 in Hannover; Promotion 1985; Habilitation für die Fächer „Öffentliches Recht, Rechtstheorie und Verwaltungswissenschaften" 1989 in Würzburg; nach Lehrstuhlvertretungen in Heidelberg dort 1991 C3-Professor für „Öffentliches Recht", im selben Jahr Ruf auf den Lehrstuhl für „Öffentliches Recht und Verwaltungslehre" am Fachbereich Rechtswissenschaft I der Universität Hamburg (angenommen); 1995 Ruf auf den Lehrstuhl für „Rechtsphilosophie, Staats- und Verwaltungsrecht" an der Juristischen Fakultät der Universität Würzburg (angenommen); 2000 Ruf auf den Lehrstuhl für „Öffentliches Recht und Rechtsphilosophie/Rechtssoziologie" der Unversität Mainz (abgelehnt).
Selbständige Veröffentlichungen: *Rechtslehre, Staatssoziologie und Demokratietheorie bei Hans Kelsen*, 1986, 2. Aufl. 1990; *Hierarchische Verwaltung im demokratischen Staat*, 1991; *Dimensionen der Grundrechte*, 1993; *Grundrechtsschutz durch Landesverfassungsgerichte*, 2000; *Grundgesetz-Kommentar* (Hrsg.), Bd. 1 (Art. 1-19),

1996; Bd. 2 (Art. 20-82), 1998; Bd. 3 (Art. 83-146), 2000. Daneben zahlreiche Aufsätze zum Staats- und Verwaltungsrecht sowie zur Rechtsphilosophie.

Eric Hilgendorf

Geb. 1960, studierte 1981 bis 1986 Philosophie und Neuere Geschichte und 1983–1988 Rechtswissenschaften in Tübingen. 1991 philosophische Promotion mit einer Arbeit über "Argumentation in der Jurisprudenz", 1993 juristische Promotion über "Strafrechtliche Produzentenhaftung in der Risikogesellschaft". 1996 Habilitation für die Fächer Strafrecht, Strafprozeßrecht und Rechtsphilosophie mit einer Untersuchung über "Tatsachenaussagen und Werturteile im Strafrecht". Seit 1997 ist Hilgendorf Professor für Strafrecht in Konstanz. Weitere Publikationen mit rechtsphilosophischem Bezug: *Hans Albert zur Einführung*, 1997; *Wissenschaftlicher Humanismus. Texte zur Moral- und Rechtsphilosophie des frühen logischen Empirismus*, 1998 (als Herausgeber).

Clemens Jabloner

Geb. 1948 in Wien, 1967 Promotion zum Dr. iur. an der Universität Wien. Seit Juni 1975 Universitätsassistent am Institut für Staats- und Verwaltungsrecht; ab März 1978 Dienst im Bundeskanzleramt; mit 1. April 1993 Ernennung zum Präsidenten des Verwaltungsgerichtshofes; seit 1. Oktober 1998 Vorsitzender der beim Österreichischen Staatsarchiv eingerichteten „Historikerkommission". 1988 Habilitation aus Verfassungsrecht an der Universität Wien; 1993 Bestellung zum zweiten Geschäftsführer des Hans-Kelsen-Instituts. Verheiratet, drei Kinder. Veröffentlichungen aus Verfassungsrecht und Rechtstheorie, u.a. „Kelsen and His Circle. The Viennese Years", *EJIL* 1998, 368; „Wie zeitgemäß ist die Reine Rechtslehre?", *Rechtstheorie* 1998, 1; „Legal Techniques and Theory of Civilisation – Reflections on Hans Kelsen and Carl Schmitt", in: Diner/Stolleis, *Hans Kelsen and Carl Schmitt. A Juxtaposition*, 1999, 51.

Heinz Mayer

Geb. 1946 in Mürzzuschlag, 1969 Promotion zum Dr. iur., 1973 Promotion zum Dr. rer. pol. an der Universität Wien. 1975 Hbilitation für öffentliches Recht an der Wirtschaftsuniversität Wien. Von 1977 bis 1983 Leiter der juristischen Aus- und Weiterbildung der Bundesbediensteten an der Verwaltungsakademie des Bundes in Wien. Seit 1979 außerordentlicher und ab 1983 ordentlicher Professor für Staats-

und Verwaltungsrecht der Rechtswissenschaftlichen Fakultät der
Universität Wien. Wissenschaftlicher Leiter des Ludwig-Boltzmann-
Instituts für Gesetzgebungspraxis und Rechtsanwendung seit 1991.
Stellvertretender Vorsitzender des Vorstandes des Hans-Kelsen-In-
stituts seit 1998.

Edgar Morscher
Geboren 1941 in Bludenz. Studium und anschließend (1969) Promotion an der Universität Innsbruck. 1974 Habilitation für „Philosophie".
Gastprofessuren u.a. an der University of California, Irvine (1975–
1976) und an der Stanford University (1989). Seit 1979 Ordentlicher
Professor für Philosophie, ab 1984 Leiter eines Forschungsinstituts
an der Universität Salzburg mit der nunmehrigen Bezeichnung „For-
schungsinstitut für Angewandte Ethik". Schwerpunkte der Lehr- und
Forschungstätigkeit: Ethik; Philosophische Logik und Semantik; Ontologie; Philosophie des 19. und 20.Jahrhunderts (inklusive Gegenwarts-
philosophie). Zu diesen Themen ca. 160 wissenschaftliche Publikationen. Zuletzt: *Applied Ethics in a Troubled World*, hg. mit O.Neumaier
und P. Simons (Dordrecht 1998); *Bolzano-Forschung 1992–1999*, mit
J. Berg (Sankt Augustin 1999); (Hrsg.) *Bernard Bolzanos geistiges
Erbe für das 21. Jahrhundert* (Sankt Augustin 1999).

Erhard Oeser
Geb. 1938 in Prag. Seit 1972 o. Prof. für Philosophie und Wissenschaftstheorie an der Universität Wien; seit 1975 Zusammenarbeit mit
Konrad Lorenz im sog. „Altenberger Kreis" bis zu dessen Tod 1989.
1986/1987 und ab 1994 Vorstand des Instituts für Wissenschaftstheorie und Wissenschaftsforschung der Universität Wien; seit 1984
Vorstandsmitglied der Österreichischen Gesellschaft für Geschichte
der Wissenschaften; 1990 Vorstandsmitglied des Konrad Lorenz Instituts für Evolutions- und Kognitionsforschung; 1991 ordentliches Mitglied der Russischen Akademie der technologischen Wissenschaften
in Moskau; So-Sem. 1993 Gastprofessor an der Fakultät für Informatik
der Technischen Universität „Otto von Guericke" Magdeburg. Seit
1995 korrespondierendes Mitglied der Gesellschaft der Ärzte in Wien.
Ab 1998 Vizepräsident und wissenschaftlicher Leiter des Karl Popper
Institutes. Veröffentlichungen u.a.: *System, Klassifikation, Evolution*
1974; *Psychozoikum* 1987; *Das Abenteuer der kollektiven Vernunft*
1988; *Gehirn, Bewußtsein und Erkenntnis* (gem. m. F. Seitelberger)
1995; *Evolution und Selbstkonstruktion des Rechts* 1990.

Stanley L. Paulson
Geb. 1941, Fergus Falls, Minnesota. Inhaber des William Gardiner Hammond Lehrstuhls an der School of Law, Washington University (USA) und des Lehrstuhls fuer Philosophie an derselben Universität. Neuere Veröffentlichungen schließen folgende herausgegebene Bände ein: *Georg Jellinek - Beitraege zu Leben und Werk* (zus. mit Martin Schulte, Dresden), J.C.B. Mohr, Tuebingen; *Gustav Radbruch, Rechtsphilosophie* (zus. mit Ralf Dreier, Göttingen), C.F. Mueller Verlag, Heidelberg; *Normativity and Norms. Critical Perspectives on Kelsenian Themes* (zus. mit Bonnie Litschewski Paulson, St. Louis), Clarendon Press, Oxford. Zahlreiche Aufsaetze auf dem Gebiet der Rechtsphilosophie und -theorie in amerikanischen, britischen, deutschen, oesterreichischen und italienischen Zeitschriften und Sammelbaenden.

Otto Pfersmann
Geb. 1954, Studium in Wien und Paris, Dr. phil., Dr. jur., zuerst Forschungs- und Lehrbeauftragter in Wien (Philosophie), Chargé de recherche au CNRS 1991–1994, Habilitation 1992, ord. Professor für Rechtsphilosophie und vergleichendes Verfassungsrecht in Lyon (1994–1998), seit 1998 an der Universität Paris I Panthéon-Sorbonne, seit 2000 auch Kodirektor des Institute for European and Comparative Law, University of Oxford.

Friedrich Stadler
Geboren 1951 in Zeltweg, Österreich. Studium der Geschichte, Philosophie und Psychologie in Graz und Salzburg. 1977 Mag. phil., 1982 Dr. phil. 1994 Habilitation für Wissenschaftsgeschichte und Wissenschaftstheorie an der Universität Wien. Ao. Prof. am Zentrum für Überfakultäre Forschung und am Institut für Zeitgeschichte der Universität Wien. Gründer und Leiter des Instituts Wiener Kreis. Publikationen u.a.: *Vom Positivismus zur „Wissenschaftlichen Weltauffassung. Wien–München 1982. Studien zum Wiener Kreis. Ursprung, Entwicklung und Wirkung des Logischen Empirismus im Kontext.* Frankfurt am Main 1997 (2. Aufl. 2001; englisch: *The Vienna Circle. Studies in the Origins, Development, and Influence of Logical Empiricism.* Wien–New York 2001).

Michael Thaler
Geboren 1949 in Wien. Ab 1967 Studium der Rechtswissenschaften an der Universität Wien. 1972 Promotion zum Doktor der Rechte. In den Studienjahren 1972/73 und 1973/74 weiterführende Studien an

der Universität Cambridge. 1974–1975 Assistent am Institut für Rechtsvergleichung an der Universität Wien. Seit 1977 am Institut für Verfassungs- und Verwaltungsrecht der Univ. Salzburg. 1982 Verleihung der Lehrbefugnis als Universitätsdozent für die Fächer „Rechtstheorie" und „Methodenlehre der Rechtswissenschaften". 1988 Assistenzprofessor. 1993-95: Visiting Scholar am Institut für Philosophie der Universität Harvard. Ab 1997 außerordentlicher Universitätsprofessor. Veröffentlichungen u.a.: *Mehrdeutigkeit und juristische Auslegung*, Wien-New York (1982); *Die Vertragsschlußkompetenz der österreichischen Bundesländer*, Wien-Köln (1990).

Robert Walter
Geboren am 30.1.1931 in Wien. 1953 Promotion zum Dr. jur. an der Universität Wien, 1955 Promotion zum Dr. rer. pol. an der Universität Wien. 1957–1962 Richter. 1960 Habilitation an der Universität Wien für Verfassungsrecht. 1962 ao. Professor und 1965 o. Professor für öffentliches Recht an der Rechtswissenschaftlichen Fakultät der Universität Graz. 1966 ordentlicher Professor für Verfassungs- und Verwaltungsrecht an der Wirtschaftsuniversität Wien. Seit 1971 Geschäftsführer des Hans-Kelsen-Instituts (nebenamtlich). Seit 1975 ordentlicher Professor an der Rechtswissenschaftlichen Fakultät der Universität Wien.

NAMENREGISTER

Nicht erfasst wurden Anmerkungen und Literaturverzeichnisse.

SpringerPhilosophie

Friedrich Stadler

The Vienna Circle – Studies in the Origins, Development, and Influence of Logical Empiricism

Übersetzung der deutschen Ausgabe ins Englische von C. Nielsen et al.

2001. XV, 984 Seiten. 47 Abbildungen.

Format: 15 x 21 cm

Gebunden DM 140,–, öS 980,–, sFr 120,50, EUR 71,–*)

*) Unverbindliche Preisempfehlung.

Euro-Preis gültig ab Jänner 2002.

Dieser Euro-Preis ist empfohlen für Deutschland und enthält 7% MwSt.

3-211-83243-2

Veröffentlichungen des Instituts Wiener Kreis

Der Wiener Kreis, eine Gruppe von rund drei Dutzend WissenschaftlerInnen aus den Bereichen der Philosophie, Logik, Mathematik, Natur- und Sozialwissenschaften im Wien der Zwischenkriegszeit, zählt unbestritten zu den bedeutendsten und einflussreichsten philosophischen Strömungen des 20. Jahrhunderts, speziell als Wegbereiter der (sprach)analytischen Philosophie und Wissenschaftstheorie.

Diese erste englischsprachige, vergleichende, historische Arbeit zum berühmten „Wiener Kreis" präsentiert den Zirkel um Moritz Schlick und die verwandten Kreise (um Karl Menger, Otto Neurath, Ludwig Wittgenstein, Heinrich Gomperz und Karl Popper) im intellektuellen Umfeld und in seinem kulturellen Kontext.

„... the authoritative first source for all future students of the subject."

Gerald Holton, Harvard University

SpringerWienNewYork

A-1201 Wien, Sachsenplatz 4–6, P.O. Box 89, Fax +43.1.330 24 26, e-mail: books@springer.at, www.springer.at

D-69126 Heidelberg, Haberstraße 7, Fax +49.6221.345-229, e-mail: orders@springer.de

USA, Secaucus, NJ 07096-2485, P.O. Box 2485, Fax +1.201.348-4505, e-mail: orders@springer-ny.com

EBS, Japan, Tokyo 113, 3–13, Hongo 3-chome, Bunkyo-ku, Fax +81.3.38 18 08 64, e-mail: orders@svt-ebs.co.jp

SpringerPhilosophie

Veröffentlichungen des Instituts Wiener Kreis

Albert Müller, Karl H. Müller,
Friedrich Stadler (Hrsg.)

**Konstruktivismus und
Kognitionswissenschaft**

Kulturelle Wurzeln und Ergebnisse
Heinz von Foerster gewidmet

Zweite, akt. und erw. Auflage
2001. 308 Seiten.
22 Abbildungen. 1 Frontispiz.
Broschiert DM 75,–, öS 524,–, EUR 38,–*)
ISBN 3-211-83585-7
Veröffentlichungen des Instituts Wiener Kreis,
Sonderband

Friedrich Stadler

**The Vienna Circle – Studies
in the Origins, Development,
and Influence of Logical Empiricism**

Übersetzung ins Englische C. Nielsen et al.
2001. XV, 984 Seiten. 47 Abbildungen.
Text: englisch
Gebunden DM 140,–, öS 980,–, EUR 71,–*)
(unverbindliche Preisempfehlung)
ISBN 3-211-83243-2
Veröffentlichungen des Instituts Wiener Kreis,
Sonderband

Thomas Uebel

**Vernunftkritik und Wissenschaft:
Otto Neurath und
der erste Wiener Kreis**

2000. XXI, 432 Seiten.
Broschiert DM 108,–, öS 755,–, EUR 54,–*)
ISBN 3-211-83255-6
Veröffentlichungen des Instituts Wiener Kreis,
Band 9

Friedrich Stadler (Hrsg.)

**Elemente moderner
Wissenschaftstheorie**

Zur Interaktion von Philosophie,
Geschichte und Theorie
der Wissenschaften

2000. XXVI, 220 Seiten. 16 Abbildungen.
Broschiert DM 69,–, öS 481,–, EUR 34,90*)
ISBN 3-211-83315-3
Veröffentlichungen des Instituts Wiener Kreis,
Band 8

*) Europreise gültig ab Jän. 2002.

SpringerWienNewYork

A-1201 Wien, Sachsenplatz 4–6, P.O. Box 89, Fax +43.1.330 24 26, e-mail: books@springer.at, Internet: www.springer.at
Birkhäuser, D-69126 Heidelberg, Haberstraße 7, Fax: +49.6221.345-229, e-mail: orders@springer.de
Birkhäuser, CH-4010 Basel, P.O. Box 133, Fax +41.61.2050-155, e-mail: orders@birkhauser.ch
Chronicle Books, USA, San Francisco, CA 94105, 85 Second Street, Fax +1.800.858-7787, e-mail: sales@papress.com

SpringerPhilosophie

Veröffentlichungen des Instituts Wiener Kreis

Friedrich Stadler (Hrsg.)

Phänomenologie und logischer Empirismus

Zentenarium Felix Kaufmann
(1895–1949)

1997. 163 Seiten. 1 Frontispiz.
Broschiert DM 57,–, öS 396,–, EUR 28,–*)
ISBN 3-211-82937-7
Veröffentlichungen des Instituts Wiener Kreis,
Band 7

Friedrich Stadler (Hrsg.)

Bausteine wissenschaftlicher Weltauffassung

Lecture Series/Vorträge
des Instituts Wiener Kreis 1992–1995

1997. 231 Seiten.
Broschiert DM 66,–, öS 462,–, EUR 33,–*)
Text: deutsch/englisch
ISBN 3-211-82865-6
Veröffentlichungen des Instituts Wiener Kreis,
Band 5

Kurt R. Fischer,
Friedrich Stadler (Hrsg.)

„Wahrnehmung und Gegenstandswelt"

Zum Lebenswerk von Egon Brunswik
(1903–1955)

1997. 187 Seiten.
15 Abbildungen. 1 Frontispiz.
Broschiert DM 60,–, öS 418,–, EUR 30,–*)
ISBN 3-211-82864-8
Veröffentlichungen des Instituts Wiener Kreis,
Band 4

*) Europreise gültig ab Jän. 2002.

 SpringerWienNewYork

A-1201 Wien, Sachsenplatz 4–6, P.O. Box 89, Fax +43.1.330 24 26, e-mail: books@springer.at, Internet: www.springer.at
Birkhäuser, D-69126 Heidelberg, Haberstraße 7, Fax: +49.6221.345-229, e-mail: orders@springer.de
Birkhäuser, CH-4010 Basel, P.O. Box 133, Fax +41.61.2050-155, e-mail: orders@birkhauser.ch
Chronicle Books, USA, San Francisco, CA 94105, 85 Second Street, Fax +1.800.858-7787, e-mail: sales@papress.com

Springer-Verlag
und Umwelt

ALS INTERNATIONALER WISSENSCHAFTLICHER VERLAG
sind wir uns unserer besonderen Verpflichtung der
Umwelt gegenüber bewußt und beziehen umwelt-
orientierte Grundsätze in Unternehmensentschei-
dungen mit ein.

VON UNSEREN GESCHÄFTSPARTNERN (DRUCKEREIEN,
Papierfabriken, Verpackungsherstellern usw.) ver-
langen wir, daß sie sowohl beim Herstellungsprozeß
selbst als auch beim Einsatz der zur Verwendung
kommenden Materialien ökologische Gesichtspunkte berücksichtigen.

DAS FÜR DIESES BUCH VERWENDETE PAPIER IST AUS
chlorfrei hergestelltem Zellstoff gefertigt und im
pH-Wert neutral.